气候变化与水安全

[印　度] Asit K. Biswas
[墨西哥] Cecilia Tortajada　主编

吕爱锋　贾绍凤　等 译

中国水利水电出版社
www.waterpub.com.cn
·北京·

内 容 提 要

本书包含一系列关于气候变化条件下水安全的论文，这些论文是来自世界各地的特邀作者完成的，并于第26届联合国气候变化大会（COP26）在苏格兰格拉斯哥市举办的前夕出版。本书汇集了世界领先的权威研究者和决策者关于气候变化条件下水安全的相关研究成果，以指导各界如何应对气候变化背景下水系统面临的挑战和风险，并讨论如何通过有效的水资源安全策略实现更广泛的可持续目标努力。

本书可供研究气候变化、水资源管理的科技工作者和管理者参考。

图书在版编目（CIP）数据

气候变化与水安全 / （印）艾斯特·K. 比斯瓦斯，（墨西哥）塞西莉娅·托塔哈达主编 ; 吕爱锋等译. -- 北京 : 中国水利水电出版社, 2024.9

书名原文: Water Security under Climate Change

ISBN 978-7-5226-1022-1

Ⅰ. ①气… Ⅱ. ①艾… ②塞… ③吕… Ⅲ. ①气候变化—关系—水资源保护—文集 Ⅳ. ①TV213.4-53

中国版本图书馆CIP数据核字(2022)第183701号

审图号：GS京（2024）1433号

书　　名	气候变化与水安全 QIHOU BIANHUA YU SHUI'ANQUAN
原 书 名	**Water Security under Climate Change**
原　　著	［印　度］Asit K. Biswas ［墨西哥］Cecilia Tortajada　主编
译　　者	吕爱锋　贾绍凤　等
出版发行	中国水利水电出版社 （北京市海淀区玉渊潭南路1号D座　100038） 网址：www.waterpub.com.cn E-mail：sales@mwr.gov.cn 电话：(010) 68545888（营销中心）
经　　售	北京科水图书销售有限公司 电话：(010) 68545874、63202643 全国各地新华书店和相关出版物销售网点
排　　版	中国水利水电出版社微机排版中心
印　　刷	北京印匠彩色印刷有限公司
规　　格	184mm×260mm　16开本　18.25印张　444千字
版　　次	2024年9月第1版　2024年9月第1次印刷
定　　价	**108.00**元

译者序

水是地球上一切生命的重要基础，具有重大的社会、环境和经济意义。气候变化无疑是我们这个时代最大的挑战之一。这种挑战是跨越时代的、超越国界的，如果不立即采取行动，人类将继续看到全球变暖对地球的破坏性影响。从更强烈、更频繁的干旱和极端天气，到海平面上升和海洋变暖，所有人都会受到其影响。毫无疑问，水是气候变化所带来的能够看到和感受到的最具挑战性的影响之一。

气候变化对水的影响还会因为许多其他因素而加剧。随着全球人口的增长和城市化进程的加快，以及寻求从有限的能源资源中过渡出来，人类正在给水系统带来前所未有的压力。实现水安全是达成可持续发展并为地球保留安全和清洁的水资源的唯一途径。在苏格兰格拉斯哥市举办第26届联合国气候变化大会（COP26）的前夕，国际水资源机构前主席 Asit K. Biswas 和 Cecilia Tortajada 教授组织编写了《气候变化与水安全》一书。两位专家基于他们在水资源管理和政策方面的丰富经验，将世界领先的权威机构和决策者聚集在一起，指导各界应对水系统面临的挑战和风险，并讨论社会如何通过有效的水资源安全策略朝着更广泛的可持续目标努力。

受国际水资源机构前主席 Asit K. Biswas 和 Cecilia Tortajada 教授委托和授权，中国科学院地理科学与资源研究所贾绍凤研究员团队将该书翻译成中文出版。全书共包含17章，由团队成员分工协作完成。本书前言部分由吕爱锋、刘子昊译；第1章由凯丽、杨祥磊译；第2章由梁媛、贾绍凤译；第3章由邓捷铭、贾绍凤译；第4章由洪旭、邓捷铭译；第5章由亓珊珊、吕爱锋译；第6章由张传辉、吕爱锋译；第7章由范磊、吕爱锋译；第8章由武慧敏、王蕾译；第9章由王蕾、吕爱锋译；第10章由何静、吕爱锋译；第11章由李涛辉、吕爱锋译；第12章由刘永毫、吕爱锋译；第13章、第14章由宋子坤、贾绍凤译；第15章由郑冬雪、姜昀呈译；第16章、第17章由吕爱锋、李涛辉、刘永毫译。吕爱锋、贾绍凤统稿、校译、审定、定稿。

本书的出版过程中，得到了中国科学院战略性先导科技专项（A类）课题“绿色丝绸之路资源环境承载力国别评价与适应策略”（XDA20010200）、国家重点研发计划政府间国际科技创新合作项目“阿姆河流域水流调度的e-规则研发”（2021YFE0103900）的共同资助，在此表示诚挚的感谢！

由于译者水平有限，难免有翻译不当之处，敬请读者批评指正。希望本书的出版可为我国气候变化背景下水资源安全评价与调控提供参考，进一步促进我国水资源安全与气候变化适应研究工作的发展。

译者

2022年9月

原书序1

水是地球上一切生命的重要基础，具有重大的社会、环境和经济意义。毫无疑问，水是气候变化所带来的能够看到和感受到的最具挑战性的影响之一。与世界其他地区一样，苏格兰也越来越多地受到气候变化对水环境的影响。

今年，当第26届联合国气候变化大会（COP26）在宏伟的格拉斯哥市召开时，没有人会质疑为应对气候变化采取行动的重要性。2021年，全世界不仅必须应对全球新冠肺炎（COVID－19）大流行的影响，而且有目共睹的是包括苏格兰在内的全球许多地区再一次出现了创纪录的高温天气，以及毁灭性的野火和夺走生命的洪水，人们普遍认为这些灾难发生恶化是因为气候变化，即使不是由其直接造成的。

作为一个水电王国，苏格兰认识到可持续、负责的水资源管理对低碳、气候适应型经济的繁荣发展至关重要。水是苏格兰大多数重要经济部门的关键资源，特别是制造业、农业、食品和饮料行业、旅游和能源行业。同时水本身也是一个表现优异的行业，拥有多元化的供应链、成熟的创新支持生态系统、世界领先的研究基地以及备受推崇的治理和监管框架。

虽然我们很幸运苏格兰拥有丰富的水资源，但是我们要认识到积极行动以改善全球水资源安全的重要性。作为一个小而肩负责任的民族，苏格兰正在积极引领水资源的可持续管理，并与世界各地的合作伙伴们分享经验、相互学习。

不仅苏格兰地区，全世界都需要为应对气候变化采取迫切的集体行动。政府、组织、个人和企业需要通过共同努力来应对气候变化的挑战。没有人会质疑COP26的重要性，我们需要利用最好的观点来增强我们的理解，激发更有效的应对行动，并提供我们可以赖以发展的灵感。

很高兴本书能在COP26召开之际出版，并将苏格兰的工作也反映在书中。相信你们会认同，这本书为气候变化背景下水资源安全问题的讨论和理解做出的重要贡献。

苏格兰首席大臣 Nicola Sturgeon

于苏格兰爱丁堡

原书序 2

气候变化无疑是我们这个时代最大的挑战之一。这是跨越时代的、超越国界的，如果不立即采取行动，我们将继续看到全球变暖对地球的破坏性影响。从更强烈、更频繁的干旱和危险天气，到海平面上升和海洋变暖，所有人都会受到其影响。

现在，我们必须要比以往任何时候都优先考虑我们的江河湖海。水是宝贵的，从维持生命、烹饪和农业，到能源、卫生和运输对生态系统和人类社会都至关重要。在西方，我们经常奢侈地忘记对安全、清洁和可持续的水资源的依赖性。现在人类活动对土地和水资源的影响是广泛的，如果不优先考虑保护和实施清洁、绿色的管理，那么人类造成的有些变化可能无法逆转。

气候变化对水的影响还会因为许多其他因素而加剧。随着全球人口的增长和城市化进程的加快，以及我们寻求从有限的能源资源转型出来，我们正在给水系统带来前所未有的压力。实现水安全是达成可持续发展并为我们的星球保留安全和清洁的水资源的唯一途径。在此书中，Asit K. Biswas 和 Cecilia Tortajada 教授利用他们在水资源管理和政策方面的深厚知识，将世界领先的权威机构和决策者聚集在一起，指导我们应对水系统面临的挑战和风险，并讨论社会如何通过有效的水资源安全策略而朝着更广泛的可持续目标努力。

联合国宣布 2018—2028 年为水促进可持续发展国际行动十年，其首要目标是避免全球水危机。这将要求人类具有创新性和研究驱动力，并向那些应对环境变化的引领者学习。我的家乡苏格兰就是可持续发展的引领者之一。苏格兰有着世界上颇具雄心的气候目标，作为应对气候紧急情况的第一步，苏格兰政府推出了苏格兰气候变化法案，即实现 2045 年所有温室气体的净零目标。在 2020 年，苏格兰 97.4% 的电力需求来自可再生能源（Scottish Government 2021），行业机构 Scottish Renewables 表示，过去十年的发电量翻了三倍，相当于 700 万户家庭使用的电量（Scottish Renewables 2021）。在水资源安全和水资源可持续管理方面，苏格兰制定了创新的“水电王国”战略，促使苏格兰水资源可持续发展，从而实现苏格兰经济利益最大化。

事实上，格拉斯哥市，即本人所在单位格拉斯哥大学的所在地，它最有可能通过成为与水相关问题的研究、教学和技术创新的全球知识中心，进而来支撑苏格兰“水电王国”战略。今年，即2021年，格拉斯哥市将主办第26届联合国气候变化大会（COP26）。这是一件令人兴奋的事情，可以证明格拉斯哥以及苏格兰致力于应对气候变化和为子孙后代保护地球所做出的努力。COP26的举办地点将是苏格兰活动园区，刚好位于克莱德河畔，它是苏格兰民族历史上最重要的水路，也是“克莱德目标”的核心。苏格兰政府的“克莱德目标”致力于利用克莱德河推动苏格兰城市、地区的可持续和包容性增长。克莱德河曾经是造船、工程和工业增长的代名词，自旧石器时代以来，人们就沿着河岸定居，河中出土了史前独木舟。在罗马占领不列颠期间，是克莱德河维系着斯特拉斯克莱德王国的社区。在13世纪，第一座桥梁在该河上建成：这是格拉斯哥发展为城市的重要一步，在随后的几个世纪里，克莱德河成为与世界其他地区出口和进口资源的重要贸易路线。

自1451年以来，格拉斯哥大学的历史就与克莱德河的历史交织在一起。即使在今天，该大学的档案馆还收藏着数百份商业文件，这些文件详细描述了格拉斯哥在造船鼎盛时期于克莱德河上建造的船只。对于格拉斯哥大学而言，与流经城市中心的河流保持密切关系非常重要，是更好地发挥我们工作作用以释放河流潜力帮助社区转型的保证。在该大学所做出的贡献中，格拉斯哥河畔创新区（GRID）的开发非常关键。GRID环绕克莱德河两岸，为这座城市提供了在21世纪重构引以为豪的工业遗产和塑造格拉斯哥未来高科技产业领导地位的机会。GRID代表了大学和公民角色的不断变化在传统学术之外所起的作用，是通过加强地方、学术和研究之间的联系，支持国家政府实现包容性和可持续增长雄心的关键组织。克莱德河周边地区曾受到去工业化的沉重打击，在今天仍然能感受到造船业和重工业缺失的影响。在学习世界各地相似城市的经验和意识到河岸是复兴的核心时，重振克莱德河及其周边地区，该河将会再次成为格拉斯哥和苏格兰经济发展的关键驱动力。

“克莱德目标”和克莱德滨水区的重建是格拉斯哥大学工作的核心。然而，我们的机构还参与到许多维持和保护自然水资源的举措倡议中，并为世界各地生活在河流和海岸旁边的群体提供支持。

气候变化最令人担忧的因素之一是它对生态系统演变的影响，我们的河流和河流生态系统尤其脆弱。英国河流网络论坛显示，气候变化对河流的影响将包括水质变化、对湿地动植物的影响、生物多样性丧失以及强降雨增加导致的洪水风险增加（LSE 2021）。确切地说，2017 年气候变化委员会在《英国气候变化风险评估 2017 年苏格兰总结》中指出，自 20 世纪 70 年代以来，苏格兰的年降雨量已高出 20 世纪初几十年的平均水平的约 13%（Climate Change Committee，2017a ）。在格拉斯哥大学，专家们正在开展各种研究，以确定社会如何适应气候风险，尤其是洪水。例如，该大学水与气候研究小组的专家一直在探索一种用于洪水灾害测绘的新型人工智能（AI）方法，在该大学的同行也是欧盟资助的 OPERANDUM（OPEn－air laboRAtories for Nature based solUtions to Manage environmental risks）项目的主要合作伙伴，项目重点关注如何减少水文气候危害的灾害风险。这些同行还参与了使用基于自然的解决方案（NbS）来减轻洪水的研究，并与瑞典和菲律宾等国家的同行进行跨境合作，以了解和监测气候变化对河流和洪水的影响。由格拉斯哥大学领导的三角洲中心（Living Deltas Hub）还研究了世界各地三角洲的海岸临界点，以了解社会生态系统何时从一个状态转向另一个状态。如果一段海岸线迅速侵蚀，这片土地就会消失，任何这片土地上的社会活动也会消失，家园和生命亦不复存在。该中心致力于理解侵蚀在生物、物理、社会和经济机制方面的解释，特别关注红树林系统，旨在提出解决方案来改善该项目所覆盖三角洲红树林系统的保护或恢复。从该研究中可以获得一些经验教训，其中包括该中心用于揭示植物体对河道影响的方法，以及开发基于自然的解决方案以增强水路的复原力。

格拉斯哥大学邓弗里斯校区也是 NCR（National Centre for Resilience）的所在地，该中心与苏格兰的大学、研究人员、政策制定者、应急响应人员、志愿者和社区进行合作，以建立苏格兰对自然灾害的恢复力。此外，该大学的詹姆斯瓦特工程学院水与环境研究团队与世界各地的合作伙伴密切合作，研究环境的可持续管理，从废物中提取能源和资源，并使我们的河流、水利基础设施、水和废水服务能够适应气候改变。为了支持这项研究，该大学已在英国一些设备最好的环境实验室和水文设备投入巨资，相信我们会在分享知识和技能方面，发挥着重要作用，同时为苏格兰作为水电王国的地位做出了贡献。

格拉斯哥大学是苏格兰第一所于 2019 年 5 月宣示气候紧急情况的大学，为了进一步体现我们对可持续议程的承诺，我们还在 2020 年启动了可持续解决方案中心，以支持跨学科、跨校园和跨部门的气候变化解决方案。我们也是COP26大学联盟的主要贡献者。这个团体由40多所大学组成，共同致力从COP26中取得切实成果。格拉斯哥、苏格兰和整个国际高等教育部门都希望共同努力扭转气候变化。对于在格拉斯哥的我们而言，我们有信心作为水和气候研究的领导者来保护世界版图的每一个地方，同时影响改变世界的教学、培训和创新。

大学联盟已显现了我们在大流行期间的快速创新能力（从疫苗开发、诊断和病毒基因组测序），在适当的支持下，我们同样能够为气候紧急情况开发快速和创新的解决方案。大流行后的环境为加速合作和在学术界、工业界、政府和其他机构之间建立联盟提供了机会，以确保资源的有效利用以及技能、优势和实践经验的共享。气候变化是一个复杂的问题，仅靠一个机构或某个角色单独无法解决，而是需要多种知识、技术、技能和经验，特别是在面对水资源安全和保护我们最重要的全球资源方面。

虽然苏格兰地理面积很小，但是我们有大约19000km的海岸线（约占欧洲的8%）（Marine Scotland Information，2021）。我们拥有英国90%的地表淡水（Climate Change Committee，2017b），拥有世界上最干净的饮用水，99.1%的公共饮用水质量为佳（Health Protection Scotland，2019）。水不仅对我们的自然传承和身份认同至关重要，而且还是一种宝贵的经济资源，是价值2910亿英镑总自然资本的主要部分（Scottish Government，2019）。所有这一切，加上全球卓越的研究声誉，以及致力于为紧迫的全球挑战提供创造性解决方案的最聪明的研究者，意味着我们有能力为可持续的蓝色未来铺平道路，并为我们的子孙后代保护水资源。

英国格拉斯哥大学校长
Anton Muscatelli

原书前言

从长远来看，水安全和气候变化是世界上许多地方存在的严重问题，除非水资源治理和实践能得到大幅改善，同时应对气候变化有效的措施能及时实施。在撰写此前言之际，即2021年7月，世界正经历着前所未有的极端气候事件，包括加拿大不列颠哥伦比亚省及美国西部的高温热穹和大范围的森林火灾，德国、比利时和荷兰的严重洪水，以及美国加利福尼亚和其他西部州、巴西部分地区和世界许多其他地区反复发生的严重干旱。1998—2017年，干旱影响了至少15亿人，并导致全球至少1240亿美元的经济损失。在未来20年，由于洪水、干旱、森林火灾和山体滑坡而造成的生命损失以及极端气候事件造成的经济损失很可能会达到新高，这在5年前基本被认为不可能。

在水安全方面，过去几十年来，世界大部分地区一直在走不可持续发展路线。在过去，人口和城市化水平低于现在，总的用水需求大部分时间都能得到满足，在世界大部分地区，提供充足的、符合质量的水并不是一个严重和难以解决的问题。然而，持续的治理不善，包括水资源相关机构的低效运作，促使了全球水资源安全状况不断恶化。

个别国家的水安全已经进一步恶化，因为除了新加坡之外，世界上没有任何一个国家将水资源可持续性问题列入政治议程。一般情况，只有在发生严重干旱或洪水时，水才会成为政治上的优先问题。一旦这些极端水文事件结束，媒体失去了报道兴趣，水问题就会从政治议程中消失。

只有当核心决策者对要解决的相关问题持续感兴趣时，长期的水安全才能得以实现。制订切实可行的计划以确保水安全需要时间，这包括建设必要的与水相关的基础设施，并确保其得到妥善管理和运作，设立必要的法律、经济和行为工具以及运行机构以促善政。为实现水资源安全，还必须创造有利条件，以便允许采用先进技术。

现在世界拥有足够的知识、经验、技术和投资资金，以确保在未来10～20年内的水安全。但主要问题是这些资源并不一定会得到利用。很遗憾的是，没有迹象表明目前世界上大多数国家的治理不善可能得到快速转变。渐进式改进一直是过去几十年的模式，这阻碍了特殊商业实践的规划和实施。

与水安全相比，气候变化充满了不确定性，这在未来几十年内不太可能在某种程度上得到解决。虽然目前的大部分讨论仍主要围绕温室气体排放、全球平均气温上升和海平面上升，但还有许多其他因素可能会影响具体地区的气候。这反过来又会影响它们的水安全。这些因素包括人口数量和结构，城市化程度，经济增长速度和类型，能源使用类型和程度，农业实践和生产，各国政策，技术发展及其使用率和程度，不同社会不断变化的社会规范、观念和价值体系，不同反馈机制的形成以及其他一系列相关因素。

即使完美的气候模型能被开发出来（这在未来几十年还不太可能），由于社会、经济、政治、制度和人为因素，不确定性也始终存在。然而，不确定性并不意味着不可能制定并成功实施有效的应对措施。这意味着各国需要为气候变化下的水资源安全制订长期的应对计划，并基于新知识、更多可靠数据、技术发展、科学突破、社会观念和价值观的变化以及其他类似因素，进行严格定期重新评估。

新加坡就是一个很好的例子。它制定了 2060 年的水安全计划，其中明确考虑了气候变化的影响。内阁将每 5 年对这一计划进行严格的重新评估，并对相关政策做出必要的修改。

本书包含一系列关于气候变化下的水安全的论文，它们由世界各地的特邀作者撰写，并在 2021 年 10—11 月在英国格拉斯哥举行的 COP26 之前出版。我们非常感谢担任格拉斯哥大学校长的 Anton Muscatelli 爵士、格拉斯哥大学副校长 Bonnie Dean 女士和苏格兰政府水务行业团队水电国家经理 Barry Greig 对本书出版的鼓励和支持。我们还要感谢墨西哥第三世界水资源管理中心的 Thania Gomez 女士对本书的编辑和排版帮助。

英国格拉斯哥大学特聘客座教授

新加坡水管理国际私人有限公司董事

墨西哥第三世界水资源管理中心首席执行官

Asit K. Biswas

英国格拉斯哥大学社会科学学院跨学科研究部教授

Cecilia Tortajada

目 录

第 1 章　确保气候变化下的水安全

Asit K. Biswas and Cecilia Tortajada

摘　要： 水安全和气候变化是当前世界长期面临的两个主要问题。世界各地不断增长的人口、城市化和对更高生活质量的需求意味着未来将需要更多的食物、能源和其他资源。增加粮食和能源供应需要在整个生产和供应链上进行更有效的水资源管理。必须要以某种方式使这些要求都得到满足，从而显著减少排放到大气中的加剧气候变化的温室气体。从历史上看，全球对水的总需求量一直在稳步增加。目前，全球约 70%的水用于农业，20%的水用于工业，10%的水用于家庭。在这三个用水需求方面，目前有很多方法可以大大减少对水的需求。农业产量可以在更少的用水量情况下大幅提高。生活和工业废水可以收集、处理和再利用，通过适当的管理，可以实现这种良性循环。虽然利用现有知识可以在理论上确保全球水安全，但对气候变化的考虑使得全球水安全保障成为一项非常复杂的任务。这主要是因为对未来极端降雨的预测存在很大的不确定性，这种不确定性会进入到河流流域和次流域的径流预测中，而这些流域和次流域往往是水资源规划的单元。本章回顾和评估了那些我们可以做的事情，以确保国家以及整个世界的水安全。随后，本章从水安全的角度分析了决策者和水资源专业人员在应对气候变化方面可能面临的风险和不确定性。

关键词： 水安全；气候变化；用水效率；水文气候模型

1.1　背景

水安全和气候变化是人类目前面临的两个主要问题。这两个问题在未来数十年内将仍然是严重的全球问题，因为与这两个问题有关的大多数问题将继续随着时间和空间而改变。虽然这两个问题长期且重要，但目前世界还面临着许多其他严重问题。全球人口的稳步增长可能是首先要面对的重要问题。当前全球人口约为 78.5 亿人，到 2050 年可能增加

A. K. Biswas (✉)
University of Glasgow, Glasgow, UK
e－mail: prof.asit.k.biswas@gmail.com
Water Management International Pte Ltd., Singapore, Singapore
Third World Centre for Water Management, Ciudad López Mateos, Atizapán, Estado de México, Mexico
C. Tortajada
School of Interdisciplinary Studies, College of Social Sciences, University of Glasgow, Glasgow, UK
e－mail: cecilia.tortajada@glasgow.ac.uk

到97亿人，到2100年可能增加到110亿人（UN Population Division 2019a）。2019年，55.7%的人口居住在城市地区，预计到2050年这一比例将增至68%，到2100年将进一步增至85%（UN Population Division 2019b）。这意味着全球人口将越来越多地集中在城市及其周围地区。这将给城市及其周围地区的保障（主要是人类需求）带来越来越严重的压力，如粮食、能源、水、其他自然资源、环境、公共卫生、医疗和所有其他形式的社会服务、住房、土地使用、运输以及许多其他相关问题。

此外，在今后几年中，减缓贫困将受到重视，重点是提高所有人的生活水平、工业化水平，以及各种形式的社会需求，包括创造就业、更好更高效的互联互通和更好的环境（Biswas 2021）。

世界面临的所有这些重大问题都是相互关联的。人类未来的动态变化不是由任何一两个问题决定的，而是由许多问题的相互作用和影响决定的。例如，人口的增加以及对稳步提高生活标准和质量的追求将意味着需要更多的粮食、能源和其他物资，除非在生产和使用这些物资的效率上发生重大变化。要增加和确保适当的粮食和能源供应，就要在它们的生产、供应和使用过程中，进行可持续和更高效的水资源管理。同样，其中许多发展可能意味着，除非采取特别措施，否则可能会向大气中排放更多的温室气体，这些温室气体可能导致全球变暖，并通过许多途径导致气候变化，有些途径目前已知和可识别，但有些还不为人所知或尚未充分了解。这可能进一步引发一系列额外的二阶问题，严重影响现有的粮食生产和供应安排、能源需求和使用模式以及水管理做法和流程。

在今后几年里，重要的是要确保一个办法在解决一个主要问题的同时，不会在其他领域和/或地区造成问题。这在以前是一个反复出现的问题，也就是说，解决一个问题的方法常常会在别的领域造成严重问题。因此，在寻求解决方法的过程中，重要的是要考虑和评估相互关联的各种问题，而不是只考虑任何一个具体的个别问题。从技术上、体制上和国家层面上看，采取这种全面的分析和评估框架正变得越来越复杂和困难。

气候变化已经对世界产生了严重影响。图1.1显示了1998—2007年不同收入水平国家因气候相关灾害造成的经济损失占国内生产总值的百分比。与高收入国家相比，低收入国家的经济损失占国内生产总值的比例要高得多，几乎是高收入国家的4.5倍。这意味着低收入国家不仅面临更高和更广泛的损失，它们的资金、管理和行政专业知识更少，适应和使用技术的机会更少，而且机构能力不足。这些限制在未来不太可能有明显的改变。因此，低收入国家因气候相关灾害而造成的经济损失极有可能大幅增加。这可能进一步加剧富国和穷国之间的不平等，以及加剧低收入和中低收入国家中富人和穷人之间的不平等。这将使本已严重的局势进一步恶化。

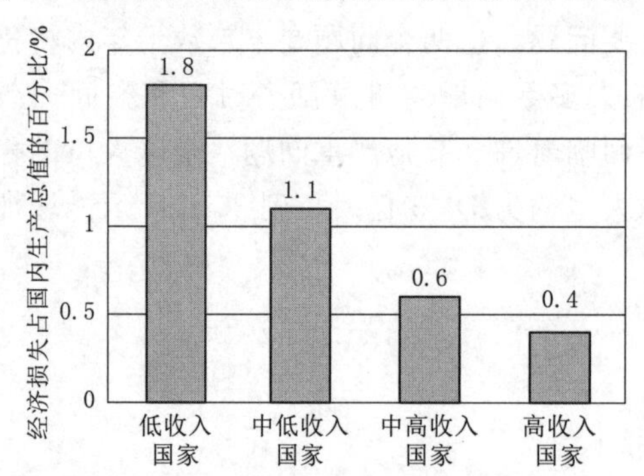

图1.1　1998—2007年，气候灾害造成的经济损失占国内生产总值的百分比
［改编自 Wallemacq 和 House（2018）］

1.2 水安全

2000 年 3 月在海牙举行的第二届世界水论坛上的部长级宣言，将水安全定义为："确保淡水、沿海和相关生态系统得到保护和改善，可持续发展和政治稳定得到改善，每个人都能以负担得起的成本获得足够的安全水，过上健康和富有成效的生活，而那些脆弱的人群也受到保护，免受与水有关的灾害风险。"

虽然水安全还有许多其他的定义，但所有这些定义都大体相似。它们都直接或间接地指出，水安全意味着每个人都有可靠的途径随时获得足够数量和适当质量的水，可靠和及时地供给所有社会和经济需要，适当质量的水质得到维持，人们可以免受与水有关的灾害。

虽然在概念上，国家或国家以下各个层面就水安全的定义达成共识可能比较容易，但确保一个具体区域或国家的水安全有关的问题却是异常复杂的。此外，很难制定涉及水安全的所有组成部分的政策，更不用说及时适当地执行这些政策了。由于水安全问题的不同部分总是在空间和时间上发生变化，因此问题将进一步复杂化。此外，社会对促进水安全的各种因素的态度和看法也在不断变化。因此，在操作层面，制定确保水安全的政策极其困难，更不用说执行这些政策了。

归根结底，有许多因素有助于界定水安全。它们涉及许多问题，包括人口增长的范围和结构，城市化的程度和结构，气候、土壤和土地利用特征，所涉机构的体制和治理能力，对水的持续政治热忱程度，经济和行为方面如何管理和使用水，人们对各种与水有关问题的态度和看法，技术进步及其采用率以及许多其他因素。水安全归根结底是所有这些相互作用、常常相互关联甚至相互冲突的问题的结果。这些复杂性和历史上几乎所有国家的高级决策者在其政治议程中很少将水作为长期优先事项的事实，使得几乎所有国家都难以实现水安全（Biswas and Tortajada 2019a），唯一的例外是新加坡。

从历史观点上说，世界上有三种主要的用水方式，即家庭用水、工业用水和农业用水。在过去的 30～40 年里，环境用水分配是一个相对较新的概念。它正在成为一个日益重要的问题，但是，迄今为止，很少有国家划出一部分水专门用于环境。任何国家如果要保证水安全，都必须长期满足所有这四种类型的水需求。

在本章中，将简要探讨历史上三个主要水用途的水安全及其复杂性，特别是因为大多数国家都没有划分出环境用水。

1.2.1 家庭用水安全

人类的生存需要有充足的生活用水，这无疑是所有国家最重要的社会政治考虑因素。《古兰经》明确规定，人类在水的使用中享有第一优先权。此外 2010 年 7 月 28 日，联合国大会明确表示水和公共卫生是人权，并认为清洁饮用水对实现所有其他人权至关重要。然而，该会议没有专门提及工业和农业用水，只是一带而过（Brooks 2008a）。

只要考虑前面提到的定义中所包含的几个基本问题，就可以确定水安全的复杂性。例如，一个人过上健康和高质量的生活所需的"足够数量和质量"的水究竟是什么意思？乍一看，这似乎是一个相当简单和直接的问题，大多数人没有给予太多认真的思考或关注。事实上，这个问题相当复杂，很难给出有满意的答案。

目前现有的经验研究明确表明，用水量对人类健康和福祉有重要影响。然而，对于这样一个简单的问题却没有简单的答案，比如人类需要满足什么样的日常用水需求才能过健康和高质量的生活呢？即使是人类基本生存所需的水也不容易定义。这取决于许多因素，包括体型、气候、个人的工作类型，以及他们的社会文化背景和生活方式。

通常，每人每天的基本生存用水需求约为4L。然而，生存需求与过健康和高质量的生活所需的水有很大的不同。不幸的是，关于人类过上健康生活的日常用水需求的实际研究非常有限。

据我们所知，目前只有一项关于这一重要和根本问题的全球研究。即使是这项特殊的研究，也是在半个世纪前的1960—1970年在新加坡进行的。它试图将所用水量与新加坡所有医院报告的水传播疾病发病率联系起来。不出所料，它的结论是，随着家庭用水量的上升，疾病事件逐渐下降。然而，当人均每天用水量超过75L时，用水量的增加对健康状况似乎没有任何显著提升。因此，也许可以得出每人每天75L的用水量代表了最低标准，至少对于那时的新加坡来说是这样（Biswas 1981）。超过75L的其他用水没有产生任何显著的健康益处，它们主要和审美、个人偏好或便利性有关。

不幸的是，在世界其他地区，特别是近年来还没有进行类似的研究，以便得出适当的结论。如果没有这种明确的结论，就不知道该用多少的人均日用水量，去估算一个城市或一个国家的生活用水安全保障。

目前的一些数据和趋势表明，新加坡每天人均用水量约为75L的结果，在世界其他地区也可能有效。对来自欧洲各城市人均每日用水的最新资料的评估表明，或许70～80L足以使一个人过上健康和高质量的生活。比利时的几个城市中心已经成功地将目前的人均日用水量控制在70～80L范围内。这些用水量似乎对居民的健康没有任何不利影响。西班牙城市，如巴塞罗那、萨拉戈萨、瓦伦西亚、塞维利亚和穆尔西亚已经见证了人均日用水量从2000年开始稳步下降（Sauri 2019）。对于这些城市来说，现在不到100L。这些城市目前掌握的信息显示，人均日用水量仍然呈下降趋势。爱沙尼亚首都塔林的用水量现在低于每人每天90L。

英格兰和威尔士的水资源监管机构OFWAT已经表示，所有水务公司应努力在2050年将人均日用水量减少到2020年用水量141L的一半。这意味着到2050年，人均日用水量应为70～71L，这个数字与50年前新加坡的水平相似。

不足为奇的是，全球人均用水趋势并不统一。对大多数国家来说，近年来人均用水量的总体趋势是下降的。这些国家包括美国、澳大利亚、日本、所有欧洲国家和新加坡等。下降的程度往往因国家而异，也因城市而异，哪怕同一个国家的不同城市也不同。然而，这种下降并不是普遍趋势。世界上一些国家和城市的人均用水量一直在增加，如卡塔尔和柬埔寨的金边（Biswas et al. 2021）。过去五年，卡塔尔的人均用水量稳步增长。目前，卡塔尔平均用水量为每人每天590L。这可能是世界上所有城市中最高的生活用水量之一。

人均用水量只是生活用水部门评估生活用水安全的考虑因素之一。同样重要的是，由于泄漏、管道破裂、未经授权的连接以及其他无法解释的原因，自来水公司损失了大量的

水。这种损失通常是相当高的。在印度、墨西哥、尼日利亚和斯里兰卡等许多国家，许多城市的自来水损失超过50%，这并不罕见。在许多发展中国家的城市，甚至是缺水的中东沙漠国家的城市，35%或更多的不明原因的水损失现象相当普遍。

即使在美国和加拿大这样的高度发达国家，一项综合研究表明，2012—2018年，水管破裂率增加了26%（Folkman 2018）。在这两个国家安装的水管中，铸铁和石棉水泥管道占41%左右，在2012—2018年，它们的破损率增加了40%以上（Kolman 2018）。在世界上经济和技术最发达的国家美国，每年有超过80亿L的水流失。这相当于所有经过处理的水的14%～18%。

泰晤士水务公司是40多年来为数不多的完全由私人经营的水务公司之一，也是英格兰和威尔士最大的水务公司，因其对水泄漏的一贯管理不善，在2018年被水务监管机构Ofwat罚款1.2亿英镑用来补偿客户损失。英格兰和威尔士的私有化水务公司每天因漏水而损失约31.7亿L水，约占其总产量的21%（PwC 2019）。由于各种原因，在过去20年中，英格兰和威尔士在减少漏水方面基本上没有任何改进（图1.2）。

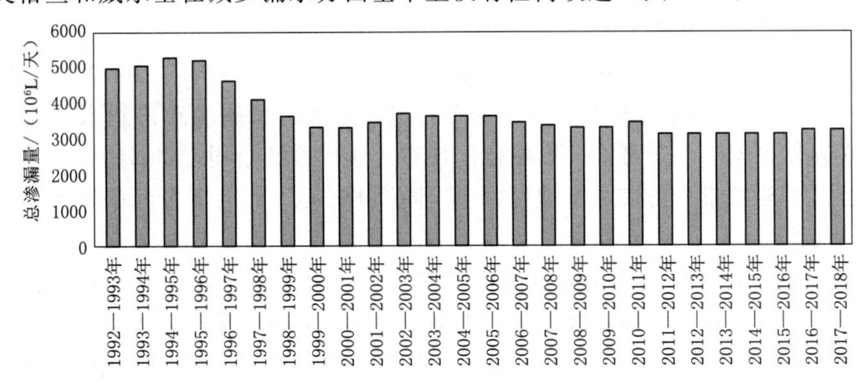

图1.2 英格兰和威尔士的历史水泄漏

（来源 PwC 2019）

因此，有一个基本问题，那就是未来的水安全评估是否应该自动接受这些类型的重大损失，或者应该考虑使用现有知识、技术和管理能够达到的更低水平的损失？这个问题决策者和水行业通常都没有问过，更不用说回答了。例如，像东京这样的城市目前只损失了3.9%的水，是世界上水损失较少的城市之一。在新加坡，损失约为5%。未来的生活用水安全评估，如果考虑50%、20%或5%的损失，需要的水资源量将会非常不同。

水务专业人员和决策者需要回答的问题，是水安全评估应考虑普通公民应能像欧洲许多城市中心现在这样获得每人每天70～80L水，还是在水安全评估中仅仅考虑在未来几年逐步提高其目前的人均水使用量。

根据不同的决定，确保社会安全的用水要求将大不相同。如果按“一切如常”的情景，有效的估计可能只有30%～35%。在评估水安全时，不仅在生活用水方面存在重大不确定性，在工业用水和农业用水方面也是如此。

1.2.2 工业用水安全

估算家庭用水需求的不确定性也同样存在于工业部门。存在许多因素最终将影响工业部门的水安全保障。工业部门的用水需求可以通过更好的管理实践，采用现有的新的和具有成本效益的技术来改善生产过程，并使其首席执行官认识到，如果他们的企业要生存和发展，就必须从根本上改变他们个人对水的重要性和相关性的看法。虽然有迹象表明，这种情况已经发生，或正在一些公司发生，但令人遗憾的是，绝大多数首席执行官仍然没有认识到他们现有的商业模式中存在的水和气候风险的范围和程度。虽然越来越多的公司开始意识到水安全对其业务的重要性，但不幸的是，相当大比例的行业仍然没有意识到或认真地、定期地考虑这些风险。

虽然近几十年来，全球工业用水需求所占份额稳步上升，但在一些公司特别是跨国公司单位工业产出的用水需求一直在稳步下降。目前的趋势表明，不但在今后几年中可能继续大幅度下降，而且越来越多的跨国公司和国内公司今后将出于必要和声誉原因追随这些趋势。如果发生这种情况（很有可能发生），那么未来几年，工业用水安全估计将大幅下降。

水和能源紧密相连，对世界上任何地方的任何行业的运作来说都是绝对必要的。没有水就不能生产能源，同样，没有能源就不能生产和使用水。提高其中一种的生产和使用效率，将对另一种产生积极的影响。

虽然工业需要水来发挥作用，但生产相同工业产品的用水需求往往有很大差异，这取决于生产这些产品的公司的地理位置、生产流程和管理。那些能意识到水的重要性和价值，以及气候和水风险上升可能会影响他们现有商业模式的公司，和那些挥霍无度的公司比起来，往往需要数量少得多的水就可以生产同样的产品，而后者生产相同产品可能需要 2～10 倍的水。

2000 年以后，许多跨国公司的首席执行官们开始意识到他们未来扩大发展过程中的风险，甚至是最终生存的风险，除非他们在制造过程、原材料采购过程中变得越来越节省水，并明确考虑水和气候相关的风险。那些已经意识到水安全和气候变化对其业务平稳运行的重要性的跨国公司和国内公司已经开始明白，为了自己的长期生存和发展，必须考虑采取全面和协调的办法，充分考虑到这些新出现的因素所造成的风险。因此，它们已开始稳步提高其生产过程中所需的包括水在内的所有资源的使用效率。

与能源生产有关的过程和所有类型的制造必然会造成温室气体排放，最终影响气候。公司使用各种类型的自然资源和化学制品来生产不同类型的产品。提高资源利用效率是一项重要的考虑事项，但仅靠这一点是不够的。归根结底，每个行业都必须清楚地理解和认识到能源、水、其他资源、温室气体排放和气候变化之间的相互关系。每个行业都需要以不断改进的整体和战略方式来处理这些复杂的相互关系。专注于提高某一特定资源的效率，虽然也许是该公司最重要的资源，但可能无助于构建一个最优的、在经济和环境上有效的长期解决方案。

从 2000 年初开始，许多大型跨国公司开始考虑他们的制造工厂的用水模式和管理方式。他们也对其供应链的用水方式表现出越来越大的兴趣。这些持续的兴趣和关注已经使得他们在生产过程中大量节水，并降低生产各种产品所需原材料的用水需求。所有这些改进的最终结果意味着工业部门的水安全正不断朝着积极的方向发展。20 年后比 2000 年少得多。目前的迹象表明，到 2030 年，这些估计值可能比现在还要低。

像世界上最大的 100 家公司之一的 Nestlé 公司，就是一个证明上述观点的很好例子。

从 2005 年到 2013 年，它大大减少了每一种产品类别的直接用水。在此期间，它成功地将每吨产品的总需水量降低了 33.3%（Brabeck－Letmathe 2016）。从 2003 年至 2013 年，每吨产品的废水排放量进一步下降 60.1%，总排放量也减少了 37.2%。此外，Nestlé 公司在 2013 年回收或再利用了 670 万 m^3 的水，进一步减少了水足迹。从那时起，Nestlé 公司在水的利用方面逐渐变得更好。

2010 年，Nestlé 公司开始了一项为期 3 年的研究，测量农场层面的用水消耗。该公司为其在世界各地的工厂所需要的不同作物制定了一系列良好的做法。之后，Nestlé 公司主动向农民分享这些发现，以改善他们的用水方式。此外，成千上万的 Nestlé 公司农学家与农民合作，改善他们的用水习惯，从而减少农业用水。通过确保化肥和杀虫剂的有效和及时使用，农业径流的质量也得到了改善（Tortajada and Biswas 2015）。

通过不断投资于技术和工艺以及改进管理，Nestlé 公司继续定期和逐步减少其用水需求。例如，从 2010 年至 2020 年，该公司将生产每吨产品的直接取水量减少了 32%。在西班牙等一些国家，Nestlé 公司在同一时期成功地将其每吨工业产品的用水量减少了近 50%（Nestlé 2020）。

自 2005 年以来，许多国际和国内的大型工业企业在数量和质量方面都同样减少了其用水足迹，并在用水方面实行循环经济。Nestlé 公司只是一个例子。过去 15 年拥有类似良好水管理记录的其他跨国公司包括联合利华、可口可乐、百事可乐、宝洁、耐克、通用磨坊和奇华顿。

一般来说，大型工业公司如今越来越多地采用三个阶段的过程来管理它们的水。

第一阶段，公司会严格评估当前生产过程的所有环节，以确定哪些方面可以减少水的消耗。第二阶段包括妥善处理工厂产生的废水，使其可以在工厂内部用于不同的目的。第三阶段，无论何时何地，只要有可能，他们都会跳出常规思维采用非常规技术，从工厂生产产品所用的原材料中提取水。

第三阶段的一个很好的例子是 Nestlé 公司从其加工厂的牛奶中提取水。牛奶含有大约 87%的水。当它被加热来生产奶粉或炼乳时，通常牛奶中的水被简单地蒸发，然后挥发到大气中。然而，当考虑到水的隐形成本时，在经济学上就有必要开发一个过程以获取牛奶加工中产生的水蒸气，并使其冷凝为水。之后，对这些水进行适当处理，去除矿物质和细菌等杂质。最后，这些再生水被用于满足植物的用水需求。

Nestlé 公司在位于墨西哥哈利斯科东北部干旱地区的 Lagos de Moreno 牛奶工厂首次尝试了这一过程。这个零水工厂不再需要从当地水源获取水。在干旱的 2018 年，这家工厂甚至把多余的再生水卖给了附近的工厂。在成功之后，Nestlé 公司同样改变了其在干旱缺水地区的一些其他牛奶工厂，如加利福尼亚州莫德斯托、南非的莫塞尔湾和中国青岛的工厂。Nestlé 公司计划将其位于缺水干旱地区的其他牛奶加工厂改造为零水工厂。这种创新和不寻常的做法非常显著地改善了公司的长期水安全。

未来可能会出现越来越多类似的打破常规思维的转型做法，这将大大减少行业对水的需求，并有助于改善其水安全。

各大公司至少有两个重要的理由来逐步改进它们的水管理做法和过程，这可能有助于它们的水安全要求。首先，他们越来越意识到，如果没有可靠途径获得足够数量质量的合格水，让供应商可以去购买工厂生产所需的原材料，而后提供充足的质量达标的水去生产产品，那么这将会带来风险。其次，良好的水资源管理已经成为大公司的声誉问题。在过去的十年中，企业处理其经济发展、社会关系和治理（ESG）问题的方式已成为投资者越来越关注的因素。股东积极行动，以确保所有大公司遵循良好的 ESG 行为，已成为他们日益重要的考虑因素。国内和国际媒体都在越来越多地评估个别公司的 ESG 评级。他们的股票价格可能取决于他们的 ESG 表现，而在十年前 ESG 还不是一个重要的考虑因素。

未来几年，上述两个理由对企业来说都可能变得越来越重要。因此，为了被认为是良好的企业实体，公司高层可能会被迫不断提高他们的资源使用效率，包括水的使用效率，并显著减少温室气体排放。这将意味着它们的水和能源使用将继续变得越来越有效率，产生的废水数量将逐渐减少，再利用和循环利用将逐渐成为常态。此外，废水可能按更高标准处理，并在工厂内再利用。所有这些发展将使得工业界逐渐地在水安全方面做得更好，因为他们的水需求在将来会变得越来越少。

所有这些发展都意味着，在 2026—2050 年，对越来越多的大公司来说，工业用水的需求很可能比 2020—2025 年大大减少。

1.2.3　农业用水安全

农业用水对于水安全的重要性和相关性是另一个需要重新考虑的话题。目前，农业用水最多，约占全球用水总量的 70%。近年来，按百分比计算，农业用水占总用水的比例一直在稳步下降。但是，从用水总量来看，农业用水需求仍在增加。

事实上，在几乎所有国家，通过更好的管理手段和更有效的技术，可以用更少的水生产出类似甚至多得多的农产品。大多数国家，包括那些最发达的国家，农业用水效率低下，常常是非常低下。因此，在不影响生产力或总产量的情况下，有相当大的余地大大减少农业用水需求。

中国就是一个很好的例子。从 2010 年左右开始，中国农业用水管理方式有了明显改善，农业总产量有所提高，但每公顷灌溉土地用水量却稳步下降。1990—2012 年，中国谷物产量增长 35%，棉花产量增长 80%以上。在这 20 多年中，全国农业用水总量仅略有增长，从每年 3740 亿 m^3 增加到 3880 亿 m^3。然而，在此期间，每公顷灌溉土地使用的水减少了 22%（Doczi et al. 2014）。

中国计划到 2030 年进一步大幅度提高农业生产。然而，通过每公顷灌溉土地的用水量稳步减少，将实现这一目标。通过增加投资、机构改革以及加强和稳步采用最新的技术发展（包括信息技术、人工智能和数据分析），与用水和农业生产有关的所有做法和进程将变得更加有效。其他国家可以且应该效仿中国，在未来大幅减少农业用水。这些措施将大大减少农业生产的用水需求，从而加强水安全。

在农业生产的水安全评估方面，水行业目前并没有比较先进的做法，未来的水安全评估将是现在的延伸，只会略有改善。然而，设想很可能是难以立足的。农业用水需求是世界上最大的用水需求，在未来几十年中，大多数国家的农业用水需求极有可能大幅下降。这将使目前的水安全评估越来越无关紧要。因此，如果今后要保证农业生产用水安全，世界除了加强对水安全的评估别无选择。

1.2.4 水循环和水安全

近年来，一个没有引起太多关注的重要问题是，在考虑用水循环的同时也要考虑水安全影响。煤炭、石油和天然气等不可再生能源生产材料在使用后分解成不同的成分。这意味着，产生能源的材料不能在首次使用和唯一使用后重复使用。

然而，水是一种可再生资源，它可以使用，而废水可以在收集和适当处理后重复使用。如果拥有良好的规划和管理，以及稳步发展的技术，那么这个周期可以继续无限循环下去。根据废水处理的范围和质量以及处理过程的可靠性，处理后的废水可用于所有目的，包括直接作为饮用水。

使用经过适当处理的废水作为生活用水的直接来源并不是一个革命性的想法，尽管目前只有一个城市这样做。纳米比亚首都温得和克 50 多年来一直使用再生水作为饮用水的直接来源。纳米比亚是一个内陆的非常干旱的国家，包括其首都在内都无法获得足够的水源。因此，半个多世纪以来，该市收集了生活废水，对其进行了充分处理，然后直接作为饮用水（Tortajada and van Rensburg 2019）。到目前为止，该市尚未因长期使用再生水而面临任何健康问题。

非洲的温得和克出人意料地成为将再生水直接用于饮用水的全球先锋。这印证了那句老话——需要是发明之母。数十年后，新加坡也跟随温得和克的脚步开始使用经过处理的废水，这种水被称为“新水”。经过处理的废水质量比目前供应给市民的自来水要好。因此，这种经过处理的高质量废水主要供应给需要高质量水的硅片工业制造。剩余的再生水将加到供应新加坡生活用水的水库中（Tortajada et al. 2013）。

缺水和供水的不确定性导致美国几个城市中心考虑使用再生水，包括用于饮用水（Smith et al. 2017）。温得和克 50 多年、新加坡和美国加利福尼亚州的奥兰治县近 20 年来一直证明，回收水可以安全地用于饮用目的，而无须担心任何健康问题。几十年前，技术问题已经得到解决。现在的主要问题是心理问题。许多人仍然对饮用再生水的想法感到不自在。然而，随着总用水需求的增加，以及没有符合成本效益的新水源可供利用，世界不同地区的许多城市中心将别无选择，只能认真考虑这一问题，以确保其长期用水安全。说服人们回收废水可以安全饮用，这可能是一个挑战。

气候变化使世界许多地区的干旱比以往任何时候都更加普遍。此外，干旱往往持续较长时间，而且越来越严重。澳大利亚的千禧年干旱和 2012—2016 年的美国加利福尼亚州干旱就是很好的例子。这意味着许多城市中心，无论是否愿意，将被迫考虑饮用再生水的方案。因为如果想确保水的安全，就不太可能有太多的选择。这些发展将意味着今后用于家庭和工业目的的用水可能会多次循环利用。水被使用，废水将被收集和处理，然后将再用于家庭和工业。在未来，这种良性循环可能会在许多城市逐渐成为常态。这些发展以及公众逐渐接受再生水为家庭供水来源，将有力地促进城市未来的供水安全。

新加坡进一步加强了它的水安全，主要方式是通过收集分布在这个城市国家近 2/3，被认为是其城市集水区的降雨。这一大片地区的雨水通过排水沟、运河、河流、雨水收集池和水库等广泛的网络进行收集。这些沟渠、运河和河流总共约有 8000km 长。所有收集的雨水都经过处理，然后作为国家生活和工业用水的重要来源。这极大地促进了该国的水安全。

随着气候模式变得更加极端和不可预测，雨水排水系统不仅能收集雨水，而且能在控制洪水方面发挥重要作用。例如，在新加坡，自 2014 年 1 月以来，所有 0.2hm^2 或以上的新开发项目和重建项目都必须实施“源”解决方案，以减缓可能进入公共排水系统的暴雨水径流。这些现场储存设施包括滞留池和雨花园等。

这种特别的设施不仅帮助新加坡收集其指定集水区的大部分雨水，而且能在大雨后缓慢地向公共排水系统排放雨水，使新加坡能够更有效和更高效地管理城市洪水。

上述讨论表明，水安全的概念在某种程度上是无固定形式的。各个国家，特别是城市，有许多政策选择，可以稳步降低对生活和工业用水的需求、广泛处理和重复使用废水来扩大供应，并采取非常规政策，比如在城市收集雨水并将其用于生产目的，以此来帮助它们加强水安全。未来农业用水需求的显著减少意味着保障 2030 年水安全所需要的水要比保障 2010 年水安全所需要的水要少得多。

1.3　气候变化

如何将未来可能的气候变化特征与气候波动因素无缝地集成起来是一个重要的问题，一般的政策制定者，特别是水务专业人员，迄今为止并没有给予太多的关注。这些气候波动因素在过去经常出现，也将继续在未来发生。从历史上看，气候波动已被认为是既定事实。过去几十年来，水文学的发展已足以在水资源规划、经营和管理方面充分考虑到气候波动的因素。我们现在有足够的知识、经验、技术和管理方面的技能来有效应对气候波动，没有足够的知识、经验和处理相应问题的经历来处理气候变化因素预测中固有的风险和不确定性，以一种具有成本效益的方式充分规划、操作和成功管理特定的水资源项目。

水文学家和气候学家之间持续和普遍脱节，是无法将气候变化因素纳入水项目的重要原因之一。气候变化的影响经常通过一些媒介被人们感知到，其中一个主要媒介就是通过水的视角。处理气候变化问题的气候学家主要关注平均水平，例如平均气温如何上升，或者未来平均海平面如何上升。相比之下，水务专业人员对平均值兴趣不大。水利工程的规划、设计和管理以极端水文事件为基础。例如，城市洪水管理的设计不是基于平均降雨量，而是基于极端降雨，如预计 50 年或 100 年的最大降雨量，这取决于对城市可能造成的损害。估算一个城市的最大可能降雨量，即使到 2070 年，在气候变化以及土地利用变化和城市化程度等其他因素下设计一个具有科学性和成本效益的雨水处理系统，这在当下更多是一门艺术，而不是精确的科学。由于气候变化，目前设计雨水排水系统以抵御 100 年一遇降雨的城市面临着前所未有的不确定性。

对于大型水力基础设施（如大型水坝）来说，情况甚至更糟，目前的做法是能够抵御 500 年一遇甚至 1000 年一遇的特大洪水。在过去，以任何程度的确定性来估计这种具有非常长重现期的洪水通常很困难。气候变化和其他可能影响其设计的主要因素，如植被覆盖、降雨模式、城市化水平、土地利用模式、植树造林/砍伐、社会对可接受风险的观念和看法的演变，以及许多其他水文气候、社会、经济和政治因素，使估算大洪水变成一个极其复杂和困难的过程。因此，由于需要考虑的每个相关因素的不确定性很高，主要水利

工程过度设计或设计不足的风险成倍增加。在我们目前的认知状态下，气候变化使得一项困难的任务变得几乎不可能完成。

大坝可能发生的最大洪水通常是通过考虑流域可能同时发生的最坏的水文和气象状况来估计的。这样的估计一直是保守的。即使在气候变化时代之前，最终的估计也总是取决于有关专家的判断、经验和风险承受水平。

如果说所有这些早期的复杂性、气候变化的不确定性是重叠的，则最终估计的可靠性是难以预测的。由于过度设计或设计不足的风险已经明显增加，因此对水利工程成本的估计可能因设计洪水水平而差异很大。这可能导致由于高估计成本而决定不建造该项目。或者，如果对可能发生的最大洪水估计不足，并且结构已经建成，那么在某个时间它确实存在失败的危险，从而造成灾难性的后果。在目前的知识阶段，由于气候和其他变化因素的存在，不可能因为设计考虑了前所未有的河流径流，就判断一个工程是设计得当、设计过度还是设计不足。与这些估计相关的风险和不确定性是巨大的。这是许多尚未得到气候学家或水专家充分重视的问题之一。

目前，预测未来气候的主要手段是利用全球环流模式（Globle Circulation Models，GCMs）。现在大约有 40 种不同的模型。即使在大国的水平上，各种大气环流模型也没有给出相似和一致的结果（Strzepek et al. 1996）。这并不奇怪，因为气候是一个耦合的非线性混沌系统。尽管近年来我们对水文气候因素的认知有了显著提高，但仍有许多气候过程尚未完全了解。因此，这些复杂的过程在构建全球环流模式时必须简化，这为预测结果带来了不确定性。

此外，水的规划一般是在流域或次流域一级进行的。不幸的是，在目前的认知状况下，向下运用全球环流模式去预测流域或子流域的河流流量，无论哪个规划单元，给出的结果的可靠性基本上是未知的。城市中心考虑的是城市层面的雨水管理，城市层面的规模甚至比河流流域小得多。全球环流模型不适合在流域、子流域或城市层面预测未来可能的气候情景（IPCC 2014）。

1.4 结束语

毫无疑问，未来几十年的气候变化将影响水资源活动的规划、设计、建造和操作。气候变化的社会、经济、政治、环境和制度影响在未来的空间和时间上都将非常重要。这些是复杂的、非线性的和相互关联的问题。有许多已知的和未知的反馈回路，这些反馈回路目前还没有被完全理解、领会，甚至是知晓。目前大多数国家和国际组织对于水规划和管理相关的未来气候情景，没有做出合理可靠和可操作的预测，因为有两个因素阻碍着他们，一个是缺乏对各种物质、社会、经济、环境和政治力量在空间和时间上如何相互作用的了解，另一个是缺乏在一段合理时间内可靠的数据和信息。

在我们目前的认知状况下，由于气候变化带来的风险，存在着许多不确定性，这些不确定性将继续阻碍水务行业确保单个国家和城市的水安全。其中包括但不限于未来的全球排放情景，预测这些情景可能如何在空间和时间上影响未来全球、区域和地方的降雨和温度模式，解释它们在不同尺度上对水循环的总体影响，评估未来几年可能出现的科技突破的类型和程度，从而使我们能够更好地了解、预测、改善和适应各种气候变化情景及其潜在影响。在未来的许多年里，这些很可能是专业人士将继续面临的一些主要挑战。

虽然气候的不确定性很大，而且需要时间去适当地理解和认识这些不确定性，但可以通过使水的管理、使用方式和过程变得越来越有效和公平，从而合理地保证未来的水安全。正如本章前面所讨论的，几十年来，世界的水资源管理实践一直处于不可持续的状态。这些都可以得到很大的改善，用更少的水可以做更多的事情。世界各地有许多例子表明，运用良好的做法可以利用更少的水获得非常好的结果。所有这些良好做法都需要加以识别并适当地记录下来，特别是在使这些结果成为可能的条件。这些尝试将大大改善个别城市、州和国家的水安全。

为了在可持续发展的总体框架内成功并合理地规划水行业，知识发展需要远远超过目前现有的水平。在合理的时间内成功地应对这些挑战将取决于气候-水文模型之外的部分。适应政策和具有成本效益的各种缓解措施，必须根据它们的总体有效性来制定。制定的政策必须得到适当执行。同样，在水安全和气候变化领域，有许多影响这些领域的因素可能随时间和空间而变化。因此，为确保水安全，在拟订长期计划之后，必须每隔 3～5 年就严格审查该计划，以纳入任何必要的改变。

最重要的是，制定确保水安全的长期计划并妥善实施这些计划，需要各国的政治领导人在长期的政治议程中把水放在更高的位置。只有在发生严重的洪水、干旱或自然灾害时，才对这些问题进行短期和特别的关注（世界几乎所有地区都是如此），是不能保障水安全的。保障水安全将需要国家和地方的政治领导人做出长期持续的承诺，他们应把水安全视为一个重要问题。可悲的是，目前世界上几乎所有国家都没有这样做。

参考文献

Biswas AK (1981) Water for the third world. Foreign Aff 60 (1): 148 - 166.

Biswas AK (2021) Water as an engine for regional development. Int J Water Resour Dev 37 (3): 359 - 361.

Biswas AK, Tortajada C (2019) Water crisis and water wars: myths and realities. Int J Water Resour Dev 35 (5): 727 - 731.

Biswas AK, Sachdeva PK, Tortajada C (2021) Phnom Penh water story: remarkable transformation of an urban water utility. Springer, Singapore.

Biswas - Tortajada A, Biswas AK (2015) Sustainability in coffee production: creating shared value chains in Colombia. Routledge, Abingdon.

Brabeck - Letmathe P (2016) Climate change, resource efficiency and sustainability. In: Biswas AK, Tortajada C (eds) Water security, climate change and sustainable development. Springer, Singapore, pp 7 - 26.

Brooks DB (2008) Human rights to water in North Africa and the Middle East: what is new and what is not; what is important and what is not. In: Biswas AK, Rached E, Tortajada C (eds) Water as a human right for the Middle East and North Africa. Routledge, Abingdon, pp 19 - 34.

Doczi J, Calow R, d'Alançon V (2014) Growing more with less: China's progress in agricultural water management and reallocation. Overseas Development Institute, London.

Folkman S (2018) Water main break rates in the USA and Canada: a comprehensive study. Utah State U-

niversity, Logan.

IPCC (2014) AR5 climate change 2014: impacts, adaptation and vulnerability.

PwC (2019) Funding approaches for leakage reduction. Report for Ofwat (December).

Sauri D (2019) The decline of water consumption in Spanish cities: structural and contingent factors. Int J Water Resour Dev 36 (6): 909 - 925.

Smith CDM and EPA (2017) Potable reuse compendium.

Strzepek KM, Smith JB (1996) As climate changes: international impacts and implications. Cambridge University Press, Cambridge.

Tortajada C, van Rensburg P (2019) Drink more recycled wastewater. Nature 577: 26 - 28.

Tortajada C, Joshi Y, Biswas AK (2013) The Singapore water story: sustainable development in an urban city state. Routledge, Abingdon.

UN Population Division (2019a) World urbanization prospects: the 2018 revision. Department of Economic and Social Affairs, United Nations, New York.

UN Population Division (2019b) 2019 Revision of world population prospects. Department of Economic and Social Affairs, United Nations, New York.

Wallemacq P, House R (2018) Economic losses, poverty & disasters 1998 - 2017. Centre for Research on the Epidemiology of Disasters and United Nations Office for Disaster Risk Reduction.

第 2 章　面对气候变化的水安全：新加坡之路

Peter Joo Hee Ng and Sharon Zheng

摘　要： 气候变化是有不良影响的，如果忽视，必然会有灾难。为了避免悲剧，我们必须在灾难到来之前就采取行动。新加坡的经验是找最好的方法来减少海平面上升所带来的影响，应对极端和不可预测的降雨带来的洪水，并进一步加强已经具备抵御天气变化能力的水系统。面对气候变化，新加坡高度务实、着眼长远、提前规划、果断落实，以此保障本国的水安全。

关键词： 新加坡；水资源短缺；海岸保护；排水；咸水淡化；水资源重复利用

2.1　气候变化

当前的气候危机完全是人为造成的，而不是由引发了上一个冰河时代的地球倾角和轨道变化造成的，也不是陨石碰撞的结果。比如灾难性的希克苏鲁伯陨石撞击，它改变了地球的天气从而导致恐龙灭绝以及白垩纪结束。更不是因为一次超级火山爆发，像 1883 年喀拉喀托火山爆发令天空变暗、海水变冷，使得此后数年里全球温度下降。

气候正在发生变化，而这一次是我们即现存的“智人”，造成了气候变化。正是工业排放和化石燃料无限制燃烧的人类活动，将大气中的二氧化碳水平从 1850 年的约 280ppm 提高到今天的 410ppm（Bereiter et al. 2015；Tans and Keeling n. d.）。由于二氧化碳吸收热量，其在大气中快速积累只会导致空气和海洋温度如当前目睹的无法遏制的上升，对地球气候的影响我们尚未完全了解。

二氧化碳并不是现代文明释放的唯一温室气体，还有甲烷、氮氧化物和氯氟烃，它们都被困在空气中，慢慢使地球温度升高。结果极地冰盖融化、冰川缩小并最终消失，冻土融化，格陵兰岛变绿，海平面上升。更糟的是由于空气中的水分更多，风暴变得更猛烈，飓风和台风的威力增加，洪水日益增多。与此相反的是，干旱和热浪也更加普遍，每年创纪录的气温将不再罕见。

P. J. H. Ng(✉) · S. Zheng
PUB, Singapore's National Water Agency, Singapore, Singapore
e-mail: ng_joo_hee@pub.gov.sg
S. Zheng
e-mail: sharon_zheng@pub.gov.sg

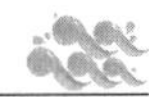

2.2 新加坡的遭遇如何?

上述情况听起来有些危言耸听，并且有些人，其中也有科学家，继续否认气候变化。即便如此，对于那些治理国家、制定公共政策、管理城市或运营供水系统的人来说，继续坚定否认气候变化，一厢情愿地祈祷事情变好，并不值得推荐。

当所有气候变化的影响全面到来时，毫无准备的人们将在几十年之内甚至更快看到水利基础设施遭到破坏、供水受到威胁、水资源短缺极其严重。频繁和极端的天气事件造成的洪水泛滥只会导致巨大的洪水灾害。像新加坡这样人口密集的大都市，排水问题将变得极其复杂，而不断上升的海平面可能会使排水完全无法实现。

如果不采取措施，新加坡这个平坦的岛国肯定会成为现代的亚特兰蒂斯。因此，新加坡总理李显龙在 2019 年国情咨文中说道："我们应该极其严肃地对待气候变化防御措施，这是生死攸关的问题，其他一切都必须让步，以保护我们这个岛国的存在为优先。"(Prime Minister's Office Singapore 2019)。他承诺为新加坡的海岸保护提供超过 750 亿美元的资金，约占全国 GDP 的 20%。2020 年 4 月，新加坡国家水务机构公共事业局负责领导迅速开展这项工作。

2.3 没有退路

新加坡气候研究中心（CCRS）将 IPCC 第五次评估报告的结论应用于新加坡，研究发现到 2100 年海平面可能上升 1m，2070—2099 年的年平均降雨量可能会增加 27%（CCRS and Met Office Hadley Centre 2015）。

想要充分认识到海平面上升给新加坡带来的生存挑战，我们只需要知道，面积上相当于半个大伦敦区的新加坡，大部分区域仅高出平均海平面 5m（National Climate Change Secretariat，n. d.）。近 600 万人以这个岛国为家园，这是世界上人口最密集的地区之一。其他地方的人们可以选择搬到更高处，然而这对新加坡来说是奢望。

邻国印度尼西亚的首都雅加达已经在慢慢地被海洋吞噬，印度尼西亚的应对措施是在婆罗洲的另一个更内陆的地区建立全新的首都。与此不同的是，新加坡没有这样的选择，海水上涨对这个岛国来说根本没有退路。新加坡要想生存下去，就必须抑制海平面的上升，国家及其领导人对此非常清楚，公共事业局必须在为时已晚前完成这一任务。

2.4 如何建造海堤

新加坡部分地区仅高出海平面 5m，面对 3m 高的潮汐，即使没有气候变化，也已经很容易受到沿海洪水的影响。当周围的海平面永久升高后，为了国家不受洪水威胁，需要在海岸线最易受影响的部分设置屏障。即使对面积不大的新加坡来说，建造这个屏障也绝非易事，撇开庞大的开支不谈，这样一个屏障的形式需要仔细并且慎重考虑。公共事业局的规划人员认为，浇筑混凝土是最容易的。海堤可以有多种形式，甚至可能不需要一砖一瓦。在地形和地貌允许的情况下，生态友好的方法可能更有效，而且更具有可持续性。例如，恢复红树林可以减弱海浪，减轻侵蚀，成为新加坡有效的海岸防线（Spalding et al. 2014）。因此，工程设计之前的集思广益、详尽研究，以及广泛的社区磋商，是成功的关键。

造陆可能成为新加坡海岸保护战略的关键策略。之所以有吸引力，是因为它为这个拥挤的国家创造了更多的土地，同时也是一种资源密集程度较低的开垦土地和抵御海平面升高的方式。目前新加坡南部海岸填海造陆正在深入研究，与此同时，新加坡 Pulau Tekong 岛军事保留区的一项造陆工程正在顺利进行。2022 年建成后，新加坡的第一个 Tekong 填海造陆区将有 10km 长的堤坝，它围着 $810hm^2$ 的新建军事用地（The Straits Times 2016）。公共事业局的工程师们希望能够维护堤坝，并运营水体、泵站和其中大约 45km 的排水系统，以此积累宝贵的管理经验，为未来更大规模的围海造陆做好准备。

2.5　雨洪管理

防止海水入侵只是一个方面，水也会不可避免地积聚在天然或人工屏障的陆地一侧。圩田、堤坝和海堤总是需要堰坝和水泵以防止内陆洪水泛滥。海岸保护需要控制海水和暴雨的交汇，阻挡海水同时也必须考虑到雨洪管理，否则新加坡仍将遭遇洪水。因此，公共事业局的规划者和工程师们需要了解潮汐、风暴潮和强降雨是如何相互作用的，以便他们可以采取正确的行动阻止洪水泛滥。

雨洪管理对公共事业局来说并不陌生，是其水务管理三项内容之一，另外两项是保障优质供水和废水回收。

新加坡位于赤道热带地区，有些年份降水非常多，正常年份降水量约为 2200mm。突然强降雨的可能性增加，气候变化虽然会使新加坡变得干燥，但研究表明，未来降雨强度和频率将会提高。

如果空间和资金充足，更大的排水管道来应对更大的暴雨可能有效。然而对新加坡来说，扩大每条排水管道和河道的规模将是昂贵且具有破坏性的。为了应对最强暴雨，排水通道必须有高速公路的尺寸，并且几乎随时都要空载。然而仅仅依靠更大的排水通道并不能让新加坡街道保持干燥，但是，加强源头和排水接收终端储水容量的同时升级排水基础设施可能是可行的。

为了有效地治理雨水，新加坡采用了一种比排水管道和河道更全面的方案。图 2.1 展示了“源头-路径-去向”解决方案，防洪不仅包括排水沟渠和河网（路径），还包括产生雨水径流的上游地区（源头），以及下游可能被淹没的部分地区（去向）。整体方案通过滞留、阻滞、延迟和分流，在每个结点都减缓雨水汇集，这样即使在强降雨时也不会集满和溢出。

自 2014 年起，公共事业局要求房地产开发商采取“源头”措施，以使地块径流减少 35%。简单配套可以只是一个蓄水池，而雨水花园和生态湿地（用于减缓、收集和过滤雨水的景观设施）也同样有效且更加美观。例如 Tengah 人工湖（见图 2.2），是新加坡北部一个 $700hm^2$、有 4.2 万户的新住宅区的一部分，人工湖与周围的公园绿地融为一体，可

以削减 Tengah 镇集水区排出的径流峰值，同时也兼作居民的休闲空间。

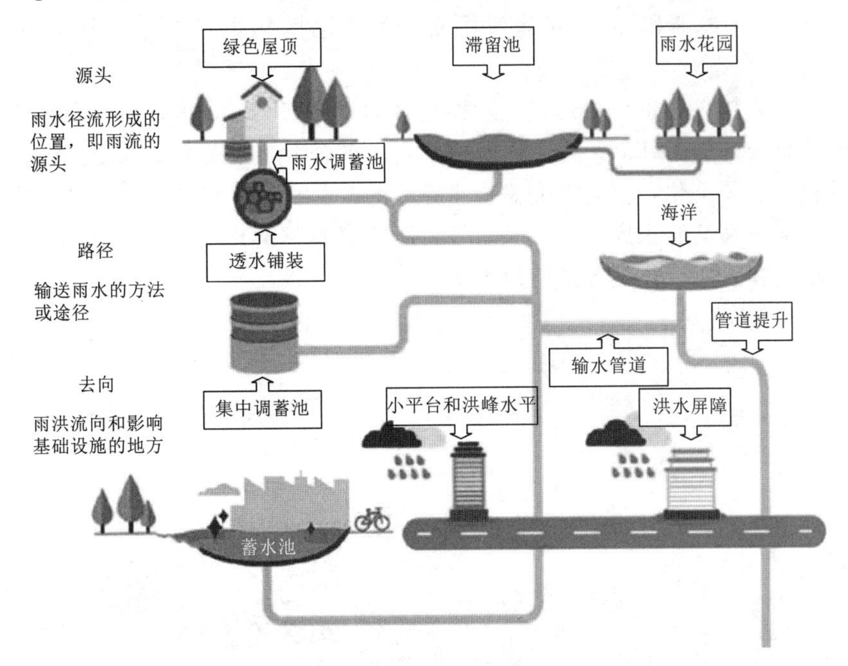

图 2.1　源头-路径-去向解决方案

（资料来源：新加坡公共事业局）

图 2.2　人工湖

（资料来源：Housing and Development Board，Singapore）

新加坡最新的“路径”措施是斯坦福调蓄池。成千上万的游客参观了新加坡唯一的联合国教科文组织世界遗产，却没有注意到观光车在一个巨大的雨洪水库上方让他们下车。藏在新加坡植物园新旅游车停车场下方的，是一个非常大的混凝土箱，延伸至地下 28m，大到足以暂时截留来自上游的38000t的雨水——相当于15个奥林匹克游泳池，并确保不会再次发生如同2010年和2011年淹没了新加坡著名购物街乌节路那样的巨大破坏性洪水。

即使路径需要扩大，也可以通过新颖而巧妙的方式来实现，很好的一个例子是重归自然的碧山宏茂桥公园的Kallang河（见图2.3），以前是一条不美观的混凝土运河。尽管大多数人将其视为公园美化，但它首先是排水系统的改善。加冷河是新加坡最长的河流，连接贝雅士水库下段和滨海水库，是一条重要的雨水通道，碧山宏茂桥公园内有其洪泛区，加冷河这一段现在有比以往更大的防洪能力。

图2.3　碧山宏茂桥公园的加冷河

（来源：新加坡公共事业局）

在“去向”端，雨水缓解通常以更“蛮力”的形式出现，比如抬高整条道路或建筑的平台。这样做的目的是不让洪水影响交通和住所。在市政水平上，新加坡的滨海堤坝是典型实例。滨海堤坝的修建是为了闭合一个潟湖，使其和海分隔开来。滨海堤坝的最初构想

和它的真实作用是减轻洪水影响——消除涨潮对市中心低洼地区排水系统的影响，并从集水区释放多余的雨水。

2.6 稀缺和多变的降雨

气候变化可能带来前所未有的来自海洋侵蚀和极端降雨的洪水，还会加剧水资源短缺，从而威胁供水。当降雨没有如期而至时，水资源持续消耗，水库就会干涸，水厂失去水源，最终自来水就会断供。近年来，令人惊讶的是，这种情况经常发生，困扰着世界各地不同的大型供水系统。

2013 年和 2014 年多雨之后，南非的开普敦市经历了连续三年的干旱。该市的供水完全依赖水库，由于没有冬季降雨来补充水库蓄水，大坝水位从 2015 年的 72%下降到 2016 年的 61%，再到 2017 年的 39%（City of Cape Town and National Department of Water and Sanitation 2019 ）。400 万开普敦人将在 2018 年 4 月的某天起听天由命，当“断水日”（“Day Zero”）到来时，该市的供水系统将被关闭，水资源需从集中地点严格定量分配。幸运的是，降雨出现了，“断水日”没有到来，开普敦躲过了一劫。

印度金奈一定希望有更好的运气，这座拥有 1000 万人口的城市将 2019 年 6 月 19 日定为“断水日”，当时四个水库均已干涸（CNN 2019），两年的季风缺席导致了这一结果。值得庆幸的是，金奈的水危机不会在 2020 年重演，因为大坝蓄水得以补充，海水淡化厂开始运转，污水回收处理后用于工业供水。

新加坡也没有好到哪里去，尽管雨量充沛，新加坡仍严重缺水。世界资源研究所 2015 年研究报告调查的 167 个地区中，2040 年新加坡面临严重缺水的风险最高（Water Resources Institute 2015）。缺乏土地，没有足够的空间来收集和储存所需的水，从根本上限制了新加坡以传统方式保证充足的水资源供应。早在 1903 年市政工程师罗伯特·皮尔斯（Robert Peirce）就评估过，即使新加坡所有潜在的水资源都得到充分开发和利用，到 21 世纪 20 年代，供水也将无法跟上不断增长的人口（Yeoh 2003）。

罗伯特·皮尔斯对新加坡根本性缺水问题的评估极具先见之明，供水短缺过去是、现在是并将永远是新加坡决策者和水资源规划者面临的首要问题。毫无疑问，正是这种认识促使新加坡不断寻找克服水资源短缺的方法，并持续创新。新加坡目前的供水系统及其管理方式，是水务工程师数十年来寻求替代水源的结晶。新加坡模式具有三个特点：集成、循环和重复利用（Ng and Teo 2019）。

在世纪之交，当饮用水再利用技术变得可行时，公共事业局以极大的热情予以采用。近 20 年来，一直以工业规模生产 NEWater（其自有品牌）超高品质再生水。新加坡收集每一滴污水，其中大部分再次转化为饮用水，当前循环使用的水可以满足超过 1/3 的总需求。

为了使饮用水的再利用成为可能，有必要将以前独立运作的供水、污水和卫生以及排水系统整合在一起，并作为一个整体运作。以后当海水淡化负担得起时，新加坡的海水淡化厂也将被纳入这个循环，这样每一滴淡化的水也可以无限重复使用。

以这种方式闭合“水循环”可能非常简单，然而，在世界上大多数地区，供水系统仍然倾向于分散运行。多数地方水经济仍然是线性的，优质水来自大自然，人类只使用一次就弃之。在很多地方，供水部门与污水部门是分开的，污水部门又与排水部门分开，毫无疑问这三者会相互交叉。

因此，新加坡闭合水循环是行政和运营方面的天才之举。可持续供水的秘诀是将整个供水系统作为一个整体进行管理，通过这种方式新加坡的水经济则变成了一种完全循环的经济，在“循环”这个词还未流行之前就已经形成了。在气候变化迫在眉睫的阴影下，这种循环被证明是偶然的。由于在早期就有意地进行了水源多样化，新加坡的水供应在很大程度上能够抵御变化无常的降雨。而再生水和脱盐海水通过人工生产制造，不受气候变化的影响。

2.7　更小的足迹

雨水是免费的，使其可以饮用也相当便宜，相比之下海水淡化和生产 NEWater 高品质再生水更为昂贵：处理 $1m^3$ 雨水只需 0.2kW·h 的能量，而将 $1m^3$ 污水转化为 NEWater 高品质再生水则需要接近 1kW·h 的能量。海水淡化尽管不受天气变化影响，但最先进的反渗透法能量消耗约为 $3.5kW·h/m^3$，仍然能耗惊人。

在气候变化的未来，海水淡化的碳足迹令人担忧。在 $0.4 \sim 6.7kg\ CO_2eq/m^3$ 的排放范围内（Cornejo et al. 2014），通过脱盐来满足新加坡每天约 200 万 m^3 的需水量，意味着每天向空气中释放 2800 多吨 CO_2eq，相当于 600 辆汽车。显然，可持续海水淡化以及在较小程度上的饮用水再利用，这两种技术在其他方面都具有显著的可持续性效益，但需要显著降低能量消耗。

对于资源贫乏的新加坡来说，几乎所有的能源都依赖进口，缓解能源短缺的选择有限，但并非不存在。有两种方法：一种显然是找到更有效的水资源回收和海水脱盐方法，另一种是将目前为处理厂提供动力的一些化石燃料换成可再生能源。

新加坡公共事业局与合作者一起，展示了一种高效的电离子海水淡化方法，目标是至少将能耗减少到目前行业标准 $3.5kW·h/m^3$ 的一半。但为什么止步于此呢？因为大自然做得最好：海洋中的红树林和鱼类也需要淡水，并且能够以最小的努力去除多余的盐分。生物仿生学和生物模拟学提供了巨大的前景，是公共事业局投入大量资源的研究领域。

另外，世界上最大的集成浮动太阳能电池板阵列之一最近安装在新加坡西部的一个水库上。Tengeh 太阳能发电厂由公共事业局委托私营公司 Sembcorp Industries 的子公司运营，额定峰值容量为 60 MW。2021 年投入运行时，它的发电量将满足公共事业局全部电力需求的 7%，并足以同时为其所有传统处理厂供电。Tengeh 太阳能发电厂的良好运行无疑将鼓励公共事业局加大对可再生能源的投资。该项目于 2020 年 8 月动工时，发起人曾积极地宣称：我们相信有了这个世界上最大的漂浮太阳能发电厂，公共事业局在水处理领域朝着可持续能源的方向迈出了一大步。太阳能是丰富、清洁和绿色的，是减少公共事业局和新加坡碳足迹的关键（CNA 2020）。

2.8 自觉消费

典型系统对气候变化的响应往往涉及广泛，包括排放目标、碳定价、大规模基础设施、大规模建设、国际协议、国家承诺、企业承诺等。但是从以人为本的角度，每一项适应和减缓气候变化的行动都必须以拯救生命和增加福祉为目标。适应、遏制甚至扭转气候变化的斗争不能排除个体的努力。

对个人而言，要达到的要求肯定是以最有效、最高产的方式用水。新加坡家庭用水量（PUB Singapore 2020）为141L/(人·天)，尽管按国际标准已经很低了，但仍然被认为是不够节约的。新加坡民众一直面临着节俭和科学用水的挑战。有效的需求管理，尤其是对个人和家庭的需求管理，需要在各个层面进行干预。幼儿园和小学的孩子是一个很好的起点。每个人都可以从婴儿时期就被教导，水是宝贵的——即使负担得起——也必须珍惜。这正是新加坡数十年来将节水纳入学校课程的动机所在。

不需要也没使用一升水就是少生产了一升水，伴随着能源、化学品、劳动力和材料、工厂和设备方面的节省不仅可以避免支出，还可以减少集体的碳足迹。生产者和消费者不必制造或使用那小小的一升水，它们都对地球有好处。

当然，像新加坡这样的发达国家，每个人都可以也应该减少用水。这样做是完全可行的，不会造成麻烦或不方便，也不需要放弃现代生活的舒适，或牺牲个人和公共卫生，但确实需要行为上的改变。无处不在的互联网，以及云计算和人工智能的支持，大量的智能电表和工具正在共同推动积极的变革，这些在以前是不可能的。数字化最终将有助于使自觉消费成为第二天性，让最终消费者成为更聪明的用水者，每次决定打开水龙头时都能有更好的思考和判断。

2.9 结论

气候变化是真实存在的，而且很可能会变得更糟。其影响是有预兆的，如果忽视，必然会带来灾难性后果。因此，水务公司、监管机构和系统运营商无视天气影响会带来一定的危险。为了避免悲剧，必须在灾难到来之前就采取行动。然而气候变化既不是末日，也不是文明的终结，可以构想和实施切实可行的适应策略，调整和减轻最坏的后果。缓解气候变化的可能性和方法也出现了，其中许多已经很容易实现。

有志者事竟成。

新加坡的做法是找到最佳途径去抑制海平面上升，应对极端和不可预测的降雨带来的洪水，并进一步加强已经能够抵御天气变化的水系统。有了坚强的意志、清晰的愿景和决心，完全有可能很好地适应和有力地减轻气候变化带来的压力，这也再次证明了老话是正确的，即危机中总有转机。机会有很多：创造新的土地，让自然回归城市，转向可再生能源，发展先进技术，推进数字化、智能化。

面对气候变化，新加坡力求确保本国水安全，就像过去处理严重缺水、洪水泛滥和卫生条件恶劣一样。这就需要高度务实、着眼长远、提前计划和果断落实。一如既往，目标是确保新加坡的水系统保持充足、有弹性和可持续发展，三个方面一起抓。这一战略将再次让国土面积较小的新加坡将劣势变成优势，将看似无法克服的弱点转化为无限的机遇。

参考文献

Bereiter B, Eggleston S, Schmitt J, Nehrbass－Ahles C, Stocker TF, Fischer H, Kipfstuhl S, Chappellaz JA (2015) Revision of the EPICA Dome C CO_2 record from 800 to 600 kyr beforepresent. Geophys Res Lett.

CCRS (Centre for Climate Research Singapore) and Met Office Hadley Centre (2015) Singapore's second national climate change study: climate projections to 2100.

City of Cape Town and National Department of Water and Sanitation (2019) City of Cape Town: dam levels report. City of Cape Town Isixeko Sasekapa Stad Kappstad.

CNA (2020) Construction begins on Tengeh Reservoir floating solar farm, touted as one of world's largest.

CNN (2019) India's sixth biggest city is almost entirely out of water.

Cornejo P, Santana M, Hokanson D, Mihelcic J, Zhang Q (2014) Carbon footprint of water reuse and desalination: a review of greenhouse gas emissions and estimation tools. J Water Reuse Desalin 4 (4):238 - 252.

Housing and Development Board, Singapore (n. d.) Tengah.

National Climate Change Secretariat (n. d.) Coastal protection.

Ng P, Teo C (2019) Singapore's water challenges past to present. Int J Water Resour Dev 36 (2 - 3): 269 - 277.

Prime Minister's Office Singapore (2019) National day rally 2019. https: //www. pmo. gov. sg/Newsroom/National - Day - Rally - 2019. Accessed 15 Dec 2020.

PUB Singapore (2020) Make every drop count: continuing Singapore's water success.

Spalding M, McIvor A, Tonneijck F, Tol S, van Eijk P (2014) Mangroves for coastal defence. In: Guidelines for coastal managers & policy makers. Published by Wetlands International and The Nature Conservancy.

Tans P, Keeling R (n. d.) Global monitoring laboratory—carbon cycle greenhouse gases.

The Straits Times (2016) Pulau Tekong to get extra land the size of two Toa Payoh towns using new reclamation method.

Water Resources Institute (2015) Ranking the world's most water－stressed countries in 2040.

Yeoh BSA (2003) Contesting space in colonial Singapore: power relations and the urban built environment. NUS Press, Singapore.

第3章　水资源减少对供水服务的影响：如果我们不采取行动将带来许多风险！

Diane D'Arras

摘　要： 气候变化对水资源的影响是一个关键问题。众多学者已对此付诸研究，未来亦将如此。为了补充完善这些研究成果，我想谈谈以下几点：水资源减少对供水服务的影响、适应这些影响的必要性、公民参与这一政策领域的重要性，以及国际水协会在这一巨大挑战中的作用。

关键词： 供水服务；气候变化；适应措施；水需求管理；非常规水源

3.1　气候变化对供水服务的影响

一个很明显且不可争辩的事实是，全球水循环已受到气候变化的影响，未来这一影响将更为显著，尽管围绕这一现象的重要性产生了许多争论。现如今，人口分布与水资源之间的平衡将显著而强烈地受到气候变化的影响。干旱国家面临的情形已十分严重，且在大多数情况下还将继续恶化。温带气候国家也已经或即将面临水资源短缺，这意味着饮用水供应困难，特别是在夏季。全球年平均气温上升 2℃，这意味着一些地区将比其他地区（地理平均水平）受到更大的影响，以及一年中的某些时间也将比其他时间（年平均水平）受到更大的影响。

如果水资源在某个时间或空间减少，同时又没有其他解决办法（多年原水储存、海水淡化、循环利用），供水服务部门将不得不采取限制性的水资源配置措施来解决水资源短缺问题，以达到供需平衡。

这种情况远非假设。现如今世界各地都面临这一情况，甚至在所谓的发达国家也是如此。这种用水限制有时只是刺激措施，比如禁止给花园浇水或禁止洗车。只有当实施的限制措施是有限的，且全体人民愿意接受这些限制时，这种方法才会奏效。

如果限制的频率或程度增加，可能导致间歇性供水。间歇性供水可以被看作是自愿或非自愿的定量用水分配，这种定量用水分配必须管理好，否则将会给民众带来痛苦。

饮用水的定量分配情况与萨赫勒地区的国家在战时（例如 1940 年的战争）或和平时期的食物限制情况类似。

间歇性供水受到了专业人士的批评。但不幸的是，这种情况在世界上很普遍，因为现

D. D'Arras (✉)
International Water Association, London, UK
e-mail: diane.darras@bunzi.international

如今全球大约有20亿人采用这种方式供水。目前造成间歇性供水的原因在大多数时候是组合性的：由于财政资源的缺乏或管理能力的不足而导致的供水管网维护不良；用水者由于对水价值不敏感而浪费水（水价对所有人的定价都一样，甚至对那些完全有能力支付服务的人来说水价也定得很低；或没有水表）；或者缺乏水资源。如果我们不采取预防措施以适应未来的水资源水平，可以肯定的是，间歇性供水的人口数量将急剧增加，进而引发混乱供水现象的增加。

这种间歇性供水确实是一种混乱的供应方式，将产生许多不良的影响：

——不受加压保护的供水管网导致水质恶化：地表水可以进入供水管网，水中空气的存在将促进细菌的生长。

——分配不公：水不像汽车司机那样会尊重任意绿灯、红灯或禁止前行的指令。它在重力的作用下流动。因此，供水源头附近的地区或下游地区将优先得到供水服务，而其他地区则被晾在一旁。

不幸的是，间歇性供水是一个恶性循环：

——不满意的用水者不想付账单。

——技术管理是真正的难题。传统的供水指标（技术性能、流量、压力）不一致，因为提供重要流量统计信息的水表，因计算了供水管网内通过的空气而变得不准确。对于公共设施维护团队来说，要理解实际发生的情况是非常困难的。

——最重要的是，在停水一段时间后，重新供水会引起水锤效应，这可能会导致水管破裂。供水管网变得越来越千疮百孔，50%的水将损失（在某些情况下甚至更多）这是一个地狱般的恶性循环！

阅读或重读《解决间歇性供水和供水损失的复杂相互关系》（*Dealing with the Complex Interrelation of Intermittent Supply and Water Losses*（Charalambous and Laspidou 2017）这本书具有指导意义，它涉及了间歇性供水的所有不良影响，从中可以意识到，维持稳定长久的供水，使用水者每天都能从中受益是多么重要！

3.2　实施适应措施：海水淡化或再生水利用（少量），减少用水（大量）

组织如何适应当前与未来全新的气候条件及其对水资源的影响是必要的。如果资源注定要永久或间歇性地减少，则需求必须永久或临时地加以调整。这在饮用水领域是一个新的概念。20世纪，通过居民配水改善了卫生条件、提高了居民舒适感，我们有理由为供水服务的发展而感到自豪。然而我们却很大程度上忽略了合理回收废水的需求。现如今，我们正在努力提高在这方面的理念和服务。

水资源部门也不例外，为了尝试减轻气候变化的影响，需要制定缓解措施，并尽可能采用能耗更低的技术。但水资源部门更应该关注如何减少用水需求。适应于减少供水的战略可能是最好的缓解措施。

不同国家之间的工业、农业或个人的用水量可能存在巨大差异：

——农业所需灌溉量受当地降雨量、温度以及所种植作物性质的影响。

——根据工业产品生产与服务发展状况的差异，工业流程所需水量可能有很大的不

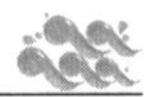

同。此外，用水可能对产品的最终成本影响不大：减少用水量的契机显然取决于此。

个人用水量因国家而异，欧洲一些国家的人均用水量每天不到100L，而拉丁美洲一些国家每天可达500L，差别很大。然而与工业或农业用途相比，个人用水总量仍相对较小。但与其他两种用途不同的是，任何供水服务的中断都会对个人健康产生显著影响。因此，根据可利用水资源进行用水需求（消耗）管理是必要的。

3.2.1 利用新型水源的适应措施

在讨论减少水资源消耗之前，需要回顾一下，如今已经存在利用少量水资源获得更多水资源的技术解决方案：海水淡化和水资源重复使用/循环利用。

海水淡化是一项按立方米计算的昂贵技术和高耗能技术，即使反渗透技术的进步使这项技术达到了卫生或工业用途的“可接受”水平（但绝不适用于农业用途）。如果不需要长距离运输水，这在经济上是可行的，因为水的运输需要耗费大量能源。因此，海水淡化只能在近海地区实现。当然，出于缓解气候变化的原因，使用可再生资源是必要的！

水资源循环利用（再利用）是正在实施的另一个替代解决方案。通过叠加效应，同样的资源在当地的使用可能将成倍增加：城市废水经适当处理后可以在工业或农业中重复使用。废水必须通过处理使其恢复足够的纯度，之后才允许其用于新的用途。因此，它的应用需要重新培养用水者和政府的共同意识，这并不容易。

3.2.2 更好的适应措施：减少用水

最佳的全球长期战略仍然是用水与现有水资源相适应。当然，根据不同国家的习惯和不同的气候条件，这种需求可能会有所不同：我们可以想象，在一天中最热的时候，我们更倾向于洗第二次澡！但没有任何理由可以证明这种用水差异（从1次到5次）是合理的！

这种改变需要三种类型的角色共同参与：水务公司、用水者与监管者。

• 改变水务公司的心态

未能形成合理用水文化的因素包括：

——缺乏计量，使用水者无法了解自己的用水机制。如果他们拥有用水计量设施，大多数时候水费账单只清楚说明了费用，而不是用水量。因此，大多数用水者并不知道他们用了多少水！

——供水服务价格太低。低价格不是一种激励，如果这个价格低于供水服务的实际成本，肯定会适得其反；单纯为每个人降低水价是一件令人遗憾的事情，因为运用专业管理的选择性战略可以做得更明智、更公平。显然，我们不能剥夺最贫穷人口的用水，但可以执行有选择性的规则！

——水务公司在降低用水价格上没有短期收益。供水费用主要是固定不变的；因此显而易见的是，任何边际收入都是最基本的且受欢迎的，因为它是纯粹的边际收入，对供水服务的经济均衡有很大的影响！通常情况下，只有当危机到来时，管理意识才会产生。由于能耗和处理的各种成本很少超过平均水价的20%，所以每立方米的供水销售带来的收益是其价格的80%。因此，自来水公司并不一定希望消费者减少用水量（即使是纯粹的水泄漏！)。如果价格适当的高些，消费者可能会去修理泄漏的地方，但大多数时候，他们没有动力去缩短淋浴或给花园浇水的时间。从长远来看，供水服务的计算结果可能是错误的。事实上，如果需要新的水源，如海水淡化、回收利用或新建供水设施，当水价保持稳定时，平均成本可能会增加。额外的每立方米水资源可能非常昂贵！就像第三个孩子让我们需要更大的房子一样！

——缺乏意识。要进入用水减少和/或价格上涨的良性循环，使供水服务在较低用水基础上保持更良性的平衡。这不仅需要成熟的技术，最重要的是需要成熟的政治意识。正如我说过的，只有那些被迫利用替代水源的水务公司才会意识到这一点。他们现在正通过制定政策，倡导用水者大力提升节水意识来领导这场运动（例如新加坡或澳大利亚）。

• 培养用水者意识

如果要让用水者成为变革的参与者，必须通过有效办法使其理解用水的多少。

幸运的是，用水精准计量的必要性已不再是水务专业人士的讨论话题。与当地经济水平相比，发展中国家的技术（甚至是传统技术）的相对成本仍然被认为是昂贵的。但是，不向用水者提供信息就要求他们节水是不可能的；要培养意识，必须利用水计量表，即使账单不是只基于用水量定的！

教育方式和信息是关键。大多数人不知道 $1m^3$ 水是什么概念。盎格鲁－撒克逊人有时会用“megaliter”，我一直很难理解这个词，因为我学过“立方米”这个词。但事后看来，“升”对用户来说可能更容易理解且更直观！1000L 比 $1m^3$ 传达的信息要多！如果可能的话，应该给每个人提供每天的用水信息，以便每个人都能了解用水情况。

澳大利亚珀斯市向用水者发放了一个小秒表，当你洗澡时，它会在4min后报时提醒你。这样淋浴不会花费太多时间，既舒适又高效。有一个产品我不得不提，叫 Hydrao 智能花洒，它既能使用户享受愉快的淋浴过程，同时限制用水量为6.6L/min，与之相比，使用标准淋浴头的平均用水量为12L/min。Hydrao 智能花洒配备了一个自供电涡轮机，通过颜色提示区分不同用水量，有趣而直观。从长远来看，这类创新更加有趣，因为它肯定会减少用水消耗，特别是能减少利用化石燃料加热的热水消耗。Hydrao 智能花洒已在世界各地进行测试，效果良好。作为一个能帮助减缓和适应气候变化影响的创新产品，它在2019年获得了IWA创新奖。

智能计量还应有助于提高消费者的节水意识，因为可以围绕在线计量提供的信息开发许多应用程序，例如夜间消耗、冬季和夏季消耗、泄漏或峰值消耗等。

• 监管者是游戏规则的改变者

在实施一项长期战略时，监管机构是必不可少的。如上所述，一家水务公司需要在经济和政治上达到相当成熟的程度，才能实施减少用水的政策。监管机构的存在和行动在实施这一战略方面可能是决定性的，因为水价和结账制度是关键。例如，意大利监管机构正在考虑实施累进价格制度，将40L/(人·天）作为价格起始标准，高于该用水量则进行加价。注意，根据国家的不同，人均日用水量可能在100～500L变动。关于如何确定起始用水量标准（可能与必要的最低用水挂钩）的讨论是开放的，但水价定价对改变游戏规则至关重要。在线水表效果明显，因为价格可以根据可用资源进行调整，促使用户在受天气条件影响时能进行用水调整。

因此，合适且适应性强的实时用水定价是一种非常有趣的方法，使我们在面临日益变化的情况时能有效适应。当然，这种方法必须附有说明。

如果所有 24h 运营的水务公司都开始以更理性的眼光制定新的策略，我们就有希望能避免临时或定期停水，以及逃出间歇性供水引发的恶性循环。但如果间歇性供水是目前的供水模式，该怎么办呢？

3.3 调动和支持必须实施间歇性供水的供水服务

我一直在讨论如何避免未来陷入间歇性供水的戏剧性局面。但正如我所说，不幸的是，这是当今许多国家的普遍情况。

利用间歇性供水管网取水的用水户有将近 20 亿人。此外，在低收入和中等收入国家，近 41%的供水管网系统是间歇性运行的。从用户的角度来看，低水压和供水时间这两个因素决定了间歇性供水的体验。

这种体验千差万别。例如，在亚洲开发银行对印度 18 家公用事业公司进行的一项研究中，供水时间从每天 20min 到 12h 不等，而用户用水终端的平均压力范围为 0～10 磅每平方英寸（psi）。此外，在那些受到供水限制影响的国家中，供水的不确定性也是一个常见问题。供水时间几乎每天都不一样，导致许多人无法提前计划或有效安排（有限的）水资源。唯一能确定的就是供水的不确定性！

如果我们不稳步向前，气候变化将增加灾难性状况出现的次数。

我们迫切需要有效动员并采取行动，以便迅速改善局势，提高应对能力！

间歇性供水造成的影响使得其采取行动的需求置于国际水协会（Inter - national Water Association，IWA）全球组织的行动核心地位。因此，间歇性供水专家小组能处在国际水协会的中心位置，领导组织这具有变革意义的议程，以便解决这个摧残无数人生活的问题。

知识的匮乏使得我们无法摆脱目前的现实状况。当然，解决方案需要建立在受影响最严重区域的专家经验和研究工作的基础上，特别是非洲和亚洲等地区。在这方面，我们可以从实施间歇性供水的各种案例研究中学习，从而构建适当的、针对具体情况的解决方案，以帮助实施间歇性供水的地区向持续供水过渡。

即使有持续供水的雄心壮志，但现实情况是，世界各地许多公用事业公司仍需要努力一段时间（可能意味着 5 年或 10 年）以解决间歇性供水的实际挑战。这是 IWA 专家组负责的领域，以促进间歇性供水多方面的交流。在这里，他们可以寻求应用该行业内所有最新的思想和技术。

随着管网供水在全球范围内迅速扩大，我们需要研究间歇性供水的一些独特特征，例如：减压和增压；二次网络建模与压力偏差和出口流量等相关的系统功能；卫生条件、管道条件与微生物污染、繁殖等之间的联系。这类研究将在如何改善间歇性供水系统的公平性、可靠性和水质等研究方面发挥基础性作用。

增强意识和对自身能力的建设特别重要，特别是对供水运营者而言。有了更多的数据、指标和对间歇性供水问题（包括供水质量）的了解，他们将能够更好地在最需要的地方进行改善。

因此，最重要的是我们可以迅速改善这种情况，因为我们已经知道，由于气候变化，资源将持续减少，未来面临的挑战将更大！

我们的共同目标是创造一个水资源丰富的世界。如今，间歇性供水是实现这一目标最明显的短板之一。如果我们不对间歇性供水及其他尚能控制的类似情况采取行动，气候变化将对供水服务产生巨大影响！国际水协会的努力将发挥关键作用，可以帮助我们更好地了解当前全球形势、识别实地挑战，进而形成和提供潜在解决方案。

参 考 文 献

Charalambous B，Laspidou C (2017) Dealing with the complex interrelation of intermitent supply and water losses. IWA Publishing，London.

第4章　基于系统思维的水基础设施恢复力

Cindy Wallis – Lage and Zeynep Kisoglu Erdal

摘　要： 社区居民基础设施是以往实践的经验结晶。但现如今，其经常遭受包括极端气候这一主要因素在内的考验，且正以越来越快的速度灾难性地失败。基础设施问题总是通过制定独立的有针对性的方案提供单一的服务，例如供水、污染控制和雨水分流。虽然这些方案在当时是合适的，但随着外部和相关压力的改变，致使我们需要制定一个全新的应对策略。为了控制并缓解气候变化、人口增长、经济和社会运动带来的影响，基础设施需要具备弹性恢复力。我们必须基于当前基础考虑未来，提供一个与过去不同的解决路径。这里所说的恢复力是基于系统思维的，我们致力于为水基础设施做出能分阶段执行的长期计划，它同时结合了综合性创新工程与基于自然的方法。为此，我们现在必须立刻行动起来，开始加强水基础设施恢复力的行动。

关键词： 气候变化；恢复力；水紧缺；干旱；再利用；社区合作伙伴

我们的基础设施岌岌可危

现在的基础设施代表了过去注重制定特定解决方案以提供单一服务的历史，例如供水、污染控制和雨水分流。虽然在当时是合适的，但外部和相关压力的改变致使我们需要制定一个新的应对策略。对气候变化的响应越来越注重恢复力和必要的变更，包括对基础设施设计实践、投资分析过程和金融与灾害风险管理等有关政策决议的必要变更。

从根本上讲，恢复力是指“任何实体，例如个人、社区、组织或自然系统，为突发事件做准备、从冲击与压力中复原、在破坏性的事件中适应和成长的能力。”

现代恢复力的概念建立在三个领域的见解之上，分别是工程、生态以及系统思维。工程应用中的恢复力侧重于将强度与柔性或冗余度相结合。生态中的恢复力注重的是系统能在巨大变化发生过程中承受庞大的冲击而不崩溃。系统思维则考虑工程与自然生态系统的互相联系，以及它们如何共同运作来应对变化事件。

通过建筑环境、基础设施和自然空间相互连接的水务公司、城市和社区都需要考虑一些措施为它们的整个水系统（清洁水供应、废水管理、雨水管理、自然水体）提供必要的

C. Wallis-Lage (✉)
Black & Veatch, 8400 Ward Parkway, Kansas City, MO 64114, USA
e – mail: wallis-lagecl@bv. com
Z. K. Erdal
Black & Veatch, 5 Peters Canyon Road, Suite 300, Irvine, CA 92606, USA
e – mail: ErdalZ@bv. com

图 4.1　2009 年在哥本哈根举行的联合国气候峰会上，
街头艺术家班克斯在伦敦北部卡姆登的椭圆桥附近创作的作品
（来源：UN Water 2019）

恢复力，以应对极端气候事件——这是气候变化影响现在和未来社会的主要方式之一。

4.1　气候压力下的水务部门现状

水短缺已经影响了每个大洲（见图 4.2）。资源性缺水在一些地区往往是一种季节性现象，并且气候变化可能会导致这些地区的季节性缺水转变成贯穿一整年的缺水（IPCC 2014）。大约有 40 亿人每年至少有一个月生活在严重资源性缺水的条件下（Mekonnen and Hoekstra 2016）。超过 20 亿人生活在水资源高度紧张的国家。随着人口与需水增长以及气候变化影响加剧，这种情况可能会恶化（UN Water 2018）。

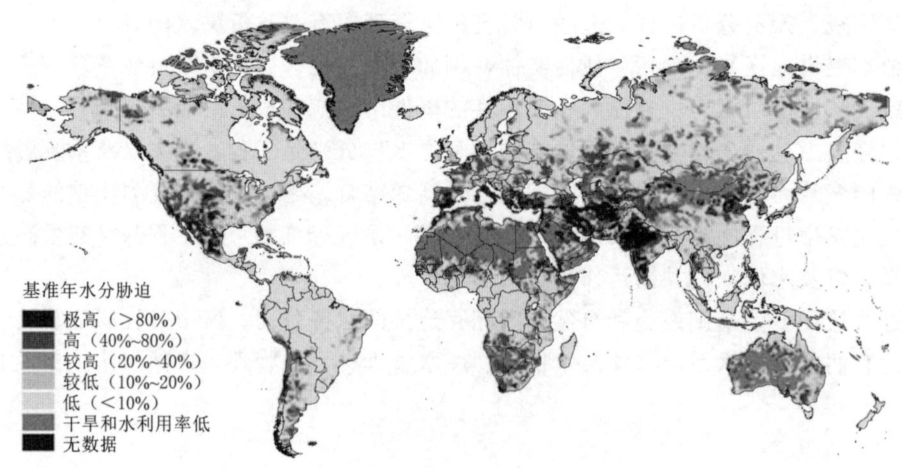

图 4.2　全球水分胁迫分布（参见文后彩图）
（资料来源：WRI 2019）

注：基准年水分胁迫是总取水量与可利用的可再生水供应量的比率。取水包括家庭、工业、灌溉和牲畜的消耗性和非消耗性用途。现有可再生水供应包括地表水和地下水供应，并考虑了上游耗水用户和大型水坝对水资源的影响。

气候变化预计将增加水资源紧缺地区的数量并加剧水资源紧缺地区的短缺程度。水文条件改变是气候变化影响感受最深的方式，包括雪和冰的动态变化。到 2050 年，面临水灾风险的人数将从目前的 12 亿人增长到 16 亿人。2010—2015 年，有 19 亿人生活在潜在的严重缺水地区，即占全球人口的 27%。在 2050 年，这个数字将从 27 亿增长到 32 亿人。截至 2019 年，12%的世界人口还在饮用未经开发和不安全来源的水。30%以上的世界人口，即 24 亿人仍生活在缺乏任何形式的卫生设施条件下。

世界气象组织（WMO）的《联合科学报告》（WMO 2020a）的研究结果表明，目前温室气体浓度处于 300 万年以来的最高水平，且浓度仍在持续上升，到 2020 年年底将达到新的历史最高水平。与此同时，西伯利亚的大片地区在 2020 年上半年出现了长时间的异常热浪，2016—2020 年将是有历史记录以来最温暖的五年。全球所呈现的状况表明，气候变化的影响正在通过地球上关联部分的相互作用而不断恶化。

由 SARS－CoV－2 驱动的 COVID－19 流行病凸显了水在疾病传播管理中的关键作用，说明我们的基础设施需要具备灵活性和适应性。这种流行病导致了全球范围的封锁和用水模式以及社区人口流动的变化，强调了加强水系统以及其他人类基础设施系统恢复力的必要性。随着 2021 年联合国气候变化大会的召开，这一感触比以往任何时候都更为明显。

最初我们将水列为联合国可持续发展目标（SDGs）的一部分时就认识到水确实是我们生存的核心，之后由于 COVID－19 流行病的原因我们又加深了这一认识。然而，一个确实可行的水务部门需要许多其他社会基本要素，如符合未来要求的能源、交通和信息基础设施。如果没有范围更广的基础设施系统，一个社区的公共环境健康、食品和整体生活质量都会受到威胁。因此，确保水务部门的各方面及其关联设施的恢复力是必要的，这对于一个社区的生存也是至关重要的。

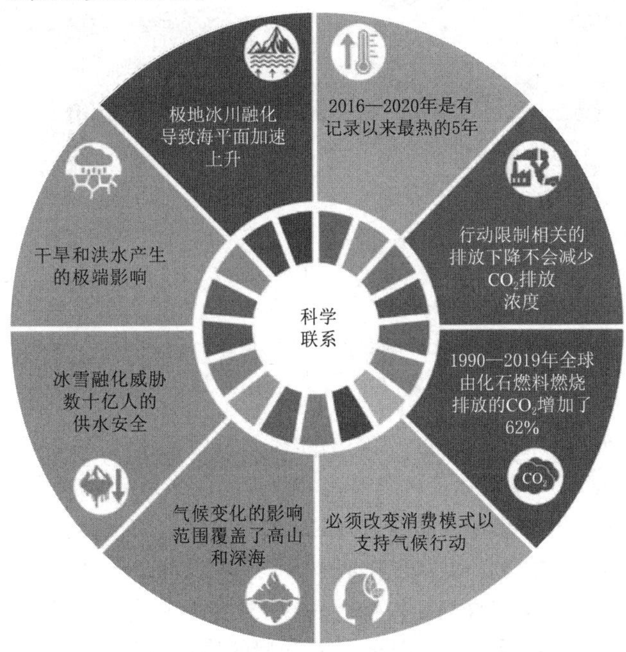

图 4.3 当前全球事件及其对可持续发展目标的影响

（来源：WMO 2020b）

从对社区、城市和水务公司目前所经历事件的评估中可以发现，气候变化的直接影响十分明显。气温上升、极端风暴事件和降水模式的改变正在全球范围内造成毁灭性的后果。图4.4显示了2070—2099年季节性降水模式的预测变化（RCP8.5），结果表明美国西南部、墨西哥和加勒比海地区的降水减少，而北美北部地区的降雨事件将增多。一些研究预测海洋区域，特别是大西洋盆地的飓风区内部，降雨量会增加。气温升高会导致水蒸气的增加，而水蒸气的增加又会导致高强度的降水以及事件的变异性（见图4.5）。由于飓风是许多极端降雨事件的罪魁祸首，特别是在美国东南部，因此飓风在未来可能会更加强大并导致更严重的灾难性后果，类似于2005年的“卡特里娜”飓风、2012年的“桑迪”飓风、2017年的“哈维”飓风以及其他随后发生的飓风。同样地，据观测，亚太地区的台风强度也在变强。

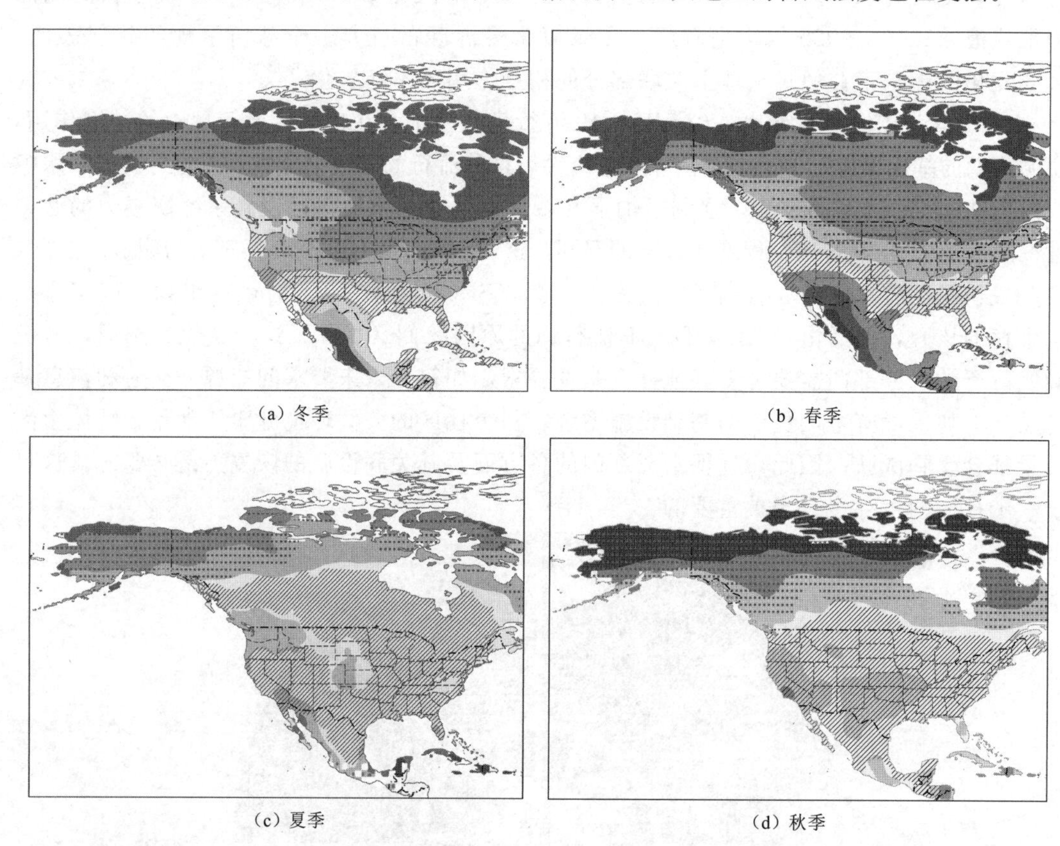

图4.4　2070—2099年CMIP5模拟的季节性总降水量的变化（参见文后彩图）
（资料来源：USGCRP 2017）

此外，如图4.6所示，受极端事件影响的陆地面积已经扩大。科学家们评估了从20世纪早期到现在的数据记录，发现随着风暴规模和强度的扩大，单日风暴大大增加了受影响的陆地面积，最终导致农业和城市地区面临更大的压力。再结合海平面上升，随着这些天气事件强度的增强，随之而来的风暴潮和洪水也在增加。脆弱的低洼地区，比如美国的佛罗里达州和海湾海岸（见图4.7），以及太平洋岛屿，在过去的几十年中遭受了巨大的生命和经济损失。

气候变化的另一个重要影响是可能出现复合型的极端事件。这些事件可能同时或依次发生（如同一地区连续发生洪水），或在一个国家的多个地区或世界各地发生（如澳大利

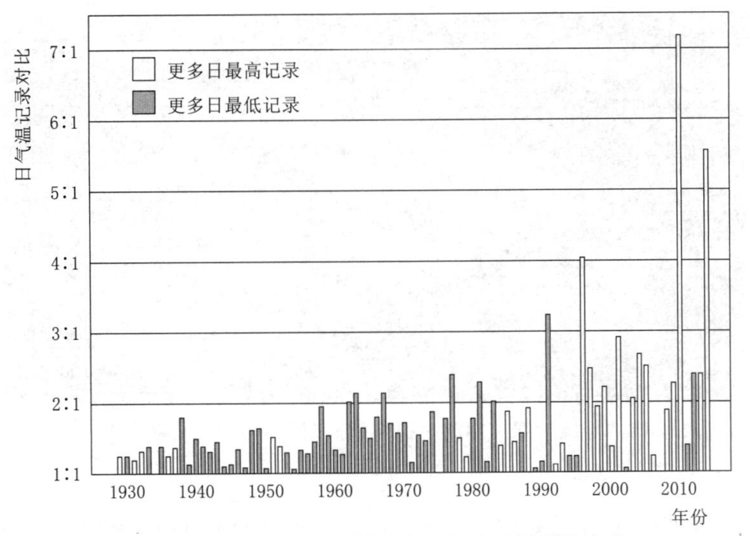

图 4.5　美国毗连地区创纪录日气温观测到的变化

（资料来源：USGCRP 2017）

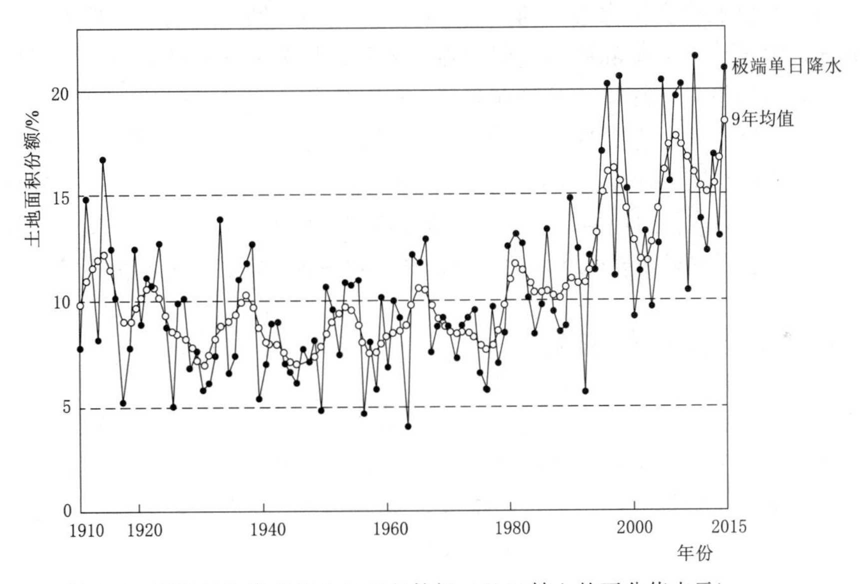

图 4.6　极端单日降水的土地面积份额（以 Y 轴上的百分值表示）

（资料来源：Our World in Data 2019）

亚 2009 年的洪水和森林大火）。它们可能由多个极端事件组成，或由非极端事件组成，但这些非极端事件共同导致了一个复合极端事件的发生（如 2021 年 2 月得克萨斯州遭受的伴随干旱的热浪与意料之外的极寒环境）。一些地区很容易遭受到多种极端事件同时发生的影响。例如，某些地区容易受到沿海风暴带来的洪水和融雪造成的河水泛滥的影响，复合型事件就是这两种情况同时发生。文献中经常讨论的另一个复合事件是野火发生的风险增加，归咎于高降水变化率（湿季紧接着就是干季）、高温度和低湿度。如果紧随其后的是暴雨，那么野火的发生反过来又会增加山体滑坡和侵蚀的风险。

另一种由复合效应引起的风险是当已知类型的复合事件再次发生，但比以前经历的或

图 4.7　2017 年“哈维”飓风期间，得克萨斯州休斯敦近 40 家污水处理厂被淹没（Wright 2018）

模型模拟预测的事件更强烈、更持久、更广泛。例如，世界上不同的城市和农业地区同时发生的干旱事件对粮食安全以及用于农业和其他需求的供水来源都是一种挑战。更加令人担忧的是，复合效应会以意想不到的方式出现。类似于飓风“桑迪”期间发生的情况，海平面上升、海洋异常高温和涨潮共同加强了风暴和相关风暴潮的规模，最终导致了极其严重的洪水和基础设施破坏，尤其是在美国大西洋中部地区。

从由此产生的风险角度来看，核心关注点在于对具有加法效应甚至是乘法效应的复合极端情况管理的必要性，以及这种复合效应的可预测性（或缺乏可预测性）。这需要制定潜在的操作方案并考虑较长的规划期限。这可能并不那么理想，其取决于个别社区或水务公司的特殊需求和动态。它还需要明确财政、政治和文化等各方面关于恢复力可接受水平的观点。

4.2　我们寻求怎样的未来？

挑战是多方面的，因此需要进行战略思考和规划，以了解各种事件对水务部门的影响。这种思考的关键在于理解各种事件的相互影响以及明确目标恢复力的水平。在这些情形下，可以确定减轻影响的机会，制定应对策略以提供一个恢复力强的水务部门。表 4.1 强调了各种气候变化事件的影响和补救机会。

表 4.1　气候变化驱动的重要事件和减轻系统性影响的机会

事　件	对水务部门的影响	减轻影响的机会
长期干旱	• 可靠供应的不确定性； • 由于流量减少导致水务公司的收入减少； • 对相同水源的竞争； • 流域地下水超采； • 流域内土地沉降； • 流域和生态系统的压力； • 供水中的盐度增加； • 由于流量小但有机物/营养物负荷相同，污水处理基础设施效率低； • 经济损失； • 粮食供应中断和粮食不安全	• 长期深层次的不确定性情景规划； • 永久性和临时性的节水措施； • 新的水价财务模型； • 维持紧缺河流和流域的水循环； • 水的再利用以补充水的供应； • 用再生水来补充地下水以防止沉降； • 再生水用于农业、灌溉、工业用途以保护饮用水源； • 节水型农业，垂直耕种

续表

事　　件	对水务部门的影响	减轻影响的机会
极端降雨 极端天气，飓风、台风、极地漩涡等更频繁的降雨	• 事件的范围和持续时间的不确定性； • 对流域和水道的短期高峰压力； • 社区水道的侵蚀造成的财产损失； • 在持续时间较长的事件中，沿海和沿河洪水的淹没区覆盖范围更广； • 在长期的洪水期间，关键设施无法运行； • 供水来源和基础设施的污染； • 卫生污水管道、农业和畜牧业的溢流； • 经济损失； • 灾难性的基础设施故障（如奥罗维尔、新奥尔良、得克萨斯），加剧了如水供应等相关的恢复力问题	• 长期深层次的不确定性情景规划； • 通过基于自然的方法去阻碍和缓冲流域、湿地、沼泽的影响； • 城市和农村地区的低影响开发和雨水收集； • 减轻水流影响的分蓄洪区； • 更新设计标准； • 数字化规划和监测系统； • 城市规划和应急响应计划，包括加固关键水和电力基础设施； • 对关键设施进行防洪和防冲击保护，以维持其功能和物理完整性
空气和海洋温度上升 极端高温和/或突发的温度变化	• 积雪的减少和冰川的永久萎缩； • 影响供水的径流和水文条件正在发生变化； • 水蒸气增加以及更高强度的风暴助长的极端事件； • 海洋和大气的自然循环发生转变和逆转，影响到生态和经济模式，甚至导致墨西哥湾的极寒	• 用于水务和城市运营的高效和可再生能源系统； • 水务运营中的碳足迹减少和固存； • 促进粮食安全的适应性耕作； • 垂直或室内耕作可以提高产量的同时消耗更少的土地和水（如 NextGen 公司）； • 自然处理系统
海平面上升	• 淹没沿海社区； • 极端天气事件、更大的风暴潮和海浪上升所带来的复合影响； • 经济损失； • 巨大人口迁移和相关的政治不稳定（如气候难民）	• 长期深层次的不确定性情景规划； • 沿海社区加固、建设海提、更新防洪堤； • 碳封存以减少排放； • 设计/建造淹没区； • 沿海生态系统的保护和恢复
复杂型和反复型事件的发生	• 事件的规模、持续时间影响和生命损失的不确定性； • 在相同或更大的强度下，可能的影响会加剧； • 系统弹性和流域缓冲能力的丧失； • 基础设施的重复性破坏，建筑系统的快速老化	• 长期深层次的不确定性情景规划； • 健全的资产管理计划； • 长期适应性规划的情景分析以确定可能的/未预见的最坏情况； • 为了在孤岛模式下运行并维持社区运作而设计的硬体坚固设施； • 分散但相互关联的系统
气候影响所形成的资源限制（如水、土壤、营养物质、能源、食物）	• 流域、海湾、内陆水体的持续非点源污染； • 2035 年后将出现对磷储备和“磷峰值”限制的影响（Nedelciu et al. 2020；Alewell et al. 2020）； • 损失、损坏的农业用地无法缓冲峰值流量； • 对水和生态系统管理的能源需求不断增加	• 在污水处理设施中进行资源回收，使其在扣除能量消耗后变成能量提供者； • 应用新的高效处理技术，如厌氧氨氧化（Anammox）； • 卫生设施的水循环； • 尿液分离，氨和磷回收； • 改变耕作方式（如 NextGen 公司）

当我们对头部水务公司的行动进行研究时，可以清晰地发现，这些水务公司、市政部门和其他地方政府的使命和愿景，以及它们的既定目标，不是由不同的行动或孤立的功能组成，仅仅是为了满足当今供应清洁和安全水资源的需求，而缺乏整个社区的需求整合。未来的愿景是基于整个社区量身定做的，目标是建立在一个持续自我评估的框架上的，这个框架允许创新和技术进步。未来的愿景最终必须为社区服务以实现更高的目标，即维持他们所服务的社区及其所处整体环境的安全和健康，包括水系统。

Aarhus Vand是通过创新转型以应对气候变化、系统恢复力和运行效率的例子，这是一家奥胡斯市政府持有的丹麦股份有限公司。根据其公司宗旨，它“存在的目的是通过向人和地球供应清洁的水来创造健康。其愿景是构建一个国家性平台，作为地方和全球解决方案的驱动力，以实现更健康的水循环”。他们每年生产和分配超过1500万 m^3 的饮用水，每年输送和净化超过3000万 m^3 的废水，维护和运营8个水厂和4个废水处理厂，管理雨水，实施气候适应项目，并保障平衡和健康的水循环（见图4.8）。

Aarhus Vand公司的优势在于其是治理结构的一部分，其了解并希望在科学指导下进行气候变化影响管理。除了对范围更广的水务部门进行监管外，丹麦政府的气候行动计划和向绿色能源过渡的愿景为Aarhus Vand公司提供了框架，以支持其在2030年将温室气体排放减少70%的目标。为了实现这些目标，Aarhus Vand公司与邻近的市政当局、邻国的水务公司合作，甚至在全球范围内与美国的大芝加哥都市水利用事业局（Metropolitan Water Reclamation District of Greater Chicago）等伙伴公司合作，还与印度、南非、加纳、迪拜、瑞典和葡萄牙（葡萄牙水域）以及澳大利亚的地方当局合作。

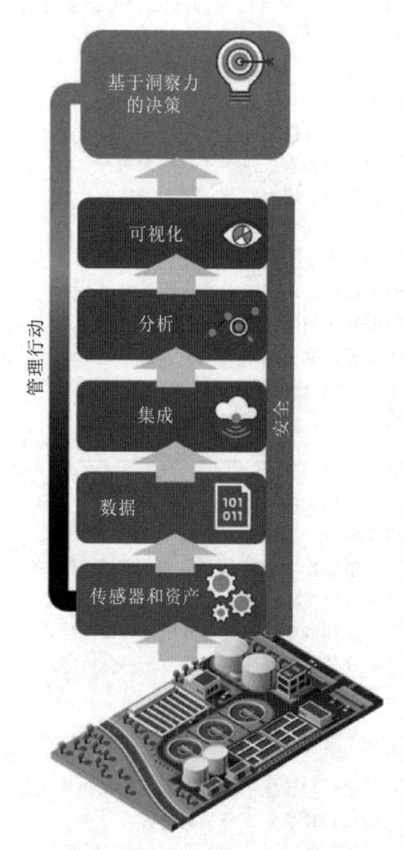

图4.8　精心策划的数字框架正在使Aarhus Vand公司能够在一个平台上整合所有再生水的功能并通过系统思维嵌入恢复力

作为其转变商业模式并使其行动与联合国可持续发展目标相一致的战略的一部分，他们也在改造其废水处理设施。Aarhus再生水厂的总体规划是在Aarhus Vand公司的领导下发展创新组成丹麦水务集群的一部分，并成为世界上资源效率最高的污水处理厂。作为其更广泛转型战略的一部分，该公司也正在通过数字化转型来改变其运营和优化的方法，以提高效率和资产管理方案。在与Aarhus Vand公司合作开发Aarhus再生水厂的数字蓝图之后，本章的作者之一能够将恢复力纳入再生水厂的规划、设计和未来运营之中。

该水务公司成功的关键因素对其他公司建立具有恢复力水系统未来形态的过程具有参考意义：

• 管理单位、工程师、水务公司和社区之间的目标一致，和对水务公司及其对社区利益的统一愿景

• 合伙关系模式推动合作行动以实现气候变化和联合可持续发展目标

• 持续评估政策、财务方向、新信息和新技术，以便将其纳入转型的过程中

• 职能的数字化和整个水务公司的嵌入式数字解决方案

• 在推动变革的关键战略中嵌入开放的、有计划的创新思维

• 以工程和自然为基础的资源回收、水管理、循环利用、能源管理和安全饮水解决方案

• 对现有系统进行加固，并建造新的系统以满足对恢复力的评估需求

4.3 立即采取缓解行动

如前文所述，气候变化正在对特定社区的用水地点、时间和数量产生不利影响。如果缺乏缓解气候变化的投资，目前水务部门的适应能力将是受限的。缓解的关键需求之一是“强化”现有的基础设施。有如下方法：

• 供应强化——供应强化的一个例子是圣地亚哥市的纯净水饮用级再利用计划，该计划旨在确保经常缺乏地下水源的大都市区的供水安全。储存在水库中的净化废水将提供长期的供水恢复力。同样的，南加州大都会水区、洛杉矶市和新加坡公用事业局等其他地区也在走同样的道路，以实现自我恢复和完整的区域供应恢复力。

• 基础设施强化——重点基础设施强化的方式有很多，从搬迁到提升重点设施或单元，再到灰色或绿色基础设施的战略结合，其目的都是实现环境和周边地区生态建设的最大效益。全球范围内仅暴露在河流洪水风险中的国内生产总值（GDP）估计每年达 960 亿美元（Browder et al. 2019）。据估计，美国的沿海湿地仅在风暴保护服务方面就提供了 232 亿美元/年的服务价值。为了应对大范围的城市内涝，2005 年，华盛顿水务公司制定了一项计划。计划通过投资下水道、废水和绿色基础设施项目，包括生物滞留或雨水花园、可渗透路面和三个雨水径流深隧道，来减少合流污水溢流（CSOs）（USEPA 2015）。华盛顿水务公司的计划还纳入了环境影响债券结构。这是第一个将财政支付与环境绩效挂钩的结构（USEPA 2017）。

• 海平面上升的缓解和海堤（防洪堤）——像旧金山这样的城市正在通过建造海堤来实施对其居民和建筑基础设施的保护，以使其免受海平面上升和极端天气事件的影响。旧金山的海堤也是为了防止地震引起的破坏，提高安全性，升级基础设施的恢复力并保护城市的历史滨水区。在新加坡，政府已经承诺投入 1000 亿新元（约合 720 亿美元），通过结合沿海保护措施和强化现有基础设施两种方法，保护国家免受气候变化的不利影响。

• 针对地震、森林大火的物理强化——在世界的一些地方，包括美国西部，对基础设施进行物理性强化以抵御地震也是问题的一部分。尽管这不是气候变化的结果，但地震与温和或极端的天气事件同时发生的复合事件可能是灾难性的，特别是对于沿海社区。建筑法规需要统一更新，结构需要重新加固或构建。美国加利福尼亚州和澳大利亚在 2020 年经历的广泛而持久的森林大火也表明，如果不对系统进行加固以抵御这些极端的突发事件，那么电力基础设施和水利基础设施会迅速受到影响。

• 运行系统和基本公共设施强化——正如 2021 年 2 月美国极地涡旋事件后所经历的

那样，电力系统可能受到挑战并停用，对水和卫生系统以及基本必需品的获取产生快速的连带影响。抵御比原设计条件更冷的环境与抵御极端高温和洪水事件同样重要。水、电和电信基础设施的相互联系使美国得克萨斯州处于一个无计划的、影响深远的压力测试当中。这可以作为公用事业规划者和设计者的一个案例研究。

尽管有这些明确的需求和公用事业单位带头采取行动的例子，但一些体制和监管、系统规划、工程和设计方面的挑战阻碍了大多数公用事业单位实施恢复力措施。例如，由于缺乏资金、技术工具和人力资源来规划和实施成功的恢复力措施，大多数公用事业单位没有动力将恢复力措施纳入其规划过程。同样，情景分析和风险评估往往没有被统一用于基础设施系统的规划中。因为有限的资金总是优先用于通过他们熟悉的方法去维持现状和维护老化的系统。

在很多例子中，如果没有受到监管或者由标准驱动，总体规划工作通常与恢复力和风险管理工作分开。此外，设计规范和标准很少更新以应对不断变化的平均温度和降水率、极端条件或自然灾害，进而缺乏对不断变化的需求和超越日常运营需求的紧迫情况的应对。由于建造的不兼容性，如当各种投资在公用事业公司之间进行时，出现问题的风险会增加。对失败的内在恐惧，加上巨大的风险和问题的复杂性，会促使人们无法做出决定，特别是当决策者受到选举周期的牵绊时。

评估水系统的综合方法包含对现有系统要素的逐步评估，评估其能否在不同运行情况下，抵御可能单独或同时发生的风险和气候变化情景。美国环保局第九区正在实施这种方法，该区对加利福尼亚州水务机构和水务系统进行监管，并提供了一个自上而下的监管驱动，针对水系统的脆弱性，整合气候恢复力特征的例子。例如，洛杉矶地区水质控制委员会开始要求将气候变化脆弱性评估和缓解计划作为污水处理设施许可程序的一部分。通过许可证更新周期，公用事业单位被要求评估，然后制定计划来消除/缓解气候变化的脆弱性，以确保环卫设施持续安全和可靠的运行。尽管令人鼓舞，但如果不强制执行，或者如果所有利益相关者、政治领导人和公用事业单位的领导层之间没有协调一致，即使有这样的计划，决策者们也会优先解决体制困难和更紧迫的急切问题。那么问题来了，“是否有一套方案可以合理地满足所有的目标和标准?”以及它适用于哪些社区，特别是当负担能力是决策的关键因素时。水公平的问题并不新鲜，在这种新的气候变化恢复力模式下，它将发挥更大的作用（见图 4.9）。

面对这些挑战，数字化转型可以通过快速、可靠地了解资源数量和质量、公用事业公司运营、性能效率和资产寿命来支持数据驱动的方法，并以更大的信心支持系统的自动化。它甚至可以支持脆弱性评估，并提供透明的信息以获得公众和监管机构的信任。如运营信息可视化、财务信息仪表板，甚至通过使用数字孪生实现物理资产的可视化等的数字工具可以在建立信任和高效系统方面发挥关键作用，从而推动政策决定和投资。

特别要考虑到在省、国家和大洲层面做出基于气候变化决策的重要性，精心设计的数字工具可以增加对基础条件和预期风险的理解，并支持统一标准以作为政策决定的基础要素。全球不同地区在努力实施政策时经历了不同的状况。比如像新加坡或丹麦这样的国家，由于其规模、治理结构以及公众对关键机构领导人的普遍信任，有能力加快行动。美国在这样的情况下，联邦和州一级的决策是为了满足最低限度的共同标准或政治上权宜之

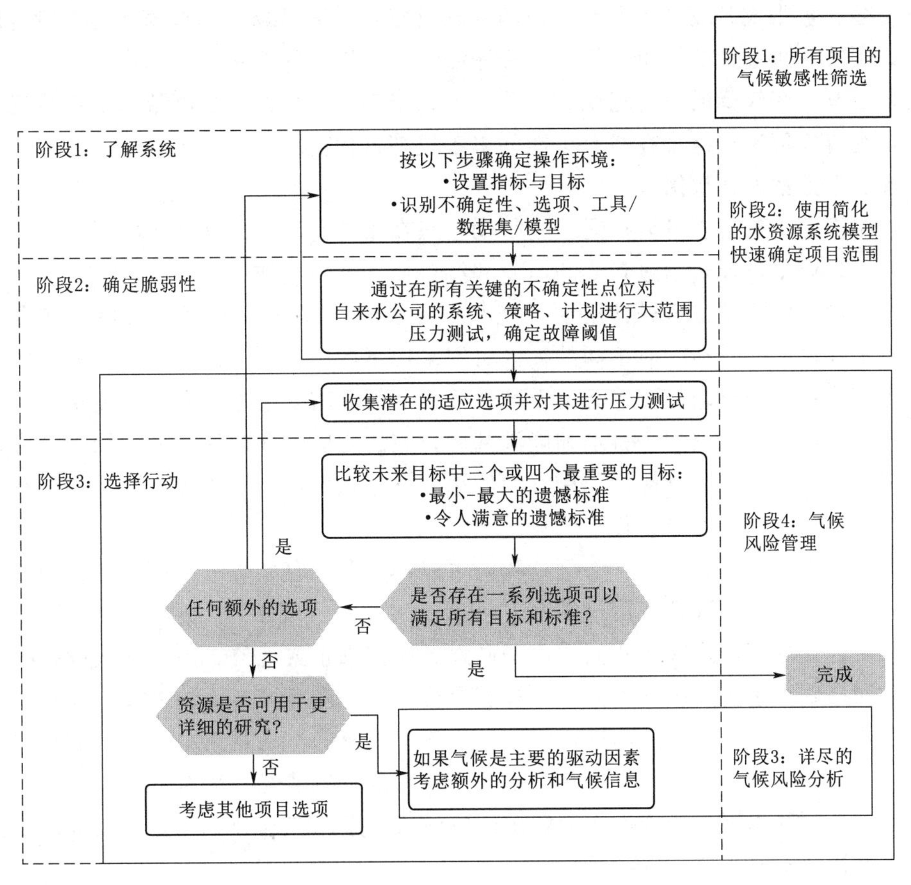

图 4.9 评估气候变化脆弱性和确定行动的基本框架（资料来源：世界银行 2018）

计、短期方法的需要，而不是为了具有恢复力的未来。即使在这种情况下，也有社区和公众舆论通过政治和社会事件影响政策决定的例子，尽管有时这种影响是短暂的。

极端天气事件的影响已经超出了眼前的资产损失。长期的影响已经形成，因为在美国一些地区，资产保险面临风险或者拒保。例如，保险业无法应对日益频繁和（或）同时发生的某些类型的极端事件，特别是在 2017—2018 年美国东部、东南部经历水灾之后。同样地，加利福尼亚州 2019 年和 2020 年的森林大火也导致了类似的拒保结果。

气候变化导致的事件对社区、公共和私人设施的影响是不可否认的。为了使政策决定扎根并获得支持，并使政策框架成为推动和进步的桥梁而不是障碍，平衡经济可持续性和恢复力与行动成本、鼓励公私伙伴关系和创造新的就业机会将产生最大的变革机遇。

4.4 未来的中期缓解行动

考虑到在初级阶段采取的行动，包括在为特定的公用事业单位和其所在地定制的事件情形下对漏洞进行强化，之后可以在分析这些事件的基础上建立未来的中期行动。公用设

施单位修缮、扩张或升级其当前或计划的基础设施和政策以减少其脆弱性的手段可以以优先的方式实施。所选择的决策和优先级程序必须回答以下问题：

- 是否有一些较低或没有遗憾的选项，无论未来发生什么，都能帮助实现目标？
- 是否有任何选项组合在所有可能的未来里都是稳健的？
- 各实施方案如何权衡？
- 公用事业单位是否可以推迟一些行动，只在条件允许的情况下实施？
- 公用事业单位能否通过长期的监测和调整使其计划更加稳健？

在水务基础设施支柱——饮用水、废水（污水）、水资源、水道以及城市和自然水系统——实施针对性的行动，对不同的社区可以采用不同的方式。然而，与采取不同形式的行动相比，将特定的行动与更广泛的系统范围内的战略和要素相结合可以使整个系统的基础设施更具有恢复力。例如，将水和能源基础设施的脆弱性和前瞻性方法结合起来，可以创造出一些资源，能够重复使用、更好地使用、保存以保护枯竭资源或过渡到更有效的资源——营养物质、淡水资源、化石燃料。

以水系统恢复力的支柱之一为例，我们可以看到在现有系统中增加恢复力的具体方法是如何运作的。更好地管理使用过的水，包括卫生污水（废水），根据基础设施的设计将其与雨水结合或分流，这些在我们的水基础设施中占据重要地位。因为这些设施在保护我们的环境和提供可重复利用资源方面发挥着重要作用。随着城市化的进行，我们的社区在输送和处理废水的基础设施方面进行了大量投资。传统的方法是集中处理，建立大型收集系统和处理设施。分散式系统正在被考虑用于未来的发展情况。然而，财政上的限制很可能促使人们需要利用现有的资产作为资源回收解决方案的一部分，并允许逐步过渡到可再生能源、可持续农业和单一水模式。

目前许多问题的潜在解决方案是发展“资源回收设施”（见图4.10）作为现有废水处理厂的改进或替代方案（Wallis-Lage et al. 2011）。如图4.11所示，由于人口和预期生活水平不断增长，将导致与其相关的水、能源和营养不断增长。而这些设施可以提供充足的机会满足这些需求。虽然回收水、能源和营养物质所需的技术在商业上是可用的，但面临的挑战是确定如何在现有设施内实施资源回收，作为推动恢复力的一部分，充分地利用资产投资和管理有限的财政资金，并创造积极的商业模式，为公用事业单位产生积极的投资回报。

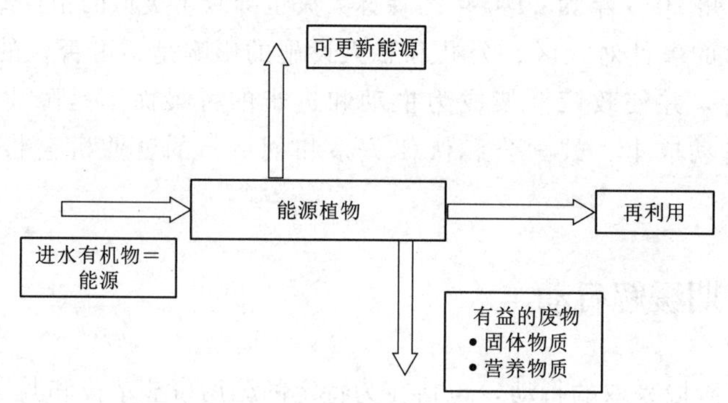

图4.10　资源工厂回收能源、水、固体和营养物质

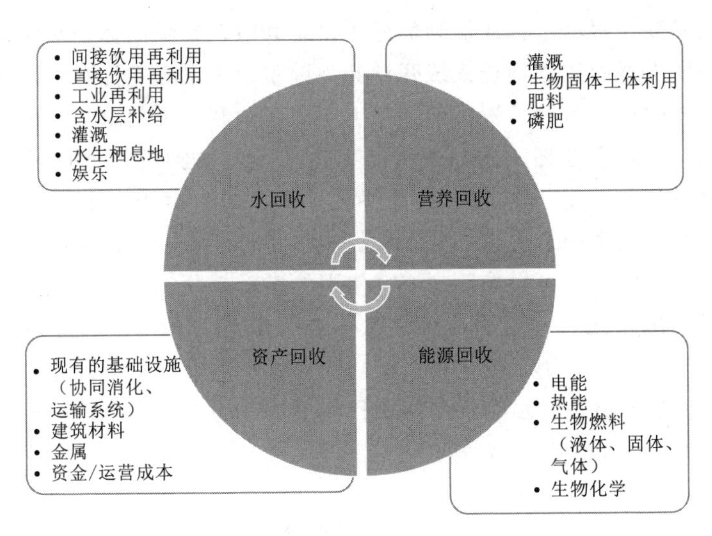

图 4.11 水和卫生设施的资源回收机会

找到完美的协同作用来恢复所有可用资源是真正的理想方式，但现实是一种资源通常会占据主导地位，而某些资源会被牺牲。世界各地的例子都表明，有一些方法可以实施综合解决方案，在实现资源回收的同时，满足多种气候适应性目标。

澳大利亚昆士兰州布里斯班市：当澳大利亚布里斯班威文霍（Wivenhoe）大坝的水位迅速下降时（图 4.12），长期供水似乎不到 18 个月，寻求额外的水源是实施水再利用的唯一驱动因素。尽管电力需求随之增加，但仍决定开发三个使用微过滤、反渗透和先进氧化技术的高级水处理厂（AWTPs）以增加城市的供水。然而，需要重点注意的是再生水的主要终端用户是发电站。随着饮用水供应方面的水限制越来越严格，发电站面临着失去冷却水源的危险。AWTPs 的建设既提供了更多的水供应也保证了能源供应。因此，虽然能源没有在实际处理设施中得到回收，但先进的水处理厂的构建为社区回收了能源。这个例子说明了水和能源的密切关系。尽管必须去除营养物质以满足水质要求，但由于对水、能源和营养物质的共同关注导致无法满足相互竞争的目标，所以对营养物质回收的考虑有限。

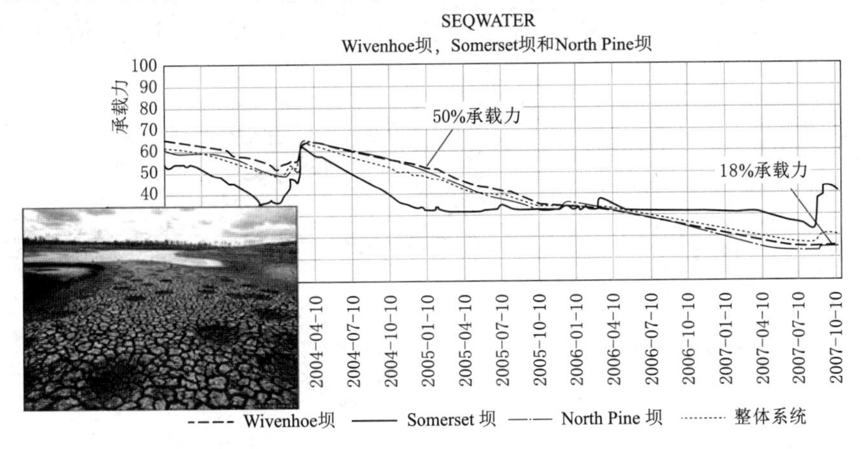

图 4.12 2006—2007 年威文霍（Wivenhoe）大坝水位

美国加利福尼亚州尔湾市：在加利福尼亚州尔湾市，生物固体的能源生产是决定为迈克尔逊污水处理厂生物固体处理新系统开发的关键驱动因素。在加利福尼亚州，能源的高价格与可再生能源的补助激励了沼气最大化生产和就地利用燃料电池发电的解决方案。这一系列事件引发对污水预处理、添加油脂废弃物（FOG）到厌氧消化过程中以增加沼气生产等过程的评估。FOG 设施被包含在最终设计中，同时也为未来的污水预处理提供选择的空间。产生的沼气将用于满足部分本地的能源需求。除了从沼气中产生能源之外，消化后的固体将被干燥以生产可供当地水泥窑使用的燃料产品或颗粒肥料（见图 4.13）。水的稀缺性也是驱动因素之一，这引导使用膜生物反应器（MBR）工艺来生产高质量水。尽管其能源需求较高，但可用于满足日益增长的再生水需求。生物固体的能量回收有助于抵消液体流动中增加的能量。虽然磷的回收目前不被认为是一个可行的解决方案，但在固体处理设施的范围内未来会有可操作的空间。

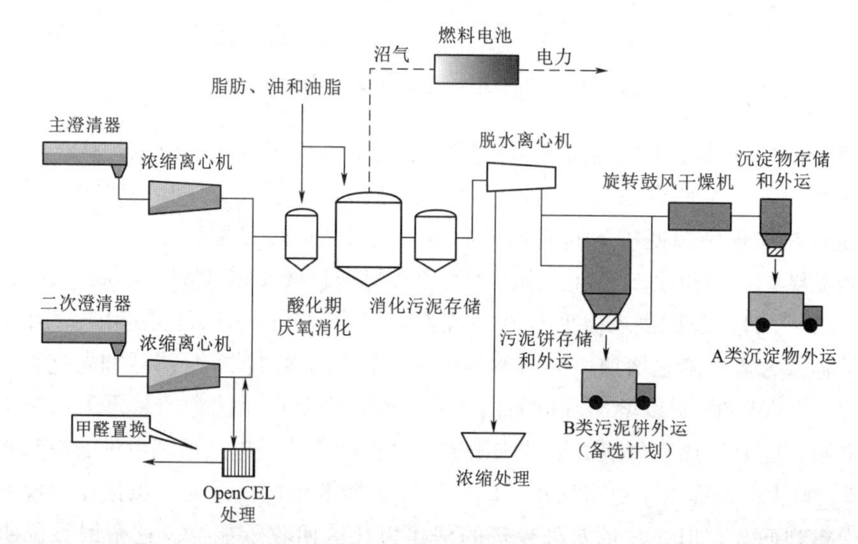

图 4.13　IRWD 的生物固体处理设施（最终的设计不包括燃料电池和 OpenCEL 处理）

结合这一新范例，新系统设计需要采用基于气候的设计标准，考虑新的风暴设计条件，以及气候适应弹性工程的特点。甚至在某些情况下，迁移现有的设施以防止反复的破坏和对公共安全的风险在经济上是比较可行的。就像爱荷华城北部的污水处理设施，多次被淹没，最终在反复的极端洪水中不断迁移（见图 4.14）。

(a)

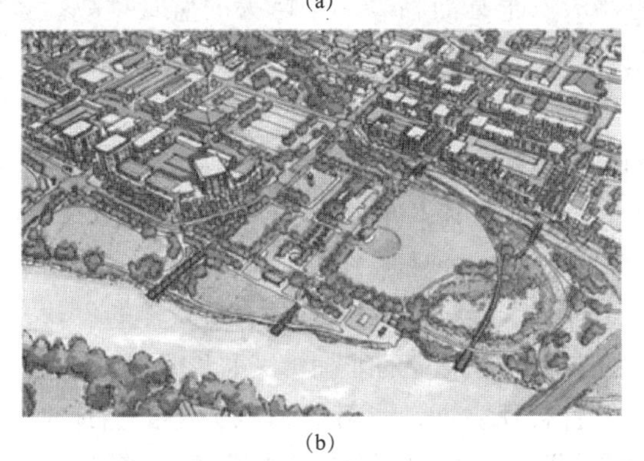

(b)

图 4.14 (a) 爱荷华城北部的废水处理设施在特大洪水后不断迁移（资料来源：GAO-20-24 2020）
(b) 废水处理设施搬迁后河岸恢复的图示（资料来源：USEPA 2021）

同样地，华盛顿州阿纳科特斯市的水处理厂位于斯卡吉特河沿岸，容易受到当前洪水和未来气候风险的影响。由于将该设施移出洪水泛滥区的成本过高，该市在考虑到气候预测的情况下在原地点进行了重建（见图 4.15）。

图 4.15 华盛顿州阿纳科特斯市重建了一个水处理厂以减轻气候变化对设施和供水安全的潜在影响
（资料来源：USEPA 2020）

通过使用2080年的风暴条件和洪水预测减轻了对更频繁和更强烈的风暴、咸水入侵和沉积面积增加的脆弱性。这些脆弱性包括百年一遇的洪水泛滥、冬季悬浮物峰值估计增加350%，以及由于海平面上升而导致的盐水楔往上游迁移。

基于社区的伙伴关系（CBPs）是一种促进公共和私人伙伴关系的创新解决方案。在这种方案下，地方政府或公用事业单位将多个雨水改善项目汇总到一个单一的综合采购中，创造一个私营部门的责任点。它采用基于绩效的合同，将合作伙伴的付款与具体的、可衡量的目标联系起来。私营合作伙伴承担短期和长期的预算和进度风险，激励最佳价值和整个生命周期的合规解决方案。绩效合同还要求合作伙伴提供一个能够改善环境可持续性和恢复力的系统。社区还可以要求其合作伙伴实现与社区公平、少数族裔和女性所有企业（MBEs/WBEs）参与有关的特定关键绩效指标（KPIs），创造公共绿地和多种设施，并实现其他社区选定的目标。

2014年，马里兰州乔治王子县面临着一个巨大的监管挑战。遵守其当前的NPDES许可证需要用绿色基础设施（见图4.16）改造6000英亩[1]不透水区——未来到2025年需要多达15000英亩未处理不透水区——估计成本为12亿美元。该县本来可以利用传统的项目交付办法和采购；然而，鉴于挑战的严重性，该县领导人寻求了另一种解决方案。乔治王子县成立了一个名为“清洁水伙伴”的CBP——该县与Corvias公司之间为期30年的雨水项目伙伴关系，以解决其雨水合规项目，试点的启动资金为1亿美元。当项目达到特定的交付和社区绩效指标时，就会触发对私营部门合作伙伴的付款。该县最近完成了最初的试点，改造了2000英亩的土地，与传统的非捆绑式采购相比，节省了40%以上的资金（见图4.16）。该县还实现了监管合规要求，使用了87%以上的当地少数族裔所拥有的企业。

图4.16　作为社区伙伴关系一部分的绿色基础设施

[1] 1英亩＝4046.86m^2。

4.5 具有恢复力的水基础设施和系统是一段旅程

如前所述，根据一些具有前瞻性的公用事业单位制定的路线图，具有恢复力的基础设施已经在规划之中，或正在构建之中。他们知道恢复力规划是一项持续的工作，它描述了已知和新出现的威胁/脆弱性，并利用适应性规划和实施战略来实现更具有恢复力的未来。对其他人来说，要达到一个有恢复力的未来，可能必须在经历近期和中期的战略思考和规划步骤之后。在对系统进行初步规划和加固之后，公用事业单位应通过使用阶段目标来衡量进展并保持对恢复力的关注。为了更好地实现这一目标，需要在计划开始时建立关键绩效指标（KPIs）。拥有足够的关键绩效指标，并在恢复力的道路上设定正确的阶段目标，可以清楚地说明该公司正在取得进展（见图 4.17）。一些与气候变化恢复力和缓解行动相一致的 KPIs 实例包括：

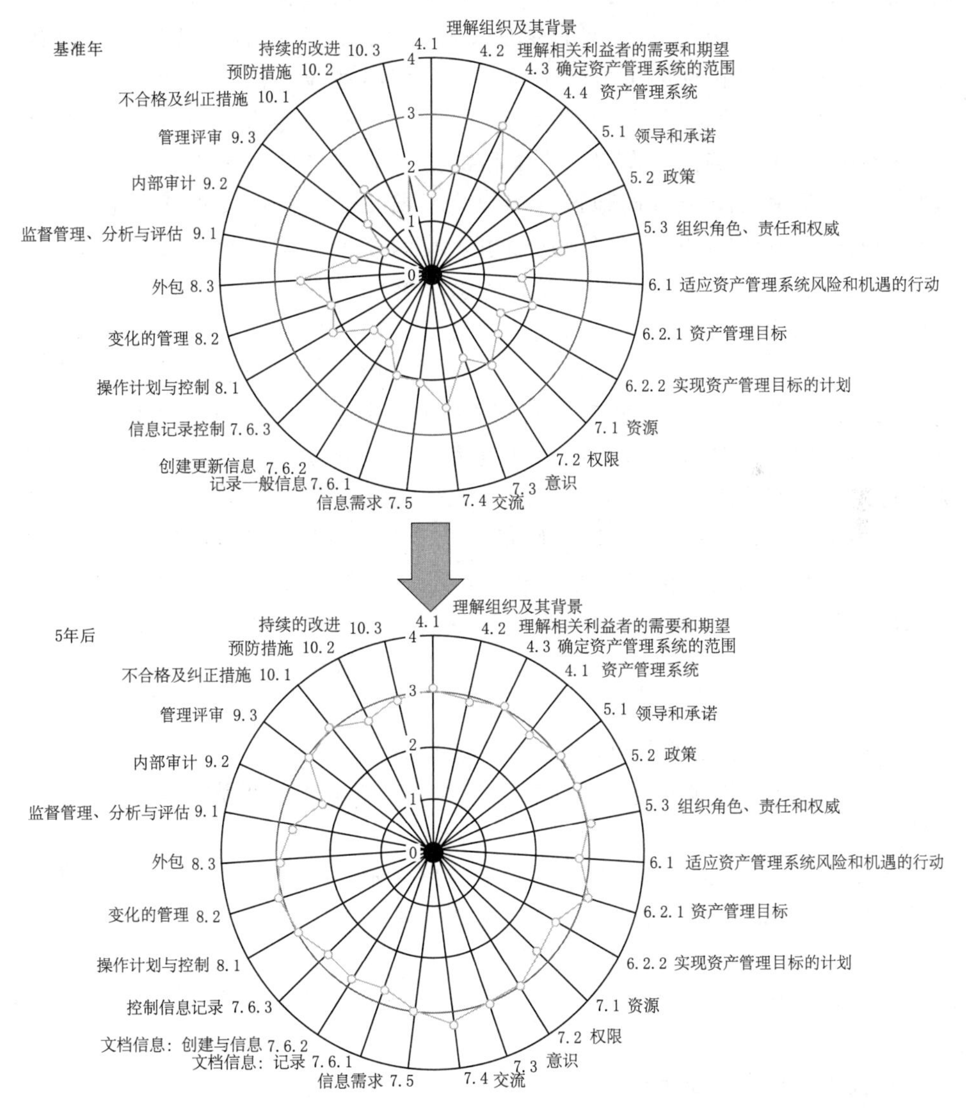

图 4.17 监测目标和关键绩效指标的进展对恢复力方案的成功至关重要（BV 2021）

- 水的再利用（接收量的百分比，百万加仑/日，m^3/年）
- 有机和其他资源终端产品的合理使用（磅/年、t/年、kW/年）
- 实现可持续发展目标的进展（与2018年可持续发展目标相对应）
- 可再生能源发电和温室气体减排
- 碳足迹和水足迹
- 资产管理方案的目标进展（完成百分比）

4.6 是时候采取行动了

显而易见，水务部门的基础设施在管理和适应如今和将来的挑战方面非常脆弱，因此我们必须制定一个前瞻性的规划，关注如何缓解气候变化、人口增长和经济及社会运动带来的影响。我们必须立足现在考虑未来，这是一个我们可以共同到达的未来，因为它提供了一个截然相反的可能性情景，使我们能适应我们所生活的这一不断变化的气候条件。我们长达几个世纪的生活方式始于8万年前人类在全球的大迁徙(Gugliotta 2008)，并以美洲的发现、瘟疫和饥荒等关键事件为标志，导致我们定居在可以获得水这一生命关键成分的地区。就像公元前12000年的安纳托利亚文明的城市故事，或公元前10000年的英国阿姆斯伯里，我们今天的城市和城市基础设施仍然被我们的社区生活、社会和生活资源管理的概念所影响（Balter 2005）。我们现在如何转变我们的思维，以确保我们的城市和我们的关键基础设施能在未来适应气候？历史上也充满了人类因气候变化、灾害、干旱而不得不搬迁的例子，比如埃及的干旱和饥荒、阿纳萨齐人的消亡等。我们现在有工具来更好地了解和计划以避免重复过去的老路，我们必须从历史中吸取教训，致力于对恢复力的投资建设，否则，我们也将很容易受到更为迅速的气候变化影响。

我们必须认识到阻碍进步的因素，从而开辟建设水务基础设施恢复力这一道路。这样我们才能调节并将我们的决定与历史思维分开。政治意愿、可负担性、水的公平性、风险容忍度和长期投资承诺等因素都阻碍了进展。不克服这些因素，就无法完成所需的恢复力。为了开始这一行动，社区、公用事业单位需要建立一个强大的基础。关键因素包括：

- 明确社区对风险管理的期望和支持投资的意愿
- 明确具备恢复力基础设施的社会、经济效益，并承诺改变基础设施的规划和建设方式
- 明确关键节点，作为实现恢复力道路上的指路标

是时候在当前全球形势的基础上，抓住眼前机遇了：

1. 将新冠疫情复苏过程转变为创造更好未来的机会
2. 在科研机构和学术界的通力合作下，采用一致而可靠的科学技术作为政策决定的基础
3. 保持前进的势头，即使整个过程需要一步一个脚印前行

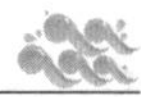

参 考 文 献

Alewell C，Ringeval B，Ballabio C (2020) Global phosphorus shortage will be aggravated by soil erosion. Nat Commun 11：4546.

Balter M (2005) The seeds of civilization. Why did humans first turn from nomadic wandering to villages and togetherness? The answer may lie in a 9，500 - year - old settlement in central Turkey. Smithsonian Magazine.

Browder G，Ozment S，Rehberger I，Gartner T，Lange GM (2019) Integrating green and gray. Creating next generation infrastructure. WRI and World Bank.

BV (2020) Digital blueprint for Aarhus Vand ReWater. Technical Memorandum.

BV (2021) Milwaukee metropolitan sewerage district asset management analysis. Technical Memorandum.

GAO - 20 - 24 (2020) Water infrastructure report to US congressional requesters.

Gugliotta G (2008) The great human migration. Why humans left their African homeland 80，000 years ago to colonize the world. Smithsonian Magazine.

IPCC (2014) Climate Change 2014：impacts，adaptation，and vulnerability. Part A：global and sectoral aspects. Contribution of working Group II to the fifth assessment report of the intergovernmental panel on climate change. Cambridge University Press，Cambridge/New York，United Kingdom/USA.

Mekonnen MM，Hoekstra AY (2016) Four billion people facing severe water scarcity. Sci Adv 2 (2)：e1500323

Nedelciu CE，Ragnarsdottir KV，Schlyter P，Stjernquist I (2020) Global phosphorus supply chain dynamics：assessing regional impact to 2050. Global Food Secur 26：100426.

Our World in Data (2019) All our charts in natural disasters. Share of land area which experienced extreme one - day precipitation，USA.

Rodin J (2014) The resilience dividend：being strong in a world where things go wrong. Public Affairs，New York

SDG Tracker (2018) Measuring progress towards the sustainable development goals.

UN Water (2018) SDG 6 synthesis report 2018 on water and sanitation. United Nations.

UN Water (2019) Water and climate change. United Nations.

USEPA (United States Environmental Protection Agency) (2015) District of Columbia Water and Sewer Authority，District of Columbia Clean Water Settlement. Overviews and Factsheets，May 18.

USEPA (United States Environmental Protection Agency) (2017) DC Water's environmental impact bond：a first of its kind. USEPA Water Infrastructure and Resiliency Finance Center.

USEPA (United States Environmental Protection Agency) (2020) Anacortes，Washington rebuilds water treatment plant for climate change.

USEPA (United States Environmental Protection Agency) (2021) Iowa City，Iowa closes vulnerable wastewater facility.

USGCRP (US Global Change Research Program) (2017) Climate science special report：fourth national climate assessment，vol I (Wuebbles DJ，Fahey DW，Hibbard KA，Dokken DJ，Stewart BC，Maycock TK (eds). U. S. Global Change Research Program，Washington，DC，USA，470 pp.

Wallis - Lage C，Scanlan P，de Barbadillo C，Barnard J，Shaw A，Tarallo S (2011) The paradigm shift：wastewater plants to resource plants. Proc Water Environ Federat WEFTEC 14：2680 - 2692.

WMO (World Meteorological Organization) (2020a) United in Science 2020：a multi - organization high - level compilation of the latest climate science information.

WMO (World Meteorological Organization) (2020b) Key messages. United in Science 2020：a multi - organization high - level compilation of the latest climate science information.

World Bank (2018) Building the resilience of WSS utilities to climate change and other threats. A road-map. The World Bank, Washington, DC.

WRI (World Resources Institute) (2019) WRI Aqueduct website.

Wright P (2018) Sea level rise will inundate coastal sewage plants, study says. The Weather Channel.

第 5 章　水安全与气候变化：水电站水库温室气体排放

María Ubierna，Cristina Díez Santos，and Sara Mercier－Blais

摘　要： 蓄水量是经济增长的驱动力，常作为水安全的重要指标。虽然水电蓄能项目对水安全和能源安全十分有益，但水库的修建也引起了人们对温室气体（GHG）排放的担忧和对水力发电清洁程度的怀疑。在气候变化的影响下，蓄水量的重要性日益凸显，应进行充分评估以确保蓄能项目的可持续性。本章使用 G－res 工具估算了 480 个水电蓄能项目的净排放量，将全球水电站在整个生命周期排放的温室气体中位数量化为 23g CO_2eq/（kW·h）。本章结果与 IPCC 一致。

关键词： 水力发电；温室气体排放；水安全；气候变化；气候恢复力和适应性；水电的碳足迹

5.1　引言

水电资源是地球上重要的可再生能源，约占全球发电量的 16%（IEA 2019）。如果得到可持续化管理，水利基础设施能为人类生活提供重要的淡水服务，如供水储水、灌溉、防洪抗旱等。

水力发电能有助于直接实现几个 2030 年可持续发展目标（SDG），如 SDG7 低价清洁能源和 SDG13 气候行动。它还有助于实现许多其他目标，例如 SDG6 清洁用水和卫生设施。储水功能可提供灌溉、供水、航运、渔业和娱乐等服务。蓄水量在时空上的再分配，能有效进行防洪抗旱，从而提高气候适应力和系统弹性。蓄水量及其灵活性也平衡并增强了各种可再生能源，如风能和太阳能等。

水电资源在可再生能源系统和水资源管理中有重要作用，能有效应对气候变化，提供能源和供水安全。

国际可再生能源机构（IRENA）估计，为有效应对全球变化，未来 30 年需要的新水

M. Ubierna（✉）
International Hydropower Association（IHA），London，UK
e－mail：mariaubierna@gmail.com
C. D. Santos
International Hydropower Association（IHA），London，UK
e－mail：crisdiezsantos@gmail.com
S. Mercier－Blais
UNESCO Chair in Global Environmental Change，University of Quebec at Montreal（UQAM），Montreal，Canada
e－mail：saramercierblais@gmail.com

电容量约为850GW，大致相当于欧盟2020年的整个电力系统容量。粮农组织(FAO)(2017)的全球报告中指出，未来30年，水和食物的需求将增加50%～100%，对水资源可用性、水生态系统和社会经济系统将产生更大的影响。气候破坏将加剧这些情景，突出储水和节水的重要性。

5.1.1　水电和水安全

目前在可持续发展目标(SDG)第6条中关于清洁用水和卫生设施方面取得的进展已与原定路线相背离。联合国数据统计显示，若到2030年实现基本卫生设施的普及，需要将目前的年进度翻一番。

水、气候和能源之间是密不可分的关系。然而决策者的市场管理政策常是在不同情形下提出的，需要综合性的战略方法对这些资源的使用进行可持续性管理。联合国目标6.5涵盖了水资源综合管理(IWRM)的概念，它是在流域范围内整合与水有关的管理方法。除此之外，水资源综合管理也包含了其他可持续发展目标，如消除贫困、提供清洁廉价能源、实现性别平等和保护生态环境等(Benson et al. 2020)。随着气候变化对全球水文系统的影响，极端气候事件频发，水、气候和能源之间的交互关系变得更加重要。

水电在水资源可用性的气候变化适应中起着至关重要的作用(Berga 2016)，IWRM则是开发水电项目的关键一环。先前几项研究(Xiaocheng et al. 2008；Thoradeniya et al. 2007)对大范围部署小型水电项目的累积影响提出了担忧，这些累积影响可能与提供同等能源输出的大型水电项目的影响相当甚至超过后者。Mayor等(2017)的研究评估了水力发电对西班牙杜罗流域的影响，表明大型水力发电项目对能源和水安全的贡献更大。相比之下，由于累积级联效应，小型水电项目的不良影响更为显著。

从水足迹来看，全球普遍认为小型水电项目更有益。由于水库表面的蒸发会消耗大量的水，因此大型水电项目通常对应有充足蓄水量的水库。Scherer和Pfister(2016)及Pfister等(2020)的研究调查了大约50%的水电总发电量，发现大约一半的被评估水电站存在负缺水足迹，这表明它们缓解而不是加剧了缺水。这些关于累积影响和水足迹的研究强调了水资源综合管理的必要性，强调避免根据开发规模分别管理。

水储量常作为水安全的替代指标(Sanctuary et al. 2007)，在气候变化的背景下显得尤为重要。Pokhrel等(2021)的报告指出，到21世纪末，全球范围内陆地蓄水量处于极端干旱的土地面积和人口将增加一倍以上。此外，蓄水是经济增长的驱动力，对于平衡降雨量的年内和极端变化起重要作用，否则会对经济增长产生重大影响(DFID 2009)。Brown和Lall(2006)分析了具有水文变异性国家的蓄水需求，并揭示了水文变异性与较低的人均GDP之间的显著统计关系。

多用途大坝可以产生直接和间接的经济效益。在Hogeboom等(2018)的研究中，水库服务在全球产生的经济效益估计为2650亿美元，多数来自发电和供水。虽然水电由于很高的经济价值具有最大的水足迹，但研究结果表明，用水发电在缺水的流域甚至不是第二重要的目标。

单、多用途水电项目为社会和生态环境提供了一系列的电力及非电力效益。除了发电之外，与电力相关的益处还包括弹性的储电放电，以及减少对化石燃料的依赖和污染物排

放。Wenjie 等（2020）研究称，中国三峡工程提供了多种益处，特别是防洪和通航能力，极大地促进了该地区的社会经济发展。这个世界上最大的水电站所开发的水路运输，大大减少了公路和航空运输。因此，进一步促进了这些类型运输的温室气体排放的减少。

根据国际大坝委员会（ICOLD 2021）的报告，世界上现有的大多数大坝都是单用途的。灌溉是最常见的用途，占 30%；其次是水力发电，占 10%。由于降雨量低且降雨变异性大的气候区特别需要提高蓄水能力和水安全，多用途水库就能发挥重要作用。它可以提供许多投资收益（从宏观经济角度来看），但在规划这些水库和协调各方利益相关者时会更加复杂。然而，在实践过程中，为单一目的设计的水电站大坝往往会变成多用途。在多数情况下，这种演变既无法实现工程效益的最大化，也无法体现水库提供的多项有益服务。

5.1.2 恢复力和适应性

气候变化背景下水电的恢复力是能安全地提供能源和水服务的关键。水电项目依赖于降水和径流以及极端天气事件，因此易受气候变化的影响。水电的基础设施和其运行都需要有一定的恢复性，以应对日益增强的气候变异性，并继续提供适应性服务。这对具有防洪和抗旱能力的蓄水大坝尤为重要。

若设计管理不当，水电项目会加剧气候变化对当地社区和环境的影响。对气候风险考虑不充分，将造成技术和财务短缺、危害安全和环境功能。此外，由于缺少与气候变化有关的评估，相关的投资决策也就没有充分认识到水电基础设施在提供与气候有关的服务方面的作用。

水力发电系统的特点是生命周期长，且通常是根据历史长期和预测的水文数据来设计的。然而，剧烈的气候变化意味着历史数据对当前的气候状况代表性不足。学者们将这种现象描述为平稳性消逝（Milly et al. 2008）。与此同时，也出现了一些基于深度不确定性（DMDU）理论的新方法（Hallegatte et al. 2012）。这些方法能依托可靠的规划进行自下而上的分析。地方项目的决策者确定研究的功能和指标，先针对一般情况，再进行细致讨论。这种稳健的规划主要作用于广泛的不可预测的未来情况，而非在预期的未来条件下优化水电系统的性能。

因此，从长期的、适应气候的角度来规划水电系统，才能保证现在和未来的水电基础设施不会受到气候变化的影响，并确保水和能源服务。

2019 年，国际水电协会 IHA 发布了《水电部门气候恢复力指南》（IHA 2019），提出了如何将气候恢复力引入水电项目规划、设计和运行中，以满足最先进的科学和国际行业实践的需要。按照上述解决气候变化不确定性的方法，该指南提供了识别、评估和管理气候风险的实用方法，使水电项目更稳固和更具有恢复力。

水电行业对该指南十分认可，表示该指南是可再生能源的第一份指南，且具有行业特定性。这份指南的核心方法是基于世界银行在水资源规划中应对气候不确定性的框架（Ray and Brown 2015）。有 7 个项目在试行阶段测试了该指南。在该指南推出后的两年里，有 15 个项目已使用该指南进行气候风险评估。世界各地的应用案例表明，该指南适用于任何类型（储水、径流、抽水蓄能）和规模、单一和级联计划、绿地和现代化项目的核心原则，在不同水文和地理条件下，数据的可用性水平也不同。

世界银行（2021）等多边开发银行参考了《水电部门气候风险评估指南》，并认识到其对设计气候适应性项目的重要意义，从而支持获得与其气候投资目标一致的气候融资。贷款人还建议将该指南用于现代化项目，为项目适应新的水文和社会经济条件提供了独特的机会（Ubierna et al. 2020）。

5.1.3　可持续性评估工具

为确保水电项目的不利影响不会超过其对水和能源安全的好处，有必要对环境、社会、治理和技术方面进行充分评估。水电项目的使用寿命长，与环境和当地社区的结合复杂，这些项目有时没有以环境和社会可持续的方式进行开发。

根据世界大坝委员会（2000）关于全面评估项目所涉风险的建议，成立了一个多方利益相关者论坛，以便就什么是可持续项目达成共识。该论坛包括社会、社区、环境组织、政府、商业和开发银行，以及水电部门的代表。

10年后，国际水电协会（2010a）代表论坛发布了《水电可持续性评估规范》，该规范以定义上的良好做法和经证实的最佳做法为参照，去评估一些项目。

2020年，水电行业推出一套评估方法和指导文件，旨在推动水电开发和运行的持续改进。水电可持续性工具定义并评估了水电行业的可持续性，为参与项目的相关者提供通用的指标。这些工具包括《水电可持续发展良好国际行业惯例规范》（HGIIP）、《水电可持续性评估规范》（HSAP）和《水电可持续性差距分析工具》（HESG）（IHA 2018a，2010a，2020a）。

截至2020年年底，有32个水电项目使用《水电可持续性评估规范》进行了初步评估，6个项目使用了《水电可持续性差距分析工具》进行评估。这些项目的规模从3MW到14000MW不等，遍布世界各地，其中一半在中低收入国家。这些工具在哥伦比亚、巴西和冰岛等国家有较大的接受度，但像中国或美国这样的主要水电市场却缺乏评估。

尽管如此，这些工具已经超越了人们对其设计目的的期望。马来西亚的Sarawak电力公司已将《水电可持续性评估规范》评估方法用于其水电项目开发的内部流程中（Sarawak 2021）。冰岛国有电力公司已采用《水电可持续性评估规范》评估其地热资产，并制定了新的地热可持续性评估协议（Landsvirkjun 2017）。

此外，关于这些工具的培训和能力建设吸引了贷方对其员工、客户以及发展伙伴的极大兴趣。例如，瑞士合作组织支持制定如何提高从业人员的知识水平以符合《水电可持续发展良好国际行业惯例指南》规定的良好国际行业实践指南。截至2021年3月，在水电可持续发展委员会网站（hydrosustainability. org）上有四份指南，主题分别是下游流量制度、移民安置、侵蚀和沉积以及收益分享。

5.1.4　缓解气候变化

缓解气候变化是当今最严峻的挑战之一，对保证人类和自然生态系统的健康至关重要。

2015年，各国通过了《巴黎协定》，旨在提高全球应对能力，保持本世纪温度上升幅

度低于工业化前水平的2℃。但是政府间气候变化专门委员会IPCC（2018）在2018年特别指出，要重点关注全球温度比工业化前水平高出1.5℃的影响。其负面作用将深刻影响着人类和自然生态系统。

根据联合国发布的《2019年排放差距报告》（UNEP 2019），从2020年起，排放量必须每年下降7.6%，才能在2030年将全球温度上升控制在1.5℃以内。而只有各国将《巴黎协定》下的标准提高五倍以上，才能实现这一目标。

2020年，COVID-19疫情迫使全世界采取严格的措施，禁止旅行并减少工业活动，这也导致上半年的二氧化碳排放量突然减少。然而，一旦各国取消这些措施，恢复工业，排放量就会急剧反弹。根据Carbon Monitor（2021）的报告，到2020年年底，全球排放量只减少了4.4%，其中美国的排放量下降了12.5%，巴西下降了9.8%，印度下降了8.1%。受全球经济的剧烈影响而导致的全球排放量下降，也说明了气候变化危机的严重性。在世界范围内，国际组织、民间社会和可再生能源部门呼吁各国政府把目前的情况作为一个机会，安排必要的去碳化议程来解决气候紧急情况。联合国秘书长呼吁制定恢复计划，启动系统性转变，以减少温室气体排放（UN 2021）。

金融刺激计划必须加快向支持可再生能源部署的清洁和低碳能源部门的过渡。作为世界上最大的可再生能源发电来源，水电在避免温室气体排放方面发挥了重要作用。如果用燃煤发电取代水电，每年将额外排放35亿～40亿t温室气体。据IHA（2020b）估计，全球化石燃料和工业的排放量将增加约10%。然而，水电项目并非没有温室气体排放。为了最大限度地发挥水电项目在缓解气候变化方面的作用，水电项目必须以可持续化的方式进行开发和运营，其中就包括限制温室气体排放。此外，还需要特别考虑对于蓄水面积较大的水库水电项目。

5.1.5 温室气体足迹

水电项目的温室气体足迹引起了人们对水电作为清洁能源的担忧，特别是水库蓄水产生的生物排放。

先前尚缺乏量化水电项目温室气体足迹的科学共识，这也是决策者证明水电融资（尤其是大坝建设）是清洁低碳能源的一大障碍。在IPCC第五次评估报告（2014）中，IPCC注意到水电生命周期内温室气体排放量的数值范围很广，最低为1g CO_2 eq/(kW·h)，最高为2200g CO_2 eq/(kW·h)。IPCC提出，很少有研究评估淡水水库的净排放量，即减去自然状态下已存在的排放量和与人类活动无关的排放量。

为了满足国际指导的需要，由IHA和联合国教科文组织全球环境变化主席领导的科研团队开发了GHG水库（G-res）工具，以准确估计特定水库的温室气体净排放量（Prairie et al. 2017）。

该工具使投资者、监管者和当地社区对准确评估水库的碳足迹更有信心。使用G-res工具评估水库的温室气体净排放，现已成为可持续发展报告的一项要求（European Commission 2020），也是通过气候融资为水电项目融资的一项要求（Climate Bonds Initiative 2019；Patel et al. 2020）。

5.2 材料和方法

本章旨在采用净排放量计算方法和项目生命周期来量化水电温室气体排放量。本章基于一个典型水电项目样本，其代表了世界水电储量的情况。此外，本章将水电排放与其他能源进行了比较。

5.2.1 方案

水库的建立改变了生态系统的自然碳循环。与流动的河流相比水库中水的停留时间更长，新的土壤被淹没会产生大量的碳排放。此外，它还使生物过程集中在水库中发生，在蓄水前可能发生在下游，如沉积物碳库的迁移（Mendonça et al. 2012）。因此，Prairie等（2018）认为，水库的碳排放物主要是二氧化碳，且并非新产生，而是在空间上的转移。

库区土地受到新的物理和化学过程的影响，很可能会增加温室气体的产生，其排放最终会进入大气层。例如，浅水沿岸地区的蓄水可通过起泡产生更多甲烷（Maeck et al. 2014）。

然而，由于生产和排放之间在时间和空间上的复杂变化，给测量和建模带来了巨大挑战。

联合国教科文组织和国际水文局提出了一个基本倡议，用于规范全球实地测量的标准技术（IHA 2010b）。其目的是建立一个可信的、可比的数据集，以提供可靠信息来开发预测工具，评估待开发以及现有水库的温室气体净排放。

现有研究采用不同的方法记录水库碳排放量。Deemer等（2016）采用总体方法，使用实地测量的平均值计算现有储层的全球碳预算。Fearnside和Pueyo（2012）基于物理测量的方法研究发现，一个位于热带的水库排放了大量温室气体，主要是甲烷。Chanudet等（2011）证实，一个有40年历史的亚热带水库碳储量非常高，是一个“碳库”。

相比之下，净计算方法允许在洪水之前计算温室气体排放量。经过改造的天然湖泊很好地说明了这一概念。将天然水体的温室气体排放量计算到水力发电中是不可取的。

本章使用的净排放计算工具，发表在Prairie等（2018）的文章中。该工具基于独特的框架，只代表因在集水区引入水库而产生的温室气体排放量。它首先包括受影响的区域在蓄水前的温室气体足迹。它考虑了每个水库所在地的气候、地理、地形和水文环境，以及无论水库存在与否都会在其他地方发生的转移排放，还包括整个生命周期的时间演变。它减去与集水区任何人类活动有关的人为排放，如居民点、工业或农业，并加上施工期间的排放。综上，温室气体净排放量的计算公式为

$$NetGHG_{\text{emissions}} = (GHG_{\text{post}}) - (GHG_{\text{pre}}) - (GHG_{\text{unrelated}}) + (GHG_{\text{const}})$$

式中：GHG_{post} 为蓄水后库区温室气体余量；GHG_{pre} 为蓄水前库区温室气体余量；$GHG_{\text{unrelated}}$ 为人类活动造成的温室气体排放量；GHG_{const} 为大坝建设产生的温室气体排

放量。

5.2.2 工具

自2017年起，G-res工具在g-res.hydropower.org网站上公开发布，水电公司和研究人员可依此估算水库的温室气体净排放。根据Levasseur等（2021）对九种方法的比较，在缺乏特定时间的实测数据时，G-res工具是最可靠和最全面的计算温室气体净排放的方法。

如Prairie等（2017）中所解释的，该工具可以使用本地参数对任何地理位置进行校准，该方法考虑了多种类型的排放（扩散型CH_4和CO_2、气泡型CH_4和脱气型CH_4），以及每个水库的具体特征。它考虑了堆积前的土地状况、自然发生的排放和在水库生命周期内其他人类活动相关的排放。生命周期假定为100年。

该工具还提供了一种方法，将温室气体净排放分摊到多用途水库所能提供的各种淡水服务上，如供水、灌溉、旱涝管理、水力发电、航行、渔业和娱乐等。

在现有研究的基础上，专家委员会根据新进展将进一步改进该工具。本章的温室气体净排放量是在G-res 3.0版（Prairie et al. 2021）中计算的，该版本将在同行评议的杂志接受发表后上传到在线界面上。新版本对模型背后的统计过程进行了一些改进，对预测结果进行了轻微修改。

5.2.3 方法

本章使用G-res工具估算了每个水电站水库对应的净碳足迹。G-res工具以g CO_2 eq/(m^2·年）为单位给出了每个水库生命周期（100年）内的温室气体足迹总估计值。这些估算值与年均水力发电数据（GW·h/年）结合，以获得各水库水力发电运行的温室气体排放强度[g CO_2 eq/(kW·h)]。为了表示与水电相对应的总排放量，我们采用了多用途水库的分配方法，具体如下所述。

分配方法

水库可提供一系列的经济、社会和环境服务，如水力发电、灌溉、供水、航运、防洪和渔业等。其中捕鱼或娱乐活动通常是水库的次要目的。此外还有缓解干旱、提供粮食和水安全服务，这也促进了社会经济增长和发展新的商业机会。

理论上似乎可以将任何足迹，无论是用水还是温室气体排放，分配到水库的不同用途中。然而，如何进行分配在学术界内外引起了许多讨论。水电行业需要一个合理的多用途水库分配方法。Mekonnen和Hoekstra（2012）将全部耗水和温室气体排放足迹分配给水电，因为水电是建造水库的主要原因。Bakken等（2016）认为按体量分配是最稳健的方法，而Hogeboom等（2018）倾向于按经济价值分配。此外，Zhao和Liu（2015）提出了一种基于生态系统服务关系的方法。

这些方法都存在一些不足。经济方法需要很大的数据量，而按体量分配的方法在分配防洪、导航、渔业或娱乐活动等服务的水量方面存在不足。

还有一种方法遵循多用途水库的运行规则，以实现利益最大化，并在出现利益冲突时优先考虑水库服务。G-res工具遵循这种优先分配的方法（见表5.1），根据用途对其进行加权。其包含 8 种服务：①防洪；②渔业；③灌溉；④航运；⑤环境流量；⑥娱乐；⑦供水；⑧水电。按初级到高级排列。表 5.2 显示了分类与优先级之间的关系。

表 5.1　　G－res 工具中使用的分配方法

<table>
<tr><th>重要程度</th><th>配比/%</th><th colspan="2">注　释</th></tr>
<tr><td>一级</td><td>80</td><td>若该级别有一个以上的服务，则它们之间进行平均分配</td><td rowspan="3">若每个级别有一个以上的服务，温室气体排放在这些服务之间平分。每个级别最多有三项服务</td></tr>
<tr><td>二级</td><td>15</td><td>若没有二级服务，将 15%的配比分配给一级服务</td></tr>
<tr><td>三级</td><td>5</td><td>若没有三级服务，将 5%的配比分配给二级服务</td></tr>
</table>

表 5.2　　G－res 工具对多用途水库的服务分配

重要程度	优先次序	运　行　规　则
一级	在运行中排 1～3 位	操作规则设计是为了在一年中部分或全部时间最大限度地利用这些服务
二级	在运行中排位低于 3，或对运行造成不良影响	该服务对水库一年中部分或全部时间的运行水平进行了限制
三级	提供有益服务，不改变水库运行状态	该服务提供了好处，但对水库的运行几乎没有影响

鉴于 G－res 工具的使用范围和数据的可用性，我们使用水库服务的优先次序作为分配方法。根据运行机制，数据集将水库服务分为一级、二级和三级用途。

5.3　数据

水电站水库和大坝的特征是从全球水库大坝数据库（GRanD）（Lehner et al. 2011）、科学文献、IHA 全球水电站数据库、美国能源信息署以及对水电运营商的个别调查中提取的。它包括资产名称、位置、装机容量、平均年发电量、水库表面积以及水库的一级、二级和三级用途等信息。

本章基于可获取的信息分析了全球 480 个水电站，如图 5.1 所示。它们分布在世界各地，在中国、巴西、美国、加拿大、土耳其和欧洲南部国家等水电装机容量较大的国家有较大的代表性。

本章的水电站数只占 IHA 全球水电站数据库中记录的水电站总数的一小部分，约为 4%，该数据库统计了全球 12315 个水电运行站，占 2020 年全球水电装机容量的 90%左右。就装机容量和发电量而言，480 座水电站数据集，一共是 204GW 装机容量和 833TW·h 发电量，涵盖了全球水电装机容量的 16%和 2019 年水电平均总发电量的 20%（IHA 2020b）。

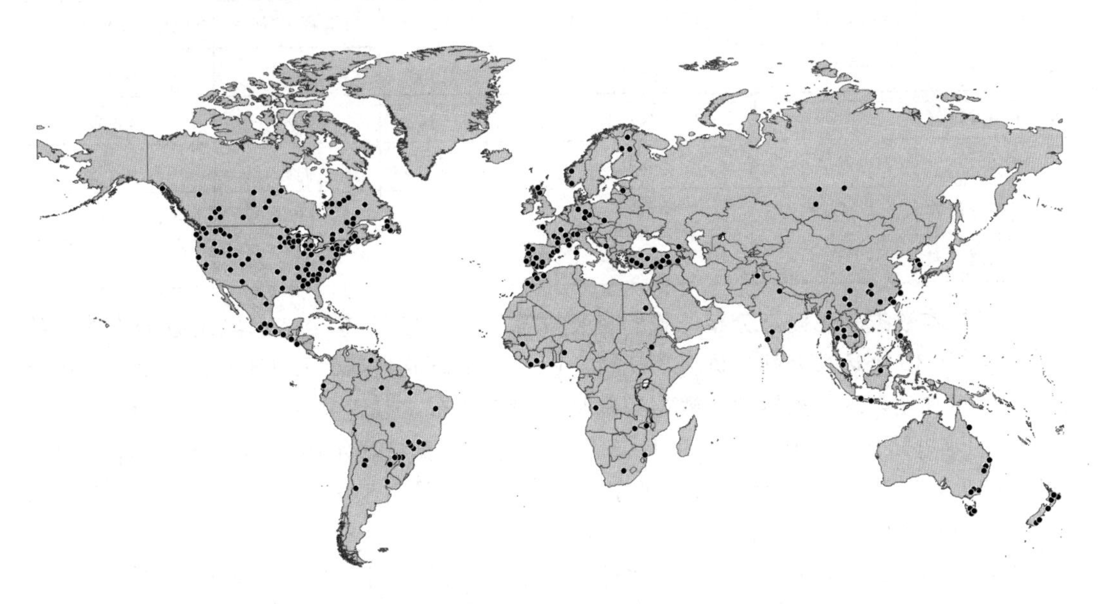

图 5.1 本章使用的 480 个水电站的分布情况

根据 ICOLD（2021）的统计，全球范围内约 40%的水电站是多用途，60%是单一用途的。本章中的 480 座水电站约 64%的水电站是多用途的，平均可提供两个用途（约占多用途水电站数的 35%），在某些情况下可达 8 个不同用途，另外约有 36%以水力发电为唯一用途。以水力发电为主要用途的多用途水库在数据集中占主导地位，约为 74%。以水力发电为第二用途的占 14%，只有 14 个水库将水电作为第三用途。

由于数据量有限，本章分析了数据集（480 座水电站）对 IHA 全球水电站数据库和 GRanD 数据库中记录的总水电站分布的拟合程度。本章使用装机容量、气候带和表面积等变量，通过卡方检验验证样本的代表性。卡方检验用于确定 480 座水库的样本变量与 IHA 全球水电站数据库（装机容量）和 GRanD 数据库（气候带和表面积）之间是否存在显著差异。当 p 值为 0.05 时，获得的 X^2 不显著。拒绝无效假设后的合理解释得出结论，研究数据集和 IHA 全球水电站数据库以及 GRanD 数据库的分布没有显著差异。

5.3.1 装机容量

水电站规模从小型（低于 1 MW）到世界上最大的水电站（22500 MW 装机容量），平均发电量在 0.1GW · h/年至 89500GW · h/年之间。研究中一半以上的水电站（56%）装机容量低于 100 MW，90%的水电站装机容量低于 1000 MW。装机容量和发电量均遵循正偏态分布。表 5.3 是数据集变量的基本统计描述。装机容量和发电量的平均值和中值表明，大多数值聚集在分布的左尾部。装机容量和发电量的标准差较高，这与数据集的数值相对于平均值的离散度一致。

表 5.3　　研究样本数据 480 座水电站装机容量和发电量的描述性统计

项　目	装机容量/MW	发电量/(GW·h/年)	项　目	装机容量/MW	发电量/(GW·h/年)
最小值	0.013	0.100	差值	22500	89500
第一个四分位数	19.4	51.1	总量	203556	843686
中值	75.5	200.0	平均值	424	1758
第三个四分位数	264.8	681.8	标准差	1492	6881
最大值	22500	89500			

由于样本数据呈正偏态分布，我们将装机容量数据与 IHA 全球水电站数据库的总数据集（共 12315 个运行电站）进行了比较。图 5.2 是研究数据集和 IHA 数据库的装机容量分布的可视化表示。虽然两个数据集都是正偏态分布，但研究数据集的形状不太明显，约 56%的水电站低于 100 MW，而 IHA 全球水电站数据库显示约 84%的水电站低于 100 MW。此外，研究数据集中约有 2%的水电站的运行容量高于 3000 MW，而在 IHA 全球水电站数据库中，运行容量高于 3000 MW 的水电站仅占 0.2%。

本章使用卡方检验来确定 480 座水库的样本与 IHA 全球水电站数据库在装机容量分布方面是否存在显著差异。得到的 $X^2=8\text{E}-87$ 在 p 值为 0.05 时不显著。附件中包括了研究数据集和 IHA 全球数据库的分布以及进行卡方检验的预期值。否定无效假设后的合理解释是，两个数据集的分布在统计学上没有显著差异。虽然高水平的偏斜可能会产生误导性的统计测试结果，但本章中 480 座水电站的分布可认为是全球水电站的代表。

在本章数据集（$n=480$）和 IHA 全球水电站数据库（见附录）之间进行卡方检验后，可得出结论：两个数据集的分布没有显著差异（$X^2=7.9\text{E}-87$）。虽然高水平的偏斜可能会产生误导性的统计测试结果，但本章中 480 座水电站的分布已证明可代表全球水电站的装机容量。

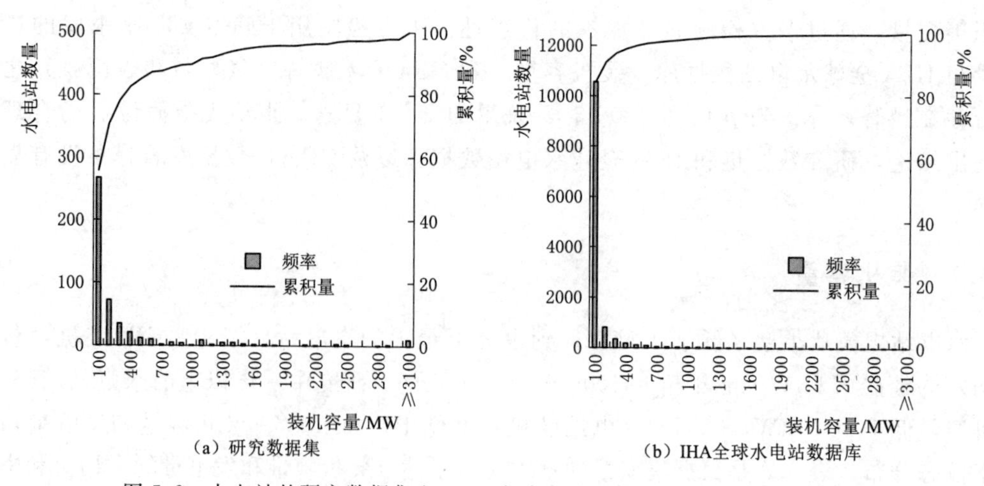

图 5.2　水电站的研究数据集和 IHA 全球水电站数据库的装机容量直方图

5.3.2 气候带

本章使用的480个水电站分布在四个气候带（亚寒带、温带、亚热带和热带）。将研究数据集的地理位置与GRanD数据库进行比较。GRanD数据库总共含1528座以水电为主要用途的水库的气候带信息。使用卡方检验将480座水电站大坝的位置与GRanD数据库中1528座水电站大坝的位置进行了比较。

卡方检验用于确定480个水库在气候带方面是否与GRanD数据库的水电站分布存在显著差异（见表5.4）。计算得到的 $X^2=5.5E-5$，即认为研究数据集和GRanD数据库在气候带方面没有显著差异（见附件）。

表5.4　研究数据集和GRanD数据库中每个气候带的水电站数量分布

气候带	研究数据集台站数	GRanD数据库台站数	气候带	研究数据集台站数	GRanD数据库台站数
亚寒带	69	291	热带	43	135
温带	338	1056	总计	480	1528
亚热带	30	46			

5.3.3 表面积

研究中的水电站水库表面积大小为0.2～6988 km^2，中值为17.85 km^2。为了评估480座水电站的表面积能否代表全球水电站水库的表面积，我们从大型数据库中调查了1528座以水电为主要用途的水库，最小面积0.1 km^2，最大面积为67165 km^2，中位数为8.7 km^2。

图5.3是研究数据集和GRanD数据库的水库表面积的直方图。两个数据集都呈正向倾斜，但研究数据集上升更缓，约52%的水电站水库面积低于20km^2。GRanD数据库中则约有65%的水电站水库表面积低于20km^2。两个数据集都表明存在大量表面积超过500km^2的水库，在研究数据集中约占7%，在GRanD数据库中约占5%。

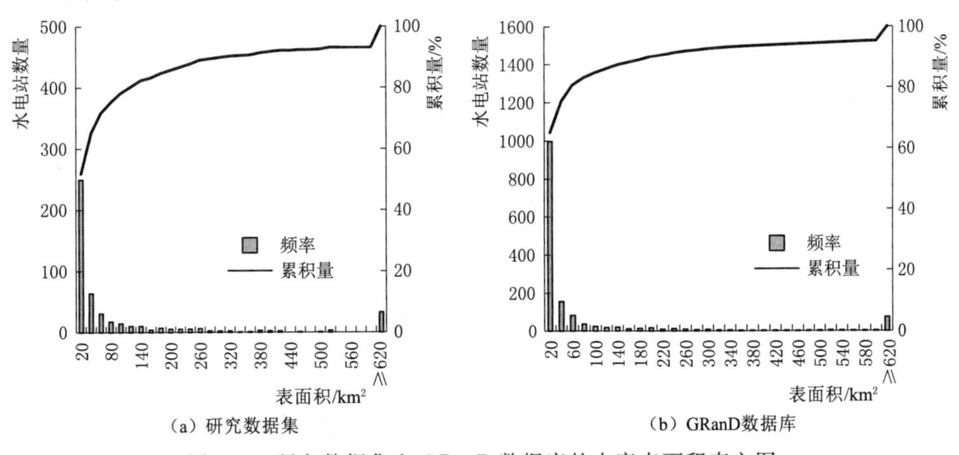

图5.3　研究数据集和GRanD数据库的水库表面积直方图

本章使用卡方检验来确定研究数据集中480座水库与GRanD数据库中1528座水电站的样本之间是否存在显著差异（见附录）。结果表明，就其表面积分布而言，两个数据集没有显著差异（$X^2=0.0007$），因此可认为该研究数据集是全球水电站数据库的代表。

5.4　结果

本章使用G-res工具估算了480座水电站的温室气体足迹。将估计值与年水力发电量的平均值相结合，就能得到每个水电站分配给水电服务的温室气体排放强度[g CO_2 eq/(kW·h)]。表5.5显示，评估的水电站温室气体排放量数值范围变化很大，最小值和最大值之间约有八个数量级的差异，这一结果与先前研究相似（IPCC 2014）。我们估计整个水电生命周期的排放量中值为23g CO_2 eq/(kW·h)。与水库的温室气体总排放量相比，分配给水电的温室气体排放量约减少了50%。

表5.5　全球平均排放总量中位数与分配给水电的排放总量中位数

项　目	GHG净排放量/[g CO_2 eq/(m^2·年)]	GHG净排放强度/[g CO_2 eq/(kW·h)]	分配给水电的GHG净排放强度/[g CO_2 eq/(kW·h)]
最小值	−607.76	−921.52	−921.52
第一个四分位数	227.23	9.46	5.45
中位数	334.43	43.09	22.72
均值	617.34	277.36	170.03
第三个四分位数	605.25	185.22	98.71
最大值	11000.18	10536.28	4294.54

如图5.4所示，各水电站的年均发电量与温室气体排放量之间似乎没有统计关系。

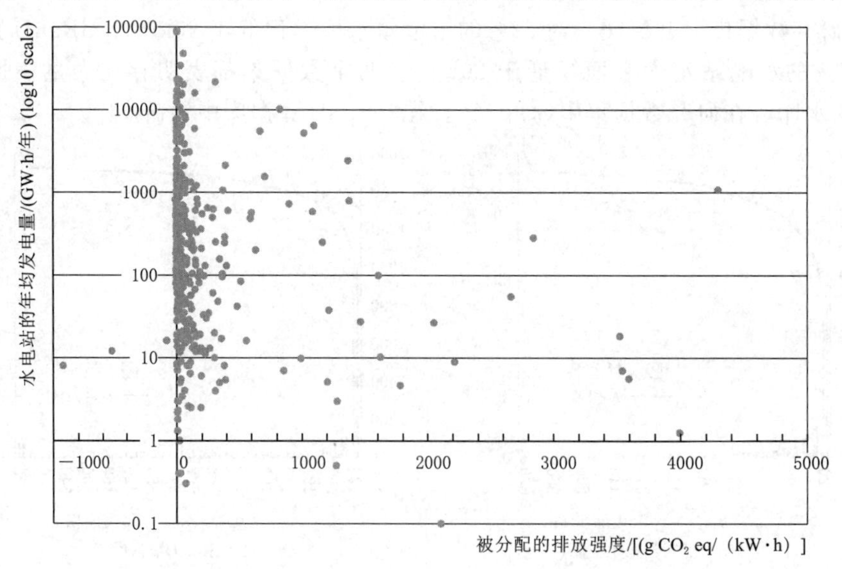

图5.4　本章数据集的480个水电站分配给水电的温室气体排放强度

该结论与 2014 年发布的 IPCC 第五次评估报告中其他能源的生命周期强度排放进行了比较。IPCC 记录的水电生命周期排放中值为 24g CO_2 eq/(kW・h)。

该研究结果与 IPCC 报告的结果一致，但数据范围更广。图 5.5 通过比较本章结果和 IPCC 报告中 AR5 估计的生命周期排放量的统计数字显示了这种差异。在全球范围内，与水库温室气体排放在一个数量级上，最低为−922g CO_2 eq/(kW・h)，最高为 4295g CO_2 eq/(kW・h)。

温室气体排放强度/[g CO^2 eq/（kW·h）]

IPCC AR5

研究数据集

−1000　0　1000　2000　3000　4000

	研究数据集	IPCC AR5
最小值	−922	0
第一个四分位数	5	1
中位数	23	24
第三个四分位数	99	200
最大值	4292	2200

图 5.5　本章数据集以及 IPCC AR5 中估计的水电生命周期排放量［g CO_2 eq/(kW・h)］

IPCC 中的变化范围较小［0～2200g CO_2 eq/(kW・h)］，但其上四分位［200g CO_2 eq/(kW・h)］是本章的两倍［99g CO_2 eq/(kW・h)］。

5.5　讨论

水力发电在适应水资源供应的气候变化方面发挥着重要作用。它可以为社会发展和经济增长提供多种益处，特别是保证水和能源安全。

国际可再生能源机构估计，未来 30 年需要 850GW 的新水电装机容量来应对全球气候变化。但由于水电项目对环境和社会的影响，创建水电项目仍存在争议。要合理处理这一问题，就必须应用《联合国气候变化框架公约》（UNFCCC）中描述的气候变化政策原则，并通过水资源综合管理促进多种用水管理计划。

为保证现在和将来的水电基础设施不受气候变化的影响，同时确保水和能源服务，应从长期的、适应气候的角度来规划水电系统。此外，水电投资商推出了《水电部门气候恢复力指南》，用来评估与气候变化有关的项目，帮助投资决策者们认识到水电基础设施在提供气候相关服务方面的重要作用。

由于气候的剧烈变化将加剧这种情况，蓄水和节水的重要性日益显著。水电站水库可以为社会发展和经济增长提供多种好处，特别是有助于保证水和能源安全。储存在水电项目中的水，除了提供清洁、可靠、可持续的能源外，还能提供更高的系统恢复力和适应气候变化的能力，例如防洪抗旱。

然而，由于水库蓄水造成的生物排放，蓄水水电项目也引起了关注。过去，对如何量化这种足迹缺乏科学共识，这也是决策者进行水电融资、建造大坝产生清洁低碳能源的重大障碍。

本章估计的水电生命周期排放量中值为 23g CO_2 eq/(kW・h)。该结果与 IPCC 报告一致。本章的结果表明，水电的排放量中位数明显低于化石燃料，与其他可再生能源相当。在可再生能源中，只有风能的生命周期排放中值比水电低。本章还强调了结果的巨大差异，指出测量和报告各个水库的排放量以正确评估其生命周期排放量的重要性。为了最大限度地发挥其在缓解气候变化方面的作用，水电项目需要可持续地开发和运行，包括限制温室气体排放。鉴于实地验证和基于推断研究的复杂性，诸如 G－res 工具等模型有助于在可行性研究期间估计温室气体排放量。

考虑到水坝的多尺度影响，需要在水库、集水区、国家和全球尺度采取相应的政策和措施来应对温室气体排放。此外，有必要对环境、社会、治理和技术方面进行充分评估，以确保水电项目的影响不会超过其对水和能源安全的益处。水电行业与水电可持续性工具（一套评估工具和指导文件）将为水电项目涉及的相关者提供一种通用方式。

此外，在评估水电项目的温室气体排放时，开发商和融资方应采取整体性的思路，不仅考虑水电的排放，还应考虑项目可提供的其他用途，如导航能力等。

最后，在制定各国温室气体排放政策时，综合性的考虑因素在战略层面和业务层面都很重要，以使不同的行为者承担起相应的责任，参与到与不同用途相对应的减排工作中。

致谢

本章基于前 IHA 工作人员 Mathis Rogner 和 Emma Smith 在 UNESCO/IHA 资助的淡水水库温室气体状况研究项目下开展的工作，并在 IHA 2018 年水电状况报告中发表（IHA 2018b）。

利益声明。作者声明，他们没有已知的可能会影响本章报告的相互竞争的财务利益或个人关系。

附　　录

研究数据集和 IHA 全球水电站数据库的装机容量以及进行卡方检验的期望值

装机容量	研究数据集站点数	全球水电站数据库	分布量	研究数据集期望值站点数
100	268	10，357	0.841006902	404
200	72	810	0.065773447	32
300	35	351	0.028501827	14
400	21	180	0.014616322	7
500	12	117	0.009500609	5
600	10	87	0.007064555	3
700	2	49	0.003978888	2
800	5	46	0.003735282	2
900	4	37	0.003004466	1
1000	1	41	0.003329273	2
1100	9	37	0.003004466	1
1200	2	41	0.003329273	2

续表

装机容量	研究数据集站点数	全球水电站数据库	分布量	研究数据集期望值站点数
1300	5	28	0.00227365	1
1400	5	14	0.001136825	1
1500	3	14	0.001136825	1
1600	2	9	0.000730816	0
1700	2	8	0.000649614	0
1800	1	8	0.000649614	0
1900	0	9	0.000730816	0
2000	0	7	0.000568413	0
2100	2	5	0.000406009	0
2200	1	4	0.000324807	0
2300	0	1	8.12018E−05	0
2400	3	8	0.000649614	0
2500	2	7	0.000568413	0
2600	0	3	0.000243605	0
2700	0	1	8.12018E−05	0
2800	1	2	0.000162404	0
2900	2	2	0.000162404	0
3000	0	4	0.000324807	0
＞3000	10	28	0.00227365	1
总计	480	12，315		
卡方检验 *P* 值				7.89169E−87

研究数据集和 GRanD 数据库在不同气候带的分布以及进行卡方检验的期望值

气候带	研究数据集站点数	GRanD 数据库		研究数据集期望值站点数
		站点数	分布量	
亚寒带	69	291	0.190445	91.4136
温带	338	1056	0.691099	331.728
亚热带	30	46	0.030105	14.4503
热带	43	135	0.088351	42.4084
总计	480	1528		
卡方检验的 *P* 值				5.5E−05

研究数据集和GRanD数据库的水库表面积分布和进行卡方检验的期望值

表面积	研究数据集站点数	数据库		研究数据集期望值站点数
		站点数	分布量	
20	249	997	0.652486911	313.1937173
40	64	156	0.102094241	49.0052356
60	31	82	0.053664921	25.7591623
80	17	37	0.02421466	11.62303665
100	14	25	0.016361257	7.853403141
120	10	19	0.012434555	5.968586387
140	10	20	0.013089005	6.282722513
160	4	12	0.007853403	3.769633508
180	7	13	0.008507853	4.083769634
200	5	15	0.009816754	4.712041885
220	5	9	0.005890052	2.827225131
240	5	11	0.007198953	3.455497382
260	6	8	0.005235602	2.513089005
280	2	6	0.003926702	1.884816754
300	2	7	0.004581152	2.19895288
320	2	4	0.002617801	1.256544503
340	1	4	0.002617801	1.256544503
360	1	2	0.001308901	0.628272251
380	3	3	0.001963351	0.942408377
400	2	3	0.001963351	0.942408377
420	2	3	0.001963351	0.942408377
440	0	3	0.001963351	0.942408377
460	1	1	0.00065445	0.314136126
480	0	2	0.001308901	0.628272251
500	1	2	0.001308901	0.628272251
520	3	4	0.002617801	1.256544503
540	0	2	0.001308901	0.628272251
560	0	2	0.001308901	0.628272251
580	0	2	0.001308901	0.628272251
600	0	2	0.001308901	0.628272251
>600	33	72	0.047120419	22.61780105
Total	480	1528		
Chi－Square test				0.000708537

参 考 文 献

Bakken TH, Modahl IS, Raadal HL, Bustos AA, Arnøy S (2016) Allocation of water consumption in multipurpose reservoirs. Water Policy 18 (4): 932 - 947.

Benson D, Gain AK, Giupponi C (2020) Moving beyond water centricity? Conceptualizing integrated water resources management for implementing sustainable development goals. Sustain Sci 15 (2): 671 - 681.

Berga L (2016) The role of hydropower in climate change mitigation and adaptation: a review. Engineering 2 (3): 313 - 318.

Brown C, Lall U (2006) Water and economic development: the role of variability and a framework for resilience. In: Nat Resour Forum 30 (4): 306 - 317 (Oxford: Blackwell Publishing Ltd.).

Carbon Monitor (2021).

Chanudet V, Descloux S, Harby A, Sundt H, Hansen BH, Brakstad O, Serça D, Guerin F (2011) Gross CO2 and CH4 emissions from the Nam Ngum and Nam Leuk sub-tropical reservoirs inLao PDR. Sci Total Environ 409: 5382 - 5391.

Climate Bonds Initiative (2019) Open for public consultation. The Hydropower Criteria. ClimateBonds Standard.

Deemer BR, Harrison JA, Li S, Beaulieu JJ, DelSontro T, Barros N et al (2016) Greenhouse gas emissions from reservoir water surfaces: a new global synthesis. BioScience 66 (11): 949 - 964.

DFID (Department of International Development) (2009) Water storage and hydropower: supporting growth, resilience, and low carbon development (A DFID evidence - into - action paper). Policy Booklet

European Commission (2020) Financing a Sustainable European Economy—taxonomy report: technical annex.

FAO (2017) The future of food and agriculture: trends and challenges. FAO, Rome.

Fearnside PM, Pueyo S (2012) Greenhouse - gas emissions from tropical dams. Nat Clim Chang 2: 382 - 384.

Hallegatte S, Shah A, Lempert C, Brown C, Gill S (2012) Investment decision making under deep uncertainty: application to climate change. Policy Research Working Paper 6193. Washington, DC: World Bank.

Hogeboom RJ, Knook L, Hoekstra AY (2018) The blue water footprint of the world's artificialreservoirs for hydroelectricity, irrigation, residential and industrial water supply, flood protection, fishing and recreation. Adv Water Resour 113: 285 - 294.

ICOLD (International Commission on Large Dams) (2021) World register of dams. General synthesis.

IEA (2019) World energy outlook 2019.

IHA (International Hydropower Association) (2010) GHG measurement guidelines for freshwater reservoirs: derived from: the UNESCO/IHA greenhouse gas emissions from freshwaterreservoirs research project. International Hydropower Association, London.

IHA (International Hydropower Association) (2010) Hydropower sustainability assessment protocol. International Hydropower Association, London.

IHA (International Hydropower Association) (2018) Hydropower status report 2018: sector trends and insights. International Hydropower Association, London.

IHA (International Hydropower Association) (2018) Hydropower sustainability guidelines. International Hydropower Association, London.

IHA (International Hydropower Association) (2019) Hydropower sector climate resilience guide. International Hydropower Association, London.

IHA (International Hydropower Association) (2020) Hydropower status report 2020. International Hydropower Association, London.

IHA (International Hydropower Association) (2020) Hydropower sustainability environmental, social and governance gap analysis tool. International Hydropower Association, London IPCC (2014) Climate change 2014: mitigation of climate change. In: Edenhofer O, Pichs - Madruga R, Sokona Y, Farahani E, Kadner S, Seyboth K, Adler A, Baum I, Brunner S, Eickemeier P, Kriemann B, Savolainen J, Schlömer S, von Stechow C, Zwickel T, Minx JC (eds) Contribution of working group III to the fifth assessment report of the intergovernmentalpanel on climate change. Cambridge University Press, Cambridge, United Kingdom and NewYork, NY, USA.

IPCC (2018) Summary for policymakers. In: Masson—Delmotte V, Zhai P, Pörtner H—O, Roberts D, Skea J, Shukla PR, Pirani A, Moufouma—Okia W, Péan C, Pidcock R, Connors S, Matthews JBR, Chen Y, Zhou X, Gomis MI, Lonnoy E, Maycock T, Tignor M, Waterfield T (eds) Global Warming of 1.5℃. An IPCC Special Report on the impacts of global warming of 1.5℃ above pre—industrial levels and related global greenhouse gas emission pathways, in the context of strengthening the global response to the threat of climate change, sustainabledevelopment, and efforts to eradicate poverty. World Meteorological Organization, Geneva, Switzerland, 32 pp.

Landsvirkjun (2017) Theistareykir first geothermal power plant to undergo Geothermal Sustainability Assessment Protocol.

Lehner B, Reidy Liermann C, Revenga C, Vorosmarty C, Fekete B, Crouzet P, Doll P, Endejan M, Frenken K, Magome J, Nilsson C, Robertson JC, Rodel R, Sindorf N, Wisser D (2011) Global Reservoir and Dam Database, Version 1 (GRanDv1): Dams, Revision 01. Palisades, NY: NASA Socioeconomic Data and Applications Center (SEDAC).

Levasseur A, Mercier—Blais S, Prairie Y, Tremblay A, Turpin C (2021) Improving the accuracy of electricity carbon footprint: estimation of hydroelectric reservoir greenhouse gas emissions. Renewable Sustain Energy Rev 136: 110433.

Maeck A, Hofmann H, Lorke A (2014) Pumping methane out of aquatic sediments: ebullition forcing mechanisms in an impounded river. Biogeosciences 11: 2925 - 2938.

Mayor B, Rodríguez—Muñoz I, Villarroya F, Montero E, López—Gunn E (2017) The role of large and small scale hydropower for energy and water security in the Spanish Duero Basin. Sustainability 9 (10): 1807.

Mekonnen MM, Hoekstra AY (2012) The blue water footprint of electricity from hydropower. Hydrol Earth Syst Sci 16 (1): 179 - 187.

Mendonça R, Kosten S, Sobek S, Barros N, Cole JJ, Tranvik L, Roland F (2012) Hydroelectric carbon sequestration. Nat Geosci 5: 838 - 840.

Milly PCD, Betancourt J, Falkenmark M, Hirsch RM, Kundzewicz ZW, Lettenmaier DP, Stouffer RJ (2008) Stationarity is dead: whither water management? Science 319: 573 - 574.

Patel S, Shakya C, Rai N (2020) Climate finance for hydropower: incentivising the low—carbontransition.

Pfister S, Scherer L, Buxmann K (2020) Water scarcity footprint of hydropower based on aseasonal approach - Global assessment with sensitivities of model assumptions tested on specific cases. Sci Total Environ 724: 138188.

Pokhrel Y, Felfelani F, Satoh Y, Boulange J, Burek P, Gädeke A, Wada Y (2021) Global terrestrial water storage and drought severity under climate change. Nat Clim Change 1 - 8.

Prairie YT, Alm J, Beaulieu J, Barros N, Battin T, Cole JJ, del Giorgio PA, DelSontro T, Guérin F, Harby A, Harrison J, Mercier-Blais S, Serça D, Sobek S, Vachon D (2018) Greenhouse gasemissions from freshwater reservoirs: what does the atmosphere see? Ecosystems 21: 1058-1071.

Prairie Y, Alm J, Harby A, Mercier-Blais S, Nahas R (2017) The GHG Reservoir Tool (G-res) Technical documentation, UNESCO/IHA research project on the GHG status of freshwaterreservoirs. Joint publication of the UNESCO Chair in Global Environmental Change and theInternational Hydropower Association.

Prairie YT, Mercier-Blais S, Harrison JA, Soued C, del Giorgio PA, Harby A, Alm J, Chanudret V, Nahas R (2021) A new modelling framework to assess biogenic GHG emissionsfrom reservoirs: the G-res Tool. Environ Model Softw 143 (105117): 1-16.

Ray PA, Brown CM (2015) Confronting climate uncertainty in water resources planning and project design: the decision tree framework. World Bank, Washington, DC.

Sarawak (2021) Sustainability and CSR.

Sanctuary M, Tropp H, Haller L (2007) Making water a part of economic development: the economic benefits of improved water management and services. Stockholm International Water Institute (SIWI), Sweden.

Scherer L, Pfister S (2016) Global water footprint assessment of hydropower. Renew Energy 99: 711-720.

Thoradeniya B, Ranasinghe M, Wijesekera NTS (2007) Social and environmental impacts of amini-hydro project on the Ma Oya Basin in Sri Lanka. In: International conference on small hydropower. Hydro Sri Lanka 22: 24.

Ubierna M, Alarcón A, Alberti J (2020) Modernización de centrales hidroeléctricas en América Latina y el Caribe: Identificación y priorización de necesidades de inversión. Nota Técnica. Banco Interamericano de Desarrollo, Washington, DC.

UN (United Nations) (2021) Goal 13: take urgent action to combat climate change and its impacts. COVID-19 response.

UNEP (United Nations Environment Programme) (2019) Emissions Gap Report 2019.

Wenjie L, Dawei W, Shengfa Y, Wei Y (2020) Three Gorges Project: benefits and challenges for shipping development in the upper Yangtze River. Int J Water Resour Dev.

World Bank (2021) Resilience rating system: a methodology for building and tracking resilience to climate change.

World Commission on Dams (2000) Dams and development. A new framework for decision-making. The Report of the World Commission on Dams. London: Earthscan.

Xiaocheng F, Tao T, Wanxiang J, Fengqing L, Naicheng W, Shuchan Z, Qinghua C (2008) Impacts of small hydropower plants on macroinvertebrate communities. Acta Ecol Sin 28 (1): 45-52.

Zhao D, Liu J (2015) A new approach to assessing the water footprint of hydroelectric powerbased on allocation of water footprints among reservoir ecosystem services. Phys Chem Earth 79: 40-46.

第6章　气候变化及其对灌溉、排水和洪水管理的影响

Ashwin B. Pandya, Sahdev Singh, and Prachi Sharma

摘　要：气候变化正在改变全球的水文状况，其中对水资源的可用性和分布的变化影响最为显著。因此，气候变化对水资源和农业以及随后的粮食和水安全的影响日益成为可持续发展需要探讨的主要内容。从根本上说，这些影响是资源的可得性与对资源的需求之间的不平衡，以及我们未能制定替代政策和措施来恢复这种可持续性平衡的结果。因此，气候变化问题需要气候友好型解决方案，包括风险缓解、应对机制和其他适应性战略，以确保我们农业系统的可持续性。基于这一点，本章讨论了气候变化及其对农业水资源管理的影响、与洪水管理的相关性、数据在确定这些影响中所起的作用，以及如何采用创造性的适应策略来缓解气候变化对农业和水资源的影响。此外，本章还讨论了国际灌溉和排水委员会在应对气候变化和全球变暖方面所扮演的角色。

关键词：气候变化；农业用水管理；灌溉；排水；水安全；粮食安全；洪水管理

6.1　引言

气候变化不是一个新现象。纵观历史，地球见证了气候的变化，因为地球轨道的微小变化导致地球表面接收到不同数量的太阳能。近11000年的时间里，气候一直发生着微小的变化。然而，随着20世纪中期以来工业化的兴起，温室气体的排放显著增加，尤其是在过去几十年里急剧上升。日益增加的温室气体排放加速了气候变化并导致全球变暖加剧。根据美国国家海洋和大气管理局的数据，2020年地球表面平均温度（陆地和海洋的整体平均温度）比前工业时代增加了1.19℃（Lindsey and Dahlman 2021）。

在冷战期间，我们担心核末日，但我们却在无声地制造着另一场气候变化的末日，即对资源的需求和开发日益增加，但不考虑资源的可持续性。被认为与国家的经济和发展成正比的工业化竞争，推动了化石燃料的使用，从而增加了工业和其他途径的温室气体排

A. B. Pandya (✉) · S. Singh · P. Sharma
International Commission on Irrigation and Drainage (ICID), New Delhi, India
e-mail: sec-gen@icid.org
S. Singh
e-mail: sahdevsingh@icid.org
P. Sharma
e-mail: prachi@icid.org

放，例如，农业和工业发展过度用水、森林砍伐、塑料污染和燃烧塑料等，所有这些都直接或间接地造成了全球变暖和全球气候的变化。气候变化无处不在，不会因国家划定的行政或政治边界而终止，同样，其带来的灾难性后果也不会因这些边界的存在而改变。

对农业来说，温度和二氧化碳浓度的小幅上升对大多数作物都有利，但它们对害虫和土壤微生物种群的影响还有待充分研究和了解。气候变化的其他伴随后果是那些未得到解答的模糊问题。例如，气温逐渐升高会导致冰川在短期内快速融化，并提供更多的水，但由于降水模式的变化以及洪水和干旱等极端事件的不稳定行为，充足的淡水补充在中长期内将是一个令人担忧的问题。河流流域的荒漠化和沿海地区海平面的上升肯定会增加我们的困难，因为陆地面积和淡水的供应都会受到限制，而它们是除空气外农业三大自然资源中的两种。

6.2 气候变化和水资源

水是一种可再生资源，其可用性取决于作为全球大气环流模式一部分的水文循环及其与土地的相互作用。气候变化的影响主要通过水这一媒介表现出来，如水文循环的变化、频繁和极端的洪水和干旱、融雪增加、海平面上升等。气候变化对水文的其他影响通过大气环流模式的变化、基流的改变、更高的泥沙流量、生态系统的变化以及土壤的生物和物理性质的变化而明显（Muir et al. 2018）。热循环和水循环干扰的影响是多方面的。区域分布的变化加上时间模式的变化可以显著影响社会的农业和工业循环。它还对灾害产生影响，尤其是洪水，洪水会增加其淹没范围，也会改变其频率，从而导致相关基础设施的脆弱性增加，并会因淹没模式的改变而对居民和国内经济损失产生影响。

分配模式的变化也扰乱了社会间分配和使用水的安排，并可能因实时跨界水资源管理实践的不良结果而导致紧张局势。虽然对影响进行了大量讨论，但通常缺乏对影响的量化。除非我们量化这些未来的影响，否则无法找到解决方案。量化是在宏观和微观尺度上进行的，宏观影响和可能性必须量化，微观层面的适应必须根据当地情况进行规划，但适应必须集中到宏观层面的规定。

水资源部门，特别是农业部门，必须从 Cassandra 方法转向 Bhagirath 方法，即不仅仅停留在猜测性问题的宣布上，还要提出可实施的解决方案。可实施的解决方案必须基于当前最先进的技术和定量科学。

6.3 农业用水管理的影响和机遇

水主要用于农业生产，而农业生产是为人类和家畜提供食物和纤维的主要载体。粮农组织估计，农业部门消耗了大约 70％的可用淡水资源。在某些以农业为主的国家，这一比例甚至更高。

虽然气候变化正在给淡水资源和随后的农业带来压力，但与气候变化相比，非气候因素（如全球人口增长、城市化、全球经济增长、对自然资源的竞争性需求、农艺管理实践、现代化、技术创新以及贸易和食品价格）对水资源造成直接影响（FAO 2017）。然而，在气候变化的影响下，全球非气候特征恶化并加剧了水资源短缺，同时对粮食安全的需求也在上升。因此，可以肯定地得出结论，对大多数国家来说，气候决定因素和非气候决定因素正迫使农民使用更少的水种植更多的作物。

由于粮食需求增加，农业用水部门将受到供需双方的影响。空间和时间可用性的变化以及储存和分流基础设施的故障将影响水供给。然而，温度升高和气候参数（如风速、日照和强降雨事件）的变化将改变蒸散需求。作物的生命周期也可能发生变化，影响供水网络。这些变化，尤其是洪水或干旱形式的变化，可能不仅会影响农场层面，也会影响流域层面。

由于寒冷气候变暖模式的气候变化可能会带来更多的耕地。这些地区可能需要特别监测和管理，以实际经济可持续发展和防止不良副作用。特定种植模式下无法使用的区域可能需要替代策略，以作为生计来源。此外，平均温度的升高将导致更高的蒸散率，影响有效降雨量和改变河流流量。这反过来又要求灌溉基础设施进行结构性改革，造成额外的财政负担。

由于农业是最不发达国家和一些发展中国家的主要生计来源，因此有必要预测潜在领域并及时采取改善行动。由于气候变化的影响将跨越国界，各个国家的经济模式将不得不改变，这场危机在地方层面可能十分严重。最不发达国家必须格外注意，因为它们的生存水平依赖于农业部门，可能没有足够的经济弹性来获得更多的资本，因此很少有盈余用于投资。

6.3.1　水资源可用性和消费模式

气候变化将影响降水量和蒸散量的时间和空间分布，从而影响水资源的可用性(Konapala et al. 2020)。同时，它也在推动移民模式，尤其是农村青年为了更好的就业机会而大量涌入城市中心，这造成了水资源消耗的不平衡模式。为了解决这一问题，需要在增加水存储容量方面采取缓解措施。

气候变化，加上人口增长和经济发展带来的需求增加，造成了对粮食和水的需求增加。由于灌溉部门占全球淡水取水量的最大比例，对食物和水的补充需求正迫使灌溉部门适应更新的发展环境（IPCC 2007）。由于水供应的变化和来自其他部门的竞争加剧，传统的消费模式可能不再适用。这造成了生产模式的改变与对更好营养和质量的新需求以及产量增加的双重打击效应。提高各个层次的效率，以便更好地利用资源，并使相同的资源持续更长时间或扩展到更大的区域。这表明，在气候变化的背景下，科学、经济和社会行为方面不仅需要为水安全采取适应战略，而且还需要为粮食安全采取适应战略。

6.3.2　灌溉在实现全球粮食安全方面的作用

灌溉是绿色革命的原动力，也是全世界粮食安全的保证。虽然灌溉是农业可持续性的主要来源，但它也是最大的用水者。由于所有部门都必须作出调整，这种适应对灌溉的负担同样高。此外，在气候变化和水经济模型的所有预测情景中，灌溉用水的总体需求预计将增加；然而，由于淡水资源有限，扩大灌溉的能力也将受到限制。

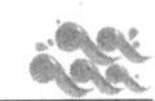

有效的水管理可在一定程度上避免农业所面临的困难，因为缺水导致作物歉收和收入损失。在这种追求中，到目前为止，灌溉仅仅被认为是提高生产力的一种工具。然而，展望未来，还需要将其视为减缓和适应气候变化的工具。

由于水安全和粮食安全本质上是相互关联的，因此它们的管理需要基于包括所有利益相关者在内的多标准分析。在气候变化的影响下，为确保灌溉的合理开发和管理，需要确定关键参与者，根据灌溉要求调整他们的角色，并相应地采取气候友好型战略。决策需要依靠与适用于小气候的传统做法相一致的纯科学知识，从而保持社会经济平衡。

依赖自然降雨或降水并不能保证稳定的产出，以满足不断增长的人口所带来的不断增长的需求。因此，作为一种适应策略，需要将灌溉调度和管理结合起来，以便为较新的作物品种提供精确的灌溉和按时灌溉。流域综合管理、农田节水技术的实施、蓄水灌溉、再生水灌溉等举措可能成为应对气候变化的潜在工具。许多研究人员已经开发了灌溉系统决策支持系统，考虑了大气湿度和温度、土壤湿度和温度、植物蒸散量、降水强度、风向和风速以及相对压力等参数，以优化农业中水和能源的利用（Suciu et al. 2019）。此外，在政策和实践方面进行体制改革，同时提高灌溉和排水服务提供从业人员的知识、技能和能力，将大大有助于实现粮食安全目标（Watanabe et al. 2017）。

6.3.3 土地排水要求

随着用水方式的变化，气候变化可能会在实践架构方面提出不同的排水要求。没有充分排水的灌溉可能会因盐碱化而导致土地退化。农业开放的新区域可能需要在不同的地下水状况下进行新的排水安排。排水系统和排出的水可能需要额外的管理和处理，以使它们的再利用和回收变得可行。

6.4 洪水管理

全球变暖所带来的水文气候状况的频繁变化越来越明显。预计平均海平面上升将增加沿海洪水的可能性，而降雨和径流的量级、强度和频率的变化将增加河流洪水（Burrel et al. 2007）。因此，洪水不仅威胁人类居住区，而且对农业造成巨大威胁，危及粮食安全。为了解决这一问题，需要将洪水保护和风险管理的气候变化适应战略纳入有效的洪水管理，并加以整合。

6.4.1 与土地管理紧密结合

洪水和土地利用密切相关。迅速增长的人口和相应发展的城市化正在剥夺土地的自然排水特性，并增加了洪水的风险，尤其是在城市地区。

根据世界气象组织（World Meteorological Organization，WMO），土地利用变化对水资源的一些潜在影响如下（WMO 2009）：

- 洪水和干旱的频率更高。
- 土壤侵蚀加剧，肥沃土壤流失。

• 河流污染负荷增加导致水质恶化。

• 低流量的减少会影响水库的调节，降低水库的调节能力，进而影响不同阶段的供水、灌溉、航运和水电。

• 盐分入侵，尤其是在海岸地区由于侵蚀造成的盐分入侵。

• 洪水易发地区生命和财产的脆弱性增加。

6.4.2　结构性和非结构性措施

历史上，拦截洪水的结构措施一直是首选。作为实体措施，因为它们的实际存在提供了一种安全感。防洪一般采用筑坝、蓄水库、堤坝、堤防、防洪堤、海堤或自然滞洪池等结构措施。其他结构措施包括改善河道、改善排水系统或转移洪水。这些措施在很大程度上有助于蓄水、保护脆弱地区和调节下游的流量。然而，它们不能完全消除洪水的风险。此外，结构措施对水文、形态和环境造成不利影响，并具有影响社会经济发展的能力（Hamburg University of Technology 2021）。因此，为了支持结构措施的功能，非结构措施被设计为补充或独立的防洪措施。一些针对洪水风险管理的非结构性措施包括洪水预报和警告、通过洪泛平原分区制定的土地使用规则、防洪措施和洪水保险（Das 2007）。其他非结构性措施包括应急准备、反应和恢复。随着遥感、地理信息系统（GIS）等水文和气候模型的发展，洪水预报已成为洪水风险防范的重要工具，通过发布预警，提前采取预防措施。它还允许有关当局就大坝运作作出反应。

一直以来，洪水预报是通过预先建立的观测网络进行的，并且针对的是历史上一直面临洪水灾害的地区。然而，人们注意到，除了这些地区之外，其他地区在不频繁但随机发生洪水的基础上变得脆弱。2017年，印度西部古吉拉特邦的许多中小流域遭遇暴雨和突发洪水，曾经保持空或半满状态的水库排放大量剩余水量，沙漠地区也被淹没。这样的现象正日益引起人们的注意。这对预测者提出了挑战。通常，洪水预报在很大程度上依赖于过去观察到的流量模式，并将它们与降雨、上游水位和传输时间等关键事件相关联。但是，在上述情况下，无法在短时间内获得信息。这需要依赖降雨数据的洪水建模和使用河道地形信息的数学建模。据观察，这些措施在预警灾害管理机构进入准备模式以减轻灾害影响方面相当有效。

在丘陵地区，尤其是喜马拉雅山脉中部和更高的地区，也发现了类似的情况。在这些地区，滑坡坝的形成和溃决在交通不便、后勤条件差的地区造成了巨大的灾害。印度最近发生了两起类似事件，如2013年的Kedarnath灾难和2021年的Chamoli灾难。除此之外，自2003年、2004年以来，也发生了一些相对较小的事故，洪水态势的预测建模能够防止大规模破坏和灾害。然而，这些灾害表明需要更好的监测和预警机制，并在当地灾害管理当局中建立适当的意识。发展机构之间还需要更好的合作，以制定具体的集体灾害预警措施进行预警。随着在经济和人口的压力下不断发展以及敏感地区缓慢气候变化引起的变异性的推动下，这种现象产生的影响越来越突出。在某些情况下，例如印度东海岸的气旋，从气旋发展推进的角度来看，实际预警机制已经建立，并给出了可靠的结果，但丘陵地区尚未建立这种机制。

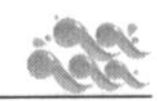

6.4.3 水利基础设施的安全性和可持续性

洪水不仅给人类生命和财产带来挑战，而且严重影响昂贵的水利基础设施的安全和状况，如水坝和灌溉用水的输送工程。洪水对大坝的威胁是对大坝结构的最大挑战之一。印度大多数大坝的溃坝都是由于缺乏泄洪道或闸门操作失误导致的大坝灾难性溃坝（Kumar 2021）。虽然大坝的规划从20世纪50年代初一直持续到80年代，但设计规定主要基于观察到的历史洪水，并且通过基于极值分布的方法进行重现期估计非常普遍。目前，大坝的经济和社会价值已成倍提高。然而，考虑到新观察到的强降雨事件现象和基于概率的最大洪水评估，对洪水风险的重新评估产生了重建的需求，这需要采取昂贵的结构措施和非结构措施把灾害控制在可接受的水平，同时保护大坝的效益。气候变化的影响目前没有被直接考虑，但气候变化的影响有可能需要额外的投资，从而给经济带来负担。

6.4.4 适应性洪水风险管理

虽然结构性措施迄今为止被认为是风险管理的补救措施，但非结构性和适应性洪水风险管理方法在最近几十年也得到了发展，它们能应对工程师所面临的相关挑战，例如，用有限的资源管理日益增加的洪水风险，规避防洪工程的不利水文和环境后果以及应对不确定性。

“适应性管理是面对不确定性时进行最优决策的结构化、迭代化过程，其目的是通过系统监控减少不确定性”（Emami 2020）。图6.1为适应性洪水管理策略，包括适应性、灵活的决策、监测和评估、采用弹性技术和方法、适应性学习和利益相关者的参与等。

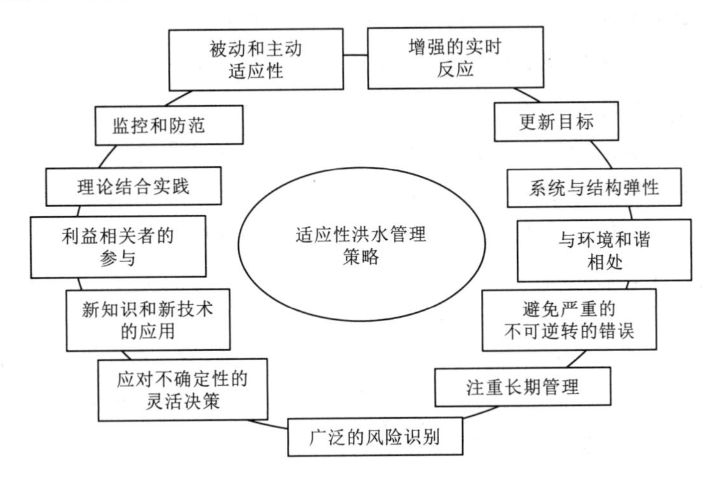

图6.1 适应性洪水管理（AFM）策略

（Watanabe 等，2017）

6.5 实时数据和预测的作用

水文过程依赖于全球气候过程，目前还没有完全被定量的理解和建模。因此，降雨过程被认为是一个随机过程，关于降雨的空间和时间可用性的具体信息很少，只有可靠的预测模型可以提供定量决策，如种植面积和可能的流入量。有了这一限制，数据的作用变得非常宝贵，可以比较趋势，并据此使用各种随机模型得出规划决策。在缺乏实时数据的情况下无法识别趋势，因此无法确保粮食和能源生产的可靠性。

在基于实时数据的策略下，需要进行密集的采样。人们普遍认识到，降雨的空间分布，即使在中等流域之间，也是高度不均匀的。在发展降雨-径流模型的同时，可用的数据必须根据平均值和标准差进行整合。然而，这些值很大程度上受到采样频率的影响。通常有必要对流域的较小单元进行建模，以获取可变性。为了使这些基本的水文响应单元反映其真实行为，必须在其范围内对降水过程进行采样。因此，单位面积的采样强度必须提高。在世界许多地方，特别是发展中国家和最不发达国家，从空间和时间分辨率来看，数据采样率很低甚至不存在。很多时候，建模和规划都是基于全球模型的，这些模型在涉及单个规划单元时可能分辨率较差。目前，趋势是为相对较小的社区单元提供此类解决方案，这些社区单元也依赖于较小的资源基础。例如，倾向于建设社区性水池和拦河坝，这些水池的集水面积通常不到20km^2，有时低至几公顷。因此，基于大规模模型的这种干预措施的恢复力在作物周期或灌溉间隔中是不可靠的。为了这些社区单元的组建，基于实时数据的决策是必不可少的。气候变化是一个缓慢的过程，不可能一下子就到来。这为我们提供了一个机会，建立这样的基础设施，作为气候变化适应方案的一部分。在硬件和相应的处理软件模块方面建立基础设施，并使社区认识到农业用水管理的日常消耗是一个耗时的过程，最好及时作为一项适应战略开始。对于高度依赖农业和小农户的发展中国家和最不发达国家来说，这将是一项挑战。由于人均拥有土地面积约1hm^2，每个农民需要采集自己的数据，以便决策者提供有针对性的具体建议。有必要设计出能够以当地语言迎合他们的系统，并将其逐步迁移到知情的决策过程，而不是习惯的治理实践。

随着气候变化给全球水文状况带来前所未有的变化，淡水资源的可得性预计将会减少，特别是在已经缺水的地区。因此，这些区域的粮食安全和经济增长也面临着气候变化的威胁。在这方面，数据科学可以在整体水资源管理的规划和决策过程中发挥至关重要的作用，以确保水安全、粮食充足和能源安全（Pandya and Sharma 2021）。因此，科学研究、政策制定和项目实施需要保持领先地位，以确保可行的农业水资源管理。

考虑到淡水资源的主要使用者，农业部门需要采用气候变化适应战略，以最大限度地提高作物水分生产率和水分利用效率，减少水分损失并管理受干旱影响的地区。因此，数据科学的多学科交叉能满足模拟、确定和优化不同情景下的作物水分需求，并使产出最大化。与灌溉发展有关的特征数据可能包括流域的物理数据，以及水文学数据、气象和气候数据以及农业、饮用水和废水、工业、航海、水力发电、环境、人口、制度和经济数据（Molden et al. 2005）。

6.6　国际灌溉和排水委员会（ICID）的工作

在处理具有全球影响的气候变化等重大问题时，国际机构的作用是多方面且至关重要的。同样，国际灌溉和排水委员会（ICID 2021a）为在灌溉和排水领域工作的全球社区提

供了一个平台和网络。ICID网络与政府机构、国际组织、多边机构、私营公司和专业专家合作，覆盖了全球95%以上的灌溉区域。通过其各个工作组、工作队、国家委员会和合作伙伴，ICID的主要活动是通过解决其工程、农学、环境、社会、金融和体制方面的问题，促进灌溉、排水和洪水管理这三个核心领域。经过七十多年的发展，ICID网络现已代表农业水资源管理（Agricultural Water Management，AWM）知识和技术的共享和交流。在自然资源有限、气候变化和冲突加剧的情况下，ICID网络的任务变得更加关键和艰巨。新出现的、相互竞争的用水需求，加上气候变化对粮食生产率影响的不确定性，促使ICID的利益攸关方和合作伙伴加倍努力（ICID 2017）。

从一开始，ICID就着手联合贫富两个阶层来改变农业水管理政策。一项关于成立时和70年后成员组成的研究表明，ICID拥有高度发达国家和地区（如美国、加拿大和澳大利亚）的均衡组合，并扩展到索马里等发展中国家，使该网络能够在各个层面解决问题。

ICID由几个工作组组成，涵盖灌溉、排水、洪水管理、气候变化和农业用水管理、农村发展和可持续农业灌溉发展等核心领域。以下各节介绍了ICID为支持直接或间接应对气候变化所做的一些努力。

6.6.1 ICID 2030愿景

2017年，ICID发布了《ICID 2030年愿景规划》，其愿景是通过可持续农村发展创建一个没有贫困和饥饿的水安全世界。六个组织目标与联合国可持续发展目标（Sustainable Development Goals，SDG）保持一致，特别是在气候变化和全球变暖时代，通过可持续农业用水管理促进水和粮食安全。其六个组织目标为：

- 用更少的水和能源提高作物产量。
- 成为政策和实践变化的催化剂。
- 促进信息、知识和技术的交流。
- 实现跨学科和跨部门的参与。
- 鼓励研究和支持开发工具，将创新扩展到现场实践中。
- 促进能力发展。

随着气候变化引发AWM的复杂性，需要了解AWM的跨学科和多方利益相关者。17项可持续发展目标中有7项对AWM作出了贡献（ICID 2017）。此外，《ICID 2030年愿景规划》认识到水-粮食-能源关系，以及这些领域的利益相关者和用户需要了解水资源规划和管理过程中的协同作用和权衡。牢记这一点，ICID制定的组织目标才能从更广泛的角度解决AWM问题，并充分理解气候变化和全球变暖的作用。

6.6.2 全球足迹

代表78个国家和近95%的世界灌溉地区的国家委员会（National Committees，NCs）是ICID的核心利益相关方。NCs由政府部门或部委、研究机构、大学、私营部门公司以及在某些情况下的农民团体（包括在水资源、灌溉、农业、农村发展、水电等领域具有主导专业知识的部委、公共和私营机构），环境和洪水管理部门，以及金融和经济部门主办。根据ICID的愿景和使命，NCs与ICID合作并独立地在支持国家可持续发展议程方面发挥着关键作用。总体而言，NCs旨在实现粮食安全、水安全、减贫和农村发展的目标，特别是在面临气候变化的情况下。

6.6.3　推广和传播节水技术知识

由于气候变化和其他人类活动的影响，世界许多地区都出现了缺水现象，因此，农业面临着在灌溉和雨养农业中提高水生产力的严重压力，即每单位产出用更少的水生产更多的粮食。为了实现这一目标，需要采用适当的节水技术、管理工具和政策。因此，世界各地的机构都在鼓励参与灌溉用水管理的工人和专业人员——决策者、管理者和农民——通过适当的政策和激励措施来节约用水。同样，通过"节水奖"（WatSave awards，ICID 2021b），ICID识别、分类、奖励和推广尖端研究、管理工具和有益的政策和做法，以促进农业节水，并尽量减少浪费，减轻对环境的负面影响。通过设计，节水奖还为专家、创新者、年轻专业人员和农民提供了一个独特的机会，通过现代化、技术创新和先进管理战略展示适应气候变化和节水的多种方式。颁发给个人或团队的奖项是基于真实已实现的节约，而不是有希望的研究成果、计划或节水的好想法和意图（ICID 2021b）。

这些奖项被授予在农业用水开发和管理的多个方面进行工作的创新者，如微型灌溉和滴灌、控制灌溉、开发新的硬件和软件技术、模拟模型以及改善现有项目的节水基础设施。此外，包括参与式灌溉管理（PIM）在内的提高大众认知和能力建设的作法，是通过农业节水工作奖来奖励和促进的。

6.6.4　了解气候变化的影响

农业用水占总用水量的70%，温室气体排放量的30%，因此它是导致气候变化的原因之一，并受到气候变化的威胁。通过建立恢复力使水资源管理政策和实践适应现有的气候变化，是为潜在的气候变化做好准备的最佳方式。改善集水和蓄水池（如水库、水坝、水池、坑和挡土垄等），补充旱作作物的用水量；高效的灌溉系统和最佳做法是解决降雨日益变化、减少洪水和干旱等极端事件的不利影响的基础。ICID通过其全球气候变化和农业水管理工作组（Working Group on Global Climate Change and Agricultural Water Management，WG-CLIMATE）解决这些问题。迫在眉睫的气候变化及其对农业水资源管理的可能影响需要跨学科的合作。它呼吁加强数据收集网络、研究用来减缓气候变化对水和农业影响的方法、审查储存系统的运行、利用集水结构加强土壤水，并分享知识和信息。气候工作组的任务是根据全球气候变化（Global Climate Change，GCC）的进展和预测，探讨和分析气候变化和气候变异性对灌溉、排水和洪水管理的中期影响。它在ICID网络内以及在国家范围内激发科学家和决策者对与水有关的海湾合作委员会问题的讨论和提高认识。该工作组与WMO领导下的联合国全系统全球气候服务框架（the Global Framework for Climate Services，GFCS）等全球伙伴进行合作。

6.6.5　水遗产和可持续性

随着农业和水管理领域更先进的技术和工具的出现，亟须加快现代化进程。然而，尽管采用这些最先进的创新技术和方法至关重要，但仍要认识到传统灌溉和水管理方式在演

变发展中的重要作用。

几个世纪以来，利用可持续农业实现粮食安全一直是众多文明兴衰背后的原因。这些农业系统的可持续性为该区域人口的维持和随后的经济发展铺平了道路。ICID通过世界遗产灌溉结构（World Heritage Irrigation Structures，WHIS）（ICID 2021c）和世界水系统遗产（World Water Systems Heritage，WSH）（ICID 2021d）等计划，分别建立了表彰和保护有形和无形水遗产的机制。为了追溯历史并了解其在全世界文明中灌溉的演变，WHIS计划确认了历史上的灌溉和排水设施，例如大坝、拦河坝、输水和蓄水设施等。一些被认可的设施早在公元前2世纪，这为我们提供了那个时代的智慧结晶，告诉我们农业用水管理是如何进行的，灌溉设施是如何证明其几千年里持续发展的。另外，WSH方案侧重于以人为中心的水管理系统、组织、制度和规则，这些系统、组织、制度和规则被认为对人类具有突出价值，为人类创造了一个共存的社会系统和一个良好的环境，并给予承认。除此之外，ICID还有一个灌溉、排水和防洪历史工作组（WG-HIST），其任务是促进跨学科的信息、知识和经验交流，并通过国家委员会（ICID 2021c，2021d）建立网络来正确理解其技术发展，该主题网络包括农业、政治、社会、经济、气候和地理等方面。

水遗产对农业和人类发展的贡献需要得到保护和重视。经过几个世纪的传承，可持续农业实践的智慧已被证明是现代农业和水管理的基石。

6.7 结论和展望

无论是农业还是任何其他经济部门，在谈到未来时，总会忽略气候变化的影响。不管温室气体排放源在哪，气候变化的影响无处不在。因此，经济增长的未来规划必须考虑气候变化的影响并采用适当的应对机制，以确保减轻全球碳排放的影响。

解决日益普遍和无法解决的全球变暖危机不需要一步到位的解决办法，而是需要一个包括系统实施措施的综合方法。这需要采用对气候友好的技术解决方案，例如利用现有的软件和硬件工具来减缓气候变化的不利影响，特别是对土地和水资源的不利影响，丰富知识体系，鼓励研发，加强相关机构的发展能力，并通过气候教育和积极行动提高大众意识。

如前所述，在气候迅速变化的时代，预计全球水文状况将发生前所未有的变化。就农业用水管理而言，必须将气候变化影响纳入实践和解决方案中，以便产出和结果不会受到变化的干扰。这里的关键是提前制定战略，以保持产出水平，并在可能的情况下，找到使社区摆脱对水资源投入日益倾斜的过度依赖的选择。信息和通信技术（ICT）等相关技术领域的发展以及生态系统的发展具有潜力，需要充分认识和推广，将它们从示范转化为实践。由于极端天气事件在空间和时间上随机分布，灾害和资产管理面临新的挑战，需要不断监测和快速响应的方法来管理潜在灾害。

参 考 文 献

Burrel B，Davar K，Hughes R（2007）A review of flood management considering the impacts of climate change. Water Int 32（3）：342-359.

Das S, Gupta R, Varma H (2007) Flood and drought management through water resources development in India. WMO Bullet 56 (3).

Emami K (2020) Adaptive flood risk management. Irrig Drain 69 (2): 230 - 242.

FAO (Food and Agriculture Organization) (2017) Water management for climate - smartagriculture. Climate smart agriculture sourcebook.

Hamburg University of Technology (2021) Flood manager E - learning tutorials: integrated flood management (IFM).

ICID (International Commission on Irrigation and Drainage) (2017) A roadmap to ICID vision 2030.

ICID (International Commission on Irrigation and Drainage) (2021a).

ICID (International Commission on Irrigation and Drainage) (2021b) Awards and recognition. WatSave awards.

ICID (International Commission on Irrigation and Drainage) (2021c) Awards and recognition. World heritage irrigation structures.

ICID (International Commission on Irrigation and Drainage) (2021d) World water system heritage programme.

IPCC (Intergovernmental Panel on Climate Change) (2007) Working Group Ⅱ: impacts, adaptation and vulnerability. IPCC fourth assessment report: climate change 2007.

Konapala G, Mishra AK, Wada Y, Mann ME (2020) Climate change will affect global water availability through compounding changes in seasonal precipitation and evaporation. Nat Commun 11: 3044.

Kumar M (2021) Dam safety in India: dam rehabilitation and improvement project (DRIP).

Lindsey R, Dahlman LA (2021) Climate change: global temperature.

Molden D, Burton M (2005) Making sound decisions: information needs for basin water management. In: Svendsen M (eds) Irrigation and river basin management: options for governance and institutions. International Water Management Institute (IWMI), Pelawatte, SriLanka, pp 51 - 74.

Muir MJ, Luce CH, Gurrieri JT, Matyjasik M, Bruggink JL, Weems SL, Hurja JC, Marr DB, Leahy SD (2018) Effects of climate change on hydrology, water resources, and soil. In: Halofsky JE, Peterson DL, Ho JJ, Little NJ, Joyce LA (eds) Climate change vulnerability and adaptation in the intermountain region. Department of Agriculture, Forest Service, Rocky Mountain Research Station, Fort Collins, CO, U. S., pp 60 - 88.

Pandya AB, Sharma P (2021) Importance of data in mitigating climate change. In: Pandey A, Kumar S, Kumar A (eds) Hydrological aspects of climate change. Springer, Singapore, pp 123 - 137.

Suciu G, Uşurelu T, Bălăceanu CM, Anwar M (2019) Adaptation of irrigation systems to current climate changes. In: Abramowicz W, Paschke A (eds) Business information systems workshops. Springer, Cham, pp 534 - 549.

Watanabe T, Cullmann J, Pathak C, Turunen M, Emami K, Ghinassi G, Siddiqi Y (2017) Management of climatic extremes with focus on floods and droughts in agriculture. Irrig Drain 67 (1): 29 - 42.

WMO (World Meteorological Organization) (2009) Flood management in a changing climate: APFM technical document No. 14. Flood management tools series.

第7章 设计研究以促进气候行动

Bruce Currie－Alder and Ken De Souza

摘　要：2030年之前的气候行动需要进行符合目标的浩大研究：跨尺度工作，在项目群之间创造协同效应，并使研究能力得以提高。研究需要在地方和国家层面上架起桥梁，并为具有深远影响力的决策信息提供证据。为了达到一加一大于二的效果，研究项目和联盟需要学习框架和参与组织之间的公平伙伴关系。除了用于培训和独立研究的奖学金和研究资金之外，交流和嵌入现实世界的实际经验使人们能够在不同的主办机构获得学术以外的经验。从研究到应用的转化需要被更加重视，包括与当地人民和决策者的联合制作模式和知识经纪。

关键词：气候适应；气候恢复力；能力建设；规模；合作；研究设计

7.1 引言

世界已经进入气候行动的决定性十年。需要更大的决心，到2030年将碳排放量减半，到2050年实现碳中和。目前的承诺是不够的，并可能会超过3℃的升温。即使采取积极有效的行动，将全球平均气温的上升控制在2℃以下，许多地方仍将超过1.5℃的变暖门槛。这就需要现在和未来几年进行更多的调整。这需要在未来几年内进行适应。这是一个亟须执行力的时代，从全球评估到明智地利用气候融资，建立全球气候恢复力，不再等待多轮的全球气候谈判。到2030年保持韧性是不够的，因为人们需要预测到2050年如何在未来的气候中生存和茁壮成长。现在作出的选择可以扩大或限制这些机会向前发展。

研究怎样才能最好地促进气候行动？随着我们的资助机构从过去20年中吸取教训，并决定如何指导下一个十年的研究投资，学者们一直在努力解决这个问题。本章分享了我们在2018—2020年的思考和见解，包括评估报告、区域研究、学习回顾、与知名学者的对话以及为本组织的前瞻性战略做出的贡献。边缘化和弱势群体正在并将不成比例地承受气候变化的影响。从道德的角度出发，通过解决知识差距、根据已知情况采取行动，并增强当地行动能力来支持社区恢复和增强抵御能力。研究需要评估风险和确定影响，找到以用户为中心和面向行动的解决方案，但不仅限于此。简而言之，组织研究的方式需要应对

B. Currie-Alder (✉)
International Development Research Centre, Ottawa, Canada
e－mail：bcurrie-alder@idrc.ca
K. De Souza
Foreign, Commonwealth & Development Office, London, UK
e－mail：ken.desouza@fcdo.gov.uk

气候危机的紧迫性和雄心。

7.2　研究的最新方向

过去20年来，水安全和气候适应的学术和实践不断发展。许多水系统现在被认为是"非固定的"，因此它们不再稳定、持续地复制过去的模式。历史观测不是当前和未来降水、径流和风暴模式的可靠指南。相反，"人类世"的特点是景观和水道的变化，干旱、洪水、山体滑坡和海岸侵蚀的风险不断变化。除了气候对水的级联影响外，这种非固定性还源于碎片化的土地利用，以及过去一个世纪储存、分流和使用水的努力的累积影响。水管理的目标已经从优化可预测和稳定的系统转向确保对不断发展的复杂系统作出有力和灵活的反应。决策和管理方法必须考虑到深刻的不确定性，并考虑一系列可能的未来（Smith et al. 2019）。

水安全是通过社会内部的关系建立的，使人们能够享受与水有关的服务。居民看重的并不是市政自来水厂或当地自来水销售商本身，而是他们从饮用、烹饪和洗涤用水中获得的好处。安全不仅仅是保护这些设施的屏障，还有管理市政用水的努力的结果，包括充分的预算、运营和供水。安全植根于社会、文化和政治关系之中，人类能够过上既幸福又富有意义的生活（Jepson et al. 2017）。在气候适应的思考和实践中也可以看到类似于水安全定义的转变，不再以解决方案和技术修复为基础制定框架，而是将适应看作是社区的生活经验以及解决平等和包容性问题的手段（Nightingale et al. 2019；Pelling and Garschagen 2019）。

气候适应是一个调整实际或预期气候及其影响的过程，人们和社会寻求趋利避害的机会（IPCC 2018）。过去20年来，根据《联合国气候变化框架公约》（UNFCCC），适应工作得到了加强，包括成立最不发达国家专家组，就适应计划提供指导，建立适应知识门户，以及设立适应委员会和绿色气候基金，作出了里程碑式的贡献（UNFCCC 2019）。自2019年以来，联合国气候行动首脑会议和全球适应委员会详细阐述了投资依据的商业案例，强调了粮食和土地使用、城市和人类住区、水和自然、工业和基础设施、灾害风险和地方资金使用等各种机会。展望未来，预计从2023年开始，全球每五年进行一次盘点，评估适应的充分性和有效性，并为其提供支持，并审查实现适应全球目标的总体进展（《巴黎协定》第7条）。

研究课题和问题随着时间而演变。气候变化研究的数量和广度已经激增，以至于任何一个人或团队都越来越难以跟上气候变化研究的前沿（Minx et al. 2017；Callaghan et al. 2020；Nalau and Verrall 2021）。一种应对方法是使用证据图和系统评价方法来绘制气候变化研究前沿的网络图。理解气候风险和适应性的定义是2010年之前的主要议题，接下来的10年强调评估进展、有利条件和执行情况（Klein et al. 2017）。根据世界气候方案，在过去10年中确定了30多个研究优先事项，包括：支持或阻碍适应的因素、改进研究人员和决策者互动的方式、向发展中的国家学习、了解热点（如海岸、半干旱地区和山区），通过伙伴关系共同创造知识，支持跨空间规模的合作（Rosenzweig and Horton 2013）。2010年之后，气候变化研究在理论和实践上都已经成熟。多位作者考虑了气候适应研究

的未来，呼吁为早期职业研究人员和南半球作者提供更多机会，将公平性嵌入研究实践，并提高利益相关者的参与度（Mustelin et al. 2013）。期望的变化包括提高研究设计的透明度和咨询，展示对当地人民生活和生计的切实影响，以及更有效的知识协调和学习（Jones et al. 2018）。研究必须“更激进、更大胆、更具有实验性”（Klein et al. 2017），发挥权力和平等的作用，参与适应和气候正义的相互作用（Newell et al. 2020），并与边缘化人群的学习联系起来（Eriksen et al. 2021）。

7.3　未来10年的研究设计

本章根据多个方案的经验（见表7.1），确定了未来10年到2030年研究的三个特点。用一句话来说，通过跨规模的群组合作使气候行动的研究嵌入其中，从而提高研究能力，这一点至关重要。在跨规模方面，地方和国家层面的衔接为理解研究提供了更广阔的机会，特别是有关气候变化证据的缺口，以告知具有十年影响的决定。较大的项目和方案应阐明学习问题，作为监测和评价的基础。对团体而言，研究方案和联盟涉及多个活动和参与组织。为了超过其组成项目的总和，这些方案需要一个将这些活动联系起来的框架，并且必须促进参与组织之间的合作伙伴关系。在能力方面，除了培训和独立学习的奖学金和助学金之外，在现实世界环境中的交流和安置使人们能够在不同的主办机构中获得超越学术界的实践经验。需要更加重视从气候科学到服务的各个领域的能力，包括与当地人民和决策者共同生产、知识传播与研究的能力。

表7.1　　选定研究方案的比较

名　称	描　述	组织和预算	主要国家
非洲和亚洲合作适应研究倡议（CARIAA）	为居住在气候高风险地区的人构建恢复力	4个合作联盟 60个组织 £4300万/6年	孟加拉国、博茨瓦纳、布基纳法索、埃塞俄比亚、加纳、印度、肯尼亚、马里、纳米比亚、尼泊尔、巴基斯坦、塞内加尔
气候变化的冲突与合作管理（CCMCC）	气候变化如何影响冲突或合作的证据	7项目 39个组织 £500万/5年	孟加拉国、布基纳法索、柬埔寨、加纳、印度、肯尼亚、墨西哥、缅甸、尼泊尔、越南
扶贫生态系统服务（ESPA）	可持续的生态系统管理所需的证据	125个项目 922名研究人员 £4400万/9年	53个国家
非洲未来气候（FCFA）	发展新的气候科学，确保其对人类发展产生影响	5个联合体＋知识交流 72个机构 £1900万/7年	博茨瓦纳、布基纳法索、肯尼亚、马拉维、莫桑比克、纳米比亚、塞内加尔、坦桑尼亚、乌干达、赞比亚、津巴布韦
人道主义紧急情况和恢复力科学（SHEAR）	提高灾害学的预测和决策	4个联合体＋知识经纪人 37个组织 £2300万/5年	印度、肯尼亚、莫桑比克、尼泊尔、乌干达
非洲天气和气候信息与服务（WISER）	促进可持续发展的优质、可获取和可用的气候信息服务	国家支持 气象机构 £3400万/6年	布隆迪、埃塞俄比亚、肯尼亚、卢旺达、坦桑尼亚、乌干达

7.3.1　跨尺度

下一个10年的研究需要更有针对性地分解或整合不同的层次，跨越近期和中期的时间范围，以及地方到全球的地理范围。国家一级的情况仍然是决定国内政策和行动以及国家对全球承诺贡献的关键。需要对最不发达和最脆弱的团体，特别是非洲和西亚的，进行更多的研究。研究还需要解决年际时间尺度上的气候变化的证据空缺，以提高到2030年的复原力并为2050年的气候导航。通过建立数据共享、知识管理和研究吸收的共同方法和平台，实现项目与项目群之间的协同作用。嵌套的变革理论为学习和描述如何产生研究成果提供了理论方法。

尺度描述了一种现象在时间和空间的范围。天气事件和环境变化发生在几天、季节、年份和几十年。水系统和气候影响从当地社区延伸到较大的流域，再到大陆和全球系统。除了自然界之外，空间尺度还可以描述组织社会的层次，从直辖市或地区，到州或省边界，再到民族国家或区域分组。“规模”是指这些维度中的任何一个，即时间、地理或管理。而“水平”是指给定规模内的分析单位（Cash et al. 2006）。例如，城市和国家政府跨越人文地理的多个层面，而流域和水政策的相互作用是自然地理和人文地理之间的跨尺度。解决气候行动和环境变化问题往往涉及问题规模与社会如何分配责任之间的“不匹配”。例如，鲑鱼渔业从流域的上游延伸到公海，涉及从市政到联邦管辖范围的行为者，以及从林业到运输部门的活动。这需要各行动者之间进行协调，以克服上级系统的碎片化或来自不同层次的相互矛盾的行动。

国家一级仍然是气候适应和恢复力的关键。《气候公约》的缔约方是民族或者国家，它们进行国家适应规划，组织各自应对气候变化的措施。他们还将国家决定的贡献确定为国家对《气候公约》集体目标的承诺。各国通过国家信息通报报告进展情况，说明减少排放、适应气候风险和依据其他的减排措施协助其他缔约方。《气候行动途径》鼓励城市、企业和民间社会组织等非缔约方利益相关者做出进一步承诺。随着研究的目标以需求为导向和以行动为导向，一个重要的切入点是了解谁是国家一级负责国家数据中心的行为者：他们正在努力应对哪些决定，在实施过程中面临哪些挑战，以及哪些形式的证据和知识对他们有用（Moosa et al. 2019）。例如，关于气候影响和人们如何应对的研究有助于为孟加拉国制定“2100年三角洲计划”，这是一项雄心勃勃的国家工作，旨在指导投资，以解决几十年来全国各地的洪水、土地使用和城市规划问题。

然而，并非所有国家都受到同等程度的关注。在较小或较偏远的国家以及生活在极端贫困中的人口比例较高的国家，开展的研究相对较少。对三家著名学术期刊过去十年的同行评议文章的回顾发现，在非洲中部、西部和北部或西亚的大片地区，关于气候适应的文章相对较少（Vincent and Cundill 2021）。某些国家在多个研究项目中占据显著位置，同时也忽略了南半球的大部分地区（见表7.1）。在未来10年中，显然有必要投资于最贫穷和最脆弱国家的研究，尤其是最不发达国家集团和气候脆弱论坛，这将符合《巴黎协定》提到的特别容易受到气候变化不利影响的发展中国家，以及2030年议程承诺的“任何人都不会落后……并首先到达最落后的国家”。

跨越一系列范围和级别的工作可以相互加强。国家一级的行为者最初可能不愿意仅仅

为了探索潜在的合作和讨论需求而让研究人员参与。然而，这些行为者可能非常想从研究中学习，从相关的地方经验中获得真知灼见。例如，博茨瓦纳和纳米比亚的工作借鉴了地区一级的实际行动，与国家干旱和脆弱性政策进程相联系（Morchain et al. 2019）。地方一级的经验也可以为全球一级的辩论提供素材。例如，研究人员利用当地的经验向联合国妇女地位委员会提交证据（ASSAR 2019），还汇编了这些结果，以显示环境退化如何影响气候热点地区的妇女机构（Rao et al. 2019）。成功的研究团队不仅整合了多个学科观点，还分享了来自不同地点的证据，加强了从地方到全球层面的学习。更大规模的研究工作将全球水平的同行评议文献和气候建模科学与社区在面对洪水、干旱和其他极端情况时努力改善生活和生计的当地经验联系起来。

然而，在证据的尺度上缺少一个中间部分。已发表的文献和可用的数据集在极端时间范围内最多：下一个生长季节的近期机会和未来几个月的风暴或干旱风险，以及2080年以后在不同排放情景下的气候变化长期幅度。然而，在几年和几十年的中期尺度，知识状况相对较弱，而这正是评估政策和投资后果最关键的时间范围（Jarvie et al. 2020）。需要做更多的工作来解决2030—2050年未来气候的不确定性，以及这些不确定性之间的差异。这是人们在决定如何应对气候风险、评估基础设施的可行性、经济活动和适应措施随着时间的推移而做出的决策的规模。科学目前能够预测未来几个月的天气以及未来几代人的世界潜在状况，但最有用的规模介于这两个极端之间。

再加上对2030年和2050年的时间范围的更多关注，在空间尺度的中间有一个类似的“最佳位置”，这对理解气候影响和风险至关重要。目前的文献更多地涉及全球尺度的预测和地域尺度的案例研究，对次国家层面的见解相对较少，例如缩小尺度的气候预测或特定生物群落和景观将如何变化和转移。科学领域可以谈论或提出的问题解决方案的内容与政府、投资者及企业家决定如何采取行动和投资其未来的背景之间存在脱节。多样化和专业化的数据产品和气候服务可以响应不同的政治和实际需求，以为决策的提供形式和规模上可用的信息（Adaptation Committee 2020）。研究必须解决证据差距，为具有年代际影响的决策提供信息。中档模式最终更有助于了解社会如何随着时间的推移而转变，并对未来世界状态更具弹性。

对规模的进一步理解涉及研究工作的规模及其预期产生的价值。研究工作的规模可以从在单个位置工作的个人研究者到跨多个实验室和现场站点工作的大型团队。了解气候变化对一个大陆的影响需要大量的研究工作。复杂问题的研究还需要运用多种技能和学科，从而产生了交叉学科的研究方法。在过去的几十年里，研究经费已经增长，以支持应对复杂社会挑战所需的大规模研究工作。与此同时，这种增长提高了人们的期望，即以经济和社会效益的形式创造更大的价值，包括为未来提供更多的选择和机会。资助机构已明确表示希望研究项目超越描述问题或测试试验中的技术，通过实施和复制来确定和“扩展”解决方案[1]。

---

[1] 仍然需要考虑哪种规模的研究工作最适合在社会和科学利益的不同问题上取得有意义的进展。有证据表明，小团队可以更激进，挑战现有知识，而大团队更有能力在各国之间进行协调并巩固现有知识（Wu et al. 2019）。IPCC第六次评估报告的制作涉及700多名专家，而大多数期刊文章涉及不到十几位作者。

实施相当大的研究工作可以通过不同项目之间的协同作用来实现。研究计划或合作联盟可以通过在项目设计中建立项目间的共同特征，阐明总体变革理论并促进参与者之间的持续沟通，允许不同的项目和活动相互“交谈”。研究项目通常起源于对资助竞争的回应，该竞赛确定了感兴趣的主题、参赛资格和选择的标准，一系列可接受的费用和预算以及提交截止日期。这种征集的竞争性质意味着提案是单独制定的，潜在申请人之间几乎没有协调。更好地促进气候行动的一个积极有效的方法是，资助机构在未来的征集提案中更加有意识地提出建议，为高层次的研究问题、方法或数据集等共同特征提供指导。

方案或合作联盟还可以就数据共享、利益攸关者参与和知识协调等方面提供指导和支持。例如，CARIAA 参与者为如何理解和追求研究的内核制定了一个共同的框架（Prakash et al. 2019）。阐明“变革理论”确定了总体目标、关于研究活动和产出如何与更广泛的成果和影响联系起来的假设，以及如何监测绩效和成功评估。这种逻辑模型为项目和活动提供了指导，确定了它们如何组合在一起并为共同目标做出贡献，并激发了特定于项目级别的更详细的理论。“变革理论”还为评估和学习提供了基础，可以解决基本假设以及这些假设在多大程度上被经验所证实的问题。

沟通对于桥接不同研究层次、连接分布在不同组织和地点的参与者至关重要。一些方案设立了一个知识管理或交流单元，以汇编来自各种项目的信息并产生共同的产出。CARIAA 有一个知识管理平台，作为参与者共享文件、召开网络会议、协调日程安排的在线地点。季刊或每周文摘使与会者了解最近的活动和出版物、即将举行的会议、著名的成就，同时培养了他们对于成为项目一部分的认同感。鉴于大型项目与项目群的分散性，这种在线平台对于保持参与者的参与度和积极性至关重要。协调大规模的研究工作需要将参与者的内部知识管理编织在一起，监测-评估-学习工作以跟踪和反思进展，以及外部知识协调以吸引和接触利益相关者（Harvey et al. 2019a）。如果一个项目或项目群要成为一个有凝聚力的整体，参与者要感受自己是重要的部分，这至关重要。它们还有助于为综合研究成果奠定基础，使参与者能够更好地阐明他们对全球和区域议程的集体贡献，如世界气候研究计划、政府间气候变化专门委员会或世界适应科学方案。

7.3.2　支持者

组织研究的第二个方面涉及支持者，将不同的研究计划、联盟、研究成员及成果聚集在一起以实现协同效应。为了超越其组成部分的总和，这些方案需要一个将这些活动联系起来的框架，并且必须促进有关组织之间的公平伙伴关系。创建研究组织的支持者不仅仅是同步一组项目的启动和生命周期，它需要为项目之间的协作创造机会，并在这些项目中培养不同参与者之间的关系。

方案和合作联盟可以在各级研究工作之间达成一致。在项目层面，资金是围绕特定的活动组织的，鼓励不同的参与者聚集在一起，以定义和共同管理一个大的预算。例如，CARIAA 提案征集为如何构建研究项目提供了一些指导，具体规定每个应用程序都需要侧重于半干旱土地、河流三角洲或依赖冰川的盆地。然而，潜在的申请人有充分的自由来定义自己的研究活动和方法以及地理覆盖范围。合作联盟是较大较复杂的项目，需要强有力的领导和协调来制定研究议程，管理参与者的贡献，共享资源以及跟踪和报告进展。所

需的技能和时间往往超过单个主要研究者的能力。成功的合作联盟任命一名支持者或召集人与首席研究员一起工作，并建立涉及合作伙伴组织代表的共享管理结构。例如，半干旱地区大规模适应联合会由开普敦大学牵头，与START国际、东英吉利大学、英国乐施会和印度人类住区研究所合作。这些组织的代表都为联合效绩指标服务，至少每月举行一次会议，共同指导实施工作。

在项目层面上，需要不同项目之间存在一定程度的协调，形成一个思想或逻辑框架，使各个单独的活动有所依托。例如，CARIAA基于气候变化的热点，这些热点经历了明显的气候影响，并且是脆弱、贫困或边缘化人群的家园（De Souza et al. 2015）。虽然每个联合体都制定了因地制宜的方法，但它们通过一个计划层面的变革理论和学习框架相互联系，该框架确立了一些总体问题，以及促进这些团队之间合作的跨联盟工作组。然后，总预算的一部分用于以各种方式整合研究，提供额外资金以激励参与者在共同兴趣的基础上建立或跨项目进行新颖的合作。例如，CARIAA为《全球移民契约》的筹备进程做出贡献，并为IPCC关于1.5℃变暖的特别报告（O'Neill 2020）提供及时的投入。该计划利用了具有针对性和紧急性的设计，建立了协作空间，将参与者在未来方案可预见的方面聚集在一起，同时保持了在新机会出现时做出反应的能力（Cundill et al. 2018）。简单地说，方案和合作联盟以提供新的见解和协同作用的方式将其组成项目和活动结合在一起。

研究方案和合作联盟还需要就预期伙伴关系的性质提供指导，并随着时间的推移培育这种伙伴关系。伙伴关系是“不同利益相关者之间持续的、基于原则的工作关系，其中解决方案是共同设计和交付的，每个合作伙伴根据其优势贡献一系列资源，承诺相互监督、互惠互利，并分享风险和利益”（Mundy 2020）。每个项目都可以被视为一种伙伴关系，无论是作为一所大学单个教师部门内由4个人组成的小团队，还是一个涉及分布在多个组织中的100多名个人的大型联盟。每当不同的人期望在共同努力中进行合作时，建立一些共同的规范和做法可能是有益的。当大家不能在一起工作并且不能定期开会解决问题时，这些变得更加重要。

在通过竞争性招标书确定项目的情况下，这些项目往往倾向于有限地考虑科学严谨性和项目管理：评估提案的学术价值，参与研究的个人记录，以及分工的详细工作计划。然而，强调说明为什么需要资金以及如何使用资金，可能会忽视合作伙伴期望如何共同努力。未来的研究需要更明确地关注新项目申请和启动期间的伙伴关系建设，考虑与项目管理、范围、研究实践和沟通相关的事项（Martel 2020；Dodson 2017）。经验表明，提案的制定还应投入时间和精力，以澄清相关人员和组织的期望和工作方式。支持者可以规范决定研究设计、方法和数据管理的规范和程序，获得资金和旅行机会，以及在协调和沟通中使用非英语语言。只有明确如何作出决定以及谁参与其中，伙伴关系才能受益。

供资方案可以就伙伴关系的性质提供指导，并确保伙伴建立和保持公平与公正感。这从研究调试过程开始。UKRI鼓励研究伙伴关系明确阐明资源、责任、努力和利益的公平分配；认识到不同的投入、不同的利益和不同的预期结果；并确保使用符合社会需求的数据和数据共享（Mundy 2020）。这是一个良好的起点，但可以辅之以过去成功的伙伴关系的例子，为伙伴关系的成长和发展创造条件，以及建立和培育伙伴关系的工具。最近方案的经验强调，研究伙伴关系需要了解激励不同伙伴的驱动因素和措施。识别并反馈激励每个合作伙伴的因素，对于保持他们长期参与、产生满足不同兴趣和需求的一系列产出至关重要。

融资机会可能会通过规定特定的组织安排或预算规模而无意中使关系紧张。例如，CARIAA 的提案征集要求申请人确定五个核心合作伙伴和相当于 700 万英镑的预算。这些要求使更多的伙伴在项目中处于次要地位，并将潜在申请者的范围缩小到能够接受和管理大笔预算的伙伴。相比之下，研究委托过程可以考虑邀请一系列组织安排和预算。这将为潜在的伙伴关系提供一定程度的自由，以确定实现其成果所需的规模和结构。可以鼓励研究伙伴关系让当地和非学术合作伙伴参与进来，以帮助将知识从学术环境转移到现实世界。还可以鼓励它们为发展中国家和非研究伙伴，包括私营部门、政府和民间社会的伙伴发挥领导作用。不仅应该评估申请人在适应和恢复力方面的研究前沿动态方面的潜力，还应该评估他们充分理解和解决现实世界决策和行动需求的能力。申请人还可以确定其伙伴关系中的“空白”或其他角色，以便在以后填补，为伙伴关系在项目实施期间的发展提供空间。

可以鼓励合作伙伴进行谈判并商定详细的工作方式，涵盖每个人的贡献以及合作要实现的附加值。这样一份文件有助于就总体目标、协调伙伴关系的手段、如何管理风险、围绕决策和沟通的协议以及确保相互监督和承认贡献、作者身份和知识产权的机制建立共同的观点。通过商定合作方式，合作伙伴可以澄清期望，并在彼此之间建立公平、公正和相互负责、监督的信念（Mundy 2020）。一旦开始，对工作方式的定期审查就为合作伙伴关系的表现提供了例行的“健康检查”。这种审查为查明和解决任何问题提供了机会，有助于引进新的个人，并重申现有个人的承诺。它还可以识别合作伙伴关系随时间的变化，确定新组织加入项目，现有合作伙伴承担新职责或现有合作伙伴离职后的影响。工作方式还为预测合作伙伴在项目之后的行为奠定了基础：他们将如何在项目结束后使用数据、结果和方法，以及保存每个合作伙伴对项目所付出的努力和贡献。一个项目只是一个更长的故事中的一个章节，因为人们和组织正在建立自己的职业生涯并追求自己的使命。一个成功的研究项目可以从已建立的关系中受益，并为未来的合作奠定基础（Izzi 2018）。

研究资助机构也为合作关系做出了贡献。资助者需要对自身作用进行定位，包括其系统、语言和方法在多大程度上促进或抑制了方案内的合作以及与主要研究者的接触。资助机构描述一个广泛的主题或高层次的问题，为科学界提供确定和提出具体项目的范围。提案征集指定用于评估这些提案的选择标准，得分较高的提案将被推荐获批。这种委托研究的方法倾向于根据其各自的优点选择项目，而不必考虑它可能与其他提案的相似程度。或者，出资者可以有意识地制定一个投资组合，其中不同的项目相互补充。例如，CARIAA 方案有意为三个不同的“热点”景观中的活动提供资金。与此同时，非洲未来气候组织（Future Climate for Africa）选择的项目覆盖了非洲大陆的西部、东部和南部地区，并支持科学研究，以提高对非洲气候的理解研究。这两个方案将各项目的参与者聚集在一起，对整个项目组合的不同成果进行综合分析，并向政策和实践中的受众进行宣传。这些方案随着时间的推移而增长和发展，它们也受益于适应性管理，由出资机构和主要研究者之间共享，以根据需要共同更新预算、规划和程序（Currie - Alder et al. 2020）。

特别是当研究经费的来源是官方发起援助或旨在援助发展中国家的气候资金时，人们

期望伙伴关系和方案将具有特别之处并可以创造一些额外价值。除了寻求地理覆盖范围或项目之间的协作之外，项目组合研究方法还可以有意包括测试替代技术、方法或假设的项目。例如，在 CARIAA 内部，一个项目通过在发放和接收移民的社区进行家庭调查来审查移民问题，而另一个项目则进行了深入的生活史访谈，以揭示移民的生活经历（Singh et al. 2019）。优先考虑投资组合中的想法和方法的多样性可以促进项目级别的学习，允许比较项目结果以提供额外的见解。将项目视为一个投资组合会激发对每个项目创造的独特价值以及它们之间的相互作用的思考，而不是简单地产生更多相同类型的结果。

资助竞争往往会阻碍最不发达国家的积极参与以及涉及脆弱和受冲突影响背景国家参与的工作。除了国内研究区域相对较小外，许多研究较少的国家还包含被认为脆弱或正在经历冲突的地区。如果没有对这些地点的参与者和在这些地点的活动的具体要求，委托过程可能会无意中简单地有利于北半球和中等收入国家中精通科学的同行之间的合作。鼓励覆盖多个国家的项目有许多优点，包括有机会比较多个地点的结果，促进跨国界的同行学习以及规避风险。例如，在过去 10 年中，在孟加拉国、埃及、埃塞俄比亚、马里、莫桑比克和坦桑尼亚部分地区，临时和长期的安全局势扰乱了进入当地研究区的通道。关于如何在这种情况下进行研究，有大量指导，涵盖了规划、后勤和道德方面的其他挑战、参与者的安全和防止剥削，以及研究的潜在负面影响（Peters et al. 2020）。通过在多个地点开展活动并与当地组织和参与者合作，可以部分减轻任何一个项目的风险。

许多最近的项目与计划/方案每年或定期召开面对面的会议，以了解不同活动和工作包的组织方式，相互更新进展和发现，并抓住机会将见解或数据集综合起来。在过去的气候研究计划中，面对面的聚会被发现物有所值。年度项目会议有助于确保每个人都清楚地了解项目目标，共同评估进展，反思哪些方面运作良好、哪些方面运作不佳，并修订未来一段时间的计划。几天的面对面互动为支撑研究的想法和设计进行更深入的对话和批判性辩论创造了空间，面对团队成员之间的不同理解，并提供共享经验，使专业和人际关系蓬勃发展。这样的聚会还有助于指导后来加入的参与者，使他们能够了解项目起源和实施背后的故事和人物。相比之下，电子邮件、书面文件和基于网络的会议等常规程序并不能很好地将人们聚集在一起并组建团队。

网络会议的虚拟和分布式替代方案虽然仍然不完善，但将继续发展，超越 COVID 大流行，并使研究方向集中在碳中和领域。与过去 10 年相比，未来的研究计划在旅行和流动性方面将更加有限。这表明项目设计可能会转向更分散的组织模式，其中地理节点或子团队具有一定程度的自主权和自给自足性。然而，定期举行的无论是网络还是面对面的会议，对加强项目和计划层面的一致性仍然至关重要。进行“健康检查”可以反映出每个组织对伙伴关系的贡献和受益，也可以让利益相关者了解伙伴关系的运作环境，了解他们对见解和证据的需求。

7.3.3 能力

我们研究设计的第三个方面涉及能力。除了为培训和独立学习提供奖学金和助学金外，不同地点的组织之间的人员交流和在现实世界中的融入经验使人们能够在不同的主办机构中获得学术及其他的经验。需要更加重视从气候科学到服务等各个领域的能力，包括与当地人民和决策者共同生产、知识传播和研究吸收的能力。本节简要回顾了对气候行动中职能的理解，并考虑了通过研究实现能力的最新见解。

在《气候公约》之下，能力建设描述了缔约方履行《气候公约》义务的能力。《巴黎协定》第11条将能力描述为发展中国家采取有效气候变化行动的能力，包括适应和缓解，以及获得气候融资、教育、培训和信息。该协定的重点是支持处境不利的各方。人们很少注意到发达国家仍需要的能力或发展中国家为提高自身能力所做的努力[1]。实际上，所有国家都需要具备理解和评估气候影响、规划并采取相应气候行动的能力，并在多种可能性的未来中明确方向。在这方面，相关文献探讨了路径和转型问题，揭示政策与投资如何随时间推移起到作用，并开启或关闭机遇或“解决方案空间”，从而实现更具适应性的未来（Haasnoot et al. 2020；Werners et al. 2021）。学者们还就促进与阻碍因素以及潜在的善意气候行动在未来情景下可能存在的不适应风险进行了深入讨论（ASSAR 2019；Gajjar et al. 2019）。

IPCC将适应能力描述为系统适应气候变化的能力，家庭和社会是否选择采取行动以及采取行动的程度。这个概念借鉴了生态学和自然系统保持或改变其结构和功能以应对冲击和压力的能力（Siders 2019）。与最近的水安全概念一样，对适应能力的理解借鉴了人类社会学的方法，该方法研究物质资产和社会机会的权利，这些权利允许人们在决定做什么或成为什么时行使代理权（（Mortreux and Barnett 2017）。从本质上讲，这种对职能的理解涉及人类社会认知恢复的能力、资源识别以查明问题，理解它们之间的因果关系，评估潜在的解决方案并有目的的行动。换句话说，就是社会如何克服“独创性差距”来发现和应对风险和危害，以便随着时间的推移得到生存和繁荣（Home - Dixon 2000）。

对于研究资助机构来说，控制领域，旨在增强或识别构思、承担、管理、分享、使用研究和证据的能力的投资。这种研究可有助于提高执行《气候公约》的行动能力和应对气候变化的适应能力。这种进行和管理研究的能力也被称为个人或组织的研究能力。随着时间的推移，研究能力的概念从解决问题所需的技能和机构扩展到考虑如何使用研究产品带来变化，以及为同伴从其他地方的经验中学习提供机会（Daniels and Dottridge 1993）。今天，研究能力被理解为不仅包括个人的技能和经验，还包括个人如何与他人联系、识别和分析发展挑战，以及构思、实施、管理和交流解决这些挑战的研究（Neilson and Lusthaus 2007）。在英国，Vitae的研究发展框架包括63个描述符，涵盖知识和智力能力、个人有效性、研究治理和组织以及参与度、影响力等领域（Vitae n. d.）。个人可以沿着时间表进行定位，从初级到高级研究人员。过去，建立一个人的研究能力被描述为在不同职位上获得经验，并随着时间的推移提高技能和责任水平。这可以通过从研究生到博士后奖励的学术途径来实现，从最初为更成熟的同事领导的工作做出贡献并与现有研究团队合作，到通过教师职位的进步并获得研究资助来逐渐独立。

然而，有两个因素扩大了替代方案的范围，并补充了这条传统路线。首先是研究政策中“影响议程”的兴起，其前提是获得资金取决于展示项目成果如何造福社会。除了仅仅

[1] 有好的迹象表明，这些问题正在引起巴黎能力建设委员会内部的重视，该委员会是《联合国气候变化框架公约》下的一个自愿网络，旨在查明能力差距和需求，收集良好做法和经验教训，并促进协调与合作。

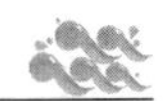

解决与社会相关的问题并确定一些潜在的结果之外，研究人员还应该开展其他研究，并与利益相关者进行更有针对性的努力，以实现这些结果。其次是对涉及多个组织、多个国家和多个学科的大规模合作研究模式的兴趣日益浓厚。随着研究资助者寻求更大程度的影响，无论是在假设更大规模的投资可能会产生更大的回报，还是社会问题的广度和复杂性需要相称的广泛和复杂的研究努力的情况下，研究资助者的目的性更强。这两个因素都重视技能，不仅要进行和管理研究，还要与本国组织以外的不同参与者合作，在科学家、政策制定者和其他参与者之间进行互动和对话，以及加入和协调外部伙伴关系（Araujo et al. 2020；Virji et al. 2012）。

各种方案力求提高个人的能力。"非洲气候变化奖学金计划（2007—2017）"为博士和博士后研究的教学和政策提供了120个早期职业奖项。随后的非洲气候变化领导项目向东非和西非的46名处于职业生涯中级到高级人员提供了小额奖励，以通过不同职责（无论是思想领袖、知识代理或研究用户）将研究导向转化为成果（Meijerink and Stiller 2013）。气候影响研究能力和领导力增强（CIRCLE，2014—2017），可提供97人的访问奖学金，并在非洲东道研究机构进行监督安置。试点培训课程旨在加强非洲专业人士（AGNES n. d.）对气候外交和谈判技能的了解，而IPCC奖学金则支持来自发展中国家的博士生进行研究，以促进对气候变化的理解以及提高适应或减缓措施。在这些计划中，从简单地为个人的职业生涯做出贡献，转向考虑团队、组织和伙伴关系中所需的职能，以在实践中追求和实现气候适应性发展。

更多的能力建设工作嵌入在研究项目中，而不是作为独立的研究金。例如，CARIAA支持260多人从研究生水平的研究金或实习中受益，而540人参加了小额赠款、培训或讲习班等活动。这些计划中的能力建设来自于多个合作伙伴组织和大型国家团队的协作努力。非洲未来气候计划发现，早期职业研究人员受益于成为合作联盟间和合作联盟内网络的一部分，获得独立或个人奖学金计划中不存在的各种资源（MacKay et al. 2020）。虽然攻读研究生可能是一项孤独的努力，但合作联盟或项目内的能力建设提供了随时接触不同国家联系人（包括潜在的同行和导师）的机会，为更大的研究工作做出贡献的机会（包括访问数据、实地网站，接触新方法）以及接触协作技能和专业机会。个人也拥有在这个领域内成长为专业人士的机会，提高了他们的责任水平，并以新的方式做出了贡献。同样，非洲研究型大学联盟（ARUA）将培训纳入其英才中心，包括加纳大学、内罗毕大学和开普敦大学之间的气候与发展网络。生态系统扶贫服务发现，在整个项目中，让合作伙伴有机会前往彼此的机构至关重要（Izzi 2018）。

非洲的未来气候将研究人员个体嵌入城市政府。研究人员学会了作为将科学知识引入当地规划和决策的渠道。他们还接触到现实世界的问题，掌握了现实知识，理解气候如何影响城市以及面临的挑战和可采取措施，并与非学术受众建立研究关系。该计划还支持哈拉雷、卢萨卡、温得和克以及德班之间的交流，以分享不同城市如何应对气候对非正规住区、水电和供水的影响的见解（Ndebele - Murisa et al. 2020）。同样，气候与发展知识网络（CDKN）支持不同国家的专业人员和从业人员之间的互相学习。重点不是教育人们了解研究结果，而是让人们了解其他人如何在其他地方处理类似问题。这包括将跨国界的个人联系起来，分享在实地所采取有关气候行动的经验和知识。总体的信息不是从高纬度地区转移，而是提高低纬度国家的探寻力和洞察力。

通过这些经验，我们见证了研究人员和组织超越了从事气候科学和成为领导者的能力的转变，考察了不同参与者在追求气候行动中获取和使用知识的能力。与 FCFA 的例子一样，这些方法将研究融入更大的社会努力中，以实现更具气候适应性的未来，这必然意味着融入并增强非学术行为者的能力。这一更为广泛的能力建设需要考虑将气候观测和信息与气候服务联系起来的链条和行为者之间创造的价值，以及如何在决策中使用它们。以这种方式考虑，最终的好处或结果不仅取决于气候研究的存在，还取决于这些知识在整个社会中转化和使用的各种联系。在这一整个行动链中，任何环节上的弱点都可能危及气候信息的潜在价值。资助者需要认识到并支持行动者之间的相互关系、他们与决策者（无论是政治家、公司还是农场）的联系和互动，以及自助者的行动如何为最终用户提供扩大或限制的机会（Boulle et al. 2020）。

研究能力的概念已经扩大。传统上，研究质量是从科学同行的角度来看待的，从其原创性、与学术受众的相关性以及严谨性和设计的完整性的角度来看待。然而，研究能力越来越多地与从业者和社会的观点相关联：根据利益相关者的关注点和价值观，研究过程在多大程度上被视为合法和相关，以及研究成果在多大程度上被视为响应实际需求并易于适用于现实世界环境（McLean and Sen 2019；Clark et al. 2016）。特别是，人们希望能够在研究规划中共同设计，在研究过程中与利益相关者共同生产，以及与用户及其需求建立联系的知识代理。共同生产的根源可以追溯到参与式研究和传统的可持续性科学（Miller and Wyborn 2020），让当地社区和感兴趣的利益相关者参与定义研究问题的过程，收集和评估数据的过程以及基于该研究的产品的创建。联合制作被定义为汇集不同的知识来源和经验，共同开发新的和组合的知识，从而更好地支持特定的决策环境。

联合制作的原则包括研究目的和方法的透明度，根据特定背景和决策调整研究过程，及时提供符合这些需求的结果，并以不同受众可访问的方式进行沟通（Vincent et al. 2021）。高质量的知识联合制作明确承认多种认识和做事方式，阐明参与者之间共享的明确目标，并允许参与者通过积极参与和频繁互动在参与者之间持续学习（Norström et al. 2020）。例如，CARIAA 内部的半干旱经济体复原力途径联盟咨询了国内决策者，以了解他们的知识需求和优先事项，作为定义研究问题和研究领域的基础（Ludi et al. 2019）。基于这些经验，Harvey 等（2019b）根据该过程是否打算产生有用的知识或看到它来自交互，以及该过程是否由第三方中介或涉及有目的地参与不同的观点来区分四种联合生产方法。这意味着研究不能仅限于在研究项目结束时简单地召开传播研讨会。相反，研究人员应该随着时间的推移培养与这些利益相关者的关系，并将现实世界的需求纳入他们的研究提案中，寻求同时推进学术知识和促进气候行动。这意味着研究必须超越在研究项目结束时简单地召开传播研讨会。相反，研究人员应该随着时间的推移培养与这些利益相关者的关系，并将现实世界的需求纳入他们的研究提案中，寻求同时推进学术研究和促进气候行动。

7.4　结论

研究如何才能最好地促进气候行动？作者一直在努力解决这个问题，因为我们的资助

机构从过去 20 年中吸取了教训，并决定如何指导下一个 10 年的研究投资。世界已经进入了一个决定性的 10 年，在此期间，研究必须加强对无法预防或无法逆转的气候变化影响的适应，以支持全世界最脆弱的群体。这个实施时期的紧迫性不能等待研究出版物为政策制定提供信息的惯常线性过程，而是需要更多地参与研究模型，这些模型付诸实践以促进实时学习。2030 年之前的气候行动需要有符合目标的雄心和设计：跨规模工作，在项目队列之间创造协同效应，并增强追求研究的能力。通过回顾过去 10 年中的几个大型项目，本章确定了设计下一个 10 年研究投资的九个见解（见图 7.1）。

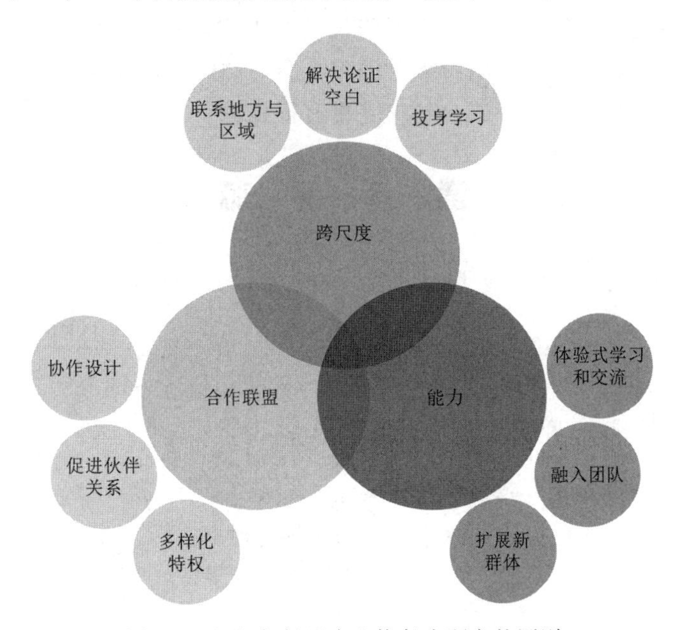

图 7.1　组织气候适应和恢复力研究的原则

研究需要跨规模开展，以填补本地和国家层面的经验差距，解决数十年来时间尺度上的证据缺口，并对项目层面的学习进行投资。将社区层面的经验与各国如何确定其国家应对措施和贡献联系起来。在不同地点，特别是为最不发达国家和最脆弱社区，尤其是在非洲和西亚，与最不发达国家和最脆弱社区一起，开发强有力的证据。解决到 2030 年提高短期恢复力和到 2050 年进一步缩短的气候影响之间的证据差距，以及如何选取适应措施在目前随时间扩大或缩小机会。建立数据共享、经验管理和研究吸收的共同方法，以允许不同的项目相互“交谈”，并评估其活动如何产生研究成果并为社会做出贡献。

支持者将研究工作联系在一起，共同设计、协作，促进伙伴关系和权能多样性。在整个计划和每个项目中保持一定的金钱和时间灵活性，以抓住意想不到的研究影响和合作机会。项目群可以收集不同的项目和团队，以分享发现、评估进度并探索合作的机会。在联盟内，建立并更新合作伙伴如何合作，包括各自贡献的内容以及合作共赢机制。让伙伴和地点相互补充，在国内团队中寻求自主和冗余。结合多个组织、学科、国家和地点的优势，产生新的科学知识，并使参与者能够利用佐证实现更具气候韧性的发展。

通过设计研究来加强促进气候行动能力，以实现体验式学习和交流，在付出更多的努力寻找机会，并扩展到新的合作及参与者。这构成了对能力的更广泛理解，而不仅仅是气候科学的研究，包括与其在社会中的使用相关的一系列技能。合作联盟和大型项目不仅需要主要研究者，而且需要专门从事协调、数据管理、性别平等和社会包容、知识代理人和研究吸引的团队成员。在现实世界中提供实践经验的机会，例如在市议会中安置研究人员或与从业者一起工作。作为联盟和计划的一部分，为早期职业研究人员和专业人士提供了在团队中工作的好处，包括指导和网络。投资于学术界及其他职能，以识别和解决对气候知识的需求。为从业者和非学术合作伙伴提供项目中的领导职责，以确定研究需求并实现影响。

总之，设计促进气候行动的研究需要跨尺度的工作，在项目团队之间创造协同作用，提升能力来促进研究的应用。这些特点共同定位研究的影响，确保贫困和弱势群体在短期和长期内对天气、气候变化和相关自然灾害更有抵抗力。

参考文献

Adaptation Committee（2020）Technical paper on data for adaptation at different spatial and temporal scales. AC18/TP/7B. Bonn：UNFCCC.

AGNES，African Group of Negotiators Experts Support.

Araujo J，Harvey B，Huang YS（2020）A critical reflection on learning from the future climate for Africa programme. Cape Town：climate and development knowledge network

ASSAR（2019）Adaptation at scale in semi-arid regions（ASSAR）：final report.

Boulle M，Scodanibbio L，Dane A et al（2020）Design scoping study for the capacity strengthening component of the CLARE programme. Change Pathways，Johannesburg.

Callaghan MW，Minx JC，Forster PM（2020）A topography of climate change research. Nat Clim Change 10（2）：118-123.

Cash DW，Adger WN，Berkes F et al.（2006）Scale and cross-scale dynamics：governance and information in a multilevel world. Ecol Soc 11（2）：181-192.

Clark WC，van Kerkhoff L，Lebel L et al（2016）Crafting useable knowledge for sustainable development. Proc Natl Acad Sci 113（17）：4570-4578.

Cundill G，Harvey B，Tebboth M et al（2018）Large-scale transdisciplinary collaboration for adaptation research. Global Chall 3（4）：1700132-1700132.

Currie-Alder B，Cundill G，Scodanibbio L et al（2020）Managing collaborative research：insights from a multi-consortium programme on climate adaptation across Africa and South Asia. Reg Environ Change 20：117.

Daniels D，Dottridge T（1993）Managing agricultural research：views from a funding agency. Publ Adm Dev 13（3）：202-215.

De Souza K，Kituyi E，Harvey B et al（2015）Vulnerability to climate change in three hot spots in Africa and Asia. Reg Environ Change 15：747-753.

Dodson J（2017）The role of funders in equitable and effective international development collaborations. UKCDR，London.

Eriksen SE，Schipper LF，Scoville-Simonds M，Vincent K et al（2021）Adaptation interventions and their effect on vulnerability in developing countries：help，hindrance or irrelevance? World Dev 141：105383.

Gajjar SP，Singh S，Deshpande T（2019）Tracing back to move ahead：a review of development pathways that constrain adaptation futures. Climate Dev 11（3）：223-237.

Haasnoot M, Biesbroek R, Lawrence J et al (2020) Defining the solution space to accelerate climate change adaptation. Reg Environ Change 20 (2): 37.

Harvey B, Cochrane L, Jones L, Vincent K (2019a) Programme design for climate resilient development. IDRC, Ottawa.

Harvey B, Cochrane L, Van Epp M (2019) Charting knowledge co - production pathways in climate and development. Environ Policy Gov 29 (2): 107 - 117.

Homer - Dixon T (2000) The ingenuity gap. Alfred A. Knopf, Toronto.

IPCC (2018) Global warming of 1.5℃: an IPCC special report. www. ipcc. ch. Accessed 29 Nov 2020.

Izzi V (2018) Research with development impact: lessons from the ecosystem services for poverty alleviation programme. University of Edinburgh.

Jarvie J, Vincent K, Bharwani S et al (2020) Enabling climate science use to better support resilience and adaptation practice. LTS International.

Jepson W, Budds J, Eichelberger L (2017) Advancing human capabilities for water security: arelational approach. Water Secur 1: 46 - 52.

Jones L, Harvey B, Cochrane L et al (2018) Designing the next generation of climate adaptation research for development. Reg Environ Change 18 (1): 297 - 304.

Klein RJT, Adams KM, Dzebo A et al (2017) Advancing climate adaptation practices and solutions: Emerging research priorities. Stockholm Environment Institute.

Ludi E, Nathe N, Gueye B et al (2019) Pathways to resilience in semi - arid economies: findings, recommendations, and learnings. IDRC, Canada.

MacKay B, Roux JP, Bouwer R (2020) Building research capacity in early career researchers. Future climate for Africa.

Martel A (2020) Guide for research partnership agreements. Cooperation Canada, Ottawa.

Vincent K, Steynor A, McClure A et al (2021) Co - production: learning from contexts. In: Conway D, Vincent K (eds) Climate Risk Africa. Palgrave Macmillan. Cham, pp 37 - 56.

McLean RKD, Sen K (2019) Making a difference in the real world? A meta - analysis of the quality of use - oriented research using the research quality plus approach. Res Eval 28 (2): 123 - 135.

Meijerink S, Stiller S (2013) What kind of leadership do we need for climate adaptation? Environ Plan 31 (2): 240 - 256.

Miller CA, Wyborn C (2020) Co - production in global sustainability: histories and theories. Environ Sci Policy 113: 88 - 95.

Minx JC, Callaghan M, Lamb WF et al (2017) Learning about climate change solutions in the IPCC and beyond. Environ Sci Policy 77: 252 - 259.

Moosa S, Zhanje S, Ellis C et al (2019) Understanding African decision - makers needs for research and evidence. SouthSouthNorth and International Institute for Sustainable Development.

Morchain D, Spear D, Ziervogel G et al (2019) Building transformative capacity in southern Africa. Action Res 17 (1): 19 - 41.

Mortreux C, Barnett J (2017) Adaptive capacity: exploring the research frontier. Wires Clim Change 8: e467.

Mundy J (2020) Commissioning research and improving the effectiveness of partnerships. Effective Collective, Melbourne.

Mustelim J, Kuruppu N, Kramer AM et al (2013) Climate adaptation research for the nextgeneration. Climate Dev 5 (3): 189 - 193. https://doi.org/10.1080/17565529.2013.812953.

Nalau J, Verrall B (2021) Mapping the evolution and current trends in climate change adaptation science.

Climate Risk Manage 32：100290.

Ndebele－Murisa MR，Mubaya CP，Pretorius L et al（2020）City to city learning and knowledge exchange for climate resilience in Southern Africa. PLoS ONE 15（1）：e0227915.

Neilson S，Lusthaus C（2007）IDRC－supported capacity building：developing a framework for capturing capacity changes. Universalia，Montreal.

Newell P，Srivastava S，Naess LO et al（2020）Towards transformative climate justice. Institute of Development Studies，Brighton，UK.

Nightingale AJ，Eriksen S，Taylor M et al（2019）Beyond technical fixes：climate solutions and the great derangement. Climate Dev 12（4）：343－352.

Norström AV，Cvitanovic C，Löf MF et al（2020）Principles for knowledge co－production in sustainability research. Nat Sustain 3（3）：182－190.

O'Neill M（2020）Collaborating for adaptation：Findings and outcomes of a research initiative across Africa and Asia. IDRC，Ottawa.

Pelling M，Garschagen M（2019）Put equity first in climate adaptation. Nature 569：327－329.

Peters K，Dupar M，Opitz－Stapleton S et al（2020）Climate change，conflict and fragility：an evidence review. Overseas Development Institute，London.

Prakash A，Cundill G，Scodanibbio L et al（2019）Climate change adaptation research for impact. CARIAA working paper 23.

Rao N，Mishra A，Prakash A et al（2019）A qualitative comparative analysis of women's agency and adaptive capacity in climate change hotspots in Asia and Africa. Nat Clim Chang 9（12）：964－971.

Rosenzweig C，Horton RM（2013）Research priorities on vulnerability，impacts and adaptation：responding to the climate change challenge. UNEP，Nairobi.

Siders AR（2019）Adaptive capacity to climate change：a synthesis of concepts，methods，and findings in a fragmented field. Wires Clim Change 10：e573.

Singh C，Tebboth M，Spear D et al（2019）Exploring methodological approaches to assess climate change vulnerability and adaptation. Reg Environ Change 19：2667－2682.

Smith DM，Matthews JH，Bharati L et al（2019）Adaptation's thirst：accelerating the convergence of water and climate action. Background paper for the global commission on adaptation. Global Commission on Adaptation，Rotterdam and Washington DC.

UNFCCC（United Nations' Framework Convention on Climate Change）（2019）25 years of adaptation. Report by the Adaptation Committee.

Vincent K，Cundill G（2021）The evolution of empirical adaptation research in the global South from 2010 to 2020. Climate Dev.

Virji H，Padgham J，Seipt C（2012）Capacity building to support knowledge systems for resilient development. Curr Opin Environ Sustain 4（1）：115－121.

Werners SE，Wise RM，Butler JRA et al（2021）Adaptation pathways：a review of approaches and a learning framework. Environ Sci Policy 116：266－275.

Wu L，Wang D，Evans JA（2019）Large teams develop and small teams disrupt science and technology. Nature 566（7744）：378－382.

CVF，Climate Vulnerable Forum.

第 8 章　水适应性地区——制定地表水管理和蓝绿色基础设施的政策框架

Barry Greig and David Faichney

摘　要： 本章广泛地描述了苏格兰对其水资源管理的总体方法，着重强调制定应对苏格兰地表洪水的多重复杂挑战的措施。本章考虑了与新出现的“净零排放”议程的连接，提供了一个例子，说明苏格兰如何实现可持续和可靠的增长，同时应对重大政策挑战，如有效整合机制、结构和干预措施，以解决地表水洪水。该章还解释了苏格兰政府的水电国家议程，该议程旨在以可持续和可靠的方式最大化水资源的价值，并发展利益攸关者主导的水资源部门愿景。最后，考虑到与水安全相关的主要出版物的总体主题，本章概述了苏格兰与水相关的知识如何与发展中国家共享，特别关注的区域为马拉维。

关键词： 地表水；洪水；净零排放；政策挑战；水资源价值；苏格兰

8.1　引言

水是苏格兰人生活的重要基础，具有巨大的社会、环境和经济意义。它是苏格兰经济大多数关键部门的关键资源，特别是制造业、农业、食品和饮料、旅游业和能源。但它本身也是一个高绩效的部门，拥有一个多样化的供应链、一个成熟的由创新支持的生态系统、一个世界领先的研究基础以及一个被高度重视的治理和监管框架。

本章描述了苏格兰管理其水资源的总体方法，特别侧重于在气候适应和苏格兰具有法律约束力的气候背景下制定应对苏格兰地表洪水的多重复杂挑战的措施。改变目标，到 2045 年将温室气体排放量减少到净零，比为整个英国设定的日期提前五年。它概述了该部门如何得到支持和发展，以增加社会和经济的价值，并实现苏格兰政府“苏格兰：水利国家”的愿景。它考虑了与新兴的“净零排放”议程的联系，提供了一个例子，说明苏格兰如何在应对重大政策挑战的同时以可持续和可靠的方式发展该部门，例如有效整合机制、结构和干预措施来解决地表洪水。苏格兰面临的最大挑战之一是，我们如何适应气候

B. Greig (✉)
Scottish Government, Water Industry Division, Edinburgh, Scotland
e-mail: barry.greig@gov.scot
D. Faichney
Scottish Environment Protection Agency (Seconded To Scottish Government To Develop Water Resilient Places Policy 2019 - 2021), Stirling, Scotland
e-mail: david.faichney@sepa.org.uk

变化[1]以及城镇持续密集化导致的洪水风险增加。我们需要具备抗洪能力的“总资产”继续增加。

针对上述问题，2021年1月发布了《地表水管理和蓝绿色基础设施政策框架》，以满足苏格兰政府《2019—2020年苏格兰计划》中提出的两项承诺，即：

• 审查苏格兰对蓝绿城市的态度，并在2020年年底前提出建议。

• 支持和促进苏格兰水务公司更多地使用自然、蓝绿色基础设施来管理远离家庭和企业的地表水，并帮助创造理想的居住场所。

这份重要的政策文件是苏格兰政府在气候紧急情况下制定的，主要利益相关者对洪水风险管理、排水、蓝绿色基础设施、土地利用规划和场所营造感兴趣。它旨在通过补充和支持《2009年洪水风险管理（苏格兰）法案》中规定的现有政策和组织责任，加强苏格兰如何集体改进地表洪水管理。文件中阐明的政策目标旨在解释地表水管理与所有部门之间在该领域的利益衔接点，并有助于使其成为参与设计气候适应、可持续场所营造和提供优质蓝绿色居住场所的各方的核心考虑因素。

8.2　苏格兰水环境

苏格兰面积为78000km^2，包括787个岛屿，人口不到550万人，通常被认为是一个潮湿的国家。苏格兰拥有超过125000km的河流和溪流、超过25500个湖泊（英属湖泊）和220km的运河网络。仅尼斯湖，可以说是苏格兰最知名的湖泊，就有740万m^3的水体，这比英格兰和威尔士所有地表水的总和还要多。

苏格兰的水政策由苏格兰政府根据欧盟水和环境法以及农业法律和政策制定。政府还向苏格兰水务公司（Scottish Water）提供指导，这是该国唯一的国家公有水务公司。苏格兰水务公司成立于2002年，通过超过30000英里[2]的水管和200多个水处理厂为250万个家庭和150000家企业提供近15亿L/天的饮用水。废水通过另外30000mi的下水道收集并在近2000个废水处理工程处理后，再回流到环境中（Scottish Water Annual Report 2019）。

8.2.1　背景——苏格兰水利国家的战略和结构

苏格兰虽小但负责任。苏格兰早已认识到可持续发展的原则，自1999年以来，苏格兰政府一直致力于在所有政策领域融入可持续发展原则。在水问题方面，2013年根据水资源（苏格兰）法案赋予苏格兰部长的法定义务支持这种看法，即“采取他们认为适当的合理步骤，以确保苏格兰水资源价值有所提升”（Scottish Government 2013）。

苏格兰政府的水利愿景是一个负责任地看待和管理其水资源的愿景，无论其相对丰富程度如何，都会认为我们的关系以及我们在水环境和行业的工作方式与国家利益息息相

[1] 苏格兰与气候变化相关的洪水挑战包括：降雨增加（冬季降雨量总量和夏季降雨强度）、海平面上升和更频繁的河流洪水。

[2] 1英里≈1.61km。

关。水利国家的方法旨在通过增加整个部门对国民经济的贡献来最大化苏格兰水资源的价值。

从这个角度来看，苏格兰的水资源不仅限于水资源本身，还包括为政府相关政策提供建议并为行业或监管机构提供切实可行的解决方案的水专家的贡献，事实上，苏格兰水务公司本身在英国是表现最好的水务公司之一。

这些与水相关的资产和资源的价值本身被广泛关注，包括经济和非经济影响和价值。众所周知，虽然某些方面，例如水技术出口，可以直接根据它们为国民经济增加的资金来衡量，但在其他方面，例如清洁、可口的饮用水以及苏格兰的水体如何促进更高的生活质量和更广泛的民族认同，比如提供生态系统服务，甚至是有助于为国家带来旅游收入的审美吸引力等必须间接衡量。这些所谓的非经济价值通常是根据消费者愿意为这些福利支付的价格来衡量的，因此，水利国家的一个重要元素是，例如，公众越来越了解水的价值，为偏远地区的客户提供解决方案，产生可再生能源，减少甚至回收废水中的优先污染物，或者实际上，根据这篇文章的重点是，我们如何通过综合方法管理和利用水，以减少地表洪水的负面影响。由苏格兰水务公司在部门利益相关者的投入下制定的水电国家议程和更广泛的部门愿景有助于目标提出、方法制定和基础设施建设，以改善我们生活和工作的地方以及我们的生活质量。

8.2.2 水利国家：战略和结构

水利国家战略目前主要包括四个方面：国家、国际、知识和创新。“国家”旨在准备、发展和支持苏格兰水务行业解决广泛的政策领域，包括以苏格兰水务净零路线图方法为代表的减排，以及为水务部门、农村地区提供更广泛的愿景，供应问题和蓝绿色基础设施和能源投资。“国际”支持苏格兰水相关经验的输出和交流，与其他公共部门参与者合作，与发展中国家交流他们的专业经验，特别是马拉维，以及作为其合作伙伴的赞比亚、坦桑尼亚、新西兰和澳大利亚。下面将更详细地描述这两个主题。

“知识”赞助所有感兴趣领域的研究，其核心包括代表政府管理水利国家学者计划的水专业知识中心（CREW）。创新主题包括公共资助的水利国家水创新服务（HNWIS），该服务通过提供技术、试验、产品开发支持、网络、市场洞察力和信息并将其与潜在客户联系起来，支持了100多家苏格兰公司开发水和废水技术。它还包括苏格兰企业低碳团队，该团队提供业务发展建议并评估该行业感兴趣的机会。

水利国家的所有战略主题和活动都反映了可持续性的既定原则，尽管这一点在国家和国际主题中可能特别明显。

在全国范围内，苏格兰的水资源部门正在通过减少碳足迹和保护适应性资源来为气候变化做准备。虽然该行业无疑是一个重要的能源用户，但值得注意的是，自2007年开始监测与苏格兰水务公司向客户提供的水和废水服务相关的温室气体排放量以来，2019—2020年的运营排放量已减少45%，为254000t二氧化碳当量（Scottish Water Annual Report 2020）。该企业的长期战略是通过减少排放来减轻其对全球变暖的影响，同时最大限度地发挥其对可再生能源发电的贡献以及捕获和储存二氧化碳排放的能力。这依赖于苏格兰的自然资本——苏格兰环境中的自然资源存量来提供服务。考虑自然资本还有助于适应气候变化，并通过固碳来帮助解决排放问题。协调自然并采用基于自然的解决方案提供了带来多重效益的机会，改善水环境，这种低排放的行为可以为生物多样性提供额外的好处，创造更好的生活场所。这方面的一个例子是泥炭地的保护。泥炭地占苏格兰土地面积的1/5，通过与当地土地所有者和由自然保护区领导的国家泥炭地行动小组合作，苏格兰水务部门正在帮助恢复近500hm^{2}的泥炭地，下一步计划在多个地点恢复1500hm^2，从而有助于碳封存以及改善下游水质。苏格兰水务公司与苏格兰森林和土地组织以及非政府组织合作，计划在其土地和运营地点实施林地建设。综上所述，这些行动将有助于帮助企业实现捕获和存储比其产生的二氧化碳更多的二氧化碳的目标。苏格兰水务公司正在与世界著名的詹姆斯·赫顿研究所合作，了解其土地上储存了多少二氧化碳，以及如何最好地利用这些宝贵的自然资源来满足其减缓气候变化的愿望。

苏格兰水务公司的25年战略计划（我们共同的未来）于2020年2月发布，概述了气候变化的影响以及该组织将如何在2040年之前将排放量减少到零。该计划强调了未来对重要基础设施和资产的投资，虽然这些基础设施和资产不是专门为了应对我们不断变化的气候而设计的，也必须结合创新和可持续的方式来应对气候变化和支持经济增长。苏格兰水务公司的净零排放路线图列出了到2040年（比苏格兰的国家目标提前五年）实现业务各个方面脱碳的步骤，并承诺超越净零排放的意图。

苏格兰水务公司的目标是尽可能消除所有的直接和间接排放，并投资于苏格兰的自然资本（以及它们出现的其他技术），以平衡任何无法减少或消除的排放。英国已经成立了一个专家咨询小组，以帮助苏格兰水务公司实现它的净零目标。该专家咨询小组由来自私营、公共部门和学术界的人组成，包括英国气候变化委员会。

它的投入已经帮助制定了净零排放路线图，并将继续审查进展，包括建议可能需要进行哪些调整以实现目标。苏格兰水务公司的2019年可持续发展报告提供了有关该企业为支持和促进其整个业务的可持续发展而采取的行动的更多信息。

8.3　苏格兰水务部门的愿景

认识到关键部门利益相关者的相互关联的利益以及共同努力应对气候变化和发展适合未来挑战的部门的必要性，苏格兰水务部门、苏格兰水工业委员会（WICS）、客户论坛、苏格兰公民建议，苏格兰环境保护署（SEPA）和饮用水质量监管机构（DWQR）首次以共同的愿景合作。该愿景旨在发展一个“钦佩卓越、确保可持续未来、激励水利国家”的行业。这些关键原则将是苏格兰水务公司未来战略的核心。它是由苏格兰水务委员会、苏格兰水工业委员会（WICS）、客户论坛、苏格兰公民咨询委员会（CAS）、苏格兰环境保护局和饮用水质量监管机构（DWQR）组成的。

2019年，水务部门环境、气候变化和土地改革内阁部长罗森安·坎宁安认识到巨大的挑战并且需要实现的重大转变，他呼吁对该行业在未来30年应该寻求实现什么目标要达成共识。这一发展标志着所有部门的利益相关者首次拥有一个共同的愿景，并标志着苏格兰水务部门、监管机构和其他机构之间的一种新的合作方式。

专栏 1：苏格兰的水务工业愿景

苏格兰的水务部门将因卓越而受到赞誉，确保可持续的未来并激发水利国家的灵感。

我们将共同支持国家的健康和福祉。我们将确保整个苏格兰都能获得人们可以随时享用的优质饮用水。苏格兰的废水将以创造价值和保护环境的方式进行收集、处理和回收。我们将使经济繁荣。

我们将改变我们的工作方式，合理利用地球资源，改善自然环境，并最大限度地为苏格兰实现净零排放做出积极贡献。

我们将参与并激励苏格兰人民热爱他们的水，并且只使用他们需要的水。我们将促进对自然环境的利用，并鼓励社区享受和保护它。

我们将保持灵活性，在该行业内以及与其他人进行合作，以应对我们将面临的挑战。

我们将通过创新和从我们的资源中提供最大可能的价值，帮助那些最需要它的人，以保持服务是可负担得起的。

我们将以对今世后代公平公正的方式为所有客户和社区服务。

我们是繁荣的苏格兰的一个重要组成部分。

8.4 水利国家主席

从愿景出发，2020 年 12 月，苏格兰水务和苏格兰资助委员会（SFC）宣布与斯特灵大学建立独特的合作伙伴关系，以支持苏格兰成为世界领先的水利国家之一的目标。

斯特灵大学被授权从 2021 年 4 月起主持并领导一项价值 350 万英镑的倡议，以提高苏格兰作为全球水研究和创新领域领导者的地位，该项目由苏格兰水务公司资助的苏格兰水利国家主席领导。该主席将领导在整个部门建立合作伙伴关系，为苏格兰的可持续水资源管理提供解决方案，支持新冠肺炎大流行后向净零经济的过渡和绿色复苏。这项重要的新举措让我们认识到，研究和创新将成为行业转型的关键推动力，以实现需要对水务部门的运营方式进行转型变革的目标，为苏格兰的净零排放目标做出积极贡献、提供卓越的服务和在地球资源的承载能力范围内生活。

目标是苏格兰的水利国家主席将补充苏格兰现有的相关研究、创新计划、基础设施，并将在最大限度地提高苏格兰的学术影响、国际声誉在更广泛合作交流方面发挥主导作用，以提供到 2040 年实现净零碳排放所需的经验和技术。苏格兰水利国家主席所激励的新的研究和创新，包含废水回收和改善自然环境的措施。重要的是，它还将努力确保整个苏格兰的人们将继续享受高质量的饮用水。

8.5 基础设施投资和气候变化行动

苏格兰水务公司每年投资 7 亿英镑来维护和改善服务。用于维护和增强资产和基础设施的投资占该投资的很大部分，这有可能直接或从投资方面促使碳大量排放。这包括所使用的混凝土、钢材和材料以及现场活动中所包含的碳排放。苏格兰水务公司正在与设计团队、交付合作伙伴和投资方合作，寻找减少投资排放影响的方法，目标是到 2040 年将投资的碳排放强度降低 75%。

已成立了一个可以带来外部知识和创新支持的建设专家小组，该小组由苏格兰水务资本投资总监担任主席，成员包括来自建筑和供应链合作伙伴、苏格兰建筑创新中心以及学术界的高级领导者和领先者。它提供了一个论坛，可以在投资交付方面建立战略领导地位，并发现和促进低排放产品开发和实践。

8.6　地表水管理与气候变化

事实已经证明，如果我们不采取紧急行动，苏格兰的地表水管理挑战将越来越严重。

苏格兰的第二次国家洪水风险评估认为，由于气候变化，到 2080 年，受到地表洪水影响的房产数量将从目前的 210000 栋增加到 270000 栋（SEPA 2018）。

我们目前的地表水管理方法并没有以足够快的速度进行改进，以减少我们在未来遭受洪水的风险。水弹性地方政策框架的起草是为了推进转变我们的地表水管理方法的必要性，并通过与他人合作的机会帮助我们应对挑战：包括气候适应、规划改革、我们未来城镇的发展愿景以及绿色复苏。

政策旨在使地表水管理与所有部门相关，并使其成为气候适应设计、可持续场所营造和提供优质蓝绿色居住场所的核心考虑因素。

8.7　不透水场所——制定地表水管理和蓝绿色基础设施的政策框架

8.7.1　背景

自 2009 年《洪水风险管理（苏格兰）法案》出台以来，苏格兰在理解洪水对苏格兰的影响、优先事项所在以及利益相关者如何更好地合作以管理洪水对我们社区的影响方面取得了重大进展。

在全国范围内，苏格兰已进入第二个洪水风险管理规划周期，利益相关者正在通过更好的洪水测绘、建模和分析，共同深入了解未来挑战的规模。相关组织在提出和实施行动以产生实际影响方面正在获得宝贵的经验，随着挑战的规模变得更加明显，发现我们可以合理预期实施行动的速度可能会被洪水风险增长所超过，因气候变化而遭受洪水侵袭。

我们已经认识到，城市地区面临地表排水和相关洪水的挑战更为严峻。尽管进行了大量资本投资，但我们城镇的持续密集化正在增加已经满负荷运转的排水系统的压力，需要具有抗洪能力的“总资产”继续增加。

为了使苏格兰的某些地方继续繁荣发展并保持对人们、企业和投资者的吸引力，我们必须确保它们具有防水能力，并为应对未来的气候挑战做好准备。这将需要所有部门齐心协力，以确保新开发项目的选址和设计适当，并且现有建筑可以通过蓝绿色基础设施而非

下水道来管理雨水，从而减少排水系统的压力[1]。

苏格兰确定了实现水资源恢复力的三个关键挑战（见图 8.1），必须通过跨部门的努力来共同解决：

（1）直接面对气候紧急情况。

（2）提供适合未来条件的优质蓝绿色居住地（在所有规模上）。

（3）处理地表水的洪水。

这些挑战的解决将促进苏格兰在未来条件下蓬勃发展的低碳、不透水场所。对当前流程进行微小调整将无法创建具有抗洪水能力的场所，从而最大限度地减少地表洪水的影响；众所周知，需要对我们的方法进行重大改变。

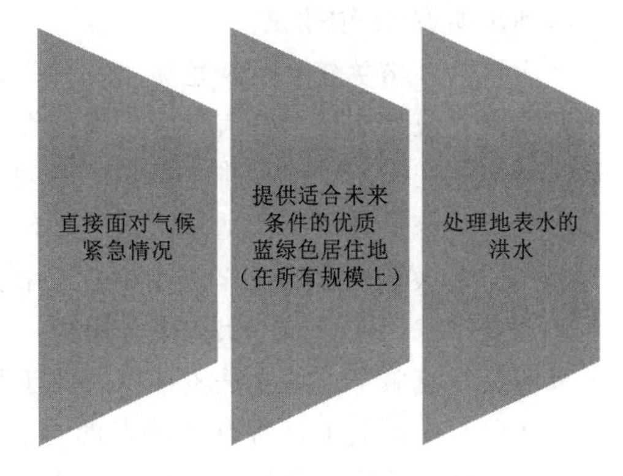

图 8.1　三个挑战

我们相信，通过将参与者团结起来，支持创造美好场所的共同目标，并遵循苏格兰政府和苏格兰地方当局公约（COSLA——苏格兰议会和雇主协会的全国协会）通过的地方原则[2]，我们将取得成功。这些原则为“……帮助克服组织和部门界限，鼓励更好的合作和社区参与，并提高综合能源、资源和投资的影响”。

通过专注于创建可持续排水和低洪水影响的蓝绿色地区，可以为我们的社区提供多个好处，促进苏格兰政府的国家绩效框架（Scottish Government 2021），并帮助实现苏格兰新冠疫情后福祉经济（Scottish Government 2020）。

随着越来越多的部门认识到蓝绿色基础设施可以带来多种好处，并有助于实现更广泛的政策目标，包括洪水风险管理、城市重建、环境改善以及提高福祉和健康水平，这一主题领域的倾向正在发生变化。苏格兰水务部门：“无其他访问权限，可进出口”的地表水政策表明他们通常不会接受任何地表水连接到他们的联合下水道系统，也需要转向支持蓝绿色干预。

公共部门、私营部门、第三部门、社区和个人的活动都有可能帮助确保我们的场所是低碳并且可以适应气候变化的影响。将我们对洪水和排水系统的了解应用于所有部门的活动，我们的目标是设计一个未来，在这个未来，降雨量增加、海平面上升和河流洪水泛滥需要我们更少的注意力、资源和时间。这种方法认识到，水弹性社会对每个人都有好处，因此我们每个人都有责任建设水弹性社会。

因此，我们正在通过补充和支持《2009 年洪水风险管理（苏格兰）法案》中规定的现有政策和组织责任，寻求改善我们管理地表洪水的方式，以应对气候变化对地表洪水的

[1] 这通常被称为“断开连接”或“改造”。苏格兰水务公司的地表水政策规定：“为了可持续性并保护我们的客户免受未来潜在的下水道洪水的影响，我们通常不会接受任何地表水连接到我们的联合下水道系统中。”

[2] 地方原则是由公共和私营部门的合作伙伴制定的。对第三部门和社区，地方政府帮助他们为自己的区域制定清晰的愿景。它认为对地方的理解并表明对地方的服务和资产采取更具协作性的方法的合作交流是有必要的，以便为人们和社区带来更好的结果。该原则鼓励促进当地灵活应对不同地方的问题和情况。

挑战性影响。寻求使地表水管理与所有部门相关，并使其成为气候适应设计、可持续场所营造和提供优质蓝绿色居住场所的核心考虑因素。

下面列出的框架文件中提出的 5 项主要建议得到了另外 16 项辅助建议的支持。本章后面将列出所有 21 项建议。

• 应该为苏格兰建立蓝绿色城市的愿景。

• 苏格兰应该支持那些有助于创造能够应对未来洪水和排水挑战的大规模地方行动，并远离增加我们未来洪水和排水负担的活动。

• 我们应该采取场所营造方法来实现蓝绿城市和水资源恢复力，让公共和私营部门、第三部门、个人和社区的合作伙伴参与进来。

• 地表洪水问题应以解决方案为重点，并通过跨组织协调和实施最佳综合可持续解决方案来解决（克服当前的立法责任以及关于所有权和持续维护的辩论）。

• 在可行的情况下，所有新地点的地表水排放都应通过蓝绿色基础设施进行。蓝绿色基础设施的土地应该是场地的先决条件，所有设计都应该假设没有雨水连接到下水道。

8.7.2　强水适应性的地方政策背景

苏格兰政府明确表示要改进我们管理苏格兰地表水的方式。政府计划：保护苏格兰的未来——政府的 2019—2020 年[1]苏格兰计划承诺共同努力，以增加苏格兰在排水和洪水管理方面对蓝绿基础设施的使用，并在 2020 年年底审查我们的蓝绿城市方法并提出建议。2020 年 2 月发布的框架通过考虑在现有政策的基础上进行发展并改进我们的合作方式来改进苏格兰各地社区的地表水管理，从而为该审查做出贡献。场所营造[2]的重点旨在提高资金的效率和有效性，并扩大对法定利益相关者的支持。它概述了苏格兰目前如何管理地表水，提出了对未来的愿景，并描述了应该汇集在一起形成一个支持交付的连贯框架的组成部分，最后提出了行动建议，以改善苏格兰地表水管理和防洪能力的交付，支持政府计划中的承诺，并帮助解决苏格兰基础设施委员会主要调查结果报告[3]中的相关建议——尤其侧重于气候适应、“基础设施优先”以及提高供水、洪水管理和恢复力的监管。

总之，这些建议旨在支持过渡成为具有水弹性的地方，未来几十年随着气候变化的影响，社区可以继续蓬勃发展。

这些建议侧重于如何改善苏格兰地表水管理。苏格兰政府现在正在与主要利益相关者合作，对它们进行优先排序并描述将如何推进它们。

---

[1] 保护苏格兰的未来——政府的苏格兰 2019—2020 年计划。

• 第 51 页：“苏格兰水资源……还将在气候适应方面采取行动，并寻求与地方当局和其他方面的进一步合作，通过创建自然、蓝绿色基础设施来管理家庭和企业的地表水并帮助应对强度增加的降雨事件以创造美好的居住场所。”

• p91：“我们也在审查我们的蓝绿城市方法，并将在今年年底提出建议。”

[2] 苏格兰政府提倡并得到所有部门支持的场所营造方法需要对服务、土地和建筑物的决策采取综合、协作和参与的方法，并且适用于一个地方，无论它是现有的、变化的还是规划中的。

[3] 2020 年 1 月 20 日，苏格兰基础设施委员会发布了第一份报告“第一阶段主要成果：苏格兰蓝图”。该报告列出了 8 个总体主题和 23 项具体建议，供苏格兰政府考虑。建议载于附件 3，并突出显示了相关建议。

8.7.3 2020年苏格兰地表水管理

在苏格兰，包括洪水在内的地表水管理是负责当局面临的重大且众所周知的挑战❶❷。地表洪水的性质很复杂，因为它通常是由多种因素共同引起的。解决地表水淹问题需要跨组织的协调努力，鉴于当前的政策和立法框架，这可能难以实现。该领域的活动和行动主要为“问题驱动型”，负责解决不同组织的特定问题。

由于我们依赖少数组织来执行特定的（问题驱动的）行动以及在该领域发挥作用的立法、政策、实践、截止日期、相互竞争的优先事项和资源的范围，很少能实现理想效果。一段时间以来，有关部门已经充分认识到这一点，这反映在他们对改革我们如何管理地表水问题的热情上❸。

附件1概述了苏格兰当前管理地表水的责任，附件2列出了主要相关立法和相关文件。

负责任的当局通常理解并同意解决具体确定的问题，但缺乏一致的方法，组织可能难以实现多重利益，或将优先事项、资源和财政调整为真正的联合服务，而不需要采取更多的基于结果的方法。

有一些例外，其中一些组织聚集在一起提供联合成果，包括大都会格拉斯哥战略排水合作伙伴关系（n. d.）、爱丁堡和洛锡安战略排水合作伙伴关系以及SEPA与苏格兰水资源之间的可持续增长协议。地方当局和苏格兰水务局正在联合推进综合集水区研究和地表水管理计划，作为我们洪水风险管理计划❹的优先事项。

值得注意的是，爱丁堡市在2020年完成了他们的“水愿景（2020）”，重点是将水和洪水设计与城市景观（蓝绿色基础设施）相结合。这是为了直接应对气候紧急情况而开发的，其目标包括为人们提供更绿色、更有吸引力的地方，改善生物多样性，减少洪水风险和改善环境水质。爱丁堡将这一战略视为爱丁堡未来成功的核心。

尽管有这些积极的例子，但尚未实现完全统一的苏格兰地表水管理方法，包括现有的改造和新建挑战。考虑到这可能不足为奇：

- 地表水管理问题❺的数量和分散性。
- 导致地表水泛滥的因素范围。
- 地表水管理的分散责任。
- 有助于地表水管理的行动的多样性。
- 事实上，许多当前的问题和潜在的解决方案都在已经高度发达的领域内，这使得改造成为一个复杂而具有挑战性的问题。

---

❶ 根据苏格兰环境保护总局2018年开展的第二次全国洪水风险评估，到2080年，面临地表水淹的房屋数量将从21万处增加到27万处（2080年的数字是结合200年一遇的洪水加上气候变化对面临风险的房屋数量的预测）。

❷ 根据相关法律，负责的当局主要但不限于：苏格兰政府、SEPA、苏格兰水务局、地方当局和国家公园。

❸ 2018年的苏格兰洪水咨询和实施论坛（SAIFF）呼吁“……改变我们处理地表水的方式……”。

❹ 苏格兰有14项洪水风险管理计划，其中概述了一系列减少洪水影响的优先行动。它们提供了有关行动的成本、收益和交付时间表的详细信息。

❺ 地表水管理问题包括洪水、排水、环境水质和合流下水道溢流（CSO）的性能及其对包括沐浴水在内的受体的影响。

8.7.4　对未来的愿景

改善苏格兰地表水的管理方式需要一个大胆的愿景来吸引尽可能广泛的参与者和一个支持交付的框架。专栏 2 下提出的旨在激发讨论的愿景草案将苏格兰繁荣兴盛作为其起点，因为它具有水弹性。它旨在提出每个人都能接受的宏伟目标。

> **专栏 2：强水适应性的愿景草案**
>
> 苏格兰的蓝绿色城镇是正在发展的强水适应性区域，为了缓解降雨量增加、河流泛滥和海平面上升的影响。它们之所以吸引人们、企业和投资者，是因为它们是绝佳的去处，并且能够适应气候变化。
>
> 它们为个人、社区和国家提供广泛的经济、社会、环境和福祉福利。

愿景目标是：

- 展示我们未来城镇、城市、地方的正面形象。
- 将水的恢复力与发展的地区联系起来。
- 确保排水和洪水风险管理的规划和设计（通过蓝绿色基础设施）能够为我们的社区带来好处。
- 让广泛的利益相关者参与，调整他们的活动，为我们未来的水资源恢复力做出贡献。

要实现这一愿景，就需要从根本上改变苏格兰对水环境的看法。首先，我们可以从致力于克服水的负面影响，转向利用水的优势来实现我们成为水力发电国家的主要目标（Scottish Government n. d.）。

苏格兰的方法说明向蓝绿色地方和水资源恢复力发展的过程将需要转变当前的立场，即少数组织的任务是“解决”我们所有的水问题，使其他组织能够开展活动，到众所周知，有效的水资源管理有助于我们所有活动的成功，并得到更多参与者的支持。了解组织的活动与水资源弹性之间的直接联系有助于做出更明智的选择，有可能使那些直接或间接地受到决策和行动影响的人受益。

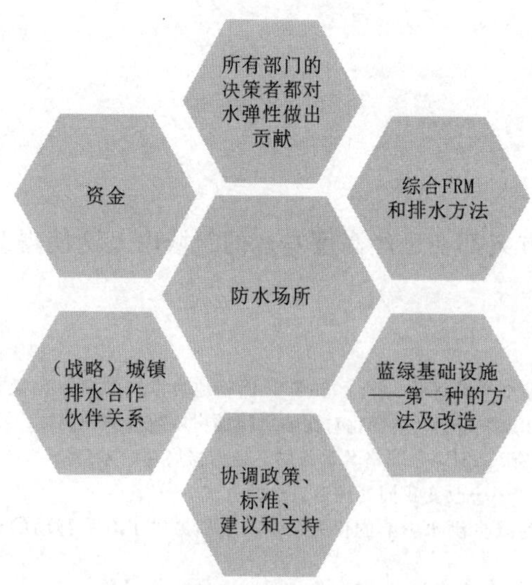

图 8.2　关键要素：我们需要整合哪些要素来打造具有不透水能力的场所

该愿景草案得到了一个框架的支持，该框架描述了实现它所需的条件。这包括洪水风险管理和排水从业人员众所周知的五个要素，以及在政策文件研究和与利益相关者讨论过程中非常重要的第六个要素，此要素显然是未来地表水管理成功的一个非常重要的因素，即所有决策者都为水的恢复力做出贡献。

8.7.5 提供水弹性场所的框架

图 8.2 中的框架支持我们需要整合的愿景和概述，以确保在我们的城市、城镇和较小的定居点中采用协调的、跨部门的和可持续的方法来管理地表水和排水系统。

结合愿景，该框架将提供政策管理要点，将组织聚集在一起，以增加蓝绿色基础设施的交付，并在苏格兰创建更多更好的水弹性场所。

8.8 建议

以下是苏格兰为改善地表水管理应采取的措施的建议。它们围绕图 8.2 中的六个关键元素构建，并在以下背景中呈现：

- 直面气候紧急情况。
- 提供适合未来条件的优质蓝绿色居住场所（在所有规模上）。
- 解决地表洪水（见图 8.3）。

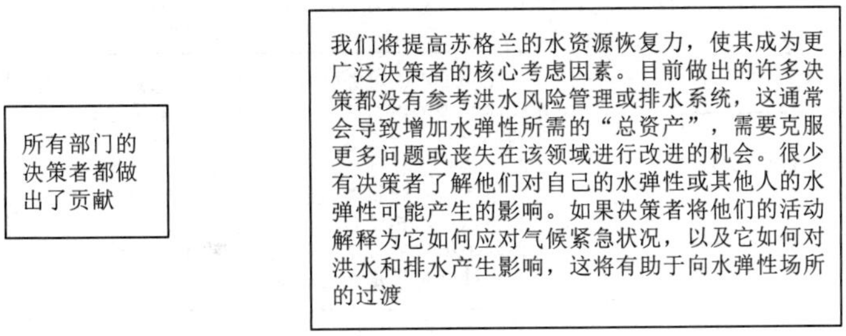

所有部门的决策者都做出了贡献

我们将提高苏格兰的水资源恢复力，使其成为更广泛决策者的核心考虑因素。目前做出的许多决策都没有参考洪水风险管理或排水系统，这通常会导致增加水弹性所需的“总资产”，需要克服更多问题或丧失在该领域进行改进的机会。很少有决策者了解他们对自己的水弹性或其他人的水弹性可能产生的影响。如果决策者将他们的活动解释为它如何应对气候紧急状况，以及它如何对洪水和排水产生影响，这将有助于向水弹性场所的过渡

图 8.3　扩大对水资源恢复力决策者的影响范围

建议 1

应该为苏格兰建立蓝绿色城市的愿景。

建议 2

应制定战略和路线图，以推动向蓝绿色城市和水资源恢复力过渡所需的关键政策变化。

建议 3

苏格兰应该支持那些有助于创造能够应对未来洪水和排水挑战的伟大地方的行动，并远离增加我们未来洪水和排水负担的活动。

建议 4

我们应该采取场所营造方法，让公共和私营部门、第三部门、个人和社区的合作伙伴[1]参与进来，以实现蓝绿城市和水资源恢复能力。

---

[1] 向蓝绿色空间的过渡需要各种规模的干预。

建议5

相关决策者，包括公共机构作为其气候适应职责的一部分，应在其气候规划中考虑洪水和排水。（法律要求公共部门机构减少温室气体排放并支持苏格兰适应不断变化的气候。）

建议6

适用于公共政策、活动的气候影响评估应包括评估拟议政策、活动对水资源恢复力的影响。也就是说，考虑活动是否会增加洪水和排水问题，是否有助于管理洪水和排水或对洪水和排水的影响。

建议7

应向政策制定者和投资决策者提供指导和支持包，为他们提供工具，以最大限度地提高水的恢复力并使其活动取得成功。这应该包括一个工具来评估他们的活动是否对我们的水恢复力产生负面、正面或中性影响。

建议8

土地利用规划过程（开发规划和开发管理）应酌情包括要求评估所有地点、开发建议，并报告它们将如何对气候紧急情况[1]和水资源恢复力产生积极影响（见图8.4）。

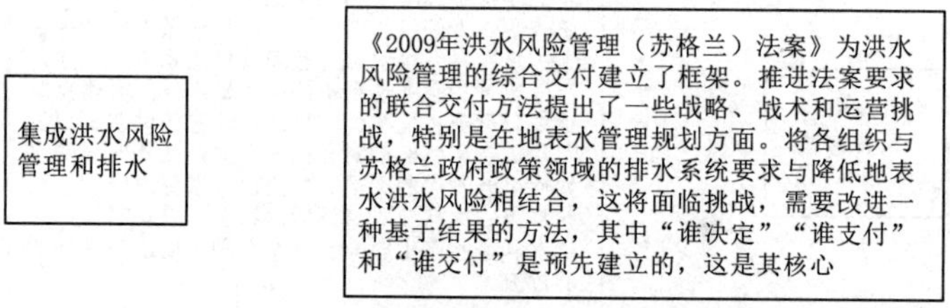

集成洪水风险管理和排水	《2009年洪水风险管理（苏格兰）法案》为洪水风险管理的综合交付建立了框架。推进法案要求的联合交付方法提出了一些战略、战术和运营挑战，特别是在地表水管理规划方面。将各组织与苏格兰政府政策领域的排水系统要求与降低地表水洪水风险相结合，这将面临挑战，需要改进一种基于结果的方法，其中“谁决定”“谁支付”和“谁交付”是预先建立的，这是其核心

图8.4 综合洪水风险管理和排水方法

建议9

地表水洪水问题应以解决方案为重点，并通过跨组织协调和实施最佳综合可持续解决方案（解决当前关于所有权和正在维护的立法责任与辩论）来解决。

建议10

应加强苏格兰政府洪水、水行业和气候政策团队之间的工作联系，以改善协调并鼓励实施更多更好的蓝绿色行动。

建议11

应提供指导和支持，使洪水风险管理优先考虑蓝绿色行动的更广泛利益，以便在所有洪水来源上取得进展。当前的收益/成本分析技术没有充分考虑“其他”收益，也不是非常有利于河流和沿海行动。

建议12

应审查我们在减少洪水影响方面的衡量标准，以鼓励采取更广泛的行动。当前的方法（计算处于危险中的财产和避免的损害）通常有利于河流和沿海保护计划，而不是地表

[1] 这应该包括气候减缓和适应。

洪水管理行动。这应该包括引入新的方法来解释蓝绿色行动，以给健康、福祉、经济繁荣和我们的自然环境带来更广泛的好处（见图 8.5）。

蓝绿色基础设施——第一种方法和改进	了解蓝绿色和自然基础设施，以及如何对其进行优化以支持可持续的洪水风险管理和排水系统，对于建设能够抵御气候变化的地区至关重要。我们向具有水弹性的地方过渡将需要一种多层次的方法，即在地块规模的可持续排水应该基于综合区域蓝绿色基础设施的支持。基础设施首先需要在地块规模上实现可持续设计和交付，而发达地区需要断开和改造的机制

图 8.5　蓝绿色基础设施：第一种方法和改进

建议 13

场所营造（和总体规划）应从一开始就确立蓝绿色基础设施需求，规划当局的决策以综合水资源战略为依据[1]，其中：

- 定义了自然基础设施。
- 进行战略性洪水风险和排水评估。
- 定义了蓝绿色基础设施结构计划。

建议 14

在可行的情况下，所有新地点的地表水排放都应通过蓝绿色基础设施进行。用于蓝绿色基础设施的土地应该是场地的先决条件，并且所有设计都应该假定没有雨水连接到下水道[2]。

建议 15

现有已开发地区应优先考虑通过断开、改造和转移到蓝绿色基础设施的方式，尽可能多地从下水道中去除地表水（应提供激励和指导以支持这一点）（见图 8.6）。

政策、标准建议和支持的协调	统一我们的地表水管理方法并指导参与这个复杂领域的许多组织需要政策、标准、建议和支持的协调。在全面考虑地表水泛滥、排水和蓝绿色基础设施的情况下，需要一个地表水管理焦点。这样将确保满足所有立法要求，确定优化资源和成果的战略方向，并促进和保护最佳实践

图 8.6　弹性场所的协调

建议 16

苏格兰政府应建立一个战略利益相关者小组，致力于促进和支持向蓝绿色地区和水资源恢复力的过渡。

---

[1] 爱丁堡市议会水资源管理战略侧重于将水和洪水设计与城市景观（蓝绿色基础设施）相结合。这是为了直接应对气候紧急情况而开发的，旨在为规划决策提供信息，为人们提供更绿色和更具吸引力的地方，改善生物多样性，减少洪水风险并改善环境水质。

[2] 苏格兰水务公司的地表水政策规定："为了可持续性并保护我们的客户免受未来潜在的下水道洪水的影响，我们通常不会接受任何地表水连接到我们的联合下水道系统中。"

建议 17

为支持苏格兰基础设施委员会主要调查结果报告的第 18 条建议，苏格兰政府应考虑如何将洪水风险管理、海岸侵蚀和排水行动的质量、标准和收益结合起来，包括如何确定和监管它们（见图 8.7）。

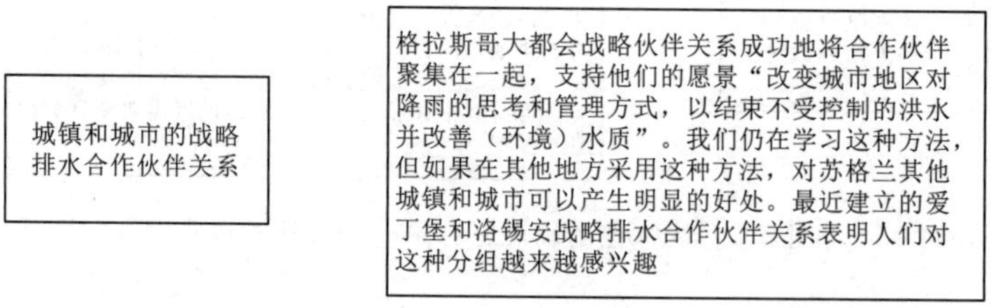

城镇和城市的战略排水合作伙伴关系	格拉斯哥大都会战略伙伴关系成功地将合作伙伴聚集在一起，支持他们的愿景“改变城市地区对降雨的思考和管理方式，以结束不受控制的洪水并改善（环境）水质”。我们仍在学习这种方法，但如果在其他地方采用这种方法，对苏格兰其他城镇和城市可以产生明显的好处。最近建立的爱丁堡和洛锡安战略排水合作伙伴关系表明人们对这种分组越来越感兴趣

图 8.7　战略伙伴关系

建议 18

应鼓励较大的城镇建立排水合作伙伴关系，以协调推进蓝绿色城市建设和水资源恢复。排水合作伙伴的成员应包括有权做出跨部门战略承诺的相关组织的高级领导人（见图 8.8）[1]。

资金	需要一个财务框架来支持向蓝绿色城市和水资源恢复力的过渡。这将需要确定资金来源并建立资金流（如来自洪水风险管理基金、水费和私人融资的混合）。这将包括了解和管理已建立的资金来源、寻求新的资金来源以及建立协调和引导资金的机制，以支持实现多种效益，包括优化改善洪水、排水和蓝绿基础设施。这不仅有助于实现我们的地表水管理目标，还有助于我们城镇和小型定居点的绿色空间、福祉和连通性目标

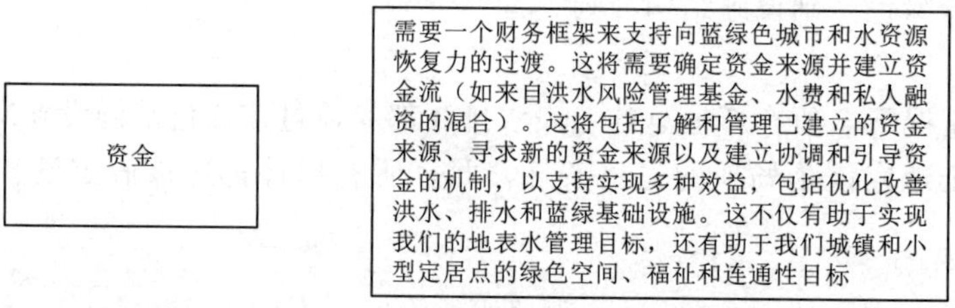

图 8.8　资金

建议 19

苏格兰政府应该考虑如何为我们向蓝绿色地区的过渡提供资金，以及可以从更广泛的受益人那里获得新的可持续资金来源以支持这一愿景。

建议 20

蓝绿色基础设施建设和水资源恢复的资金应以更广泛的公共和私人捐助者为基础，这能够反映出它提供的广泛利益。

建议 21

公共支出应始终考虑如何使投资具有积极的气候效应和积极的水弹性效应[2]。

8.9　水利国家战略

水利国家战略的目标是在全球背景下分享苏格兰的经验和创新。为此，国际水利国家

---

[1] 目前有两个这样的伙伴关系：大都会格拉斯哥战略排水合作伙伴关系（成立于 2002 年）与爱丁堡和洛锡安战略合作伙伴关系（成立于 2019 年）。

[2] 模糊不清的支出可能会无意中增加面临洪水和排水问题的“总资产”。

研究（HNRI）协调国际上一系列与水有关的活动，不仅促进水利国家议程，而且促进联合国的可持续发展目标，特别是可持续发展目标 6，“确保到 2030 年所有水和卫生设施的可用性和可持续管理”。水资源的可持续管理和维护是苏格兰政府所采取方法的一个关键特征，同样的原则也适用于苏格兰在非洲撒哈拉沙漠以南地区的活动；马拉维和坦桑尼亚的水利国家项目就是主要的例子。

8.9.1 苏格兰和马拉维

苏格兰和马拉维有着悠久的历史渊源，可以追溯到著名的维多利亚时代传教士和废奴主义者大卫利文斯通博士的探险时期。2013 年，苏格兰和马拉维立法和政府间合作协议的建立再次确认了这种关系，以支持官方层面在水资源管理、治理和立法方面的联合工作。苏格兰政府部门通过其气候正义基金（CJF）交付合作伙伴斯特拉斯克莱德大学开展这项工作，该基金专注于马拉维实现与水、废水和基础设施管理相关的联合国可持续发展目标。这一挑战在马拉维显而易见，那里有 1000 万人无法获得足够的卫生设施，近 200 万人无法获得安全用水，每年有超过 30 万名五岁以下儿童死于腹泻病。安全有效的马拉维供水基础设施是健康的基石，进而促进教育和创业机会，有助于解决性别平等等问题，是从贫困走向繁荣[1]的重要桥梁。

通过气候正义基金的水资源期货计划，苏格兰政府评估了超过 12 万个农村供水的可持续性，并支持农业、灌溉和水利发展部和其他部委与众多利益相关者，包括工业、非政府组织、研究人员和农村社区。这种纵向方法能够评估可持续发展需求，同时政府和社区利益相关者可以制定和评估适当的政策。初步评估主要揭示了缺乏了解和管理地下水资源复杂性质的能力，而地下水资源是其 1900 万居民中 80%以上人口的主要饮用水来源。马拉维 3% 的人口增长率只会增加这一需求的紧迫性，因为农业发展、森林砍伐和气候变化脆弱性需要真正综合的水资源管理方法。

以下举措代表了气候正义基金以及苏格兰和马拉维相关政府部门在该领域所做的工作。

资产管理、信息系统和数据收集

水未来计划（专栏 3）帮助马拉维政府收集和共享数据，以调整他们在制定水政策时的决策。气候正义基金为水资源开发了新数字工具，现在可以实时访问整个马拉维的水资源和供水管理信息。马拉维工作人员收集了地表水、地下水、重力供水的农村和城郊供水点以及有针对性的废物和卫生基础设施的水基础设施数据。气候正义基金即将完成第一个马拉维农村供水国家数据集，其中将包括有关哪些卫生设施的信息和固体废物处理点与供水点位于同一地点，存在潜在的污染风险（Kalin et al. 2019；Kelly et al. 2019；Rivett et al. 2019；Truslove et al. 2020；Addison et al. 2020）。

专栏 3：案例研究：气候正义基金——水资源期货

在国际上，作为一个具有全球意识的水利国家，自 2012 年以来，苏格兰通过其气候正义基金（CJF）参与了马拉维、赞比亚、坦桑尼亚和卢旺达的水相关项目，以及

[1] 如需进一步阅读，请参见 Alexander 和 Cordova 的 *Alleviating poverty through sustainable industrial water use: A watersheds perspective*。

印度和巴基斯坦的国际项目。2015年9月，苏格兰首席大臣尼古拉·斯特金（Nicola Sturgeon）确认了苏格兰对新宣布的联合国可持续发展目标的承诺，随后支持水技术领域的国际贸易机会，并提供苏格兰在水治理和管理方面的经验。实现联合国可持续发展目标的动力是水利国家战略为在国际上开展的大部分工作奠定了全球背景，特别是在马拉维、苏格兰，与该国有着悠久的历史渊源。

能力建设与培训

该计划已向所有28个地区、3个地区办事处和国家农业、灌溉和水利发展部的400多名政府工作人员提供了地下水资源和农村基础设施评估和管理方面的培训。培训涵盖了钻井监督、水文地质以及数据收集和分析等技术技能。大部分培训都在马拉维进行，有38名人员前往苏格兰进行团队建设和综合水资源管理方面的额外培训。

研究

以科学为基础的政策必须支持在马拉维实现SDG6目标。迄今为止，苏格兰和马拉维之间的合作已经产生了70份合著的研究报告和一系列同行评审的出版物，以支持可持续的水资源管理决策。这主题包括钻孔取证、钻井和基础设施培训、供水合同管理以及符合联合国联合公约设施的自动监测和评估。

监测

此外，苏格兰还为马拉维政府的同位素水文学设施提供了支持。苏格兰博士研究生与马拉维伙伴组织密切合作，开展支持政策改革的基础研究。

政策交流与支持

自该计划启动以来，苏格兰和马拉维的专业人士开放共享了可持续长期水资源管理的"最佳实践"。第一次政策交流访问是在2012年，随后的年度交流包括地区（地方）和地区高级工作人员的代表，他们与一系列苏格兰机构和组织分享经验。除了与苏格兰环境保护总局和议会会面外，马拉维代表还与苏格兰各水务机构密切合作，并参与了国际经济合作与发展组织（OECD）对苏格兰水务行业的审查。这些活动促进了2018年马拉维国家水资源管理局（NWRA）的成立。

监管参与

水利国家倡议的另一个方面是苏格兰环境保护总局（SEPA）和马拉维新成立的国家水资源管理局之间的合作，其使命是帮助确保充足和可持续的水资源供应，防止水环境污染，管理集水区和管理洪水风险。"监管者对监管者"的马拉维苏格兰监管伙伴关系提供监管经验、建议和指导，以帮助在马拉维建立环境监管框架。此次合作的第一阶段目标是为新机构的运作制定路线图。现在处于第二阶段，该合作伙伴关系希望以该路线图为基础与新成立的马拉维环境保护局（MEPA）和其他利益相关者合作。

虽然这些伙伴关系的范围与一系列用水有关，但所有这些都有助于马拉维的能力建设，以鼓励和支持工业更可持续地用水。强有力的治理，包括收集和分析数据以及制定和执行适当政策的能力，对于该领域的进展至关重要。

8.10 对未来的展望

苏格兰在与工业界合作以了解其需求和能力方面取得了长足的进步。向零售竞争开放工业、商业和机构用水市场是重要的第一步，但仍有许多工作要做。苏格兰饮用水和废水资产站点上最先进的开发中心正在帮助推动引入新的节水和节能技术，供公用事业和大型工业用水户大规模使用。随着越来越接近其可持续用水的目标，苏格兰将继续与世界各国分享其成功经验。

附件1 苏格兰地表水管理的当前职责

苏格兰政府

苏格兰政府负责制定有关规划和洪水风险管理的国家政策，包括防洪、自然洪水管理和洪水预警。它还通过苏格兰运输部门实现高速公路和主要干道的排水。

以下组织负有管理地表水和减少洪水影响的职责。

苏格兰国家环境保护总局（SEPA）

苏格兰国家环境保护总局是苏格兰国家级洪水预报、洪水预警机构和战略洪水风险管理机构。苏格兰国家环境保护总局制定苏格兰的洪水风险管理战略，并与其他相关组织密切合作，以确保采用全国一致的洪水风险管理方法。

苏格兰水务公司

苏格兰水务公司具有公共排水职责，并负责从屋顶和物业边界内的任何铺砌地面排放雨水径流（地表水）。苏格兰水务公司可以帮助保护房屋免受因下水道溢出或堵塞而引起的洪水。

地方政府

地方政府负责给当地道路和公共高速公路排水，并提供防洪和维护水道。这包括检查、清理和修复水道，以减少洪水风险，以及对公共道路和高速公路上的道路沟渠的常规维护。地方政府负责构建苏格兰当地的洪水风险管理计划，并与苏格兰环境保护署、苏格兰水务公司和其他主管政府合作开发这些计划。

土地所有者

土地所有者负责管理其土地上的地表水，并且必须确保其土地范围内的径流不会对其邻居造成洪水问题。

个人

个人有责任保护自己、家人、财产或生意免受洪水风险影响。

附件2 立法、条例和指南

有关水环境的立法、条例和指南，包括：

- 1968年《污水处理（苏格兰）法》（经修订）。
- 苏格兰地方政府通过的1973年和1994年的法案。
- 1974年《污染控制法》（经修订）。

• 1984 年《道路法》(苏格兰)。
• 1995 年《变电所环境法》。
• 1997 年颁布的《城镇和国家规划（苏格兰）法案》。
• 建筑（苏格兰）《2003 年法案》及相关技术标准。
• 1984 年《道路（苏格兰）法》。
• 1995 年《变电所环境法》。
• 1997 年颁布《城镇和国家规划（苏格兰）法案》。
• 2003 年《建筑（苏格兰）法案及相关技术标准》。
• 2011 年《水环境（受管制活动）（苏格兰）法规》。
• 开发规划和开发管理流程。
• 《国家规划框架（NPF）》(目前 NPF3 很快将成为 NPF4)。
• 《苏格兰规划政策（SPP）》。
• 关于洪水，可持续的城市排水系统规划。
• 水、排水及街道规划。
• 2010 年《道路可持续的城市排水系统》。
• 2015 年《可持续的城市排水系统手册（C753）》。
• 2016 年《水评估和排水评估指南》。
• 《可持续的城市排水系统手册监管方法——WAT－RM－08（SUDSWP）》。

参考文献

Addison MJ, Rivett MO, Robinson H, Fraser A, Miller AM, Phiri P, Mleta P, Kalin RM (2020) Fluoride occurrence in the lower East African Rift System, Southern Malawi. Sci Total Environ 712: 136260.

Infrastructure Commission for Scotland (n. d.) Key findings report. Recommendation 18.

Kalin RM, Mwanamveka J, Coulson AB, Robertson DJC, Clark H, Rathjen J, Rivett MO (2019) Stranded assets as a key concept to guide investment strategies for sustainable development goal 6. Water 11: 702.

Kelly L, Kalin RM, Bertram D, Kanjaye M, Nkhata M, Sibande H (2019) Quantification of temporal variations in base flow index using sporadic river data: application to the Bua Catchment, Malawi. Water 11 (5): 901.

Metropolitan Glasgow Strategic Drainage Partnership (n. d.)

Rivett MO, Budimir L, Mannix N, Miller AVM, Addison MJ, Moyo P, Wanangwa GJ, Phiri OL, Songola CE, Nhlema M, Thomas MAS, Polmanteer RT, Borge A, Kalin RM (2019) Responding to salinity in a rural African alluvial valley aquifer system: to boldly go beyond the world of hand-pumped groundwater supply? Sci Total Environ 653: 1005-1024.

Scottish Government (n. d.) Policy water. Hydro nation strategy.

Scottish Government (2013) Water resources (Scotland) Act, 2013 asp (5).

Scottish Government (2020) Towards a Robust, Resilient Wellbeing Economy for Scotland: report of the advisory group on economic recovery.

Scottish Government (2021) National performance framework.

Scottish Water Annual Report (2019).

Scottish Water Annual Report (2020).

SEPA (Scottish Environment Protection Agency) (2018) National flood risk assessment.

Truslove JP, Coulson AB, Nhlema M, Mbalame E, Kalin RM (2020) Reflecting SDG 6.1 in rural water supply tariffs: considering 'affordability' versus 'operations and maintenance costs' in Malawi. Sustainability 12: 744.

Vision for water management in the City of Edinburgh (2020).

第9章　通过创新和专业知识支持苏格兰基于证据的水和气候变化政策：水域专业知识中心（CREW）

Robert C. Ferrier，Rachel C. Helliwell，Helen M. Jones，Nikki H. Dodd，M. Sophie Beier，and Ioanna Akoumianaki

摘　要： 水域专业知识中心（CREW）成立于2011年，负责分析、综合苏格兰现行的水政策及监管过程所提供的直接信息，开发并制订研究方案。该机构发展相对完善，能够向国家管理部门、机构和其他利益相关方公布水务部门当前的工作以及所预测到的未来变化。它的所有活动都得到了来自苏格兰的大学、研究机构以及其他英国学术专业中心的支持。面对越来越多的政策挑战，CREW借助相关水组织发布的专业领域即时数据进行即时信息传递，并与水政策利益相关者共同制订方案，重点关注跨组织的相关工作。

根据苏格兰水务部门的要求，CREW政策制定范围主要包括洪水、海岸侵蚀、集水区与自然资源管理、农村可持续发展和水质管理。其跨领域管理工作的重点在于对气候变化、土地利用和城市化影响的适应和管理，促进循环经济和提高资源效率，新冠疫情后的公正、绿色复苏以及社会各部门向净零排放的转变和过渡。该中心遵循欧盟和国家的政策发展和实施战略，以及苏格兰实现联合国可持续发展目标的决心。本章通过实例明确水域专业知识中心所秉持的首要原则，即所产生的知识理应增近科学与政策之间的理解和交流，促进完善的网络构建，提出双赢的解决方案，并对水环境和社会形成切实有效的长远影响。

关键词： 水；政策研究；专业知识；苏格兰；知识媒介

R. C. Ferrier (✉) · R. C. Helliwell · N. H. Dodd · M. S. Beier · I. Akoumianaki
Centre of Expertise for Waters (CREW)，Hydro Nation International Centre，
James Hutton Institute，Aberdeen AB15 8QH，UK
e－mail：bob. ferrier@hutton. ac. uk
R. C. Helliwell
e－mail：rachel. helliwell@hutton. ac. uk
N. H. Dodd
e－mail：nikki. dodd@hutton. ac. uk
M. S. Beier
e－mail：sophie. beier@hutton. ac. uk
I. Akoumianaki
e－mail：ioanna. akoumianaki@hutton. ac. uk
H. M. Jones
Scottish Government Rural and Environment Science and Analytical Services Division，
Victoria Quay，Edinburgh EH6 6QQ，UK
e－mail：helen. m. jones@gov. scot

9.1 引言

由于气候变化、城市化、过度开采、污染、土地退化、生物多样性减少以及自然资源耗竭等问题，全球水资源正面临着日益严重的压力。按照当下的发展战略，到 2030 年，全球淡水需水量与安全可利用淡水供应量之间可能存在 40%的缺口（World Economic Forum 2012；UN Water 2020）。由于不同地区对于自然资源的开发利用程度不同，全球范围内的水资源压力驱动因素的表现方式具有较大的差异性。

有效政策的制定和社会治理有利于实现对水资源的可持续利用。这迫切要求推进科学发现在政策中的应用和转化。由于科学发现的不确定性和复杂性对于政策制定而言具有双面影响，因此这项工作较为复杂。为了有效地实现科学发现在政策中的转化和应用，水域专业知识中心（CREW）发挥着知识媒介的作用，能够确保正确的信息在有效的时间内以恰当的形式传递到相关人员手中。考虑到政策的广泛社会影响，确保大众对政策制定依据的信任是该中心的一项关键工作。CREW 于 2011 年由苏格兰农村与环境科学与分析服务部门（RESAS）成立，旨在为科技成果政策转化研究提供独立的科学建议，协助苏格兰的水资源及相关环境政策的制定和实施。

CREW 是苏格兰政府建立的几个专业知识中心之一，涵盖多个领域，如动物疾病暴发（Bowden et al. 2020）、气候变化（Wreford et al. 2019）和植物疾病（Plant Health Centre of Expertise 2020）等。这些中心的建立是为了响应苏格兰政府对政策制定方法的需求。这种方法能够方便简洁地获取高质量科学依据及专家咨询意见。其目的在于通过创建虚拟中心，将一系列研究机构专家聚集在一起形成网络，根据政府需求提供合理的科学依据和建议。

CREW 的主要目标是：

• 通过“能力建设”项目，为苏格兰政府及其政策部门提供及时、高质量的建议并进行综合分析。

• 维护苏格兰所有的水资源研究组织（包括所有的大学和研究机构）为基础构建的专业知识网络，为政策问题提供支持。

通过知识交流和参与方案，确保水域专业知识中心活动收集的知识及经验尽可能广泛地传播到相关政策、利益相关者受众和利益组织。

通过“号召活动”连接专家和政策团队以快速应对紧迫的政策问题和不可预见的事件。

该中心的工作面向全部水政策领域，为集水区管理（土地和水）、洪水和干旱、海岸侵蚀、城市水压力和蓝绿色基础设施、农村居民饮用水和废水的排放与处理、水质和污染、循环经济和浪费、向零碳迈进以及社会对水问题的理解认知和挑战等政策提供咨询和综合性意见。这些议题要经过长期、积极的政策审议，并通过更新现有的政策框架、修订指导方针以及制定新的法律来修订或重新制定政策。确保所产生信息途径的可获取性，并与广泛的信息“用户”和组织保持密切联系是 CREW 自始至终所面临的一个挑战。

9.2　苏格兰的水资源

苏格兰的水资源非常丰富，其水储量占英国总水储量的90%以上。苏格兰拥有超过12.5万km的河流或溪流，以及约220km的运河网。苏格兰的北部和西部有25000多个湖泊。这些湖泊大多都很小，但也有些湖泊较大，例如洛蒙湖（71km²）、尼斯湖（水体超过700m³）和莫勒湖（英国最深的湖，深度达310m）（SEPA 2019）。苏格兰拥有大量的地下水储备，主要为农村地区75%的私人饮用水提供支持。苏格兰超过80%的地下水被认为处于良好状态，但也有一些地区的地下水状况令人担忧。

尽管在过去的40年中，苏格兰在河道总污染和点源污染影响方面取得了相当大的进展，但影响苏格兰地表水和地下水资源的挑战仍然存在，包括：鱼类迁移的水文形态障、河网的物理性质的改变（包括土地排水和湿地退化）、农村和城市环境的点源和面源污染、地下水提取以及工业排放等。苏格兰流域管理的下一个6年计划（2021—2027年）目的是将状况良好或更好（或恢复到良好或更好状态）的水体数量（苏格兰超过3000个）增加到近95%，目前这个计划正处在讨论阶段（SEPA 2021a）。

苏格兰流域地区重要的水资源管理问题受到多方面的影响（见表9.1），其所产生的时空影响在县域内表现不同，且主要与土地利用类型、工业和城市化分布密切相关。

表9.1　苏格兰的重大水管理问题

压　力	部　门	压　力	部　门
面源污染	农业 林业 城市化 运输 私人农村废水	地下水提取和流量调节	发电 公共供水 农业（以季节性为主） 工业
点源污染	废水处理 水产养殖 工业生产 废弃物处理 采矿和采石	下垫面变化	历史工程 农业 发电 城市化 土地开垦
侵入性外来物种	所有部门		

资料源自SEPA（2013）。

气候变化对苏格兰的环境产生了重大影响。自1997年以来所记录的十个最温暖的年份表明气候正在发生变化，过去10年（2009—2018年）的年平均气温比长期平均气温（1961—1990年）高0.67℃。此外，年平均降雨量比长期平均记录高15%，冬季平均降雨量比长期平均记录高25%。苏格兰也经历了一些显著的极端事件，在2015—2016年和2018—2019年的冬季苏格兰发生了严重的洪水事件。2018年的夏天苏格兰异常干燥和温暖，许多私人供水系统干涸，人们迫切需要当地政府的帮助。气候变化预测显示，这种

现象将变得越来越频繁，且西部地区气候趋于潮湿，东部地区气候将更加干燥（Rivington et al. 2020）。

9.3 苏格兰的水政策格局

苏格兰成为“水利国家”的历程始于2012年苏格兰政府所发布的水利国家章程文件，该文件描述了苏格兰作为水利国家的愿景：

……承认水是我们国家和国际身份的一部分。我们认识到水资源的可持续管理对我们未来的成功至关重要，它是繁荣的低碳经济的关键组成部分，也是国际贸易机会增长的基础。

随后《水资源（苏格兰）法案》（Scottish Government 2013）规定，苏格兰部长有责任“为确保苏格兰水资源的开发而采取适当的措施”。这包括所提到的水资源的“价值”：

（A）指资源在任何基础上的价值（包括其货币或非货币价值）。

（B）延伸到因使用资源（或与资源有关的任何活动）产生的经济、社会、环境或其他利益。

苏格兰独特的“水利国家”议程包括一系列广泛的活动，目的在于支持苏格兰政府的愿景，即苏格兰在水资源可持续利用和责任管理方面成为世界领导者，水资源的经济价值和非经济价值的重要结合成为国际典范（Martin－Ortega et al. 2013）。

这一具有全球意义的法律和法定职责为水利国家的理念和实施奠定了基础，这一职责涵盖了水务部门、水环境和公众的各个方面，确保能以国家和国际身份承认水的重要性和价值，以最大限度地管理水环境，开发和促进更有效地利用资源，并利用其在国内外的经验和专业知识，促进低碳经济的繁荣。此外，苏格兰还制定了“到2045年实现净零碳排放”的全球领先目标，并推动苏格兰水务行业在2040年前实现。

CREW位于水利国家议程框架的中心位置，为构建跨界组织以促进学术和利益相关者、合作伙伴对政策的理解、认知和交流提供支持。苏格兰这些组织之间联系的路径很短，这就形成了一种广范的网络决策方法将知识转化为政策。

苏格兰政府于2009年通过了《气候变化（苏格兰）法案》，承诺将温室气体排放量减少75％（与1991年的基准值相比），并在2045年实现净零排放。近期，《苏格兰气候变化适应计划（2019—2024）》制定了政策，以应对该法案实施过程中面临的挑战及英国气候变化风险评估（UK CCRA 2017）中列出的风险。该适应计划采用基于结果的方法，重点关注政策应实现的目标，而不仅仅是投入和产出（Scottish Government 2019）。这种方法与CREW的影响战略高度互补，其重点是提高经验支持政策的透明度和问责机制。

2020年12月，苏格兰政府更新了2018—2032年气候变化计划，以在新冠疫情后确保实现“公正”和“绿色”复苏（Scottish Government 2020）。显然，在2021年年初，世界仍面临着新冠疫情带来的重大挑战，但该计划将经济、社会和环境福祉列为优先事项，用以应对气候变化和生物多样性丧失的双重挑战。水和废水在这一挑战中扮演着越来越重要的角色，已成为循环经济和包括制造业和正在发展的氢能源在内的可再生能源开发的一个重要特征。

循环经济原则——提高用水效率，循环利用清洁水，提高资源回收率，减少用于清洁、泵送、加热和冷却水的能源——能够刺激新型水处理方法和处理技术实现创新。

越来越多的英国企业已经受到水压力的影响，食品和饮料联合会的“Courtald 承诺”提出将减少 20%的水使用（2015—2025 年），并继续推动提高水资源利用和再利用的效率。苏格兰威士忌协会的环境战略的目标是将蒸馏水的效率提高 10%，有超过 300 家制造商和企业位于水资源紧缺的脆弱地区（DEFRA 2007）。加强关于水的供应和使用的环境立法和市场监管是发展新技术和新工艺的重要途径。

未来苏格兰的用水密集型行业（食品和饮料是苏格兰和英国工业用水消耗最高的部门）为缺水地区的其他行业提供经验借鉴，这些地区的水需求将不断上升导致水压力成为制约发展的重要因素。目前，苏格兰政府和苏格兰环境保护总局正在制定应对水压力的政策，如苏格兰缺水计划（SEPA 2020）和水资源管理计划（SEPA 2021b），目前正在讨论中。

9.4　CREW的操作模型

政策互动是研究目标的核心内容，是相关水科学知识团队的实践成果。通过提供信息综合分析与“此时此刻”的政策需求结合的重要性，这与许多学术组织在研究中的发现截然不同；然而，正是这些强大的学术资源，使得研究者提供的信息和指导更具有价值（见图 9.1）。

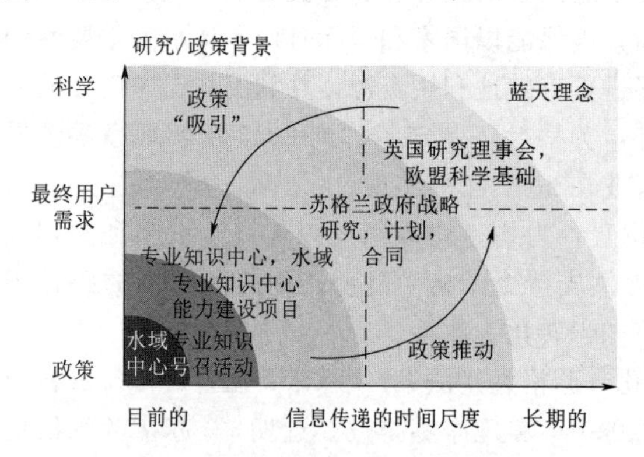

图 9.1　在政策推拉格局下，交付时间尺度与最终用户需求之间的关系

CREW 通过研究、综合、分析和专家评议收集可行性建议。CREW 服务于苏格兰水政策的主要利益相关者［（苏格兰政府（SG），苏格兰环境保护局（SEPA），苏格兰水协会（SW），苏格兰自然部（NS，前身为苏格兰自然遗产部），苏格兰水工业委员会（WICS），苏格兰饮用水质量监管机构（DWQR），苏格兰零排放协会（ZWS），苏格兰运河（SC）、苏格兰食品标准监督局（FSS）以及来自苏格兰消费者咨询公司（CAS）］和地方当局、区域利益相关者和组织。研究伙伴关系涉及来自所有相关苏格兰高等教育机构（大学）、苏格兰研究机构［詹姆斯·赫顿研究所、莫尔登研究所、苏格兰乡村学院（SRUC）］的 300 多名学者和研究人员，例如英国生态和水文中心（UKCEH）、英国地质调查局（BGS）和英国气象局等英国专业中心。个别企业和咨询公司也为大学部门提供部分服务。

CREW 在一些核心原则的基础上提供研究政策建议，这些原则包括：

• 共同构建：加深对挑战的共同理解。定义实际需求以确保学术研究人员拥有明确的商讨对象。基于对预期结果的影响范围和效用的共同理解，共同构建的项目可能针对特定需求或政策结果产生影响。

• 可沟通性：为了实现 CREW 项目的最大影响，必须提供符合申请者需求和期望格式的成果。寻求跨机构利益是共同建设阶段的一部分，在这个阶段，来自不同组织的观点能够确保产出的成果具有最广泛的影响力。

• 可信赖性：证据往往具有很大的争议，要对得出的结论和建议以及对将知识引入政策至关重要的经验数据和当前逻辑有明确的认识。Reed 和 Meagher（2019）强调，道德和意识形态的争论以及实践性会影响科技成果的转化。备受信赖的知识创造者方与用户方相结合的重要性，不亚于一个学院中心项目的领导小组，这能够使人们对不同战略下的社会效益和潜在不利影响有更明确的认识。

• 时效性：政策支持往往需要综合和评估当下存在的问题，考虑未来趋势和发展目标，而不是研究新信息和新数据。虽然水域专业知识中心的工作领域没有顾及方方面面，但大多数的项目都遵循这种模式。这在“号召活动”中尤其明显，这些活动倾向于集中在需要协助的关键问题上，时间跨度从几天到几周不等。

• 跨学科性：政策问题往往需要结合经济学、社会科学和自然科学以应对复杂的现实挑战。该中心需要确保对政策挑战有整体的认知，并在多种情况下采用跨学科的方法获取有利结果。

• 影响、结果和“价值”：尽管政策的许多要求具有即时性，但知识的产生与其在政策中的最终应用必定存在着相当长的滞后时间。当对分析的需求不断更新时，政策应用滞后的影响很难被监测，但能力建设项目的影响监测往往只需要数年。该中心的影响模型围绕四个支柱建立：

——发展包容性的当代水组织：连接供需双方。

——确保各方了解挑战和应对方法：通过明确定义政策需求，尽可能扩大参与方的利益。

——就所采取的行动达成一致意见：合作伙伴针对研究成果采取的恰当的行动。

——长期影响的评估：通过如社会凝聚力的提高、行为的改变、就业和培训机会的增加或根据中心活动获得财政回报等外在表现对影响进行评估。

• 成本效益：政策团队每年对能力建设项目请求进行优先排序，如前所述，根据具体需求以及跨机构和利益相关方的最大化利益进行调整。但可用于支持项目的资源是有限的，因此，在年度调整周期开始时，要考虑简单的成本效益，以确保协商和处理最紧迫的挑战，并且实施项目方案时还必须保留资源用于“号召活动”的分析以及紧急请求的快速响应。

9.5 产生影响：支持政策成果

苏格兰政府在 2018 年的一项审查发现，CREW 为其用户带来了巨大利益，受到用户的高度重视，且有效加强了科学与政策之间的互动。

（A）气候变化和面源污染对流域资源的影响

部分项目基于历史和当前的面源污染管理而建立，通过这些项目来评估水体风险，在环境不断变化的背景下制定管理措施。Lilly 和 Baggaley（2014）绘制了土壤风险图，以帮助 SEPA 流域管理人员识别容易发生侵蚀的空间位置以及径流冲蚀和堆积作用的结果。地图的可视化表达能够使得 SEPA 工作人员和其他利益相关者“实地”识别高风险地区，向相关组织展示土壤类型和水质之间的关系并采取治理措施。

这项工作有助于制定农村可持续排水系统（农村污水）的实用设计指南（Duffy et al. 2015），旨在减少面源污染的影响。该指南为农民和土地所有者申请农业-环境计划基金及协助实现良好的农业和环境条件提供蓝图。根据指导和立法，如《防止农业活动污染（PEPFAA）法》（Scottish Government 2005）和随后的《水环境（面源污染）（中的一般约束规则）条例》（Scottish Government 2017）中的面源污染一般约束性规则，这些法规给出环境保护的标准，对改善水质作出重大贡献。总体而言，这一指南帮助农民和土地所有者了解如何利用农村废水来保护环境和自然资源，并在合理范围内降低运营成本。

O'Keeffe 等（2016）研究了现场废水处理系统（OWT）对污染物负荷的进一步影响，该系统为苏格兰约 16000 个零散的农村家庭和企业提供污水处理并深入探究可能影响水体和保护区状况的磷以及粪便微生物负荷的可能性，并且提出了治理措施来减少这种环境负荷。同时发现农村地区在家庭和区域范围内可以增加能源生产、减少温室气体排放和（或）养分回收。Hendry 和 Akoumianaki（2016）进一步探讨了农村用水供应的治理和管理，他们认为，农村用水供应问题是全球性的挑战，但可以为个人和社区提供更有效的指导和支持，发挥“值得信赖的桥梁”的作用，提高数据收集、风险评估和潜在识别的能力，明确机构参与和未来政策［例如欧盟饮用水质量（DWQ）（1998/83/EC）和（2015/17 87/ EU）］将有利于消费者、利益相关者和政策制定者。

这项工作为苏格兰政府倡导的可持续农村社区理念的发展产生一定影响，这一理念旨在推动提供可负担的能源、废弃物处理和提供饮用水供应的模式转变，并提出碳中和、成本有效性及适应性间的闭环方法。

农村环境和面源污染管理的关键问题在于农业土地是否会影响洪水风险和水质，特别是在未来冬季降雨量增加的情况下。Hallett 等（2016）审查了 2015 年、2016 年冬季监测流域的数据，发现土壤严重退化的现象增加了 30%。这些退化地区产生的径流、侵蚀和养分损失约为未受损地区的 10 倍。这一分析补充了 CREW 制定的指导方针，为农民和其他利益相关方管理土壤和土地（Cloy et al. 2018）提供有效信息，其中，优化土壤结构和农田排水系统是实现良好水质和降低洪水风险的关键。此外，这些措施对农业生产力和许多农业系统的温室气体平衡也至关重要。在农业方面的良好实践受到机构和工作人员的认可。

（B）气候变化

虽然全球变暖趋势在局部或区域尺度上的表现还存在一定程度的不确定性，但从 20 世纪 60 年代到现在的证据证实，苏格兰的气候总体上已经变得更加湿润（特别是在西部）和温暖。预计这种暖湿的趋势将持续下去，并且夏季更加炎热干燥，冬季变得越来越温和湿润（Werritty and Sugden 2012；Scottish Government 2019）。

苏格兰气候变化研究与政策专家中心（CXC 2016）（Rivington et al. 2019）在最近的一次审查发现，苏格兰东北部凯恩戈姆山脉的冬季积雪覆盖率发生了变化，并指出在 1969—2005 年冰雪覆盖呈下降趋势，这一现象与其他山区一致。短期的预测结果表明，

积雪有可能持续存在，但从 2040 年开始将大幅下降。这些发现与英国气象局和联合国政府间气候变化专门委员会（IPCC 2019）的观测结果一致。

除了冬季积雪覆盖面积和储量的减少以外，极端降雨事件的数量和频率都有所增加，近年来苏格兰发生了多次大范围的重大洪水事件。总结如下：

• 在过去 40 年里，苏格兰河流的高流量径流增加了 20%以上，冬季河流径流增加了近 45%（Hannaford 2015）。

• 在高排放情景下，到 21 世纪 80 年代，苏格兰部分流域的峰值流量可能增加 50%以上（Kay et al. 2021）。

• 预计夏季和冬季强降雨事件的增加也会增加大部分河流和地表水的洪水风险（Met Office 2019）。

预计夏季和冬季气温都将上升，但夏季变暖幅度更大。值得注意的是，2018 年苏格兰经历了夏季异常高温和大面积干旱，对整个农村部门造成了重大影响，危及当地的供水、作物生产和森林火灾（Undorf et al. 2020）。气候变化预测表明，未来苏格兰发生类似于 2018 年夏季情况的概率增加了 12%～25%。随着未来气候变暖，到 21 世纪中叶，夏季高温可能会变得更加普遍，增幅接近 50%（Met Office 2019）。

CREW 及其联合中心 CXC（Climate XChange 2016），联合其他合作伙伴，已经进行了一些综合分析用于推进 2009 年《洪水风险管理（苏格兰）法案》的实施，同时制定《应对苏格兰气候变化：2019—2024 年第二个苏格兰气候变化适应计划》，为规划、建设和发展中实施可持续的举措提供依据。

(i) 恢复力和土地利用规划

自然洪水管理措施（NFM）在缓解洪水对下游地区和社区造成的影响方面已经获得了显著成效，这对于通过蓄水补充地下水和增强抗旱能力而言具有的双重优势。

“减缓流量”这一重要概念为一系列不同的普遍和特定的干预手段提供可行性标准。Spray 等（2015 年）对农民对 NFM 的态度以及不同政策执行的潜在影响进行了广泛调查。他们发现，许多人对 NFM 措施的应用感兴趣，但在实施前需要进一步明确措施内容，并应用切实的证据证明这些措施的有效性。受到广泛认可的措施包括在沿河岸走廊以及生产力较低的地区种植林地，目的在于尽量减少对生产力地区、农业适应性及收入的影响。更深入的研究（Marshall et al. 2019）探索了群众认可 NFM 的影响因素，尤其在那些易受洪水影响的地区。作者建议，为了鼓励更多的群众支持 NFM，应该遵循以下原则，即：

• 提供有关 NFM 措施的信息。有效表现 NFM 的多重效益（例如改善水质、减少土壤侵蚀、增加生物多样性、提高舒适度），即使这些可能不包括在标准的成本效益分析（CBA）中。明确解释不同 NFM 措施如何作为当地 FRM 计划的一部分用于降低洪水风险。

• 促进群众参与 NFM。谋求群众持续接触建设的机会。提供 NFM 计划有效性的相关证据，例如建立当地的试点研究，描述现有的 NFM 项目或促进对这些项目的实地考察。考虑让群众参与河流监测或方案规划和实施的其他方面。

• 围绕洪水风险管理流程树立巩固公信力。各个机构和行政部门需要长期有效地参与

NFM的实施以建立和维持群众的信任。在流程的各个部分之间提供更清晰的交叉链接，即那些由于特定洪水事件的信息搜集者也可以看到关于当地洪水风险规划流程、潜在脆弱区（PVAs）等方面的信息（Marshall et al. 2019）。

随着苏格兰NFM网络（NFM 2018）的建立，从业人员、研究人员和群众人数不断增加，扩充了关于NFM的知识和最佳实践。案例研究、实际操作指导以及机构的支持和鼓励促进了苏格兰对NFM的深入理解。

近年来，探索城市洪水如何在气候变化和快速变化的城市环境中的形成机制及时间节点是众多研究的重点。透水表面（如花园、绿地和空地）转变为不透水表面（如建筑物、道路和停车场）是影响地表洪水风险的一个重要因素。Rowland等（2019）发现，爱丁堡市的“城市扩张”（透水面的损失）平均接近6.5hm^2/年（1990—2015年），同期的城市扩张率（主要在城市边缘）接近5hm^2/年。尽管这些数字对于人口约为50万人（爱丁堡市议会区域）的爱丁堡这样的城市来说似乎不大，但城市历史发展及其遗留问题，以及土地覆盖和地表孔隙度的变化可能是现有城市基础设施产生地表径流的重要原因。

由于地表洪水事件往往是区域性的，发展迅速并且可能较为剧烈，通常难以预测。在国家环保总局的国家洪水风险评估中，苏格兰所面临的风险极高，超过10万处建筑被认为容易受洪水影响。近年来，苏格兰城市所遭受的地表洪水引起了广泛关注，如阿伯丁在2001年和2015年、爱丁堡和斯特灵在2019年、格拉斯哥在2002年都经历了地表洪水，随后格拉斯哥在2007年、2011年、2012年和2013年也经历了较小的地表洪水事件（Speight et al. 2019）。

Moore等（2015）在24h内完成了英国首个地表洪水风险预测，并在格拉斯哥英联邦运动会上成功试行。这是对洪水影响的实时预测的新方法，其促进了关于洪水风险不确定性信息的交流。试验为地表洪水实时预测和建模的几项重大进展奠定了基础。这些均建立在英国雷达网络升级的基础上。该网络能够提高强降雨观测精度，推进数字化天气预报，利用群众监督加强洪水风险建模和监测，推动云计算以及洪水模型的高速发展，并巩固了城市洪水预报相关部门的实践。英国在城市尺度上利用地表水洪水预测模型的例子有限，虽然这项挑战很少受到数值及计算能力的限制，但在传递强降雨预报的时空信息以及由此产生的城市规模影响的不确定性方面仍存在困难（Speight et al. 2019）。

在不同的空间尺度上，格拉斯哥城市战略排水伙伴关系（MGSDP）是一个跨机构的合作关系，旨在通过共同努力打破壁垒，并创新城市水管理的方法，使北格拉斯哥能进一步抵御气候变化的影响。其重点在于为城市的发展和再生提供技术和社会经济支持（Allan et al. 2015）。城市水资源规划利用可持续城市排水系统（SuDS）原则和基础设施，如福斯和克莱德运河通过接收强降水以及运河本身的发展，能够促进蓝绿色基础设施建设，为周围社区带来多重利益。MGSDP是苏格兰国家规划框架3（NPF 3）的一部分，涉及约3800万英镑的投资，其在流域尺度的水资源及排水基础设施规划是全国重要范例，旨在更好地服务现有团体、开发基础设施潜力以增强对长期气候变化的抵御能力（MGSDP 2021）。

苏格兰国家海岸变化评估（Fitton et al. 2017）提供了对苏格兰沿海资产恢复力和脆弱性的现代化理解。它肯定了自然景观（如海滩、沙丘和海岸栖息地）在保护价值约130

亿英镑资产方面的重要作用，其中许多资产在未来气候变化下面临着巨大压力，并容易受到侵蚀。该项目还指出要在现有政策范围内考虑海岸脆弱性，以确保规划和未来管理之间进行互补。该项目下一阶段的成果于2021年夏季发行。

自《洪水风险管理（苏格兰）法案》（Scottish Government 2019）颁布十年以来，结合所发现的新证据，苏格兰政府承诺每年至少投资4200万英镑用于提高各地社区的抗洪能力。正在执行的基于风险的计划侧重于：

- 减少处于风险中的人员和财产数量，并继续投资，重点保护最脆弱的人群。
- 减少在农村和城市中的径流（“减缓径流”）。
- 实施可持续地表水管理，减轻洪水泛滥。
- 区域动态海岸管理。
- 确保公众和社区了解风险及其保护措施，并采取保护其财产和业务的措施。
- 确保洪水管理能够应对未来的长期变化和影响。

该法案为协调与合作建立了框架，明确了涉及洪水风险管理的关键工作关系和机构职责，并继续以科学（生物、物理和社会）知识为基础，支持CREW、CXC以及其他合作组织制定相关政策（Scottish Government 2021a）。

最近，苏格兰政府（Scottish Government 2021b）制定了一个名为“水适应性场所——地表水管理和蓝绿色基础设施”的政策框架。该框架概述了当前苏格兰地表水的管理方式，提出了未来的愿景并将二者结合在一起形成完整的体系，以支持水适应性场所的建设。

（ii）管理极端气候的影响

2015年、2016年冬季，英国很多地区都受到了洪水的严重影响。自2015年11月初开始，在长达14周的时间里，“持续且异常温和的气旋事件”带来了“严重、广泛和持久的洪水，对英国北部、北爱尔兰和威尔士部分地区造成严重影响。”洪水对许多地区产生了相当大的影响，包括私人住宅、营业场所、交通基础设施和农业用地，预计损失超过13亿英镑（Marsh et al. 2016）。2015年12月底和2016年1月初，苏格兰的严重洪水也影响了苏格兰东北部。阿伯丁市也遭受过洪水事件，但大多数洪水发生在整个阿伯丁郡的偏远城镇、村庄以及开阔的乡村。这些洪水是在苏格兰历史记载中最严重的事件。CREW为了确定洪水的长期影响，进一步了解群众需要什么类型的帮助和建议，以及何时将洪水管理纳入恢复战略等问题开展了相关工作（Philip et al. 2020）。这项研究是同类研究中的第一个，它特别关注的是在洪水发生三年后仍能具有重大影响的情况下，抗灾能力如何随时间变化。

相关分析显示，很多人在洪水发生后的半年内无法返回家园，并且在临时居住时搬迁了不止一次，有些人搬迁多达五次。这给洪灾后的百姓生活带来了巨大负担，调查中超过60%的受访者表示个人健康和生活水平不断下降。此外，洪水影响了整个区域，那些没有受到直接影响的人也面临着公用事业、交通和当地服务的中断。该研究的具体建议强调了在潜在脆弱地区做好洪水防范和恢复力规划、加强与百姓之间的沟通和联络的必要性，政府和应急服务部门在洪水发生过程中和洪水发生后所采取的措施应该以即刻援助和维护群众长久生活为目标。这类灾难性洪水事件使整个区域积累了重要的经验（Currie et al. 2020），其结果直接影响到“与洪水共存”运动的发展。

苏格兰水资源非常丰富，也是英国乃至欧洲较为湿润的地区之一。然而，近年来苏格兰在夏季发生了多次干旱事件，2003 年、2012 年、2018 年和 2020 年的严重干旱足以导致水资源短缺。Gosling（2014）指出，苏格兰未来的夏季将更加干燥，这会导致水的供应量减少、土壤干燥并且夏季河流流量下降（Brown et al. 2012；Rivington et al. 2020），尤其是在脆弱地区。这种脆弱性被定义为区域适应性、敏感性和暴露性的组合。适应性是一个区域将负面影响降至最低的能力；敏感性是指给定的暴露度的变化量；暴露度为预测的土地利用量或气候变化量（Sample et al. 2016）。有研究认为由于苏格兰东部较为干旱，人口较为密集，比西部有更多的农业用地，所以比西部更容易遭受干旱（Waajen 2019）。

这种脆弱性的最近的例子是 2018 年的干旱事件，在苏格兰北部和东部地区降雨量不足多年平均降雨量的 75%（40 年以来的最低水平），这是继 2017—2018 年冬季之后的第三个连续干旱冬季（10 月至次年 3 月）。2018 年夏季干旱事件最显著的是私人供水系统（PWS）和水处理系统的严重缺水，这提高了人们对其水资源短缺脆弱性的认识。干旱还对农业和商业产生了重大影响，苏格兰几条河流流量创历史新低导致生态系统面临巨大压力，也引发了一些地区的森林火灾（Hare et al. 2020）。

为了进一步评估这一点，CREW 委托开展了一个项目，从降水（降雨和雪）的数量、频率和空间分布方面探究气候变化可能产生的影响。该研究分析了 UKCIP18 最近的气候变化预测，用于评估未来降水的空间和季节变化，并根据私人供水系统密度绘制了干旱风险（即气象干旱）图。在这过程中提出气象干旱风险指标，确定了面临干旱风险的地区。进一步探究并强调水文干旱（河流、湖泊和地下水的低流量/水位）的重要性，这种干旱在气象干旱（长期无降水）消退后可能持续数月。个人供水系统严重依赖地下水，一旦发生水文干旱，其受到的影响尤为严重。该研究强调，当前对苏格兰水文干旱的认识有限，无法有效预测对私人供水系统的后续影响。因此，制定适应性措施以提高私人供水系统的适应力已被确定为未来的关键优先事项（Rivington et al. 2020）。

对水资源短缺的性质和程度以及未来干旱的可能性的认识激发了跨政策的思考。此前，苏格兰土地利用战略第一阶段（2011—2015 年）和第二阶段（2012—2021 年）均未考虑缺水问题。然而，目前起草的第三阶段战略将全面考虑水资源管理，包括更多地考虑到极端天气对地表形态、社区和企业的影响。苏格兰缺水计划（Scottish Environment Protection Agency 2020）规定了长期干旱天气期间及前期的水资源管理机制。这项行动计划的制订将以地方执行为基础，其中涉及若干具体的缓解措施和行动，细化了预期的机构之间及众多利益相关方所扮演的角色、责任和采取的行动。这一机构间的计划旨在平衡人类环境保护与经济活动。它承认了水资源短缺在苏格兰流域管理计划实施中的重要性，以及应对日益严峻的气候挑战的必要性。

9.6　未来发展方向及结束语

像 CREW 这样的专业知识中心进行知识传递的关键在于适应性管理，在动态的政策环境中明确知识传递过程，寻求跨部门整合，并在规定的时间期限内完成。自 CREW 成立以来，自我评价和批判性评价是中心积极学习的重要内容。苏格兰众多学术团体与知识提供者之间的关系是动态发展的，同时需要接受新的专业知识和技能、见解和理念、技术

和知识，基于实际情况以应对不断变化的政策环境下社会、环境和经济成果的决策需求。

Knight 和 Lyall (2013) 发现，研究人员和政策之间的交互可以采取多种形式，从简单的一对一接触到更正式的信息交互以及通过共享，共同得出成果。CREW 的运作结构旨在促进这种互动，从与专家的快速对话、提供综合分析知识，直到目标结果的交付。

交付的关键是维持和促进研究界和政策界之间的关系。这些关系的关键是中心的促进小组 (CFT)。他们的作用是为了确保认识到与应对决策者面临的当代挑战有关的政策演变及研究进展。在单个项目中，既需要灵活应对政策和科学知识方面的不断变化，也需要避免随着知识和理解的发展而出现"任务漂移"。CFT 领导可能会花费高达 30%的时间在项目管理或是促进项目的共同建设上，咨询所有利益相关方，最终项目提供以下方面的明确且规范的信息：政策需求/项目背景、项目的预期影响、目的和目标、成果、关键日期、项目在预算范围内交付。在 CFT 的努力下，该中心的总体目标定为"确保在正确的时间以正确的方式与该知识的用户分享正确的知识"。

由于作为专业中心工作基础的矛盾协调和问题解决的框架不一定遵循简单的衡量标准，因此有时很难评价项目以及众多活动的影响。定期的自我评估用于评估活动参与和成果交付的模式。这一过程突出了 CREW 的（积极）影响，同时也需要对 CREW 的实践和执行情况进行反思/批判性评估。CREW 编写了一份涵盖所有治理和操作过程的质量手册，该手册随着年度风险审查进行适应性管理和修订。随着时间的推移，这种共享学习在改善信息提供方式的同时扩大了 CREW 的影响。

CREW 最近参与了荷兰水循环研究所（KWR）对各国参与国际水研究组织议程的制定进行的独立比较分析。报告强调，CREW 的"互动议程设置"受到"需求表达"的驱动，增加了终端用户和供应商之间的"认知和社会接触"。此外，该报告认为，成功的知识提供者需要"保持足够的灵活性以对新出现的问题采取行动"，并且赞同 CREW 的两大参与构成（能力建设与召唤活动）和项目优先次序的参与方法。

CREW 通过项目后追踪后续影响，并通过向客户和研究提供者发送问卷记录最终用户的反馈，这些问卷涉及向 RESAS 提交的年度报告中成果的应用。CREW 的内部评估强调了定性和定量数据以及长期评估的需求，而不是简单地叙述，特别体现在项目和主题层面的长期成果方面。及时评估一项特定活动的最终影响十分困难，但却是反映真正"影响"的最佳方法。

通过 CREW 的工作成果改变人类活动的目标很难评估，需要很长的时间才能完成。然而，正如之前 CREW 提交的关于苏格兰水资源价值的报告（Martin - Ortega et al. 2013）中所强调的那样，该报告能够为制定《2013 年水资源（苏格兰）法》提供依据，随后规定部长们有责任"确保水资源的开发和价值"以及"水资源的可持续利用"（这是正在实施的"水利国家"战略的基础），并为此提供了一个在科学政策层面上进行知识传递的具体实例，并证实这种方式在恰当的时机可以产出极为重要的未来成果。

未来水资源政策的挑战

毫无疑问，应对气候和生物多样性危机的全球性挑战将是全球最紧迫的需求。气候变化的影响表现在许多方面（虽然苏格兰水资源丰富），影响着环境功能和可持续性。制定强有力的政策必须以人为中心，苏格兰政府所建立的专家中心模式旨在确保获取的经验对群体和社会实现利益最大化。

我们所面临的全球性挑战在不同的区域表现方式不同。这一挑战的关键是向低碳未来迈进。近期，苏格兰政府将2018年气候变化计划更新为新冠疫情后的愿景，即建设更全面的绿色复苏，同时实现到2045年实现净零排放的宏伟目标。这包括认识到新冠肺炎对社会的影响以及实现“公正”过渡的必要性。

未来的研究需要进行跨部门政策研究，而从整体上看待对水、能源、生产和环境之间的相互作用以及发展真正的循环经济是一项战略性挑战。例如，Troldborg等（2017）强调在苏格兰开发再生水利用基础的潜力，并且越来越多地集中于从水循环中回收资源。这包括通过提高用水效率、废弃物的二次利用或回收营养物质和其他有价值的成分来节约能源或成本。同样，苏格兰非常适合发展绿色氢能源，以实现气候变化下的农村和城市发展。

减少温室气体排放和应对气候变化的众多战略理应有助于缓解生物多样性的丧失。“基于自然保护和生态系统恢复”这一概念的采用，重点在于土壤碳管理、泥炭地恢复、植树造林和滨岸林地建设、地面面源污染管理及缓解措施等，借此带来除环境改善外的额外效益（如改善水质和洪水保护、碳固存、土壤健康等），同时通过创造就业机会、改善福利和社会凝聚力产生社会效益。

水是生命的重要组成部分，水循环是维持地球上生命最重要的地球系统过程。水利国家的发展以及苏格兰部长们确保资源可持续性的职责，将水问题置于国内和全球国家待解决问题的首要位置。水域专业知识中心通过提供经验促进水资源的可持续发展，造福于人民和社会。

致谢　水域专业知识中心（CREW）以苏格兰政府农村与环境科学与分析服务部（RESAS）为支撑。此外，感谢科学研究者（大学和研究机构）、政策和利益相关团体合作开展CREW工作。

参考文献

Allan R, Wilkinson M, Dodd N (2015) The North Glasgow integrated water management system: a review.

Bowden LA, Voas S, Mellor D, Auty H (2020) EPIC, Scottish governments centre for expertise in animal disease outbreaks: a model for provision of risk - based evidence to policy. Policy. Front Vet Sci 7: 119.

Brown I, Dunn S, Matthews K, Poggio L, Sample J, Miller D (2012) Mapping of water supply - demand deficits with climate change in Scotland: land use implications. CREW report 2011/CRW006. Accessed 14 April 2021.

Climate XChange (2016) Centre of expertise on climate change.

Cloy J, Audsley R, Hargreaves B, Ball B, Crooks B, Griffiths B (2018) Valuing your soils: practical guidance for Scottish farmers.

Currie M, Philip L, Dowds G (2020) Long - term impacts of flooding following the winter 2015/16 flooding in North East Scotland: summary report. CRW2016 _ 02. Scotland's Centre of Expertise for Waters (CREW).

DEFRA (2007) Future water: the governments water strategy for England.

Duffy A, Berwick N, Dello - Sterpaio P (2015) How do we increase public understanding of the benefits provided by SUDS? CRW2014/14.

Gosling R (2014) Assessing the impact of projected climate change on drought vulnerability in Scotland. Hydrol Res 45 (6): 806 - 816.

Hallett P, Hall R, Lilly A, Baggaley B, Crooks B, Ball B, Raffan A, Braun H, Russell T, Aitkenhead M, Riach D, Rowan J, Long A (2016) Effect of soil structure and field drainage on water quality and flood risk. CRW2014 _ 03.

Hannaford J (2015) Climate - driven changes in UK river flows: a review of the evidence. Prog Phys Geogr Earth Environ 39: 29 - 48.

Hansom JD, Fitton JM, Rennie AF (2017) Dynamic coast—national coastal change assessment: methodology. CRW2014/2.

Hare M, Helliwell RC, Ferrier RC (eds) (2020) Exploring Scotland's resilience to drought and low flow conditions: world water day 22nd March 2019 - full report. Produced on behalf of CREW and Hydro Nation International Centre. ISBN: 978 - 0 - 902701 - 72 - 4.

Hendry S, Akoumianaki I (2016) Governance and management of small rural water supplies: a comparative study. CRW2015/05.

IPCC (Intergovernmental Panel on Climate Change) (2019) 6th assessment report.

Kay AL, Rudd AC, Fry M, Nash G, Allen S (2021) Climate change impacts on peak river flows: combining national - scale hydrological modelling and probabilistic predictions. Clim Risk Manag 31: 100263.

Knight C, Lyall C (2013) Knowledge brokers and the role of intermediaries in producing research impact. Evid Policy 9 (3): 309 - 316.

Lilly A, Baggaley NJ (2014) Developing simple indicators to assess the role of soils in determining risks to water quality. CREW project number CD2012 _ 42.

Marsh TJ, Kirby C, Muchan K, Barker L, Henderson E, Hannaford J (2016) The winter floods of 2015/2016 in the UK - a review. Centre for Ecology & Hydrology, Wallingford, UK. 37 pages. ISBN: 978 - 1 - 906698 - 61 - 4.

Marshall K, Waylen K, Wilkinson M (2019) Communities at risk of flooding and their attitudes towards natural flood management. CRW2018 _ 03. Scotland's Centre of Expertise for Waters (CREW).

Martin - Ortega J, Holstead K, Kenyon W (2013) The value of Scotland's water resources.

Met Office (2019) UK climate projections: headline findings September 2019 Version 2.

MGSDP (2021) Metropolitan Glasgow strategic drainage partnership.

Moore RJ, Cole SJ, Dunn S, Ghimire S, Golding BW, Pierce CE, Roberts NM, Speight L (2015) Surface water flood forecasting for urban communities. CREW report CRW2012/03. The James Hutton Institute, Aberdeen, UK.

NFM (2018) Natural Flood Management Network Scotland.

O'Keeffe J, Akunna J, Olszewska J, Bruce A, May L, Allan R (2016) Practical measures for reducing phosphorus and faecal microbial loads from onsite wastewater treatment system discharges to the environment: a review.

Philip L, Dowds G, Currie M (2020) Long - term impacts of flooding following the winter 2015/16 flooding in North East Scotland: comprehensive report. CRW2016 _ 02. Scotland's Centre of Expertise for Waters (CREW).

Plant Health Centre of Expertise (2020).

Reed M, Meagher L (2019) Using evidence in environment and sustainability issues. In: Boaz A, Davies H, Fraser A, Nutley S (eds) What works now? Evidence - based policy and practice. The Policy Press,

Bristol, pp 151 - 223.

Rivington M, Akoumianaki I, Coull M (2020) Private water supplies and climate change: the likely impacts of climate change (amount, frequency and distribution of precipitation), and the resilience of private water supplies. CRW2018 _ 05. Scotland's Centre of Expertise for Waters (CREW).

Rivington M, Spencer M, Gimona A, Artz R, Wardell - Johnson D, Ball J (2019) Snow cover and climate change in the Cairngorms National Park: summary assessment. Centre of Expertise for Climate Change (ClimateXChange).

Rowland C, Scholefield P, O'Neil A, Miller J (2019) Quantifying rates of urban creep in Scotland: results for Edinburgh between 1990, 2005 and 2015. CRW2016 _ 16.

Sample JE, Baber I, Badger R (2016) A spatially distributed risk screening tool to assess climate and land use change impacts on water - related ecosystem services. Environ Model Softw 83: 12 - 26.

Scottish Government (2005) Prevention of environmental pollution from agricultural activities: a code of good practice.

Scottish Government (2013) Water Resources (Scotland) Act 2013.

Scottish Government (2017) The Water Environment (Miscellaneous) (Scotland) Regulations.

Scottish Government (2019) Climate ready Scotland: Second Scottish Climate Change Adaptation Programme 2019 - 2024. Laid before the Scottish Parliament by the Scottish Ministers under Section 53 of the Climate Change (Scotland) Act 2009, September 2019. SG/2019/150.

Scottish Government (2020) Securing a green recovery on a path to net zero: climate change plan 2018 - 2032 - update.

Scottish Government (2021a) Implementation of the Flood Risk Management (Scotland) Act 2009. Report to the Scottish Parliament. Laid before the Scottish Parliament by the Scottish Ministers under Section 52 of the Flood Risk Management Scotland Act, January 2021. Report SG/2021/11.

Scottish Government (2021b) Water - resilient places—surface water management and blue - green infrastructure: policy framework.

SEPA (2013) Scottish Environment Protection Agency: an introduction to the significant water management issues in the Scotland River Basin District. Scottish Environment Protection Agency.

SEPA (2019) Scottish Environment Protection Agency. Scotland's Environment.

SEPA (2021a) Scottish Environment Protection Agency. The draft river basin management plan for Scotland 2021 - 2027.

SEPA (2021b) Scottish Environment Protection Agency. Water resources management plan (currently under consultation).

Speight L, Cranston M, Kelly L, White CJ (2019) Towards improved surface water flood forecasts for Scotland: A review of UK and international operational and emerging capabilities for the Scottish Environment Protection Agency. University of Strathclyde, Glasgow.

Spray CJ, Arthur S, Bergmann A, Bell J, Beevers L, Blanc J (2015) Land management for increased flood resilience. CREW CRW2012/6.

Troldborg M, Duckett D, Hough RL, Kyle C (2017) Developing a foundation for reclaimed water use in Scotland. CREW Report: CRW2013 _ 16.

UK CCRA (2017) UK Climate Change Risk Assessment 2017 Evidence Report.

Undorf S, Allen K, Hagg J, Li S, Lott FC, Metzger MJ, Sparrow SN, Tett SFB (2020) Learning from the 2018 heatwave in the context of climate change: are high - temperature extremes important for adaptation in Scotland? Environ Res Lett 15 (3): 034051.

UN Water (2020) UN World Water Development Report 2020.

Waajen AC (2019) The increased risk of water scarcity in Scotland due to climate change and the influence of land use on water scarcity: issues and solutions. CXC Report.

World Economic Forum (2012) The Water Resources Group 2030: background, impact and the way froward. Briefing report prepared for the World Economic Forum Annual Meeting 2012 in Davos - Klosters, Switzerland 26th January 2012.

Werritty A, Sugden D (2012) Climate change and Scotland: recent trends and impacts. Earth Environ Sci Trans R Soc Edinb 103 (2): 133 - 147.

Wreford A, Peace S, Reed M, Bandola - Gill J, Low R, Cross A (2019) Evidence - informed climate policy: mobilising strategic research and pooling experience for rapid evidence generation. Clim Change 156: 171 - 190.

第 10 章　为苏格兰建立一个有弹性的可持续的供水-污水处理部门

Mark E. Williams，Gordon Reid，and Simon A. Parsons

摘　要： 气候变化影响着水循环，对干旱、水质和城市洪水风险管理等方面具有重要意义。苏格兰已经历的环境变化事件与气候预测保持一致。季节性温度变化及降水异常导致苏格兰部分地区出现干旱和洪水现象。在此背景下，苏格兰水务公司主要提供与气候变化相适应的供水和废水服务。通过与他人合作进行地表形态的管理，对城市流域适应气候变化以及可持续排水至关重要。服务业是高碳排放产业，其中，对于水收集、水处理和水供应以及废水的收集、处理和回收都是资产和能源急剧消耗过程。苏格兰水务公司承诺将通过降低能源消耗、开发再生能源、减缓投资排放强度以及增加土地的碳储存量，争取到 2040 年在运营和投资活动中实现净零排放。

关键词： 气候变化恢复力；净零排放；适应性；缓解措施；供水服务；废水；可持续排水

10.1　引言

苏格兰水务公司是苏格兰的公共供水和污水处理服务方，其服务范围约 500 万人。苏格兰水务公司拥有 230 个水处理厂、1800 个污水处理厂和 10 万 km 长的水和污水管道，其主要通过上述设备提供供水和污水处理服务。苏格兰水务公司由苏格兰政府拥有，由部长负责，在监管体系内运作，需与饮用水、环境和经济监管机构、利益群体和政府密切协作。

苏格兰的环境对于提供有弹性的水和污水处理服务至关重要。苏格兰水务公司通过足够的优质水资源来为人们提供服务，并通过健康的流域来循环处理废水。因此，在考虑气候变化时，必须了解和管理对所依赖的自然环境的影响，以及对设备的完整性和性能的影响。

在这一章中，主要分享苏格兰水务公司应对气候变化挑战的经验，以及在减轻提供服务对环境的影响方面的作用。

10.2　苏格兰的气候变化预测

全球变暖已经导致极端天气事件的频率越来越高。2018 年的夏天是苏格兰 25 年来最干旱和最炎热的夏季，而在这之前的 4 个月里，苏格兰经历了以“东方野兽”之称的长期

M. E. Williams (✉) · G. Reid · S. A. Parsons
Scottish Water，Dunfermline，UK
e-mail：Mark. Williams@scottishwater. co. uk
S. A. Parsons
e-mail：Simon. Parsons@scottishwater. co. uk

冰冻和冬季天气。预测表明，到 2050 年，大约每两年就会有一个像 2018 年那样高温的夏天，甚至比 2018 年更热的夏天（见图 10.1）。

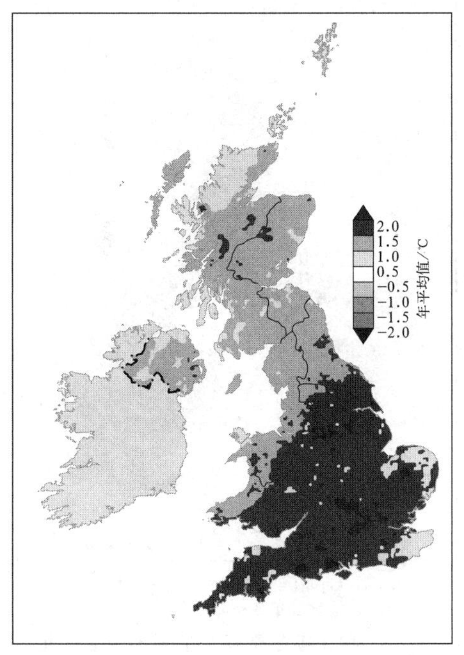

（a）与1981—2010年平均温度相比，2018年夏季温度异常偏高

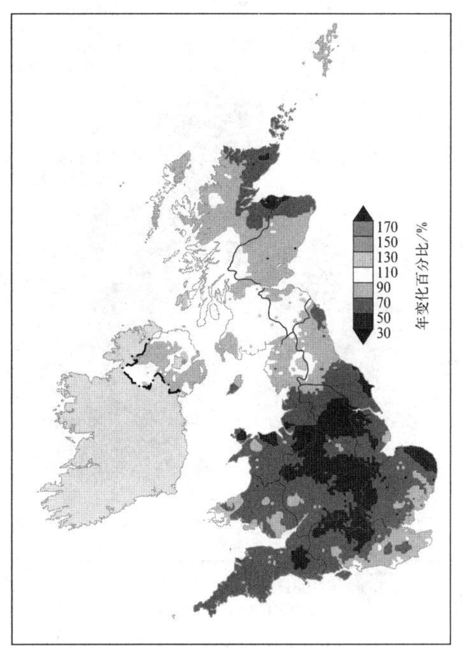

（b）与1981—2010年平均降水相比，2018年夏季的降水减少

图 10.1 与 1981—2010 年平均温度和平均降水相比，2018 年夏季的温度异常偏高，降水减少（参见文后彩图）

（Met Office 2018）[1]

气候变化的影响在水循环中体现得最为明显。近年来，苏格兰的年平均降水量有所增加，过去十年（2009—2018 年）比 1961—1990 年的平均降水量高出约 15%，冬季高出 25%。

然而，气候变化导致的降水量变化并不均匀，对 2019 年和 2020 年的季节性冬季降水量的实际调查显示了明显的差异（见图 10.2）。2019 年的特点是降水量明显低于预期降水量，而 2020 年苏格兰大部分地区的降水量明显高于平均水平，一些地区的降水量则有所下降。

气候变化预测表明，苏格兰极端天气事件的频率和强度增加。长时间的干旱天气给水资源带来挑战，以及降水事件的强度大幅增加，这将给资产和城市地区排水能力造成洪水风险，给人们带来洪水风险（Climate Change Committee 2019）[2]。

目前的预测表明，在未来 30 年内降水强度可能会增加约 45%。这可能会使下水道水量增加 90%～135%，因为下水道建于 19 世纪和 20 世纪，它们将无法应付这种变化

---

[1] Met Office (2018) An assessment of the weather experienced across the UK during Summer 2018 (June, July, August) and how it compares with the 1981 to 2010 average

[2] Climate Change Committee (2019) Final assessment: the first Scottish climate change adaptation programme. https://www.theccc.org.uk/publication/final-assessment-of-scotlands-first-climate-change-adaptation-programme/. Accessed 20 Feb 2021

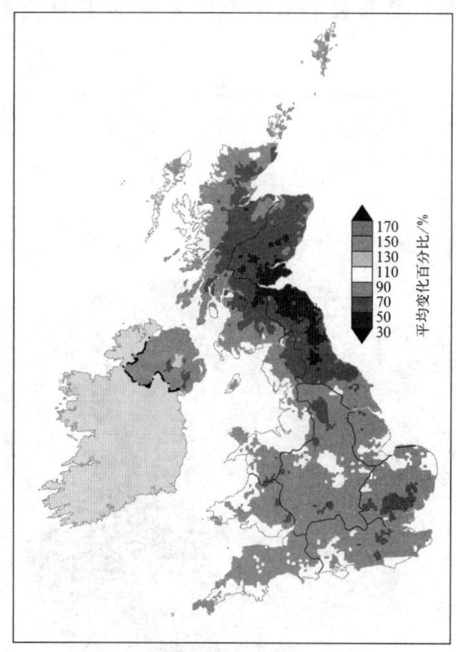

（a）与1981—2010年平均降水相比，
2019年冬季降水变化

（b）与1981—2010年平均降水相比，
2020年冬季降水变化

图 10.2　与 1981—2010 年平均降水相比，2019 年和 2020 年冬季降水呈现出明显变化，
其中 2020 年在小范围内存在显著差异（参见文后彩图）
（Met Office 2019）

(Scottish Water 2018；UKWIR 2017)[1]。

气候的变异性也将增加，我们的设施必须在更广泛的极端情况下进行管理。气候的多变性对环境有进一步的影响，比如，湿润期和干燥期会增加土壤侵蚀的风险，这可能会影响到抽取的地表水的质量。同时，反过来会对水处理到合适的标准提出挑战。

10.3　适应性——在不断变化的气候中为客户服务

近年来，苏格兰水务公司采取了一系列措施，以确保他们的服务能够在不断变化的气候中为人们提供服务。

我们已将“高排放途径”作为规划假设，并利用英国水务行业（UKWIR 2013）开发的适应风险评估和规划工具，审查了对设施的关键影响，得出以下结论[2]：①气候变化给服务带来了风险，包括水质、水量（供应）、洪涝导致财产损失和人类死亡，低流量或高温导致的风险；②气候变化对环境的影响可能比以往所了解的程度更大，特别是排水和洪

[1] Scottish Water（2018）Shaping the future of your water and waste water services. https：//www.scottishwater.co.uk/en/help%20and%20resources/document%20hub/key%20publications/reports. Accessed 25 Feb 2021

[2] The Metropolitan Glasgow Strategic Drainage Partnership（2020）. https：//www.mgsdp.org UKWIR（UK Water Industry Research）（2013）Updating the UK Water Industry Climate Change Adaptation Framework. www.ukwir.org/eng/water－research－reports－publications. Accessed 25 Feb 2021

水；③无论碳排放轨迹如何，未来20年的情况不会有明显不同；④极端事件的发生概率将增加，其影响范围将扩大；⑤气候变化与人口增长、土地使用变化（水需求等）和城市扩张（地表水径流）等因素存在相互依赖关系，在适应规划中需要考虑这些因素。弹性服务是供水和污水处理团队的关键点，以制定适当的措施，应对多种变化因素带来的服务挑战。这些因素包括经济增长、城市化、土地利用变化、设备老化和新技术或需求。气候变化是一项附加因素，它将加剧上述因素带来的服务挑战。

我们应对气候变化的战略是：通过使用最新的情景、规划、工具和数据，将其应用于设备和服务风险规划，确保我们的服务能够适应气候变化。

我们的目标是确保有计划地改善供水弹性和排水系统的能力和运行，以提高我们应对气候变化的能力。为此，我们将继续加深对气候变化如何影响水资源供应和污水管网的理解，并制定解决方案，以提高对气候变化的长期抵御能力。

迄今为止，我们采取的主要适应对策包括：

• 监测——通过观察趋势和影响来加强模型及规划预测，改进对流量和水质的监测将有助于了解流域可能发生的变化，并确定触发点，以便我们作出反应。

• 模型化——利用最新的工具将英国气候预测集成到水资源模型中，并利用开发工具将气候预测集成到排水模型中，以管理风暴事件。

• 投资——已改进了部分污水处理厂的运作方式，以应付水质不断恶化的情况；通过加强连通性，提高水资源的抵御能力，并投资多项水资源管理计划，以管理和降低污水处理厂和污水管网的洪水风险。

• 集水——对流域质量及其对气候变化脆弱性的进一步了解，为如何与农民和土地所有者合作、改善河岸栖息地和恢复泥炭地以支持水质提供了信息。

• 排水综合管理——由于认识到暴雨强度增加带来的挑战，防止更多地表水流入下水道，并改进地表水的排水系统，以管理未来的排水风险。为了应对经济增长和气候变化的双重挑战，我们正与苏格兰环境保护局（SEPA）、地方当局和苏格兰各地的其他机构合作，以确保我们的城市能够应对气候变化。一个很好的例子是格拉斯哥大都会战略排水伙伴关系（2020年），该合作关系正在改变格拉斯哥市地区如何思考和管理降水，以结束不受控制的洪水并改善水质。

• 表10.1总结了气候变化危害及应对措施。

表10.1　　气候变化危害及应对措施

气候变化危害/风险	应对措施
水资源 降水量减少或积雪减少的时期增加了供水风险； 地表水资源变得更加脆弱	将气候变化预测应用于52个优先区域的水资源模型；加强降水和河流流量监测，为水资源和恢复力计划提供信息，继续加强互联互通
水质 原始水质会因气候变化而恶化——土壤和河岸侵蚀、有机物、细菌、营养物质、富营养化风险	扩大水资源监测计划，以改善数据趋势分析，为未来的处理和集水管理的干预措施提供信息；研究有机物、细菌和水化学的适应能力并提出解决方案
水网络 气候变化导致地面条件更加多变，有发生滑坡和土壤移动的风险	气候情景的风险评估工作包括滑坡评估、逐个系统的恢复力评估，是确定和管理水网络的关键

续表

气候变化危害/风险	应对措施
废水网络 降水事件频率和强度的变化导致下水道洪水风险增加	以气候模型为依据，开发和部署新工具，将气候变化纳入未来降水预测网络恢复力规划中，开发排水系统和地表水管理规划。
废水处理 河流流量的变化会造成冲刷（高流量）和水体富营养化（低流量）的风险。低流量风险会使废水处理的标准更为严格	加强废水处理能力评估，预判风险，制定未来应对措施
资产/服务洪水风险 气候变化通过降水/河流或海平面上升导致设备风险增加，从而影响服务水平	根据洪水、风暴潮重现期的气候预测进行服务风险规划和恢复力规划
气候变化会导致间接的服务影响，如电力中断、通信中断、阻碍前往现场等	服务风险和弹性规划（水和废水）考虑次生易损性、服务影响和降低风险的措施

10.4 规划和适应极端降水

极端降水事件的频率和强度的显著增加，可能是气候变化的最有影响的后果之一。在城市环境中，降水强度的增加有可能淹没排水系统，导致财产和城市空间被淹没。

在农村环境中，降水强度的增加可能导致更多的径流从土地流向河道。这给饮用水质量带来了风险，包括自然污染物（如土壤侵蚀产生的有机物）和土地管理产生的污染物（如营养物质和杀虫剂）。

为了更好地了解降水模式和强度的变化方式及其对水源流量和水质的影响，我们大幅提高了对流域内降水、水质和水流的监测规模。

为了降低水质恶化的风险，我们在过去 10 年制订了流域管理计划，通过与土地所有者和农民合作，解决径流对水体造成影响的风险。大量投资于各种措施，比如建设沿水道的缓冲带和制订农场管理计划，以改善河岸栖息地并减小河岸侵蚀的风险。通过与自然苏格兰组织及泥炭地行动小组合作，我们在恢复栖息地方面进行了广泛的投资。泥炭地的侵蚀不仅会导致失去一个重要的栖息地，还会通过释放有机物和温室气体导致气候变化，对水质产生重大风险。我们通过重新规划土地并保护湿地，不仅保护了水源，也支持了生物多样性和缓解了气候变化对环境的影响（Scottish Water 2019）。

从气候变化模型中创建大型流域的未来流量预测是相对直接的，但对于城市环境来说要困难得多，因为城市环境中的短时暴雨更为显著。我们与水务行业的伙伴合作，开发了将气候变化预测整合到未来降水时间序列（UKWIR 2017）[1]的工具。我们的目标是开发工具来了解未来的降水事件，特别是在城市排水规划方面。我们已经为苏格兰未来三个时代（21 世纪 30 年代、50 年代和 80 年代）进行了预测。

---

[1] UKWIR（UK Water Industry Research）（2017）Rainfall intensity for sewer design—stage 2，17/CL/10/17. https：//ukwir. org/rainfall - intensity - for - sewer - design - stage - 2 - 0. Accessed 26 Feb 2021

在城市环境中，下水道有很大一部分是“合流”的——它们既输送污水，又输送房屋和道路的地表水。地下水道是受气候变化影响最大的排水系统。根据预测，气候变化将风暴事件增加的规模越来越大，将导致未来地表水流泛滥的洪水风险。

传统的防洪措施包括增加污水渠和排水网络的容量。在过去的10年里，我们在下水道基础设施方面投入了大量资金，用于建造储水箱，以帮助应对风暴事件，并扩大下水道的规模。

最重要的项目是建立希尔德霍尔隧道，这是一个位于格拉斯哥南侧的4.7km的新下水道，以缓解格拉斯哥大部分地区的洪水风险。该隧道直径近5m，于2018年开通，是苏格兰最大的建筑项目（BBC 2018）[1]。

传统的土木工程对解决急性排水和洪水问题至关重要，但是一个关键的问题是，土木工程提供的急性排水和洪水系统虽然更大但其仍然是有限的。未来的气候变化风险可以在一定程度上被缓解，但气候变化所导致的潜在排水量的变化，土木工程不可能完全适应。因此，我们有必要找到其他方法来管理城市环境中的水流量。

但是，不能简单地将屋顶和道路与下水道系统断开连接，而不提供其他输水路线。城市环境中的水管理从根本上讲是关于土地管理和土地使用方式。未来的极端事件可能会淹没下水道和地表水系统，导致整个城市环境出现问题（见图10.3）。

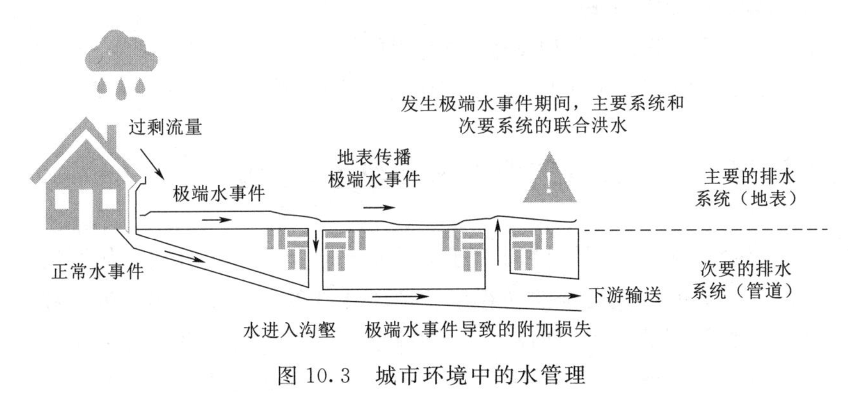

图10.3 城市环境中的水管理

10.5 建设海绵城市

无论是在苏格兰还是在全球范围，管理地表水流需要水务部门、地方当局、公路部门和开发商之间的合作，来协助塑造城市景观，以应对未来的洪水风险。一个关键的目标是建立城市水管理的“蓝绿色”方法。这意味着要设法管理地表的水流——通过建立蓄水池和流道，以及通过渗水沟、可渗透的表面和自然系统，引导水流、吸收或保持暴雨事件的过量流量以减轻排水系统的压力。

这为重新塑造城市景观提供了机会，并创造具有空间且可持续的水库来容纳雨水。这种方法在支持应对未来的气候变化、改善与自然环境的关系和增强城市环境的吸引力方面

[1] BBC (2018) Shieldhall Tunnel now operational as Scotland's biggest sewer. https://www.bbc.com/news/uk-scotland glasgow-west-44998611. Accessed 20 Feb 2021

具有一定的优势。

我们看到，在苏格兰各地的新开发项目中，通过创建可持续的城市排水滞留池，可创造一个具有吸引力的景观（见图 10.4）。

图 10.4　可持续城市排水示例

最大的挑战是在现有城市排水系统中改造此类方法。这需要与地方政府、开发商和道路管理部门合作，并系统地考虑如何在城市集水区管理水资源。有一系列的方法可以用来减轻风暴事件对基础设施的影响。

苏格兰水务公司正在苏格兰各地积极寻求这样的伙伴关系，以了解和开发这样的方法，创造更有弹性的城市环境。下面重点介绍一个真正创新的项目——格拉斯哥的智能运河。

10.6　智能运河——一种低碳地表水管理适应措施

格拉斯哥市议会、苏格兰运河公司和苏格兰水务公司之间的有效合作开发了一个创新的解决方案，以低排放的方式安全地转移格拉斯哥北部的地表水，减少现在和未来的洪水风险影响，并实现大规模的地表水回收。北格拉斯哥综合水管理系统（或称智能运河）是欧洲首个计划，它使用传感器和预测天气技术来提供潮湿天气的早期预警。暴雨预警将自动触发运河水位下降，为地表水径流创造容量（Scottish Canals 2021）[1]。

利用预报，在暴雨来临之前，运河水将利用重力创建一个城市空间网络（如可持续城市排水池和渠道）安全地移动。这些都是以可控的方式吸收和管理水。这种方法为运河提供了 55000m^3（相当于 22 个奥林匹克游泳池）的额外容量，供泄洪使用。

传统的清除地表水的方法是建设隧道。

据估计，建造隧道的过程再加上通过传统排水系统抽吸雨水所产生的排放会产生超过 3500t 的二氧化碳当量。因此，创新的智能运河方法已经避免了大量的排放。

该市北部的 110hm^2 土地适合投资、回收和开发，可以建造 3000 多所新的住宅。虽然这种方法受益于现有的运河和排水基础设施，但苏格兰水务局、地方当局和其他方面的合作是帮助我们可持续地管理气候变化对下水道网络影响的关键。

---

[1] Scottish Canals (2021) Glasgow's smart canal. https：//www. scottishcanals. co. uk/placemaking/north－glasgow/glasgows－smart－canal/. Accessed 20 Feb 2021 Scottish Water (nd) Net zero emissions routemap. https：//scottishwaternetzero. co. uk/. Accessed 20 Feb 2021

10.7 减轻对环境的影响

虽然供水和废水服务依赖于健康的环境，但是也需要大量的基础设施和能源。因此，我们是苏格兰电力大户之一，每年电力需求约为570GW·h。这意味着我们是苏格兰碳足迹的重要贡献者。

尽管十多年来我们一直在采取行动减少温室气体排放，但我们仍专注于尽一切努力减少对环境的影响。2020年，我们承诺到2040年实现净零排放，并超越这一目标，成为苏格兰的碳汇。

10.8 运营排放

自2006—2007年开始监测和管理以来，供水和废水服务所产生的运营排放量已经下降了近50%，2019—2020年降至略高于250000t二氧化碳当量。碳排放大幅减少是由于减少了泄漏、能源效率和可再生计划以及外部因素，如电网的绿色化。

大约2/3的排放与用电有关。减少用电量是我们减排战略的重要组成部分，但水是有重量的。因此，在不能利用重力的地方，水需要能源才能被输送到苏格兰的大部分地区；我们继续依靠能源密集型工艺生产来生产高质量的饮用水，以保护环境。我们的运营足迹还包括废水处理和废物管理的工艺排放、天然气和燃油使用，以及与我们车队相关的排放，此车队在2019—2020年行驶了1900万英里[1]（见图10.5）。

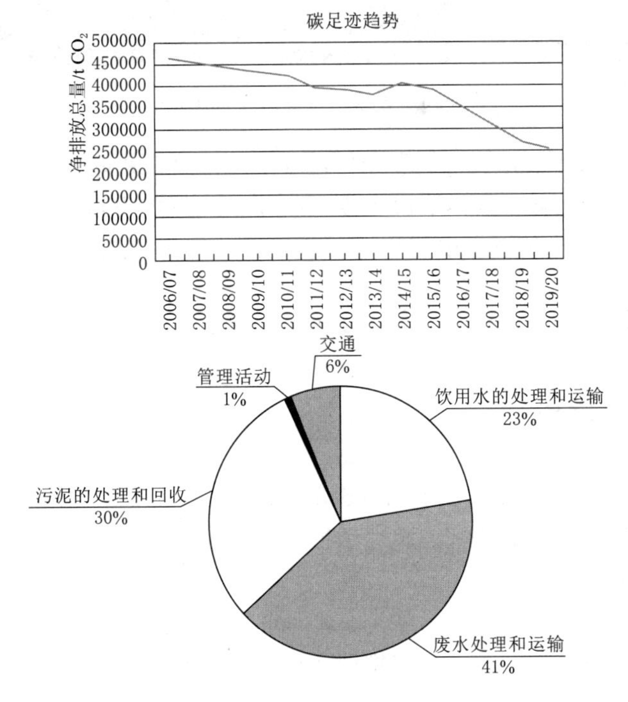

图10.5 苏格兰水务佛南公司的运营碳足迹

[1] 1英里≈1.61km。

10.9　投资排放

每年我们都在基础资产上进行大量投资，所投资项目也是一个主要的排放源。因此，我们非常重视与供应链及交付伙伴合作，以减少投资项目中的温室气体排放。投资项目排放包括提取材料、加工成产品（如水泥、钢铁、管道和设备）以及资产建设等过程中所包含的碳（见图 10.6）。

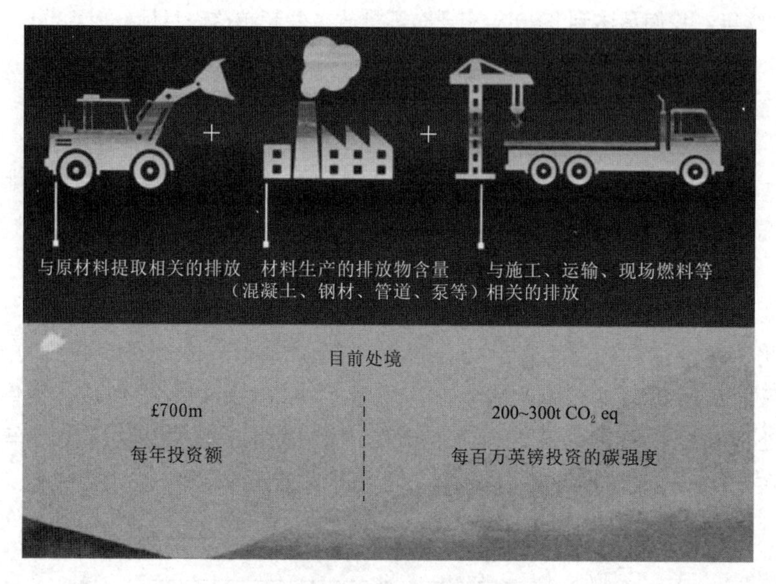

图 10.6　苏格兰水务的投资碳足迹

我们创建了工具来评估投资规划和交付过程中的排放，并确定每 100 万英镑的投资可以产生 200～300t 二氧化碳，具体取决于投资类型。虽然此方法不如运营排放方法成熟，但能够在战略和详细的投资规划中使用这一方法，并与供应链合作，以降低投资的排放强度。

总的来说，运营和投资的排放量每年约为 450000t 二氧化碳当量。

10.10　净零排放挑战

2020 年 9 月，净零排放路线图发布（Scottish Water n. d. ），阐述了我们为在 2040 年前实现净零排放而采取的战略步骤。路线图旨在最大限度地减少日常运营服务排放和资本投资计划的供应链排放。

无论是日常服务还是资本投资，零排放都是苏格兰水务面临的一个重大挑战。这需要企业和更广泛的供应链密切合作，将减排创新纳入资本投资，避免产生使用我们所投资的产品的排放。

我们还需要找到方法将温室气体“锁”在土地上，以帮助平衡那些无法消除的排放。我们拥有超过 22000hm^2 的土地，因此，可以通过植树造林、泥炭地恢复和改进土地管理

方式来改善碳封存。

因此，我们的净零目标是：用土地上储存的排放量来平衡我们无法消除的剩余排放量，我们的战略集中在五个关键领域。

1. 电力

减少消耗。

产生可再生的电力：自产电力比自身消耗的多。

2. 工艺排放

优化废水处理的性能。

投资污泥资产的能源生产。

3. 交通

缩短我们旅行的距离。

向零排放车队过渡。

4. 投资

在设计、材料采购和现场施工方面，减少75%的投资强度。

5. 碳储存

投资于泥炭地恢复、土地管理和植树造林。

下面我们将列举一些正在进行的工作，以减少能源需求、产生可再生能源和恢复泥炭地。

10.11 减少需求

污水处理是我们服务中碳浓度最高的部分。

自2010年以来，我们已经在污水处理厂实施了多项节能计划。2018—2019年，累计节省了26GW·h的电力和超过10000t的二氧化碳当量（t CO_2 eq）。我们的目标是到2021年再提高8GW·h的效率，并在下一个投资计划（2021—2027年）中进一步扩大此计划。

举措包括：

• 通过实时控制系统改进工艺。

• 将泵和曝气设备更换为更节能的型号。

• 加热和照明的改进。

实时控制（RTC）是一种可用于提高废水曝气过程的能源效率和过程控制的操作理念。通过添加空气的生物工艺处理的废水，高达总能耗的60%，发生在曝气阶段。

因此，减少曝气期间的能源消耗可以节约大量的能源。在RTC中，通过使用测量探头和建模网络，并与曝气鼓风机上的变速驱动器相连，优化了输送到处理中的空气量。这只提供了当时处理废水所需的空气，避免了过度曝气，节省了能源。

我们已经从中看到了一些好处，包括：

• 减少温室气体排放：RTC通常可以节省曝气过程中20%～30%的电力。有电力使用的地方就有温室气体排放，所以这里有明显的节约。

•财务节约：减少用电意味着我们节省了运营成本。

•提高处理的稳定性和合规性：因为系统不断进行测量，它可以对任何峰值负荷作出快速反应，并保持合规性。

•资产寿命和维护成本：因为曝气泵没有持续高速运行，电机的磨损减少了，维护成本、停机时间和维修费用也随之减少。

最近，位于格拉斯哥的希尔德霍尔公司（苏格兰最大的污水处理厂之一）完成了 RTC 安装并取得了良好的成果。RTC 在该公司运行的第一年就产生了 2.2GW・h 的效率，节省了 24 万英镑的能源成本，减少了近 850t 二氧化碳排放量。RTC 系统还被安装在莱帕克、菲利普希尔、厄斯金、珀斯和汉密尔顿的污水处理厂；我们计划投入大量资金在其他地方推广。

10.12　产生可再生能源

如果我们有机会产生能源，并且我们的资产和服务有需求，我们就投资安装和运营可再生能源发电。这取代了苏格兰水务公司使用的电网电力，它有双重好处：一是直接减少了碳足迹；二是降低了服务成本。自 2013 年以来，苏格兰水务公司和苏格兰地热水务公司（Scottish Water Horizons）的可再生能源产能增加了两倍，超过 7575 GW・h/年。

过去，我们主要关注水力发电计划以及利用一些废水资产产生的沼气的热电联产（CHP）。随着新技术的出现，我们使投资组合多样化，使用水电、小型风能、太阳能光伏、太阳能＋电池、热电联产和生物质能技术。

超过 100 个供水厂和污水处理厂在电力需求方面完全或部分自给自足。通过减少电网电力的使用和降低运营成本，有助于服务更加可持续发展。

例如，在斯托诺韦污水处理厂，工厂周围安装了 15 台小型风力涡轮机。它们能产生该厂电力需求的 35％（相当于 83 个家庭用电），并在该处理厂的用电需求下降后，向电网输出多余的电力。

10.13　降低电网的温室气体强度

英国的电力来自全国各地的多个站点，并通过国家电网分配到需要的地方。电网电力相关的温室气体排放的多少，取决于用于发电的燃料。发电燃料主要包括化石燃料（天然气、石油和煤炭）和可再生能源（风能、水能和太阳能）。输送到电网的可再生能源越多，电网电力的温室气体强度就越低。我们可以与能源公司合作，生产可再生能源电力，供应给国家电网。

通过可再生能源计划部署，目前已拥有三个大型风电场和一个水力发电站，其设计总能为 832GW・h/年。我们将继续与发电公司合作，以推进产生新的可再生能源机会：在下格伦德文水库，已租赁一个水力发电站，同时，在达尔（Daer）水资源流域的一个风电场也正在开发中。

10.14 来自下水道的热量

在苏格兰，我们为建筑物和家庭房屋提供供暖能源，此部分能源占整个社会总能源的50%。苏格兰政府已承诺热源去碳化，并支持创新、低碳的供热方式的项目。

由于淋浴和洗衣机等设备的存在，下水道的废水的平均温度为15℃，此类废水能量可以被收集，以创造可持续的、低碳的热能。苏格兰水务地热公司致力于推广突破性的"废水制热"技术。英国首个此类项目于2015年在加拉谢尔的博德斯学院投入使用，迄今为止，通过利用废水产生可再生热量，该项目已减少了223t二氧化碳排放。

最近的一个项目是斯特林地区热网。该项目与斯特林委员会合作，在苏格兰政府低碳基础设施过渡计划的支持下，为该委员会的一些客户提供低碳供热，包括高中、办公室和会议中心，以及苏格兰水务行业委员会和苏格兰零排放委员会的总部。该项目利用来自废水的热能技术和热电联产发动机来产生低排放的能源，这是英国首次以这种方式将这两种技术结合起来使用。热电联产发动机由煤气驱动，提供污水处理厂（WWTW）的大部分电力需求，并提供热泵所需的电力（Scottish Water 2021）[1]。

10.15 泥炭地恢复

泥炭地占苏格兰土地面积的20%以上，约1800000hm²，占英国泥炭地总量的60%。就全球生境而言，苏格兰拥有世界上15%的毯状沼泽（泥炭地可以是毯状沼泽、凸起沼泽或低地沼泽）。

泥炭地提供三种重要的生态系统服务。

• 水：苏格兰的大部分公共饮用水供应始于泥炭地。在全球范围内，泥炭地拥有约10%的世界淡水。

• 碳封存：苏格兰的泥炭地估计拥有16200000t二氧化碳当量（t CO_2 eq）。

• 生物多样性：在苏格兰生物多样性的社会经济价值中，泥炭地的份额估计为230亿英镑/年。

已有研究表明，苏格兰80%的泥炭地已经退化，或是通过自然手段或人工排水等改造。如果饮用水的水源来自退化的泥炭地，这可能会致使饮用水水质下降，进行饮用水处理时，需要更多的程序使来自退化泥炭地的水源符合饮用水质量标准。

泥炭地的恢复可以改善用于饮用水的水质，并提供其他生态系统服务。我们一直在与泥炭地行动小组、苏格兰自然遗产和土地管理者（所有者）合作，在饮用水集水区恢复泥炭地。迄今为止，已经在两个地方资助或共同资助了190hm²的泥炭地恢复工作。此外，我们还通过实物捐助（如水质监测和现场检查）支持了250hm²泥炭地的恢复工作。

位于刘易斯岛的北湖水厂，名为奥拉赛格湖，占地11 hm²。如果此泥炭地恢复到健

---

[1] Scottish Water (2021) Heat from waste water. https://www.scottishwater.co.uk/About-Us/Energy-and-Sustainability/Renewable-Energy-Technologies/Heat-from-Waste-Water. Accessed 15 April 2021

康的生长状态，它每年每公顷可以额外封存 0.7～2.8t 二氧化碳，并减少释放至少 23t 的碳。

通过此项工作固存的排放量没有正式计入我们的碳足迹，但它已经恢复到泥炭地规范标准，因此将有助于实现苏格兰国家目标。

10.16　投资排放

我们每年在供水和废水资产上投资约 7 亿英镑，以维护和改善服务。如今，估计每投资 100 万英镑会产生 200～300t 二氧化碳排放。随着在未来几年的投资增加，如果我们不采取行动，资本投资所产生的二氧化碳排放也将增加。

从原材料的开采到项目的交付，每一过程都会产生排放。无论这些排放物来自哪里，由谁生产，我们都将对其进行核算并将其降低，方法见图 10.7。其包括低碳管道材料、无水泥替代传统混凝土、显著减少建筑中使用的钢材以及采用免挖掘技术。

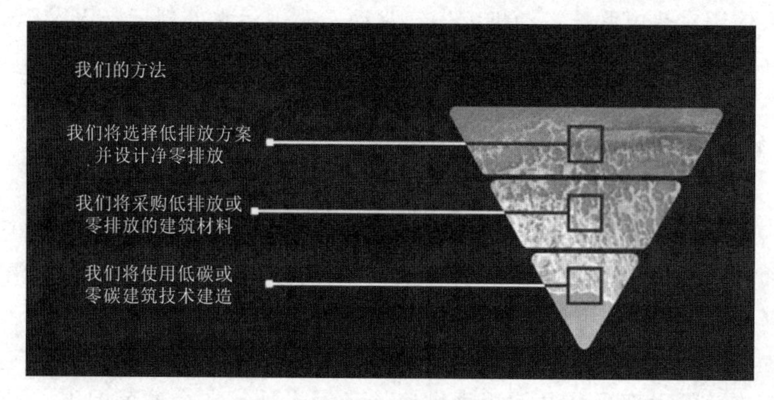

图 10.7　减少投资排放的方法

虽然这些排放通常被认为是供应链的责任，但在设计和采购低排放材料方面发挥着重要作用，并与我们的交付和供应链合作伙伴一起寻找更可持续的方式来交付项目。

10.17　总结

苏格兰的环境对于提供有适应能力的水和污水处理服务至关重要。我们依靠足够的优质水资源为客户服务，并依靠健康的流域来循环处理废水。

我们在理解与气候变化相关的风险方面已经取得了相当大的进展，同时，为缓解气候变化对环境的影响，我们采取了投资措施。但强降水和长期干旱将继续给我们的服务带来压力。与苏格兰各地的伙伴进行合作是长期管理风险的关键。

我们有显著的碳足迹，并承诺在 2040 年之前实现所有活动的净零排放，并在此后继续努力。减少消费、产生可再生能源、恢复泥炭地和减少投资的碳强度是实现这一目标的关键步骤。

参 考 文 献

BBC (2018) Shieldhall Tunnel now operational as Scotland's biggest sewer.

Climate Change Committee (2019) Final assessment: the first Scottish climate change adaptation programme.

Met Office (2018) An assessment of the weather experienced across the UK during Summer 2018 (June, July, August) and how it compares with the 1981 to 2010 average.

Met Office (2019) An assessment of the weather experienced across the UK during Winter 2018/19 (December, January and February) and how it compares with the 1981 to 2010 average.

Scottish Canals (2021) Glasgow's smart canal.

Scottish Water (n. d.) Net zero emissions routemap.

Scottish Water (2018) Shaping the future of your water and waste water services.

Scottish Water (2019) Funding announced for first outer hebrides peatland restoration project.

Scottish Water (2021) Heat from waste water.

The Metropolitan Glasgow Strategic Drainage Partnership (2020).

UKWIR (UK Water Industry Research) (2013) Updating the UK Water Industry Climate Change Adaptation Framework.

UKWIR (UK Water Industry Research) (2017) Rainfall intensity for sewer design - stage 2, 17/CL/10/17.

第 11 章　减少灾害风险和适应气候变化的关键推动因素是什么？亚洲河流流域的实践经验

Megumi Muto

摘　要： 2015 年《仙台 DRR 框架》的核心信息是在减少灾害风险的前提下，将减少灾害风险（DRR）和气候适应结合起来以适应气候不断变化的能力，其关键是前期投资。而印度尼西亚在实施 DRR 方面的过去经验表明，在一级河流流域建立管理机制是重要的。另外，即使长期实施 DRR 的流域管理方法，在如何适应极端气候事件方面也仍然存在许多问题。例如日本遭受台风"海贝思"袭击的事例表明，需要在地方政府进行协调的基础上，进一步改善 DRR 的流域管理方法。而菲律宾就是一个未完成的河流流域管理体制和财政框架的例子。该体系在机构和融资方面的弱点使得适应极端气候事件成为一项挑战。最后，本章对高度不确定气候事件的前瞻性规划和融资问题进行了讨论，其中包括结构性和非结构性措施。

关键词： 减少灾害风险；气候适应；河流流域管理；洪水灾害风险；弹性金融

11.1　引言

随着 2021 年 11 月在格拉斯哥举行的第 26 届联合国气候变化大会（COP26）的临近，各国都希望尽可能降低本国的碳排放。而由于一系列政府主导和基于市场的机制已经很完善，使得来自项目、政策甚至生活方式的碳排放量是具体的且可以测量。通过政府政策、市场设计和创新技术相互协作，以实现未来可持续发展的共同目标。此外，由于投资的影响和回报比以往任何时候都更加清晰，使得这种合作已经促使绿色金融实现的概率得到显著增加。

11.1.1　水的概述

水是可持续发展的核心。千百年来，社会如何使用、分享和管理水一直是人类和生态系统生存的关键。水还以自然灾害的形式表现出来，最明显的是洪水的形式。近年来，随着洪灾事件的加剧，如 2011 年泰国洪灾，人们越来越关注如何降低灾害风险和适应气候变化，以保护人民的生命和经济财产。2015 年《仙台 DRR 框架》的核心信息是在减少灾

M. Muto (✉)
Japan International Cooperation Agency (JICA), Tokyo, Japan
e-mail: muto.megumi@jica.go.jp

害风险的前提下，将 DRR 流域管理方法与气候演变结合起来的关键是前期投资，而这不仅仅是在灾难发生后做好善后工作。“减少”灾害风险还应包括前期措施的组合，例如非结构性和结构性组成部分，以减少由灾害的危险性、暴露性和脆弱性造成的风险。此外，在气候变化的情况下，风险已成为“移动目标”，具有高度的不确定性，包括极端事件。虽然从概念上讲，抗灾和气候适应有不同的起源，但在实施层面上，它们需要更好地结合起来（见图 11.1）。

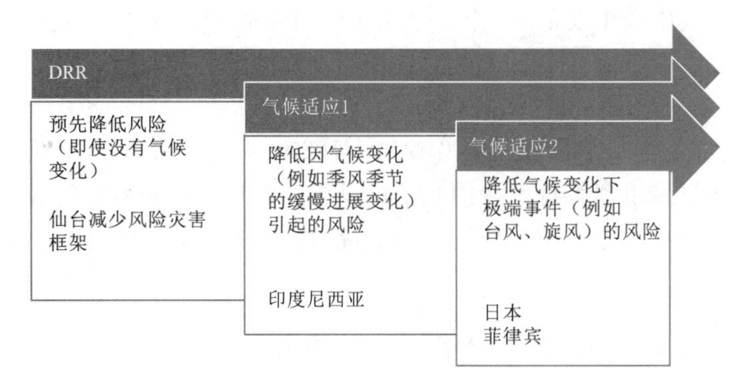

图 11.1　减少灾害风险和气候适应

由于涉及大量外部因素，促进前期投资以降低风险一直是一个典型的公共问题，无法通过市场机制或个人层面的优化来解决。更困难的是无法找到一种以降低风险的方式来解决气候变化（均衡和极端）的方法，并且这一过程本身就是一种公共利益。然而，在气候变化背景下减少洪水风险而进行前期投资的相关文献很少，特别是在关于如何将治理框架、规划方法和融资机制进行协同配合以提高公共利益方面。因此笔者打算通过确定基本推动因素，为水的 DRR 和气候适应制订一套可实施的行动方案，而这也是本章所做的贡献。

本章的结构如下：首先，笔者回顾了印度尼西亚过去在河流流域实施 DRR 方面的经验。一个河流流域通常是由一条主要河流组成的多个流域的集合。其核心问题是在河流流域层面的制度建设，因为洪水（最常被讨论的与水有关的灾害）通过这样的河流系统才能更好地被理解。其次，将对此进行讨论，即使在长期实施 DRR 流域管理的情况下，在适应极端气候事件方面也仍然存在许多的挑战。而日本遭受台风“海贝思”袭击的事例表明，如何与地方政府进行协调也仍然是一个挑战。日本政府正试图通过大规模利用国家预算来克服这一差距。并且，菲律宾就是一个未完成的流域管理体制和财政框架的例子，该体系在制度和融资方面的缺陷使其适应极端气候事件成为一个真正的挑战。最后，总结提出了一些 DRR 和气候适应进行结合的基本推动因素，并讨论了融资方面的前进方式。

11.2　印度尼西亚 DRR 管理河流流域的经验回顾

印度尼西亚在设计水资源治理方面在历史上有很成功的经典范例。印度尼西亚作为一个在不同地理位置上拥有多个流域的群岛，在雨季和旱季之间有着不同的水条件，并且由于人口压力日益增加，该国一直在采取渐进式的水管理政策。这是一个中央政府在法律和制度支持下实施流域 DRR 的案例，这个案例为其他国家提供了宝贵的经验。

印度尼西亚水管理制度设计的核心是 2004 年的水法。尽管自 1999 年《地方政府法》颁布以来实行了大规模分权的总体政策，但流域管理组织已经彻底实现了制度化管理。而这也表明，在印度尼西亚有一个很复杂的政治决策，即根据本国的自然地理环境来处理水资源问题，而不是根据人为的政治管辖权。

2006 年，印度尼西亚的公共工程部（PU）发布了一项规定，将全国 5590 个流域划分为 133 个流域，其中最重要的 30 个流域由 PU 直接管理。此外，在 PU 下新成立的流域管理组织将负责水资源的开发、人员的管理、设施的维护和运行，以及协调各种用水户的利益。

20 世纪 70 年代以来，日本国际合作协会（JICA）在参与的印度尼西亚几个主要河流流域的洪水控制项目（规划、技术援助和基础设施融资）上所积累的经验，可能会在上述一系列的相关实验上有一定突破。而下面两个说明性案例就是基于 JICA 事后项目评估报告的结果。

11.2.1　印度尼西亚的 DRR：梭罗河下游防洪工程的案例

梭罗是爪哇岛上人口最稠密和最大的河流盆地。在最初的洪水控制规划中，即 1974 年的日本国际合作协会总体规划中，总体目标灾害水平重现期设定为 10 年，其执行机构是公共工程和住房部下属的水资源总局（DGWR）。日本国际合作协会在 1985 年签署的一项贷款涵盖了上游基础设施工程，以及下游地区的硬性设施部分，包括超过 130km 的河堤，由日本国际合作协会 1995 年签署的贷款提供资金，堰和缓凝池由印度尼西亚的预算进行支付，并由一家专门从事水业务的国有企业负责堰的运营和维护，而河堤维护则被分配给一个河流流域组织（见图 11.2 和图 11.3）。

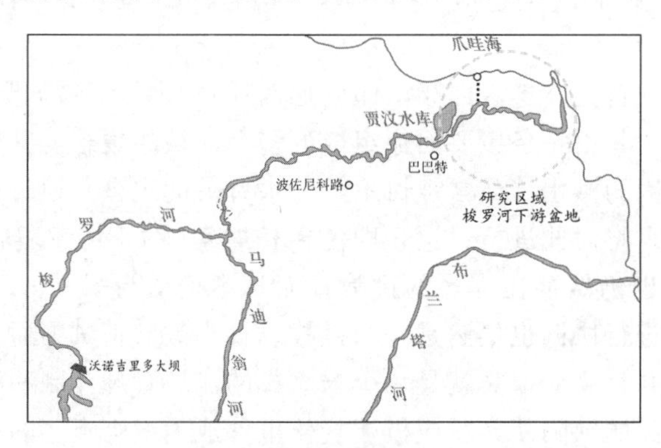

图 11.2　梭罗河流域图（JICA 2017）

2017 年之后的评估中，由于征地困难导致该项目延期，效率评价是比较低的。然而，其有效性却被认为是很高的，由于增加了额外的结构组成部分，有效的时间范围提高到 10～50 年的重现期。梭罗河下游的案例是中央政府主导的 DRR 投资的一个例子，但是在 20 世纪 70 年代的总体规划中，并没有明确考虑到气候变化。从过去 50 年总体规划从实施到完成的前后评估报告中可以看到，政府和其他利益相关方可能利用这个项目作为适应

图 11.3 巴巴特堰（JICA 2017）

逐渐气候变化条件的驱动力。

11.2.2 印度尼西亚的 DRR：以三宝垄防洪工程为例

从 2004 年水法明确引入改进的流域管理概念之后，就于 2006 年在爪哇三宝垄启动了以 DRR 流域管理为主的防洪工程项目。与此同时，这种方法大大提高了洪水的重现期，主河道的重现期为 50 年，对于市中心地区的重现期设定为 5 年。三宝垄防洪工程作为 2004 年水法开始实施的项目之一，多用途大坝（设计用于发电、供水和防洪）以及城市排水设施的规划和建设由公共工程部下属的两个总局负责，即水资源总局（DGWR）和人类住房与规划总局（DGHS）。在大坝建成后，由流域管理组织指派一名辅助监督大坝运行和维护的人员。该大坝的资金由日本国际合作协会的贷款和中央政府预算提供，而内城的排水设施由当地政府出资建设。结果表明，在事后评估开始时，仅仅完成了大坝的防洪功能，其他两项功能（供电和供水）由于需求侧结构的原因，导致完成时间延迟。然而，根据评估报告显示，不同组织在防洪方面的角色划分和协调机制的运行是非常良好的（JACA 2018a）（见图 11.4 和图 11.5）。

印度尼西亚的两个案例突出了该项目的一个关键方面，该项目在 1999 年权力下放之前开始，另一个则是在确立制度设计的重要性之后。在整个过程中，印度尼西亚当局坚持认为河流系统是执行管理框架的单元，而这项政策是根据 2004 年的水法制定的。这是因为人们坚信河流系统跨越了政治管辖范围，要想在河流管理中取得成功，流域治理框架是必不可少的。即便如此，在分权的背景下，一些已经选定的管理单位依旧被分配给地方政府来管理。此外，成功的水灾害防治需要有强有力的一级流域管理组织进行综合治理，并为综合规划和实施提供坚实的法律基础。这两个项目案例还表明，随着时间的推移，通过各种决策模式，可以更好地反映气候演变的模式以及扩大流域重现期的水平。

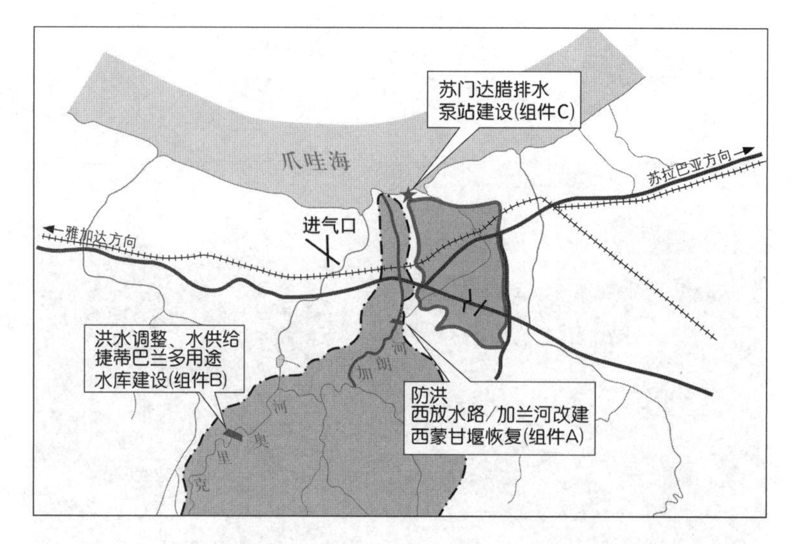

图 11.4　三宝垄地图（JICA 2018a）

图 11.5　西蒙甘堰（JICA 2018a）

11.3　应对 DRR 和极端气候事件的河流流域管理经验回顾：2019 年台风“海贝思”之下的日本

气候变化加剧了以往百年一遇极端事件的发生概率。这些现象通常表现为热带风暴（台风或气旋），在升温的海面上移动并加剧了破坏力。这些热带风暴例如 2019 年袭击日本的台风“海贝思”，带来了灾难性的高强度暴雨，使得河流中游的山洪暴发，并在下游进一步造成更持久的洪水。

台风“海贝思”对日本的影响（登陆时为 950hPa）是一个有趣的例子，它说明了在

河流流域系统建立之前的DRR流域管理是如何运作的。然而，即使河流流域管理的体制和法律框架都已经相对完善，但是对于极端事件发生之后不能救援的概率仍然是存在的（见图11.6）。

图11.6 台风“海贝思”造成的洪水（Japan Broadcasting Corporation 2020）

日本第一个流域管理的制度框架是在19世纪晚期建立的，它反映了一个中央指挥的治理结构。以前关于流域管理的法律重点是防洪，但是体制框架是基于政治和行政方面的考虑。在1964年经济快速增长的时代开始之初，对河流法进行了修订，以体现流域的治理。因此，增加水资源管理只是作为一个额外的目的。全国范围内的河流系统分为1级、2级和其他，1级河流系统由国家政府负责，2级河流系统由地方政府负责，而其他河流则由所在地管理。

台风“海贝斯”穿越了群岛的东部，留下了$25000hm^2$的洪水（只计算一级河流），造成的死亡人数为96人，另有4人下落不明。根据日本气象厅（JMA 2019）的数据，在东部的18个河流系统中，有7个河流系统超过了之前的48h最高降水记录（高达105%）。除了南部多摩河的河水溢出对东京市的部分地区造成影响外，东京市大部分地区幸免于这次大洪水。Ishiwatari（即将出版的）一书中简洁地描述了“防洪系统的实际效果，包括上游建造的水坝、中游的水库，以及沿河而下的引水渠”，也就是台风“海贝思”发生时期的河流流域管理。然而，在全国范围内至少有140例河堤倒塌的报告（Advisory Council on Infrastructure for MLIT 2020）。

随后的研究结果表明（JSCE 2019），在台风“海贝思”发生的情况下，河流系统的事前DRR通常都是有效的。但是，研究结果也指出了一些挑战：①地方政府管辖的河流系统常常会暴露其弱点；②即使在中央政府管辖的河流系统中，上游流域的异常降雨也会转化成溢流进入到下游降雨量较少的地区；③在某些情况下，溢出的水会被排入用于农业的洪泛平原（因此，平原实际上充当了一个延缓盆地的作用）。还有人指出，由于1级河流的管理主要是为了保护下游，因此2级河流在汇入主河道时可能会出现水量过大，从而在靠近汇合处的地区造成洪水。

为了应对极端事件下的不良影响，日本政府的相关部门发布了一个新的政策框架[1]，旨在制订一个明确考虑气候变化的综合流域减灾计划。新政策旨在通过解决风险的三个要素，即危险性、暴露性和脆弱性，以此来降低风险发生的概率。对于危险性，将利用结构性措施进行加强，旨在更好地管理洪水，以应对未来的气候变化；就暴露性的防控而言，重点将放在土地利用上，将人员和资产搬离高风险地区；为了解决脆弱性问题，建议事先投资于资产的恢复力、业务连续性以及加强改善人民和社区的防范设施。此外，在2020年8月，日本首相菅义伟宣布了在同一流域内对多用途大坝（如发电、水资源、防洪）管理的重大转变政策，以最大限度地提高大坝的DRR潜力。流域管理者共同联手完善管理框架，扩大管理范围，动员所有可能的行动者在事先DRR的共同目标下对气候引起的极端事件进行预测。

为了有效地实施新的综合政策框架，财政部正在推动国家政府、县和地方政府之间项目成果的纵向协调（如适应预期的气候变化）。2020年财政部报告显示，从国家政府到县和地方政府的预算转移，总计7280亿日元用于基础设施建设，7850亿日元用于DRR。

然而，自20世纪六七十年代开始快速城市化以来，地方政府对DRR的财政预算一直是一个关键问题。风险增加最快的是暴露在风险较高的人员和资产激增的区域。例如横滨市，一个经历了快速城市化的地区，已经利用DRR在以下地区进行融资，对于国家政府和地方政府管辖的河流（1级和2级），采用成本分担制度，由各级政府通过预算之后再提供相应的资金；对于仅在所在地管辖的河流（其他河流），他们不得不依靠自己的预算。例如，根据“受益人/用户支付”的原则与私人土地开发商进行谈判。更通俗地说，城市的土地税也被认为是“受益人/用户支付”原则的一部分，私人土地开发商会采取一定措施来获取由于防洪保护政策而增加的那部分土地价值。

基于这些全国性的历史经验，日本政府一直在为DRR制定公私合作计划（World Bank 2019）。2015年，对私人开发商的补贴制度有所改善，这样他们就可以在自己的地盘上建造水调节的设施，而这些设施将由地方政府统一管理。最近，神奈川县等地通过发行绿色债券来筹集防洪资金。

11.4　防治干旱和极端气候事件管理河流流域的经验回顾：菲律宾

菲律宾位于台风走廊。每年都有20多个热带风暴袭击该国，包括最近的超级台风，如2013年的“海燕”和2020年的“戈尼”。自从第二次世界大战后的大规模城市化以及20世纪60年代和70年代更致命的台风以来，政府一直致力于提高实施防洪措施的能力。

菲律宾主要流域防洪是由国家计划和实施的，具体由公共工程和公路部（DPWH）负责。在帕西格-马里基纳河（Pasig - Marikina River）流域，也就是马尼拉地区的所在地，其最大和最早的防洪基础设施是曼加汉泄洪道。在20世纪70年代，由日本国际合作署通过国家提供资金支持的曼加汉防洪道将马里基纳河上游流域的水引入拉古纳湖，从而避开了马尼拉市中心。

---

[1] “River Basin Disaster Resilience and Sustainability by all”。

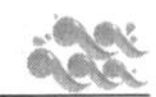

在20世纪80年代末经历了艰难的政治变革之后，菲律宾政府利用1990年的日本国际合作协会总计划，重新启动在马尼拉执行防洪项目。有以下方面需要注意：基础建设，确保老芒干汉河闸引水点的正常运行，并从下游地区的堤坝开始实施。与此同时，当大规模的权力下放就会出现像印度尼西亚那样的问题，其探讨的关键问题是帕西格－马里基纳河段如何进行防洪，以及在哪种防洪政策的治理框架下进行。

11.4.1 河流下游帕西格-马里基纳河段（KAMANAVA）的防洪项目

菲律宾水利部实施的防洪工程是从河流下游开始。1990年的《总体规划》指出，沿海地区的洪水重现期为10年，帕西格-马里基纳河段的中下游洪水重现期为30年。最后，随着上游马里基纳大坝的建成，整个系统应该能够将百年一遇的灾害风险降低（JICA，1990）（见图11.7和图11.8）。

图11.7 卡玛纳瓦（KAMANAVA）的范围图（JICA 2014）

卡玛纳瓦（KAMANAVA）是指包括卡洛坝（Kaloocan）、马拉邦（Malabon）、纳沃塔斯（Navotas）和瓦伦苏埃拉（Valenzuela）等地区的缩写，每个地区都有自己独立的地方政府。由于海平面上升的影响，沿海地区受到来自帕西格-马里基纳河、马拉邦河和

图 11.8　加油站（JICA 2014）

纳沃塔斯河的洪水溢出的影响。根据资料显示，这些地区有许多的渔村被改造成商业和工业用地，并且该地区还有殖民时代堵塞的运河，这无疑增加了河流治理的复杂程度。菲律宾公共工程和公路部（DPWH）的 KAMANAVA 防洪项目由防洪堤坝、闸门、排水工程和风险沟通等组成。从 2000 年开始建设，直到 2009 年完成（JICA 2014）。此外，帕西格-马里基纳河的中游防洪项目（即帕西格—马里基纳第一阶段）是由日本国际合作协会提供贷款。这一切表明，DRR 的河流流域管理模式似乎正在逐渐进步。

与印度尼西亚不同，菲律宾容易发生极端气候事件，而 2009 年袭击菲律宾的台风“凯萨娜”和“芭玛”就是典型的例子。“凯萨娜”和“芭玛”台风约 150 年才发生一次（PAGASA 2020），台风将帕西格-马里基纳（Pasig - Marikina）河、马拉邦（Malabon）河以及纳沃塔斯（Navtas）河流域的河水大规模溢出，淹没了整个 KAMANAVA 地区长达数周之久。虽然防洪工程由中央政府实施，但救灾工作完全由各个地方政府负责。因此，许多地方政府不堪重负，就会将多余的水抽到邻近的地方政府区域（Porio 2014），这对降低整个 KAMANAVA 地区的水位没有帮助。

当权力下放给地方政府时，地方的河流流域管理往往会恶化，并且没有强有力的管理制度来处理跨司法管辖区的问题。当“凯萨娜”和“芭玛”台风袭击马尼拉市时，DPWH 和地方政府都有自己的应对方针，但是却没有管理制度或相关法律来有效协调以整体应对，尤其是为适应不断变化的气候而进行的 DRR 投资没有任何人负责领导。结果，地方政府在经历极端事件后，最终只做了他们自己认为合适的事情。例如，马拉邦地方政府开始投资额外的流域治理项目时，就使用他们自己的设计标准来保护自己免受洪水（JICA 2014）。然而，从流域管理的角度来看，国家和地方政府以及所在地可以联合适应、设计和资源分配，以更有效地提高管理效率，因为他们最后的共同目标都是完成帕西格-马里基纳（Pasig - Marikina）上游地区（由地方政府管辖）的防洪工程。

11.5 实现DRR和气候适应的共同基础推动因素有哪些？

综合上述来自印度尼西亚、日本和菲律宾的案例研究，可以认为以下实践经验对促进DRR和气候适应至关重要：

（1）在流域层面建立制度框架是很重要的。由于水超越了人为的管辖范围，基于河流流域的管理是一种被证明的可行解决方案。在对流域进行全面的水力分析的基础上进行综合规划，并在一个共同的框架下实施结构性和非结构性措施是至关重要的。国家和地方政府之间的管理结构可能因国家而异，但管理河流的方法、法律和制度都应该被合理的计划和制定，以确保河流管理的长期完整性。

（2）即使在流域管理已成熟的情况下，适应不断变化的气候仍可能是一项挑战。随着气候变化的渐进发展和目前在一定程度对气候变化预测的准确性，有可能需要在长期的流域规划中着重规划这一点，并以一种合适的方式对该方面进行投资，就如同印度尼西亚的案例所表现的那样。然而，极端和高度不确定的事件，如强台风，将需要一系列特殊考虑。首先，很难就如何预测高度不确定的极端事件达成共识，即使配备了复杂的降尺度（物理或统计）科学方法，有责任的工程师在实施新的设计参数时也会犹豫不决，除非他们得到有关当局的认证。不同的开发伙伴可能向不同的权威阶层提供不兼容的方法，从而增加了解决问题的难度。其中，对于制定标准机构的能力建设和支持也是必不可少的。

（3）挑战的领域涉及在极端事件中预先投资DRR的融资问题。日本的案例表明，加强各流域的结构性和非结构性的DRR目标，主要是通过国家预算在不同层次上的分配。这就引出了一个问题：在流域管理和预算分配较弱的情况下，我们能做些什么？也有人担心在预期内只会发生事件（但当它们真的发生时，可能是毁灭性的）的前期投资的正当性。而支持财政/DRR/气候当局推进风险通信，并为DRR投资提供充足的原因也是至关重要的。

（4）中央与地方协调的重要性不可被低估。在日本的例子中，当台风“海贝思”袭击时，由于在预先DRR投资的速度上存在差异，所以负责各自河流的国家和地方政府在DRR投资制定上存在不同的意见。这一问题被认为是极端气候事件背景下的一个挑战。

（5）DRR和气候适应不能仅仅通过投资结构来实现。灾害风险包括危险性、暴露性和脆弱性。虽然结构性措施可能会减少一定的风险，但在金融和环境方面都存在限制。而通过规划社会和人民应如何改变投资和行为，并制定河流流域管理的方式，通过财政措施激励他们，也可以减少暴露性和脆弱性。

11.6 前进的道路

作为一个前进的方向，有必要更全面地研究如何更好地将DRR融资和气候适应结合起来。当前关于气候适应融资的讨论往往侧重于为提高抵御能力而建设的基础设施项目。气候适应委员会和亚洲开发银行（ADB and Global Center on Adaptation 2021）制定的气候适应融资指导方针中便提供了这方面的最新例子。然而，关于如何规划和实施基础设施项目以使用 DRR 视角建立恢复力的国际讨论，例如防洪和沿海管理，仍处于早期阶段（JICA 2018b with ASEAN）。《二十国集团高质量基础设施原则》（G20 2019）宣布了强有力的政策信息以彰显它们的韧性。此外，除了基础设施之外，在财政激励方面还有潜力推动企业、家庭和个人减少和改进准备工作。例如，保险业可以在这种发出价格或非价格信号的同时，并促使其在金融中改变行为以发挥重要作用。而将韧性作为 DRR 融资和气候适应的核心概念，可能是在《巴黎协定》和《仙台 DRR 框架》之间形成强大协同作用的关键。

参考文献

ADB and Global Center on Adaptation（2021）A system-wide approach for infrastructure resilience. Technical note.

Advisory Council on Infrastructure for MLIT（2020）Climate change and water disasters：towards a new integrated policy on river basin banagement.（in Japanese）

G20（2019）G20 principles for quality infrastructure investment.

Ishiwatari M（forthcoming）Effectiveness of investing in flood protection in metropolitan areas：lessons from 2019 Typhoon Hagibis in Japan. Int J Disaster Resilience Built Environ.

Japan Broadcasting Corporation（2020）Typhoon hgibis（image）.

JICA（Japan International Cooperation Agency）（1990）Report on flood control plan in Manila for the Government of the Philippines.（in Japanese）

JICA（Japan International Cooperation Agency）（2010）Mid term review report on capacity building project for practical water management in river basin institutions.（in Japanese）

JICA（Japan International Cooperation Agency）（2014）Ex－post evaluation report on KAMANAVA flood control and drainage project in the Philippines.（in Japanese）

JICA（Japan International Cooperation Agency）（2017）Ex－post evaluation report on downstream solo flood control project phase 1 in Indonesia.（in Japanese）

JICA（Japan International Cooperation Agency）（2018a）Ex－post evaluation report on semarang water resource development and flood control project in Indonesia.（in Japanese）

JICA（Japan International Cooperation Agency）（2018b）Project for stengthening institutional and policy framework on disaster risk reduction and climate change adaptation integration（ASEAN）final report.

JMA（Japan Meteorological Agency）（2019）JMA news.

JSCE（Japan Society for Civil Engineers）（2019）Report on typhoon no. 19 extreme rainfall event.（in Japanese）

MOF（Ministry of Finance）（2020）Highlights of MLIT FY 2020 budget.（in Japanese）

OECD（2020）Green infrastructure in the decade for delivery：assessing institutional investment. OECD Publishing，Paris.

PAGASA（2020）About tropical cyclone.

Porio E（2014）Climate change vulnerability and adaptation in Metro Manila：challenging governance and human security needs of urban communities. Asian J Soc Sci 42（1－2）：75－102.

World Bank（2019）Learning from Japan's experience in integrated urban flood risk management：a series of knowledge notes. World Bank，Washington，DC.

第12章　亚洲大冰川和以冰雪融水为补给的河流与气候变化：探求问题水域

David J. Molden，Arun B. Shrestha，Walter W. Immerzeel，
Amina Maharjan，Golam Rasul，Philippus Wester，Nisha Wagle，
Saurav Pradhananga，and Santosh Nepal

摘　要： 兴都库什-喜马拉雅（HKH）山脉的冰川和积雪形成的河流流域为亚洲19亿人口提供了水源。HKH山脉的气候变化迹象很明显，气候变暖加剧，冰雪和冰川融化加速。这威胁着亚洲许多国家的水、粮食、能源和生计安全。更好地建立起山区和平原之间的联系以及明确气候变化对上下游社会的差异影响，便于改进适应措施。本章阐述了气候变化对冰冻圈和山脉的影响，对河流系统的影响以及这种变化对山脉、丘陵和平原的社会影响。在高山和丘陵地区，气候变化的影响是明显的。从农牧系统的变化和洪涝干旱地不断发生可以看出，损失和损害已经很高。在下游地区，气候变化信号更难与其他环境和管理因素分开。本章概述了山区气候变化将如何影响丘陵和平原的各部分，如水电、灌溉、城市、工业和环境，它讨论了气候变化将如何潜在地导致灾害增加和人口外移。本章最后强调了必要的行动，如全球减排的必要性、在HKH国家之间建立区域合作、增加适应气候变化的技术和财政支持，以及发展更强大的交叉学科来适应不断变化的政策需求。

关键词： 气候变化；HKH山脉；河流流域；环境；适应；灾害；农业；水电；城市

12.1　引言

无论是在北极还是世界上的高山，冰川融化的影像已经成为气候变化影响的标志性代表。虽然这些影像令人震撼和惊讶，但它们只讲述了对人类、生物多样性和环境的部分影响。对于共同拥有这些高山的亚洲国家来说，对冰川融化的担忧在很大程度上与供水和危险有关。我们也认识到，还有许多其他因素影响着我们的水系统，如冰雪融化和降水，以及该地区不断增长的用水需求。这是生活在兴都库什-喜马拉雅山脉山区和丘陵地带的

D. J. Molden (✉) · A. B. Shrestha · A. Maharjan · G. Rasul · P. Wester
N. Wagle · S. Pradhananga · S. Nepal
International Centre for Integrated Mountain Development (ICIMOD),
Kathmandu, Nepal
e-mail: djmolden@gmail.com
W. W. Immerzeel
Utrecht University, Utrecht, The Netherlands

2.4 亿人以及生活在下游地区人们的主要担忧，因为有 19 亿人生活在发源于 HKH 山区的 10 个流域（West et al. 2019）。

虽然气候变化与冰川和积雪融化之间存在明确关系的证据不断增加，并得到了杰出科学计划的支持（IPCC 2019），但冰冻圈变化对水、人类和环境的影响则不那么明确。出现了以下几个关键问题：水系统中的水文因素将如何变化？这些变化将如何影响水电、农业、城市和工业等依赖水的行业？它们对生态系统和人类有什么关键性的影响？在短期和长期内，什么样的行动和政策将有助于社会作出反应？

本章探讨了气候变化对兴都库什-喜马拉雅地区水资源的影响以及随之而来的对人类和环境的影响。首先确定气候变化对河流系统水文的影响。由于水文和降水的变化对下游有不同的影响和后果，我们使用了一个组织框架，分别讨论了对山脉、丘陵和平原的影响。本章最后列举了如何对这些河流流域的水文变化进行适应的一系列潜在对策。

12.2　HKH 山脉的变暖

与世界上其他山地系统一样，HKH 山脉对气候变化也高度敏感。在过去的 60 年里，HKH 的平均温度以 0.2℃/10 年的速度增长，而全球同期的温度增幅为 0.13℃/10 年。与此同时，全球极端温暖事件在增加，而极端寒冷事件在减少（Krishnan et al. 2019）。在山区，温度上升速度快于海平面，而这种现象被称为海拔依赖性变暖（e.g. Hock et al.，2019；Pepin et al.，2015）。从历史资料中已经发现山区（包括 HKH）的温度上升速度比全球平均速度快（DHM 2017；Diaz and Bradley 1997；Krishnan et al. 2019；Liu and Chen 2000；Shrestha et al. 1999）。

HKH 的变暖将在未来持续加剧。根据《巴黎协定》（NRDC 2017），全球社会设定了到 2100 年将气温升幅控制在远低于 2℃ 的目标，最好控制在与工业化前水平相比的 1.5℃。IPCC 的一份特别报告强调了将全球变暖限制在 1.5℃ 对气候适应和减贫的重要性（IPCC 2018）。然而，除非迅速采取行动减少碳排放，或者采用新的技术从大气中去除碳，否则我们不太可能达到这一目标。但是，即使全球变暖控制在 1.5℃，由于海拔导致的变暖，到 21 世纪末 HKH 可能会变暖 1.8℃±0.4℃（Krishnan et al. 2019）。在喀喇昆仑等一些特定的山脉，气温预计将上升 2.2℃±0.4℃。采用 RCP 4.5 进行预估气温将升高 2.2～3.3℃，而 RCP－8.5 接近当前的变化幅度，到 2100 年气温可能变幅为 4.2～6.5℃（Krishnan et al. 2019）。

12.3　降水量的变化

虽然冰雪融化是影响 HKH 河流水文的重要因素，但在许多地区，降雨是土地和水系统最重要的输入途径。季风和西风气候系统及其节律是河流水文和陆地生态系统的主要决定因素。生态组成和生态模式高度依赖于降雨，降雨影响着植物群的密度、开花时间和动物的迁徙。农业模式主要基于这些天气现象，它们决定了种植和收获的时间，以及可以种植什么。降雨在时间和数量上的高变异性增加了水系统管理的不确定性，剧烈的变化将会

破坏我们所知道的这些生态系统的功能。

尽管降雨很重要，但我们对气候变化导致降雨模式变化的了解比对冰川融化的了解要少。这是因为 HKH 的降雨模式变化高度复杂，因此很难区分气候变化信号和正常降雨模式的变化，由于空气污染导致大气中增加的气溶胶也会影响天气和长期气候模式。例如，据观察，在过去 35 年里，印度-恒河平原的冬季雾大幅增加，有雾的天数增加了 3 倍，而部分原因就是这些气溶胶（Saikawa et al. 2019）。此外，在土地利用变化尤其是灌溉农业、水分循环和降水之间存在重要的反馈循环，这进一步使气候变化对降雨的影响复杂化（de Kok et al. 2020；Tuinenburg et al. 2012）。

降水的长期趋势很难识别（Krishnan et al. 2019），但有一些证据表明，过去几十年的年降水量和年平均日降水强度有所增加。此外，年强降水日数（频次）和年强降水强度均呈增加趋势（Ren et al. 2017）。展望未来，不同模式在预测 HKH 降水变化方面存在分歧。一般来说，预计会有所增加，但会存在明显的区域差异。在全球环流模式（GCMs）和 RCMs 中，HKH 地区的降水预估存在更大的不确定性（e. g. Choudhary and Dimri 2017；Hasson et al. 2013，2015；Mishra 2015；Sanjay et al. 2017）。Krishnan 等（2020）也得出了类似的结果，尽管后者表明，相对于 GCMs，RCMs 预计的增幅更大。Panday 等（2014）也认为 HKH 地区极端降水增加，东喜马拉雅地区季风季节极端降水更频繁，西喜马拉雅地区寒冷季节更湿润。由于气候、地形和地质构造，该地区自然容易发生水诱发的灾害。预计极端降水的增加可能会在未来加剧这种情况（Vaidya et al. 2019）。总之，还需要更多的证据，而且仍然存在高度的不确定性。模型指出，未来会有更多的降雨，但更重要的是，降雨模式的高变异性会带来更强的降雨和更多的干旱。

12.4　对冰冻圈的影响

尽管亚洲高山（HMA）的冰川自 19 世纪末小冰期结束以来一直在萎缩（Bräuning 2006；Kayastha and Harrison 2008；Kick 1989；Mayewski and Jeschke 1979），然而其萎缩速度在过去几十年变得更快（Bolch et al. 2019；Maurer et al. 2019；Shean et al. 2020）。尽管对 HKH 冰川有少数零散的研究，但对 20 年前 HKH 冰川的整体状况了解并不多。对少数冰川的研究不足以得出关于该地区 54000 个冰川的结论（Bajracharya and Shrestha，2011）。

然而，在过去的十年里，对冰川的研究越来越多，现在关于这方面的情况也越来越清楚了。在更多的实地调查、遥感和建模的帮助下，我们现在知道，该地区的大多数冰川在面积和体积上都在以不同的速度萎缩（Zemp et al. 2019）。图 12.1 显示了 2000—2018 年 HKH 冰川的消融速度。与这种总体趋势相反，喀喇昆仑山出现了更复杂的情况，那里的一些冰川显示出了相反的现象（Bhambri et al. 2013；Hewitt 2011；Paul 2015）。喀喇昆仑山脉和 HKH 地区的其他地区之间的这种对比被称为“喀喇昆仑异常”（Hewitt 2005）。同时也提出了一些假设（de Kok et al. 2018；Forsythe et al. 2017），但是目前还没有一个令人信服的解释来说明为什么会发生这种情况。而 Farinotti 等（2020）认为，在预测的气候变化下，这种异常现象不太可能长期持续下去。它预计在 1.5℃的场景中，就是 RCP 2.6 的一些气候模型，30%～35%的 HKH 冰川的体积将到 21 世纪末彻底消失，而在目前的碳排放趋势下，这是接近 RCP8.5，这个损失可能高达 65%（Kraaijenbrink et al. 2017；Rounce et al. 2020）。

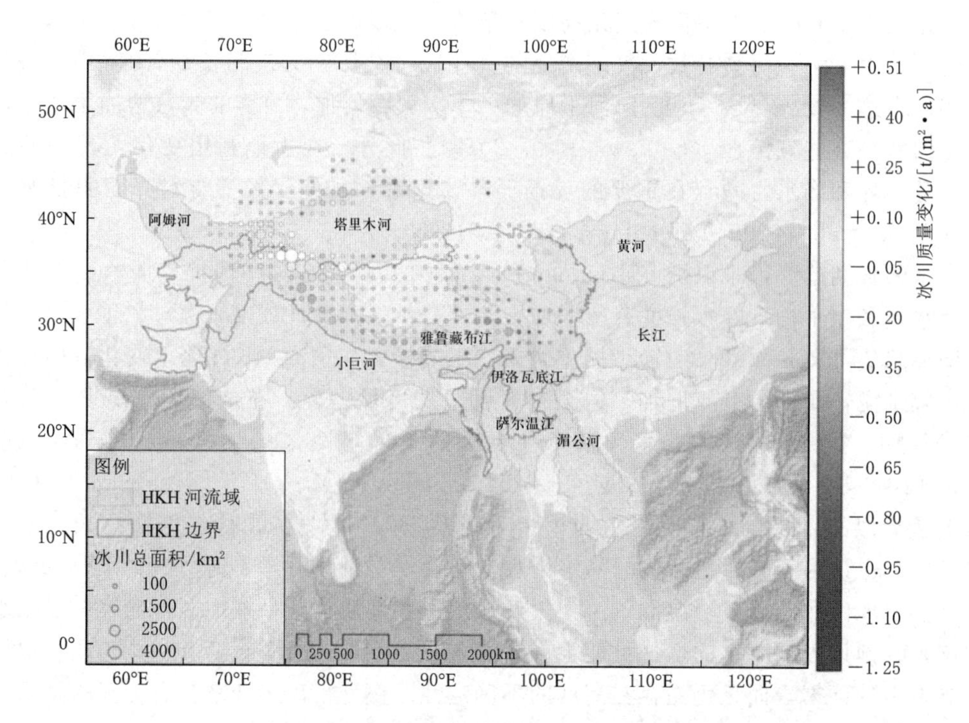

图 12.1　2000—2018 年特定冰川质量平衡变化

［数据来自 Shean 等（2020）］

虽然下游水文受到降雨、永久冻土、雪和冰川以及人类干预等多种因素的影响，但在科学界和媒体讨论气候变化时，冰川受到的关注却是最多的。为了获得完整的图像，我们需要更多地了解所有这些组成部分。而雪对该地区的供水很重要（Bookhagen and Burbank 2010），同时对大气环流和亚洲季风的影响也同样重要（Bansod et al. 2003；Qian et al. 2011；Wu and Zhang 1998；Zhang et al. 2019）。冰芯（Kang et al. 2015；Thompson et al. 2000）和基于遥感的研究（Gurung et al. 2011）表明，积雪总体上在减少，但次区域之间存在差异。有证据表明雪线正在后退，地区降雨量增加，降雪量减少。这意味着，积雪的储存和雪中水分的保留将减少，这将影响水文模式。

人们对多年冻土的了解较少，对多年冻土的研究大多集中在青藏高原（Gruber et al. 2017）。而 Gruber 等（2017）的研究表明，HKH 地区的多年冻土面积大大超过冰川面积。虽然缺乏详细的研究，但作为一个总体趋势，HKH 的大多数冻土可能在过去几十年经历了变暖和融化（Zhao et al. 2010）。对青藏高原的研究表明，多年冻土融化会产生多种影响，例如向大气中释放碳、形成沙漠化或破坏基础设施（Wang et al. 2008；Yang et al. 2010）。而随着永冻层的减少，人们主要担心的是山体边坡的稳定性将会减弱，从而导致更多的滑坡（e.g. Gruber and Haeberli 2007）。

包括黑炭在内的空气污染可以到达高山地区。在对文献的评估中，Saikawa 等

(2019) 得出结论，源自 HKH 附近和内部的空气污染物放大了全球变暖的影响，并通过黑炭和灰尘的沉积加速了冰冻圈的融化。黑炭和空气污染排放的来源包括森林火灾、煤炭燃烧、垃圾燃烧、柴油烟雾、灰尘和其他一些因素，它们往往跨过边界到达山区。显然，减少气温上升、冰川和积雪融化的方法是减少该地区的空气污染和黑炭排放。

12.5 对河流水文的累积影响

随着时间的推移，冰冻圈和降雨的变化，以及地下水形态的变化，将导致河流流动形态的改变。在许多地区的冰川和积雪河流流域，预计冰川融水产量在未来几十年将增加，但随后会下降（IPCC 2019）。随着冰川的收缩，每年的冰川径流量通常首先增加，直至到达一个转折点，通常被称为“峰值水量”，之后径流量减少。峰值水位出现的时间与盆地内冰川作用的程度呈正相关。在 RCP4.5 下，多数以冰川融化为主要水源的流域，其每年的冰川融化径流预计会增加，直到 21 世纪中叶左右，在 RCP8.5 下则会在 21 世纪后期，之后冰川径流会稳步下降（Huss and Hock 2018；Nie et al. 2021）。在印度河上游流域（UIB），根据 RCP4.5，峰值水位预计将在 2045 年±17 年左右出现，恒河的大部分源头将在 21 世纪中叶左右出现，而雅鲁藏布江的源头，峰值水位已经出现或快要出现（Huss and Hock 2018；Nie et al. 2021）。对于更极端的情况（如 RCP8.5），由于融化加剧，峰值水位进一步推迟。

然而，流域径流的变化依赖于冰冻圈融化和降水所提供的补给。图 12.2 显示了 HKH 河流上游流域降雨径流和融水径流对总流量的补给量（Kha nal et al. 2021）。印度河上游和阿姆河位于更干旱的地区，融水径流对其流量的贡献比例更高，而东部和中部地区的河流，如湄公河、萨尔温江和恒河上游的降雨对其流量的贡献更高；在印度河上流流域，融水流量占总流量的 45%左右，而恒河和雅鲁藏布江的融水流量分别占总流量的 13.4%和 15.0%（Khanal et al. 2021）。在印度河上游的一些河流中，融水对总流量的贡献高达 90%。在长江、黄河等流域东部，降雨径流占总流量的 80%。表 12.1 显示了来自兴都库什-喜马拉雅地区的 10 个河流系统的降雨径流和融水径流对总径流的贡献。

表 12.1　1985—2014 年 HKH 地区 10 个主要流域的降雨径流和融水径流对总流量的贡献

流　域	面积/km^2	冰川面积在总面积中的占比/%	降雨径流对总流量的贡献率/%	融水径流对总流量的贡献率/%
阿姆河	268280	4.4	5.4	78.8
雅鲁藏布江	400182	2.7	62.1	15.0
恒河	202420	4.4	64.7	13.4
印度河流域	473494	6.3	43.9	44.8
伊洛瓦底江	49029	0.2	78.2	5.1
湄公河	110678	0.3	55.1	7.7
萨尔温江	119377	1.5	55.7	16.1
塔里木河	1081663	3.1	47.3	27.0
长江	687150	0.4	71.0	5.7
黄河	272857	0.1	63.9	9.7

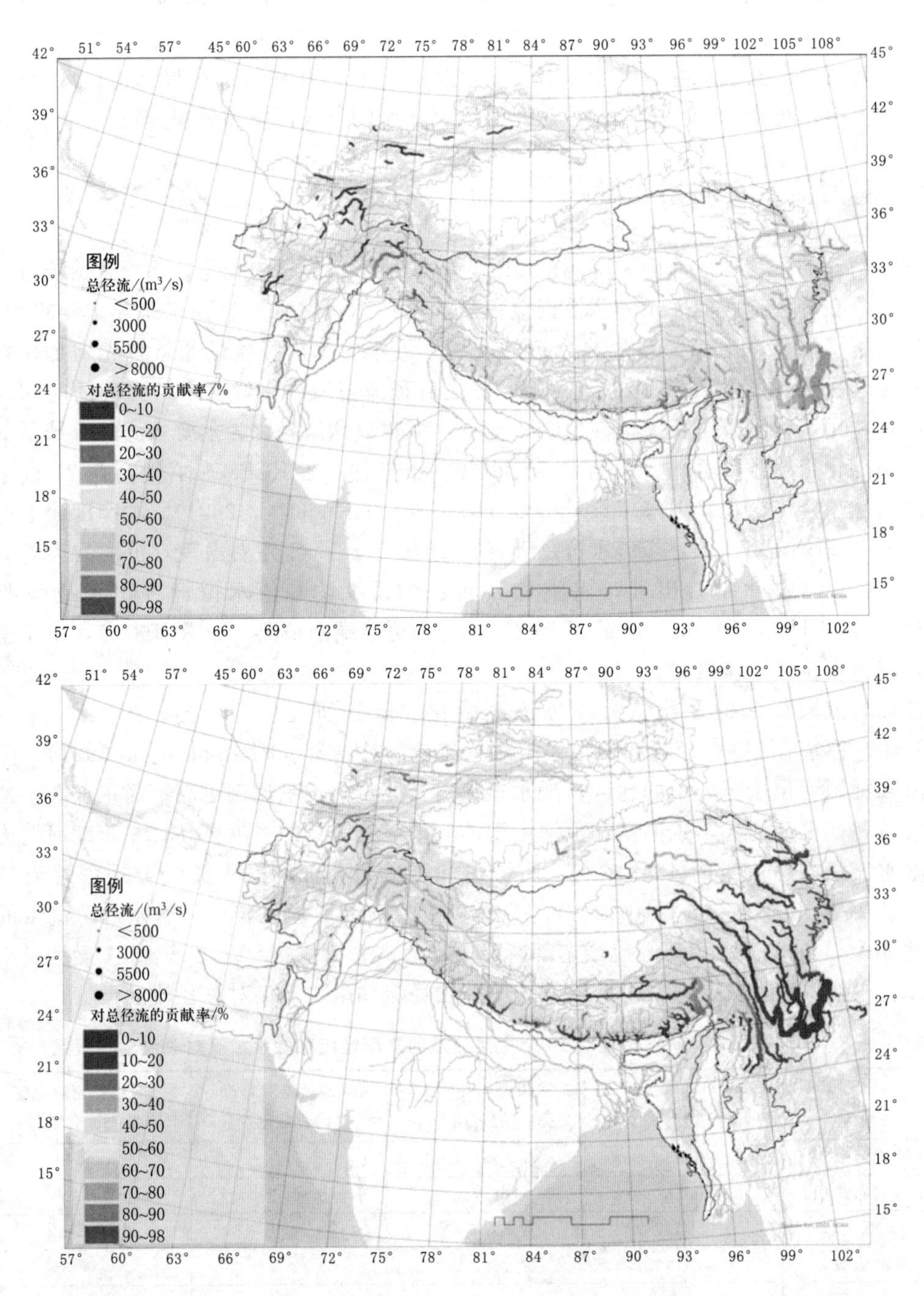

图 12.2　1985—2014 年降雨径流与雪和冰川融化径流对山区河流总径流的贡献

（Khanal et al. 2021）

然而，根据使用 8 次 GCM 的运行（RCP4.5 和 RCP8.5 各运行 4 次）进行流量模拟，到 2050 年印度河上游流域的总径流可能会发生－5%～12%的变化（Lutz et al. 2014）。径流量的大部分变化与降水量的变化直接相关。在恒河上游，到 2050 年，总径流可能会

增加1%～27%。预计融水的份额将减少，而降雨径流在总径流中的份额将增加，因为气温上升最有可能改变降雨-降雪的动态。布拉马普特拉河上游的情况很有趣，因为它在青藏高原上河段的径流来源以大量的冰川融水和融雪为主，但当它转向孟加拉湾时，雨水变得更占优势。在布拉马普特拉河上游，到2050年，总径流可能会增加（0～13%）。融水的份额在减少，而降雨径流的份额在增加。RCP4.5和RCP8.5的趋势大体相似，尽管GCM运行之间存在很大差异，特别是在恒河上游，这主要是由于与RCP4.5相比，用于RCP8.5的GCM运行的降水预估范围更大。

与恒河、雅鲁藏布江、萨尔温江和湄公河等东部河流相比，印度河等西部的HKH河流从冰雪和冰川中获得的贡献更多，而恒河这些东部河流从降雨获得的贡献更高。在所有的流域中，融水的贡献都在减少，当我们沿着河流下行时，降雨变得更加重要。这意味着高山生态系统下的农业和人类最有可能受到冰川和积雪融化变化的最大影响。在考虑气候变化的影响时，所有水流成分的时间和数量的变化将是重要的。不同的水流成分对水流的贡献在每年的循环周期中是不同的，在4月和5月，当降水贡献低而温度高时，融水的贡献是重要的。

12.6　水文变化对水资源利用的影响

了解水文变化对用水的可能影响对于不同部门制定应对措施至关重要。虽然我们对未来河流流量会发生什么变化越来越清楚，但这些变化的含义却不太清楚，因为只有少数零星的研究详细探讨了其对下游的影响。Carey等（2017，p350）认为，人们意识到了生活在HKH河流域的19亿人会受到哪些潜在影响，但往往得出结论："不幸的是，山区冰川径流变化对人类影响的研究仍然有限。关于冰川消融对山区水文和社会影响的研究往往依赖于假设，而不是具体证据。"根据Rasul和Molden（2019）的一项研究回顾，越来越多的实地研究（无论是基于观察还是基于概念）报告称，HKH地区的许多高海拔地区已经经历了水资源短缺和不确定性，对农业、生活、经济和社会产生了重大影响。

关于水文变化影响的认知差距的部分原因是缺乏跨学科的工作。虽然冰川学家和水文学家预测河流流量模式的变化，但要了解这些变化对不同部门的影响，需要与水资源管理专家、经济学家和社会学家进行讨论。山地的情况与平原的情况有很大的不同，因此需要考虑多尺度的上下游连接的山地与平原的结合视角。

在最近一项将山区水供应与社会对山区水的依赖性联系起来的重要研究中，Immerzeel等（2020）制定了水塔指数，并将其应用于全球78个流域，以评估山区在供水方面的作用以及下游生态系统和社会对水的依赖性。在评估的流域中，他们发现印度河流域是最脆弱的，而10个HKH流域中大多数是高度脆弱的，因为人口密度高，人口对灌溉、工业和城市用水的高度依赖，以及它们对气候变化适应的脆弱性。印度河流域的情况最严重的另一个原因是下游人口对融水的高度依赖。此外，10条HKH河流中有8条在性质上是跨界的，位于地缘政治敏感地区。这项研究清楚地表明了山区水资源对世界各地社会的重要性，以及山区对HKH河流的重要性。

为了讨论不同水文变化对用水模式的影响，我们使用一个简单的框架，即水从山脉流向丘陵，然后在下游流向平原（见图 12.3）。这三个地区的用水模式明显不同。在高山地区，人们严重依赖冰冻圈资源，河床向下游的山丘延伸，深深地切入山谷。由于丘陵地形，这里是大坝、水库和水电工程的所在地，与高山相比，山上的雪很少，所以山上的人使用小溪和泉水。HKH 流域的大多数居民生活在山上，较少依赖冰川和融雪，而是依靠雨水补给的泉水。尽管如此，冰冻圈对山地水资源的影响仍比气候变化受到更多的关注。平原地区人口密度增加，城市、农业和工业集中用水，人们主要依靠河水来进行洪泛区农业和渔业。降雨成为河流流量的主要贡献者，地下水的使用很普遍。这表明 HKH 河流流域具有很强的上下游联系（Molden et al. 2016；Nepal et al. 2018），这些联系可能受到不同规模的环境和社会经济变化的影响。

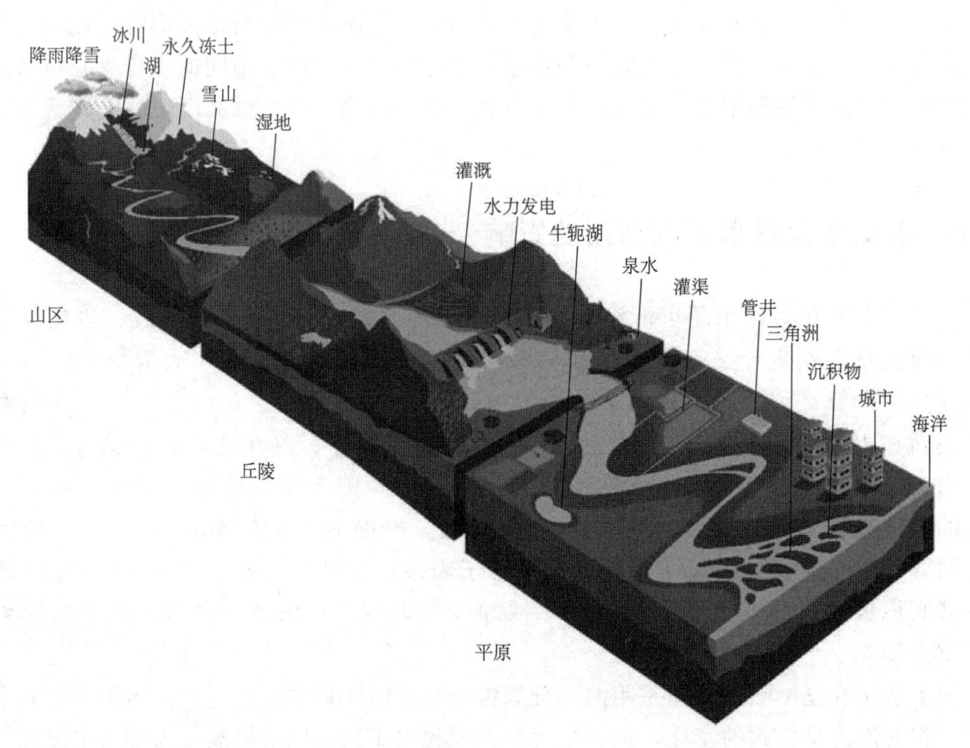

图 12.3　水从高山流向丘陵，从平原流向海洋。每个区域都有其独特的地貌和气候变化特征，并在本章单独讨论（改编自 Nepal et al. 2018）

在人们依赖冰川和冰雪融化的高山地区，冰冻圈的变化将对水的利用产生直接的影响，而气候响应最直接的信号就是冰川和冰雪融化，以及水供应的变化。往下游看，径流的长期变化也可能是人为变化的结果，如土地利用模式的变化、农业实践和上游水基础设施的变化。这些山丘也被集中用于水电开发，因为全年都有水流（源自高山）和高差。再到平原地区，人类对水文模式有相当大的影响，包括水的分流和使用、污水的流动、地下水的抽取和水的再利用。水文变化是由包括气候变化在内的多种因素引起的，而气候变化的信号更难分离出来。

12.7 山区的社会影响

HKH 山脉以高山生态系统为主，包括陡坡、冰雪覆盖地、草原和森林。人类系统包括村庄、小规模农业和畜牧系统。冰雪融化和永冻土融化会显著影响人们用于畜牧活动和作物种植的水系统，融化模式的变化会破坏这些系统。山区农业和畜牧业受到温度和水资源变化的影响（Rasul and Molden 2019）。在阿富汗的高山地区、巴基斯坦北部以及印度西部和中部，雪和冰川融水被用于灌溉，并有助于保持牧场和草原的土壤水分。生活在 HKH 高山地区的人们也依赖冰川融水来满足饮用和其他家庭用途（Rasul and Molden 2019）。据报道，这些地区的人们一直面临着饮用水和生活用水的短缺，部分原因是冰川和积雪融化减少（McDowell et al. 2013；Rasul and Molden 2019；Rasul et al. 2020）。在某些情况下社区会失去水源，在极端情况下会导致社区居民流离失所。有趣的是，一些以前被冰川和积雪覆盖的地区正在生长新的植被，并成为潜在的放牧地。

一些实地研究表明，作为不丹、印度、尼泊尔和巴基斯坦高山地区主要生计来源的自给农业正受到冰川融化、积雪减少和降水模式变化的影响（Dame and Nüsser 2011；Rasul et al. 2020；Rasul 2021）。HKH 高山地区的农业和农牧业严重依赖冰冻圈资源，特别是春季和夏季的融水径流是植物生长的重要水源。因此，这些地区的人们非常容易受到冰冻圈变化的影响（Rasul 2021）。例如，在印度西北部，由于低洼冰川的逐渐消退和降雪模式的变化，农业受到灌溉用水和土壤水分短缺的影响（Grossman 2015）；在印度拉达克，农业生产几乎完全依靠融水灌溉。农民们在地势允许的地方，把融雪和冰川融水引到农田和居民点。据报道，面对水资源短缺，农民正在采取许多适应措施，包括改变喜马拉雅西部地区的种植模式（Clouse 2016；Dame and Nüsser 2011；Rasul et al. 2019）。

畜牧业是 HKH 高山地区农业系统和生活的一个组成部分。在 HKH 地区，畜牧业和农牧生活也受到冰冻圈变化的影响，但不那么明显。降雪模式的变化和积雪覆盖的总体下降导致饲料和水短缺，影响畜牧业生产、粮食安全和生活。例如据报道，在中国的西藏自治区那曲市，草地植物密度下降，部分是由于全球变暖以及冰冻圈变化以及放牧强度的增加，从而影响以牦牛和羊为生的牧民的生计（He and Richards 2015；Rasul et al. 2020）。

在山区生活一直是危险的。现在雪崩、山体滑坡、洪水和冰川湖溃决洪水的增加更是加剧了危险程度，部分原因是气候变化。当冰川融化时，由于不稳定的水碛阻挡，通常会在下游形成湖泊。随着冰川融化的增加，冰川湖溃决洪水（GLOF）的危险增加（Byers et al. 2019；ICIMOD 2011；Rouce et al. 2017）。Koshi 盆地自 1990 年以来共发生 6 次 GLOF 事件，其中 4 次发生在 2015 年以后。此外，Koshi 盆地的 42 个湖泊、Gandaki 地区的 3 个湖泊和 Karnali 盆地的 2 个湖泊被确定为潜在危险湖泊（Bajracharya et al. 2020）。同样，多年冻土层的融化往往会使原本由冻结的水黏合在一起的陡坡变得不稳定，从而增加滑坡的危险。

在山区，灾害及其连锁事件是常见和危险的。例如，2013 年的 Kedarnath 洪水是由降雨引发的滑坡进入冰川湖造成的；2015 年尼泊尔朗塘村发生的雪崩是由地震和百年一遇的春季积雪造成的；最近的 Chamoli 地区灾难导致 70 多人死亡，134 人失踪，在灾难发生前几天，一股强烈的西风引起暴雨，导致水位上升，随后，罗蒂峰发生了大规模的岩崩，夹杂着冰雪。这冲溃了下面的冰碛物，导致洪水涌向已经泛滥的河流，并与先前沉积的沉积物和碎片混合，而洪水路径上的基础设施，尤其是水电站遭受到严重破坏。未完工的塔波万·维什努加德（Tapovan Vishnugad）水电项目被毁，洪水对里士恒河（Rishi Ganga）水电项目造成了重大破坏（Shrestha et al. 2021a）。灾难可以被认为是人们背井离乡的一个原因，这个话题将在另一部分中详细讨论。

冰冻圈的变化对当地经济和社会具有重大影响，已有研究证实了这一点。IPCC 关于海洋和冰冻圈的特别报告指出，经济损失是通过两种途径造成的：一种是由于气候引起的灾害，另一种是由于冰冻层变化带来的额外风险和潜在机会的丧失（Hock et al. 2019）。Hock 等（2019）的报告称，在 HKH 地区，由冰冻圈引发的洪水、滑坡和雪崩等灾害正在增加，预计未来还会增加，减少风险的措施将需要额外的成本。这必然会给社会带来了巨大的经济、社会和环境成本。据报道，在 1985—2014 年，洪水和滑坡在山区（包括那些没有直接和冰冻圈连在一起的地区）造成的经济损失中，兴都库什-喜马拉雅地区的损失最高（450 亿美元），其次是欧洲阿尔卑斯山脉（70 亿美元）和安第斯山脉（30 亿美元）（Stäubli et al. 2018）。例如，1981 年西藏樟藏布冰川湖溃决洪水造成多人死亡，基础设施和财产遭到广泛破坏（Mool et al. 2001）；同样，1985 年尼泊尔东部昆布地区的 Dig Tsho 洪水破坏了一座水电站和其他设施，估计其经济损失高达 5 亿美元（Shrestha et al. 2010）。而作为一项应对措施，2002 年在尼泊尔的 Tsho Rolpa 冰川挖了一条通道以降低一个冰川湖的水位，这项措施耗资 300 万美元（Bajracharya 2010）。

12.8　丘陵地区的社会影响

居住在山区，特别是农村地区的人们与生态系统有着非常密切的关系。他们经常直接依靠森林获取食物、饲料和药品，而不断变化的降雨模式影响森林和其他生态系统并威胁生计。在传统上，大多数丘陵和山区社区居住在山坡或山顶，而不是河谷底部。随着更多道路的修建，更多城镇和城市中心的涌现，这种情况正在发生变化。人们正开始搬到山谷底部，以适应道路修建和城市发展带来的便利。而改变河流的水流形态，包括流量和时间，将对水力发电的数量和时间产生影响。这种以不同的方式向山谷底部的迁移使得居民和基础设施变得脆弱，山坡上的居民很容易受到滑坡的影响，而且这种风险会随气候变化导致的降雨强度的增加而加剧。除了气候变化，山体滑坡还有很多原因，比如道路建设和包括森林砍伐在内的土地覆盖变化，这都将使未来山体滑坡的风险增加。

越来越令人担忧的是山区泉水的状况，它们是河流流量的主要来源，也是生活用水和小规模灌溉的来源（Scott et al. 2019）。但是近年来，HKH 所有国家的泉水都在减少。有几个具体的原因，如土地利用的变化降低了补给能力；通过管道和泵从泉水中提取更多的水，以及由于气候变化而可能改变的降雨、径流和补给模式，尽管后者还没有得到很好的证实。在今后的气候变化研究和发展活动应更多关注泉水，因为泉水在城乡供水中发挥着重要作用（Scott et al. 2019）。

河流在向下游流动的过程中，受到冰冻圈和越来越多由降雨驱动的陆地水流的影响，

其规模也随之增大。土地利用的变化，例如森林覆盖的变化，影响着这些格局。手工业、渔业和洪泛平原农业在山丘上很常见，它们都受到变化的水流和洪水的影响。

随着越来越多的水电站大坝建在 HKH 大河支流的山上，HKH 现在正见证着水电的繁荣（Vaidya et al. 2021）。水力发电可以极大地帮助各国转向低碳能源、减少温室气体排放和提高能源安全。不丹几乎 100%的电力来自水力发电，尼泊尔 93%，巴基斯坦 33%（Shrestha et al. 2016；Vaidya et al. 2021），并且水电对印度的电力也做出了相当大的贡献。HKH 地区的所有国家都主动增加了水力发电。虽然预计河流径流在 21 世纪下半叶之前不会减少，但由于河流流量的季节性变化导致了流量变异性的增加，冰川和积雪融化模式的变化将影响 HKH 的水电生产。很难确定冰冻圈变化所产生的确切影响，因为这种影响在整个区域，甚至在每个国家内部都有很大差异，最大影响可能发生在那些很少或没有蓄水的小规模“河流运行”水电站上，它们在喜马拉雅地区很常见（Boehlert et al. 2016；Turner et al. 2017）。旱季径流的减少使得这些电厂的水力发电降低，甚至停止，即使随着冰川的消退，其年流量开始增加（Rees et al. 2004），这种增加也将发生在暖湿季，并不能弥补旱季可用水减少的影响。例如，尼泊尔 Khulekhani 项目的水力发电预计未来将减少 0.5%～13%（Shrestha et al. 2020）。

山区的水电站易受洪水、冰川湖暴发洪水和滑坡等灾害的影响。2021 年 2 月，印度北阿坎德邦与冰冻圈相关的灾难性洪水摧毁了两个水力发电设施，提醒人们洪水的威力。Bajracharya 等（2020）的研究表明，拥有潜在危险的冰川湖数量正在增加，这增加了水电站和其他基础设施的风险。例如，1985 年尼泊尔的一个水电站被 Dig Tsho 冰川湖溃决洪水摧毁。类似地，2013 年 6 月，印度的北阿坎德邦的一个水电项目被 Chorabari 冰川附近的一场暴雨有关的冰冻圈灾害破坏（Schwanghart et al. 2016）；2016 年，靠近尼泊尔和中国边境的博特·科西（Bhote Koshi）的一个水电站被冰川湖溃决洪水严重破坏（Liu et al. 2020）；2014 年，尼泊尔中部 Jure 地区的一次滑坡破坏了水电项目（Bhatt 2017）。

12.9 气候导致丘陵和高山地区人口的迁移

人口流动和迁移是山区生计的组成部分。几个世纪以来，山区居民从一个地方迁移到另一个地方，以避免极端的冬天，获得更肥沃的土地，并应对农业季节性变化（Macfarlane 1976；Pathak et al. 2017）。通过成功地采用多地区生计，山区社会系统在恶劣的气候和地形条件下蓬勃发展。HKH 地区的人口迁移主要有三种类型：跨人力流动、劳动力移民和永久性移民。该地区的人类迁移和移民受到气候变化和冰冻圈变化的影响，因为它们改变了水的可获得性，增加了危险的频率（Carey et al. 2017；Rasul and Molden 2019；van der Geest and Schindler 2016）。在高山地区，迁移流动性和相关的放牧活动受到冰雪和冰川变化的影响（Gentle and Thwaites 2016；Namgay et al. 2014；Nyima and Hopping 2019）。长时间的积雪会导致食物和水的短缺、雪崩等灾害事件的增加导致大量牲畜死亡，使放牧成为高风险的生计选择（shaliang et al. 2012；Tuladhar et al. 2021）。

长期以来，山区、丘陵和平原地区的部落将劳动力迁移作为一种谋生策略，也是对农业季节性的适应（Adger et al. 2015；Tuladhar et al. 2021）。气候变化通过对当地生计的不利冲击影响劳动力迁移（Foresight 2011）。而越来越多的证据表明，移民是由于干旱、洪水、滑坡、不稳定的降水及其对农业和其他自然生计的影响（Hugo 1996；Viswanathan and Kavi Kumar 2015）。除气候变化和冰冻圈变化外，移民的其他主要驱动因素是经济和就业机会、更好地获得教育和卫生设施（Gioli et al. 2014；Hugo 1996；Maharjan et al. 2020；Rigaud et al. 2018；Warner and Afifi 2014）和年轻一代希望远离以农场为基础的生计（Carling and Schewel 2018）。劳动力迁移反过来又有助于家庭更好地适应气候变化的影响，从而实现家庭生计来源的空间多元化和风险的分散（Gemenne and Blocher 2017；Le De et al. 2013；Maharjan et al. 2021）。在过去的 20 年中，整个家庭的永久外迁的趋势不断增长，导致山区人口的下降。有传闻称，由于气候变化和发展干预措施，山中的泉水干涸，导致 HKH 地区的整个村庄向外迁移。

在恒河上游盆地，干涸的泉水和不断上升的洪水破坏了当地以农业为基础的生计，导致大规模移民，尤其是年轻人，前往城市中心寻找替代生计（Bhadwal et al. 2017）。在 2011 年人口普查中，尼泊尔 55 个山区和丘陵地区中有 36 个报告人口增长率为负（CBS 2012）。印度的北阿坎德邦也出现了类似的人口减少和“鬼村”（没有居民的村庄）上升的趋势，这导致了传统生计和文化的丧失（Pathak et al. 2017）。

然而，尽管移民有许多相互交织的因素，但气候变化可能成为人们决定移民的一个转折点。有新的证据表明，人们的移民决定往往受到他们对气候变化的感知的影响（Koubi et al. 2016a，2016b）。由于 HKH 地区高度依赖自然生计，因此极易受到气候变化的影响，未来该地区的移民可能会增加。如果不采取行动，气候变化预计将导致南亚 4000 万的居民移民（Rigaud et al. 2018）。

12.10　平原地区的社会影响

亚洲的大河，发源于 HKH 山脉，其平原是人口密集、主要城市、工业、高度经济活动和密集农业生产的家园。平原依靠山地提供肥沃的土壤、丰富的水源和其他山地资源，如森林。印度恒河平原是印度和巴基斯坦的粮仓，长江流域被称为中国的“饭碗”，黄河流域也是中国粮食生产的重要来源。《中国水风险》（Hu and Tan 2018）报告称，2015 年 10 个 HKH 流域的 GDP 总额为 4 万亿美元。然而，人们越来越担心气候变化的影响可能会威胁到平原地区的经济活动。

要将气候变化的影响与其他影响区分开来并不容易。例如，在河流与平原交汇的河口设置水坝（例如塔尔贝拉和特赫里水坝）对水流状况有重大影响。城市和农业的用水分流会影响河流流量，而对地下水的依赖在过去几十年对供水造成了巨大的影响。水资源管理本身就有很大的不同。在水资源管理不善的地方，即使供应充足，人们也会经历缺水；相反，如果管理得当，即使供应最少，人们也可以获得足够的水（Molden 2020）。由于气候变化与许多其他因素混合在一起，很难单独确定它的影响。然而，在那些已经因供不应求而受到压力的地区，水流形态的变化将给水管理带来新的挑战。

随着气候变化和降雨量的增加，季风季节河流流量可能会进一步增加，洪水发生的可能性也会增加。然而，随着冰川的收缩和冰雪融化的减少，供水将逐渐减少，特别是在旱

季，需要更多的水来灌溉。这可能会影响南亚大部分地区的农业和粮食安全，包括印度河-恒河平原，那里大部分的水用于粮食生产。由于冰量减少和早期积雪融化的共同作用，除非采取预防措施，否则径流减少预计会降低印度河-恒河平原和其他平原地区灌溉农业的生产力（Siderius et al. 2013；Bieman et al. 2019）。

Biemans 等（2019）使用冰冻圈-水文-作物耦合模型，分析了印度河、恒河和布拉马普特拉河流域的冰川和积雪融化对农业生产的影响。研究表明，在干旱的印度河流域，影响具有很强的时空变异性，对融水的依赖程度更高，而季风前旱季，融水对气候变化的影响更为关键。在印度河流域，冰川和积雪融化对河流流量的贡献非常大。总的来说，37%的灌溉用水，在季风来临前甚至高达 60%的灌溉用水来自高山积雪和冰川融化，它对作物总产量的贡献率为 11%。相比之下，在恒河平原，在 3—5 月的季风前，积雪和冰川融化贡献了 20%的供给，但在季风期间，这一贡献微不足道。在布拉马普特拉河流域，这一贡献要小得多。作者估计，融水有助于 6400 万人生产小麦和 5200 万人生产稻米。随着气候变化，预计融水的调节作用将减弱，从长远来看，重要的供应来源将减少。

人口增长和粮食需求增加、人均土地可用性和作物产量下降以及水资源可用性降低的综合影响，威胁着 HKH 地区大量人口未来的粮食安全（Aggarwal 2008；Immerzeel et al. 2010；Rasul 2010，2014）。印度河流域的人们受到的影响可能更严重，因为他们高度依赖灌溉农业。而印度河流域 90%以上的作物需要灌溉，其中冰川融水和融雪是灌溉用水的主要来源。

冰冻圈的变化和降雨模式的变化也可能威胁到未来的城市供水。在喜马拉雅山脉地区，世界上许多大城市都坐落在源于山脉的河流河岸和集水区，许多大城市的饮用水供应部分依赖冰川和积雪提供的地表水。而印度的许多大城市，如哈里德瓦尔、瓦拉纳西、巴特那、坎普尔、阿拉哈巴德、芒格、巴加尔布尔、德里、阿格拉、马图拉和加尔各答，都位于恒河及其支流沿岸，部分依赖流入恒河的冰川和冰雪融水。在尼泊尔，政府正在开发一项跨流域调水项目，计划每天从冰川滋养的梅兰奇（Melamchi）河向加德满都市供水 350 万 L（Khadka and Khanal，2008）。同样，巴吉拉蒂（Bhagirathi）河和亚穆纳河是德里的主要水源。在巴基斯坦，索安（Soan）河向伊斯兰堡的一个主要水库 Simly 水库供水，而在旁遮普省南部，来自冰川补给的印度河流域灌溉系统的水是一个重要的水源（Jehangir et al. 1998）。随着人口增长、城市化和工业化的发展，城市地区对水的需求不断增加，而冰川和冰雪融水的减少可能会加剧 HKH 地区许多城镇的城市的供水挑战。

展望未来，随着人口的增长和经济活动的增加，城市、农业和工业对水的需求将会增加。与此同时，生态系统已经严重退化。除了黄河和长江以外，所有的大江大河都是跨界的；然而，各国之间在河流方面的合作仍然有限。印度各邦之间的水资源共享也是一个问题。即使没有气候变化，对这些河流流域的管理也是一项紧迫的挑战。气候变化将带来更多挑战，包括水文变化以及更多洪水和干旱的威胁。

12.11 平原洪水

HKH 评估报告提供了 HKH 及其相关流域灾难的可怕图片。1980—2015 年，亚洲

36%的灾难事件发生在 HKH，全球 21%的事件发生在 HKH（Vaidya et al. 2019）。在这份报告中指出，从 1990—2000 年到 2000—2010 年，灾害事件的数量、死亡和受影响的人数以及经济损失增加了 143%。洪水是 HKH 最常见的灾害（Shrestha et al. 2015），造成的人员死亡占总数的 17%，造成的损失占总数的 51%。

由于气候和降雨量的变化，山区附近的平原容易发生严重的洪水。2010 年，巴基斯坦洪水造成 2000 多人死亡，损失 100 亿美元；2013 年北阿坎德邦洪水造成 5000 多人死亡；而孟加拉国位于三条 HKH 河的交汇处，最容易受到洪水的影响（Vaidya et al. 2019）。尽管气候变化的原因还没有得到充分评估，但山区和平原降雨强度的增加也起到了一定作用。Wijngaard 等（2017）预测，50 年重现期的洪水预计将较目前水平增加 305%，其中雅鲁藏布江流域上游增幅最大。相比之下，在印度河上游流域，50 年重现期的洪水预计将下降 25%，而这些变化归因于降雨和融水径流模式的变化。

灾害是危害性、暴露性和脆弱性（IPCC 2012）与气候变化相互作用的组合，因此很难从其他人类或环境原因中分离出气候变化的影响。气候变化将增加灾害的破坏性，除非采取预防措施减少脆弱性和暴露程度，否则该地区可能会遭遇更多更大的灾害。

为了降低灾害风险，必须考虑山区和平原之间的联系，并在下游地区安装洪水预警系统。保护森林、赋予社区权力和采取超越国界的集体行动也是必要的。

12.12　关键性措施

由于 HKH 山脉是一种全球资源，对人类生存和福祉以及生物多样性都很重要，所以需要采取的第一个全球行动是立即减少温室气体排放，减缓山脉气温上升的速度。虽然 HKH 山区社会系统和下游人口已经感受到气候变化的影响，但全球社会需要更多地了解 HKH 正在发生的事情，而位于具有重要地缘政治战略意义的 HKH 山脉地区的国家容易发生冲突。国际社会有责任帮助 HKH 山区社会系统（其中一些是世界上最贫穷的区域）以适应不断变化的环境和建立恢复力制度。即使采取最严厉的温室减缓措施，变化仍将继续，因此，适应是至关重要的。

适应和恢复力建设将是山区社区和下游社区的关键。而 HKH 地区中不同地区的部落已经采取了一系列措施，包括移民和流动，以应对冰冻圈变化带来的挑战。为了应对由冰冻圈收缩造成的日益加剧的水压力和不确定性，农民们正在增加储水量、改变牲畜放牧模式、建造新的水道、通过建造人工冰川来储存水、减少对耗水量大的作物的种植并种植适应水压力条件的新作物。在某些情况下，社区放弃了农业和畜牧业，转而从事新的生计，如旅游业和劳务移民。在一些地区冰冻圈变化带来极端影响，社区被迫决定迁移到更有利的地区。许多应对措施针对具体地点，在地方范围内实施，并代表当地社区的自主行动。随着水文的变化，下游社区必须调整他们的水系统，以应对过多或过少的水。在可能的情况下，增加用水必须与水需求管理相结合，各级机构必须更加适应和响应变化。

有些应对措施超出了当地区域的财力，如修建向村庄或农田输送水所需的基础设施。制定适应措施的关键是与社区和地方政府共同制订解决方案，利用日常基本知识，并加强维持适应所需的机构。而韧性建设提供了一个重要的框架，因为它是一个前瞻性的方法，

也看到了除气候驱动因素之外的系统内在脆弱性，从而有助于确定积极转型所需的干预措施（Mishra et al. 2017）。

许多影响将是区域性的，因为气候变化的影响是跨国界的，需要合作来制订解决方案。各国共享生物多样性至关重要的地区，共享河流和森林地区，因此灾害往往是跨越国界。此外，这是一个巨大的机会，各国会分享知识以帮助适应进程。然而，该地区却充斥着国家间的政治紧张局势，这肯定会阻碍加强合作的努力，但气候变化的威胁本身可以转化为促进合作的机会。国际山地综合发展中心通过其流域和跨界景观项目（Molden et al. 2017）、流域网络［如上印度河流域网络（Shrestha et al. 2021b）］以及最近通过同意在山区开展合作的部长级宣言（ICIMOD 2020）采取了重要举措。

HKH 地区需要制订区域适应计划。由区域资金支持的区域行动计划可产生重大影响，并提供适应和缓解措施。这一计划的关键要素包括：

（1）努力加强流域合作，更好地发展供水、蓄水、交通运输和能源生产与传输，实现利益共享和成本共享。

（2）管理跨界灾害，改善信息流动，并在灾害发生时建立区域应对措施。

（3）开展生物多样性重要热点合作，支持住在这些地区的当地社区。

（4）加强上下游活动的联系，包括对上游社区的保护工作进行补偿，并支持下游社区对受气候变化影响的资源进行适应性管理。重点应该放在农业上，因为它是用水最多的。

考虑到发展的需要以及根据气候变化采取不同做法的需要，基础设施是一个关键问题。例如，水电项目影响环境，但他们也受到环境的影响。适当的环境风险评估和环境缓解措施的实施可以确保水电的可持续性（Vaidya et al. 2021）。许多水电站是根据历史气象和水文数据建造的，在不同的水文制度下运行可能需要进行相当大的改动。

各国政府在提高对当前和未来影响和脆弱性的认识、提高足够的能力应对影响以及帮助地方社区根据固有的适应能力进行建设方面可发挥关键作用。HKH 地区的政府必须与山区和河流下游区域密切合作，了解变化的形势并制订解决方案。这将需要财政和人力资源，而这些资源必须以不同于以往的方式加以调动。需要更多的前瞻性思考，需要处理高度不确定性。因为过去奏效的计划和项目现在已经不够用了，有必要提高理解、评估和预测的研究能力，以便制定适当的应对措施。现在也是各国政府超越国界，向邻国寻求思想和灵感的时候，同时也应该解决诸如洪水等日益严重的现实跨界问题。国际社会已经设立了绿色气候基金等工具，这是积极的一步，但在支持区域和跨界问题上还可以做得更多。

我们需要更强大的科学体系来支持政策制定，但我们也需要以不同的方式进行科学研究，使用更多跨学科和超学科的方法，涉及包括社会科学在内的许多学科，并将研究与社区和政策制定者联系起来。山区也需要更多的测量和观测站，需要更好地量化上下游联系，包括河流下游对平原的影响。应更多地注意诸如水-粮食-能源关系和空气质量的作用等关键联系。社会科学和自然科学的专家应该共同努力，寻找减轻贫困的方法，建立制度，并提高对该地区复杂政治生态的认识。

虽然还有很多事情要做，但是现在开始也不算太早。本章介绍了一些关于山区气候变化及其对下游影响的现有知识。我们认为需要做更多的工作来解释这一关键的联系。本章还表明，我们有足够的认知和了解现在就采取行动——通过投资、加强和机构合作以及扩大科学知识宣传和实践，以改进我们的应对措施。

致谢和免责声明： 这项研究部分得到了国际山地综合发展中心的核心基金的支持，这些基金由阿富汗、澳大利亚、奥地利、孟加拉国、不丹、中国、印度、缅甸、尼泊尔、挪威、巴基斯坦、瑞典和瑞士政府提供。

本刊的观点和解释均为作者个人观点。它们不一定归因于其机构，也不意味着其机构就其管辖的任何国家、地区、城市或地区的法律地位或其边界的划定或任何产品的认可发表任何意见。

参考文献

Adger W, Arnell N, Black R, Dercon S, Geddes A, Thomas D (2015). Focus on environmental risks and migration: causes and consequences. Environ Res Lett 10 (60201).

Aggarwal PK (2008) Global climate change and Indian agriculture: impacts, adaptation and mitigation. India J Agric Stud 78 (10): 911-919.

Bajracharya SR (2010) Glacial lake outburst flood disaster risk reduction activities in Nepal. Int J Erosion Control Eng 3 (1): 92-101.

Bajracharya SR, Shrestha B (2011) The status of glaciers in the Hindu Kush-Himalayan region. International Center for Integrated Mountain Development, Kathmandu.

Bajracharya SR, Maharjan SB, Shrestha F, Sherpa TC, Wagle N, Shrestha AB (2020) Inventory of glacial lakes and identification of potentially dangerous glacial lakes in the Koshi, Gandaki, and Karnali River Basins of Nepal, the Tibet Autonomous Region of China, and India. Research report, ICIMOD and UNDP.

Bansod SD, Yin ZY, Lin Z, Zhang X (2003) Thermal field over Tibetan Plateau and Indian summer monsoon rainfall. Int J Climatol 23 (13): 1589-1605.

Bhadwal S, Ghosh S, Gorti G, Govindan M, Mohan D, Singh P, Singh S, Yogya Y (2017) The Upper Ganga Basin-will drying springs and rising floods affect agriculture? HI-AWARE working paper 8. HI-AWARE, Kathmandu.

Bhambri R, Bolch T, Kawishwar P, Dobhal DP, Srivastava D, Pratap B (2013) Heterogeneity in glacier response in the upper Shyok valley, northeast Karakoram. Cryosphere 7 (5): 1385-1398.

Bhatt RP (2017) Hydropower development in Nepal-climate change, impacts and implications. Renew Hydropower Technol.

Biemans H, Siderius C, Lutz AF, Nepal S, Ahmad B, Hassan T, von Bloh W, Wijngaard RR, Wester P, Shrestha AB, Immerzeel WW (2019) Importance of snow and glacier meltwater for agriculture on the Indo-Gangetic Plain. Nat Sustain 2: 594-601.

Boehlert B, Strzepek KM, Gebretsadik Y, Swanson R, McCluskey A, Neumann JE, McFarland J, Martinich J (2016) Climate change impacts and greenhouse gas mitigation effects on U. S. hydropower generation. Appl Energy 183: 1511-1519.

Bolch T et al (2019) Status and change of the cryosphere in the extended Hindu Kush Himalaya Region. In: Wester P, Mishra A, Mukherji A, Shrestha AB (eds) The Hindu Kush Himalaya assessment-mountains, climate change, sustainability and people. Springer, Cham, pp 209-255.

Bookhagen B, Burbank DW (2010) Toward a complete Himalayan hydrological budget: spatiotemporal distribution of snowmelt and rainfall and their impact on river discharge. J Geophys Res Earth Surf

115 (3): 1 - 25.

Bräuning A (2006) Tree - ring evidence of "Little Ice Age" glacier advances in southern Tibet. Holocene 16 (3): 369 - 380.

Byers AC, Rounce DR, Shugar DH, Lala JM, Byers EA, Regmi D (2019) A rockfall - induced glacial lake outburst flood, Upper Barun Valley Nepal. Landslides 16: 533 - 549.

Carey M, Molden OC, Rasmussen MB, Jackson M, Nolin AW, Mark BG (2017) Impacts of glacier recession and declining meltwater on mountain societies. Ann Am Assoc Geogr 107 (2): 350 - 359.

Carling J, Schewel K (2018) Revisiting aspiration and ability in international migration. J EthnMigr Stud 44 (6): 945 - 963.

CBS (2012) National population and housing census 2011. National report. National Central Bureau of Statistics, Government of Nepal, Kathmandu.

Choudhary A, Dimri AP (2017) Assessment of CORDEX - South Asia experiments for monsoonal precipitation over Himalayan region for future climate. Clim Dyn 50: 3009 - 3030.

Clouse C (2016) Frozen landscapes: climate - adaptive design interventions in Ladakh and Zanskar. Landsc Res 41: 821 - 837.

Dame J, Nüsser M (2011) Food security in high mountain regions: agricultural production and the impact of food subsidies in Ladakh, Northern India. Food Secur 3: 179 - 194.

De Kok RJ, Tuinenburg OA, Bonekamp PNJ, Immerzeel WW (2018) Irrigation as a potential driver for anomalous glacier behavior in High Mountain Asia. Geophys Res Lett 45: 2047 - 2054.

De Kok RJ, Kraaijenbrink PDA, Tuinenburg OA, Bonekamp PNJ, Immerzeel WW (2020) Towards understanding the pattern of glacier mass balances in High Mountain Asia using regional climatic modelling. Cryosphere 14 (9): 3215 - 3234.

DHM (2017) Observed climate trend analysis in the districts and physiographic regions of Nepal (1971 - 2014). Department of Hydrology and Meteorology, Ministry of Population and Environment, Government of Nepal. Kathmandu, Nepal.

Diaz HF, Bradley RS (1997) Temperature variations during the last century at high elevation sites. Clim Change 36: 253 - 279.

Farinotti D, Immerzeel WW, de Kok RJ, Quincey DJ, Dehecq A (2020) Manifestations and mechanisms of the Karakoram glacier anomaly. Nat Geosci 13: 8 - 16.

Foresight (2011) Migration and global environmental change: future challenges and opportunities. Final project report. The Government Office for Science, London.

Forsythe N, Fowler HJ, Li XF, Blenkinsop S, Pritchard D (2017) Karakoram temperature and glacial melt driven by regional atmospheric circulation variability. Nat Clim Chang 7: 664 - 670.

Gemenne F, Blocher J (2017) How can migration serve adaptation to climate change? Challenges to fleshing out a policy ideal. Geogr J 183: 336 - 347.

Gentle P, Thwaites R (2016) Transhumant pastoralism in the context of socioeconomic and climate change in the mountains of Nepal. Mt Res Dev 36 (2): 173 - 182.

Gioli G, Khan T, Bisht S, Scheffran J (2014) Migration as an adaptation strategy and its gendered implications: a case study from the Upper Indus Basin. Mt Res Dev 34: 255 - 265.

Grossman D (2015) As Himalayan Glacier melts, two towns face the fall out. Yale Environment 360. Yale school of Forestry and Environment Studies.

Gruber S, Haeberli W (2007) Permafrost in steep bedrock slopes and its temperature - related destabilization following climate change. J Geophys Res 112.

Gruber S, Fleiner R, Guegan E, Panday P, Schmid M - O, Stumm D, Wester P, Zhang Y, Zhao L (2017) Review article：Inferring permafrost and permafrost thaw in the mountains of the Hindu Kush Himalaya region. Cryosphere 11：81－99.

Gurung DR，Giriraj A，Aung KS，Shrestha B，Kulkarni AV（2011）Snow－cover mapping and monitoring in the Hindu Kush－Himalayas. International Center for Integrated Mountain Development，Kathmanud.

Hasson S，Lucarini V，Pascale S（2013）Hydrological cycle over South and Southeast Asian river basins as simulated by PCMDI/CMIP3 experiments. Earth Syst Dyn 4（2）：199－217.

Hasson S，Böhner J，Lucarini V（2015）Prevailing climatic trends and runoff response from Hindukush－Karakoram－Himalaya，upper Indus basin. Earth Syst Dyn Discuss 6：579－653.

He S，Richards K（2015）Impact of meadow degradation on soil water status and pasture management：a case study in Tibet. Land Degrad Dev 26：468－479.

Hewitt K（2005）The Karakoram anomaly? Glacier expansion and the 'elevation effect'，Karakoram Himalaya. Mt Res Dev 25（4）：332－340.

Hewitt K（2011）Glacier change，concentration，and elevation effects in the Karakoram Himalaya，Upper Indus Basin. Mt Res Dev 31（3）：188－200.

Hock R，Rasul G，Adler C，Cáceres B，Gruber S，Hirabayashi Y，Jackson M et al（2019）High mountain areas. In：Pörtner H－O，Roberts DC，Masson－Delmotte V，Zhai P，Tignor M，Poloczanska E，Mintenbeck K，Alegría A，Nicolai M，Okem A，Petzold J，Rama B，Weyer NM（eds）IPCC special report on the ocean and cryosphere in a changing climate. IPCC，Geneva，pp 131－202.

Hu F，Tan D（2018）No water，no growth. Does Asia have enough water to develop? China Water Risk，Hong Kong.

Hugo G（1996）Environmental concerns and international migration. Int Migr Rev 30（1）：105－131.

Huss M，Hock R（2018）Global－scale hydrological response to future glacier mass loss. Nat Clim Chang 8：135－140.

ICIMOD（2011）Glacial lakes and glacial lake outburst floods in Nepal. International Center for Integrated Mountain Development（ICIMOD），Kathmandu，Nepal.

ICIMOD（2020）The Hindu Kush Himalaya ministerial mountain summit 2020.

Immerzeel WW，van Beek LPH，Bierkens MFP（2010）Climate change will affect the Asian water towers. Science 328（5984）：1382－1385.

Immerzeel WW，Lutz AF，Andrade M，Bahl A，Biemans H，Bolch T，Hyde S et al（2020）Importance and vulnerability of the world's water towers. Nature 577（7790）：364－369.

IPCC（2012）Managing the risks of extreme events and disasters to advance climate change adaptation. Special report of the intergovernmental panel on climate change.

IPCC（2018）Summary for policymakers. In：Masson－Delmotte V，Zhai P，Pörtner H－O，Roberts D，Skea J，Shukla PR，Pirani A，Moufouma－Okia W，Péan C，Pidcock R，Connors S，Matthews JBR，Chen Y，Zhou X，Gomis MI，Lonnoy E，Maycock T，Tignor M，Waterfield T（eds）Global warming of 1.5℃. An IPCC special report on the impacts of global warming of 1.5℃ above pre－industrial levels and related global greenhouse gas emission pathways，in the context of strengthening the global response to the threat of climate change，sustainable development，and efforts to eradicate poverty. In Press.

IPCC（2019）IPCC special report on the ocean and cryosphere in a changing climate［Pörtner H－O，Roberts DC，Masson－Delmotte V，Zhai P，Tignor M，Poloczanska E，Mintenbeck K，Alegría A，Nicolai M，Okem A，Petzold J，Rama B，Weyer NM（eds）］. In press.

Jehangir WA，Mudasser M，Hassan M，Ali Z（1998）Multiple uses of irrigation water in the Hakra－6/R distributary command area，Punjab，Pakistan. Pakistan National Program，International Irrigation Management Institute，Lahore.

Kang S, Wang F, Morgenstern U, Zhang Y, Grigholm B, Kaspari S, Schwikowshi M et al (2015) Dramatic loss of glacier accumulation area on the Tibetan Plateau revealed by ice core tritium and mercury records. Cryosphere 9 (3): 1213 - 1222.

Kayastha RB, Harrison SP (2008) Changes of the equilibrium - line altitude since the Little Ice Age in the Nepalese Himalaya. Ann Glaciol 48: 93 - 99.

Khadka RB, Khanal AB (2008) Environmental Management Plan (EMP) for Melamchi water supply project, Nepal. Environ Monit Assess 146 (1 - 3): 225 - 234.

Khanal S, Lutz AF, Kraaijenbrink PDA, van den Hurk B, Yao T, Immerzeel WW (2021) Variable 21st century climate change response for rivers in High Mountain Asia at seasonal to decadal time scales. Water Resour Res 57: e2020WR029266.

Kick W (1989) The decline of the Little Ice Age in high Asia compared with that in Alps. In: Oerlemans J (ed) Glacier fluctuation and climate change. Springer, Dordrecht, pp 129 - 140.

Koubi V, Spilker G, Schaffer L, Bernauer T (2016a) Environmental stressors and migration: evidence from Vietnam. World Dev 79: 197 - 210.

Koubi V, Spilker G, Schaffer L, Böhmelt T (2016b) The role of environmental perceptions in migration decision - making: Evidence from both migrants and non - migrants in five developing countries. Popul Environ 38 (2): 134 - 163.

Kraaijenbrink PDA, Bierkens MFP, Lutz AF, Immerzeel WW (2017) Impact of a global temperature rise of 1. 5 degrees Celsius on Asia's glaciers. Nature 549: 257 - 260.

Krishnan R, Shrestha AB, Ren G, Rajbhandari R, Saeed S, Sanjay S, Syed MA, Vellore R, Xu Y, You Q, Ren Y (2019) Unravelling climate change in the Hindu Kush Himalaya: rapid warming in the mountains and increasing extremes. In: Wester P, Mishra A, Mukherji A, Shrestha AB (eds) The Hindu Kush Himalaya assessment—mountains, climate change, sustainability and people. Springer, Cham, pp 57 - 97.

Krishnan R, Sanjay J, Gnanaseelan C, Mujumdar M, Kulkarni A, Chakraborty S (2020) Assessment of climate change over the Indian Region. A Report of the Ministry of Earth Sciences (MoES), Government of India. SpringerOpen, 242 pp.

Le De L, Gaillard JC, Friesen W (2013) Remittances and disaster: a review. Int J Disaster Risk Reduction 4: 34 - 43.

Liu X, Chen B (2000) Climatic warming in the Tibetan Plateau during recent decades. Int J Climatol 20 (14): 1729 - 1742.

Liu M, Chen N, Zhang Y, Deng M (2020) Glacial lake inventory and lake outburst flood/debris flow hazard assessment after the Gorkha earthquake in the Bhote Koshi Basin. Water 12: 1 - 21.

Lutz AF, Immerzeel WW, Shrestha AB, Bierkens MFP (2014) Consistent increase in High Asia's runoff due to increasing glacier melt and precipitation. Nat Clim Chang 4: 587 - 592.

Macfarlane A (1976) Resources and population: a study of the gurungs of Nepal. Cambridge University Press, Cambridge.

Maharjan A, de Campos RS, Singh C, Das D, Srinivas A, Bhuiyan MRA, Ishaq S et al (2020) Migration and household adaptation in climate - sensitive hotspots in South Asia. Curr Clim Change Rep 6: 1 - 16.

Maharjan A, Tuladhar S, Hussain A, Bhadwal S, Ishaq S, Saeed BA, Sachdeva I, Ahmad B, Ferdous J, Hassan SMT (2021) Can labour migration help households adapt to climate change? Evidence from four river basins in South Asia. Clim Dev.

Maurer JM, Schaefer JM, Rupper S, Corley A (2019) Acceleration of ice loss across the Himalayas over the last 40 years. Sci Adv 5 (6): eaav7266.

Mayewski PA, Jeschke PA (1979) Himalayan and trans - Himalayan glacier luctuations since AD 1812. Arct Alp Res 11 (3): 267.

McDowell G, Ford JD, Lehner B, Berrang - Ford L, Sherpa A (2013) Climate - related hydrological change and human vulnerability in remote mountain regions: a case study from Khumbu, Nepal. Reg Environ Change 13: 299 - 310.

Mishra V (2015) Climatic uncertainty in Himalayan water towers. J Geophys Res Atmos 120 (7): 2680 - 2705.

Mishra A, Ghate R, Maharjan A, Gurung J, Gurung CG, Dorji T, Wester P (2017) Building resilient solutions for mountain communities in the HKH region. ICIMOD position paper, Kathmandu.

Molden D (2020) Scarcity of water or scarcity of management?. Int J Water Resour Dev 36: 2 - 3, 258 - 268.

Molden DJ, Shrestha AB, Nepal S, Immerzeel WW (2016) Downstream implications of climate change in the Himalayas. In: Biswas AK, Tortajada C (eds) Water security, climate change and sustainable development. Springer, Singapore, pp 65 - 82.

Molden D, Sharma E, Shrestha AB, Chettri N, Pradhan NS, Kotru R (2017) Advancing regional and transboundary cooperation in the conflict - prone Hindu Kush - Himalaya. Mt Res Dev 37 (4): 502 - 508.

Mool PK, Bajracharya SR, Joshi SP (2001) Inventory of glaciers, glacial lakes and glacial lake outburst floods, monitoring and early warning systems in the Hindu Kush Himalaya region. ICIMOD/UNEP, Kathmandu.

Namgay K, Millar JE, Black R, Samdup T (2014) Changes in transhumant agro - pastoralism in Bhutan: a disappearing livelihood? Hum Ecol 42 (5): 779 - 792.

Nepal S, Pandey A, Shrestha AB, Mukherji A (2018) Revisiting key questions regarding upstream - downstream linkages of land and water management in the Hindu Kush Himalaya (HKH) region. HI - AWARE working paper 21. Himalayan Adaptation, Water and Resilience (Hi - AWARE) Research. Kathmandu, Nepal.

Nie Y, Pritchard HD, Liu Q, Hennig T, Wang W, Wang X, Liu S et al (2021) Glacial change and hydrological implications in the Himalaya and Karakoram. Nat Rev Earth Environ 2: 91 - 106.

NRDC (2017) The Paris agreement of climate change. Issue Brief.

Nyima Y, Hopping KA (2019) Tibetan lake expansion from a pastoral perspective: local observations and coping strategies for a changing environment. Soc Nat Resour 32 (9): 965 - 982.

Panday PK, Thibeault J, Frey KE (2014) Changing temperature and precipitation extremes in the Hindu Kush - Himalayan region: an analysis of CMIP3 and CMIP5 simulations and projections. Int J Climatol 35 (10): 3058 - 3077.

Pathak S, Pant L, Maharjan A (2017) De - population trends, patterns and effects in Uttarakhand, India—a gateway to Kailash Mansarovar. ICIMOD working paper 2017/22. International Center for Integrated Mountain Development (ICIMOD), Kathmandu, Nepal.

Paul F (2015) Revealing glacier flow and surge dynamics from animated satellite image sequences: examples from the Karakoram. Cryosphere 9 (6): 2201 - 2214.

Pepin N, Bradley RS, Diaz HF, Baraer M, Caceres EB, Forsyhe N, Greenood G (2015) Elevation - dependent warming in mountain regions of the world. Nat Clim Chang 5: 424 - 430.

Qian Y, Flanner MG, Leung LR, Wang W (2011) Sensitivity studies on the impacts of Tibetan Plateau snowpack pollution on the Asian hydrological cycle and monsoon climate. Atmos Chem Phys 11 (5): 1929 - 1948.

Rasul G (2010) The role of the Himalayan mountain systems in food security and agricultural sustainability in South Asia. Int J Rural Manag 6 (1): 95 - 116.

Rasul G (2014) Food, water, and energy security in South Asia: a nexus perspective from the Hindu Kush Himalayan region. Environ Sci Policy 39: 35 - 48.

Rasul G (2021) Twin challenges of COVID - 19 pandemic and climate change for agriculture and food security in South Asia. Environ Challenges 2: 100027.

Rasul G, Molden D (2019) The global social and economic consequences of mountain cryopsheric change. Front Environ Sci 7: 91.

Rasul G, Saboor A, Tiwari PC, Hussain A, Ghosh N, Chettri GB (2019) Food and nutrition security in the Hindu Kush Himalaya: unique challenges and niche opportunities. In: Wester P, Mishra A, Mukherji A, Shrestha A (eds) The Hindu Kush Himalaya assessment—mountains, climate change, sustainability and people. Springer, Cham, pp 301 - 338.

Rasul G, Pasakhala B, Mishra A, Pant S (2020) Adaptation to mountain cryosphere change: issues and challenges. Clim Dev 12 (4): 297 - 309.

Rees HG, Holmes MGR, Young AR, Kansaker SR (2004) Recession - based hydrological models for estimating low flows in ungauged catchments in the Himalayas. Hydrol Earth Syst Sci 8: 891 - 902.

Ren Y - Y, Ren G - Y, Sun X - B, Shrestha AB, You Q - L, Zhan Y - J et al (2017) Observed changes in surface air temperature and precipitation in the Hindu Kush Himalayan region during 1901 - 2014. Adv Clim Change Res 8 (3).

Rigaud KK, de Sherbinin A, Jones B, Bergmann J, Clement V, Ober, K, Schewe J et al (2018) Groundswell: preparing for internal climate migration. World Bank, Washington, DC.

Rounce DR, Byers AC, Byers EA, McKinney DC (2017) Brief communication: observations of a glacier outburst flood from Lhotse Glacier, Everest area, Nepal. Cryosphere 11: 443 - 449.

Rounce DR, Hock R, Shean DE (2020) glacier mass change in high mountain Asia through 2100 using the open - source python glacier evolution model (PyGEM). Front Earth 7: 331.

Saikawa E, Panday A, Kang S, Gautam R, Zusman E, Cong Z, Somanathan E (2019) Air pollution in the Hindu Kush Himalaya. In: Wester P, Mishra A, Mukherji A, Shrestha A (eds) The Hindu Kush Himalaya assessment-mountains, climate change, sustainability and people. Springer, Cham, pp 339 - 377.

Sanjay J, Krishnan R, Shrestha AB, Rajbhandari R, Ren GY (2017) Downscaled climate change projections for the Hindu Kush Himalayan region using CORDEX South Asia regional climate models. Adv Clim Chang Res 8 (3): 185 - 198.

Schwanghart W, Worni R, Huggel C, Stoffel M, Korup O (2016) Uncertainty in the Himalayan energy - water nexus: Estimating regional exposure to glacial lake outburst floods. Environ Res Lett 11 (074005).

Scott CA, Zhang F, Mukherji A, Immerzeel W, Mustafa D, Bharati L (2019) Water in the Hindu Kush Himalaya. In: Wester P, Mishra A, Mukherji A, Shrestha A (eds) The Hindu Kush Himalaya assessment—mountains, climate change, sustainability and people. Springer, Cham, pp 257 - 292.

Shaoliang Y, Ismail M, Zhaoli Y (2012) Pastoral communities' perspectives on climate change and their adaptation strategies in the Hindukush - Karakoram - Himalaya. In: Kreutzmann H (ed) Pastoral practices in High Asia. Advances in Asian human - environmental research. Springer, Dordrecht, pp 307 - 322.

Shean DE, Bhusan S, Montesano P, Rounce DR, Arendt A, Osmangolu B (2020) A systematic, regional assessment of high mountain Asia glacier mass balance. Front Earth Sci 7 (363): 1 - 19.

Shrestha AB, Wake CP, Mayewski PA, Dibb JE (1999) Maximum temperature trends in the Himalaya and its vicinity: an analysis based on temperature records from Nepal for the period 1971 - 94. J Clim 12:

2775 - 2786.

Shrestha AB, Eriksson M, Mool P, Ghimire P, Mishra B, Khanal NR (2010) Glacial lake outburst flood risk assessment of Sun Koshi basin, Nepal. Geomat Nat Haz Risk 1 (2): 157 - 169.

Shrestha MS, Grabs WE, Khadgi VR (2015) The establishment of a regional flood information system in the Hindu Kush Himalayas: challenges and opportunities. Int J Water Resour Dev 31: 238 - 252.

Shrestha P, Lord A, Mukherji A, Shrestha RK, Yadav L, Rai N (2016) Benefit sharing and sustainable hydropower: lessons from Nepal. International Center for Integrated Mountain Development (ICIMOD), Kathmandu, Nepal.

Shrestha A, Shrestha S, Tingsanchalia T, Budhathoki A, Ninsawat S (2020) Adapting hydropower production to climate change: a case study of Kulekhani Hydropower Project in Nepal. J Clean Prod 279: 1 - 14.

Shrestha AB, Shukla D, Pradhan NS, Dhungana S, Azizi F, Memon N, Mohtadullah K, Lotia H, Ali A, Molden D, Daming H, Dimri AP, Huggel C (2021b) Developing a science - based policy network over the Upper Indus Basin. Sci Total Environ 784: 147067.

Shrestha AB, Steiner J, Nepal S, Maharjan SB, Jackson M, Rasul G, Bajracharya B (2021a) Understanding the Chamoli flood: cause, process, impacts and context of rapid infrastructure development. International Center for Integrated Mountain Development (ICIMOD), Kathmandu, Nepal.

Siderius C, Biemans H, Wiltshire A, Rao S, Franssen WHP, Kumar P, Gosain AK et al (2013) Snowmelt contributions to discharge of the Ganges. Sci Total Environ 468 - 469: S93 - S101.

Stäubli A, Nussbaumer SU, Allen SK, Huggel C, Arguello M, Costa F et al (2018) Analysis of weather - and climate - related disasters in mountain regions using different disaster databases. In: Mal S, Singh R, Huggel C (eds) Climate change, extreme events, and disaster risk reduction. Sustainable development goals series. Springer, Cham, pp 17 - 41.

Thompson LG, Yao T, Mosley - Thompson E, Davis ME, Henderson KA, Lin PN (2000) A high - resolution millennial record of the South Asian monsoon from himalayan ice cores. Science 289 (5486): 1916 - 1920.

Tuinenburg OA, Hutjes RWA, Kabat P (2012) The fate of evaporated water from the Ganges basin. J Geophys Res 117 (D1): D01107.

Tuladhar S, Pasakhala B, Maharjan A, Mishra A (2021) Unravelling the linkages of cryosphere and mountain liveihood systems: a case study of Langtang, Nepal. Adv Clim Chang Res 12 (1): 119 - 131.

Turner SWD, Hejazi M, Kin SH, Clarke L, Edmonds J (2017) Climate impacts on hydropower and consequences for global electricity supply investment needs. Energy 141: 2081 - 2090.

Vaidya RA, Shrestha MS, Nasab N, Gurung DR, Kozo N, Pradhan NS, Wasson RJ (2019) Disaster risk reduction and building resilience in the Hindu Kush Himalaya. In: Wester P, Mishra A, Mukherji A, Shrestha A (eds) The Hindu Kush Himalaya assessment—mountains, climate change, sustainability and people. Springer, Cham, pp 389 - 419.

Vaidya RA, Molden DJ, Shresthat AB, Wagle N, Tortajada C (2021) The role of hydropower in South Asia's energy future. Int J Water Resour Dev 37 (3): 367 - 391.

van der Geest K, Schindler M (2016) Brief communication: loss and damage from a catastrophic landslide in Nepal. Nat Hazard 16 (11): 2347 - 2350.

Viswanathan B, Kavi Kumar KS (2015) Weather, agriculture and rural migration: evidence from state and district level migration in India. Environ Dev Econ 20 (4): 469 - 492.

Wang G, Yuanshou Li, Yibo W, Qingbo W (2008) Effects of permafrost thawing on vegetation and soil carbon pool losses on the Qinghai - Tibet Plateau, China. Geoderma 143 (1 - 2): 143 - 152.

Warner K, Afifi T (2014) Where the rain falls: Evidence from 8 countries on how vulnerable households use migration to manage the risk of rainfall variability and food insecurity. Climate Dev 6 (1): 1 - 17.

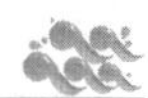

Wester P，Mishra A，Mukherji A，Shrestha AB（eds）（2019）The Hindu Kush Himalaya assessment—mountains，climate change，sustainability and people. Springer，Cham.

Wijngaard RR，Lutz AF，Nepal S，Khanal S，Pradhananga S，Shrestha AB，Immerzeel WW（2017）Future changes in hydro - climatic extremes in the Upper Indus，Ganges，and Brahmaputra River basins. PLOS ONE 12（12）：e0190224. s.

Wiltshire AJ（2014）Climate change implications for the glaciers of the Hindu Kush，Karakoram and Himalayan region. Cryosphere 8：941 - 958.

Wu G，Zhang Y（1998）Tibetan Plateau Forcing and the timing of the Monsoon onset over South Asia and the South China Sea. Mon Weather Rev 126（4）：913 - 927.

Yang M，Frederick E，Nikolay IS，Guo D，Wan G（2010）Permafrost degradation and its environmental effects on the Tibetan Plateau：a review of recent research. Earth - Sci Rev 103（1 - 2）：31 - 44.

Zemp M，Huss M，Thibert E，Eckert N，McNabb R，Huber J，Barandun M，Machguth H，Nussbaumer SU，Gärtner - Roer I，Thomsan L，Paul F，Maussion F，Kutuzov S，Cogley JG（2019）Global glacier mass balances and their contributions to sea - level rise from 1961 to 2016. Nature 568：382 - 386.

Zhang T，Wang T，Krinner G，Wang X，Gasser T，Peng S，Piao S，Yao T（2019）The weakening relationship between Eurasian spring snow cover and Indian summer monsoon rainfall. Climatology 5（3）：eaau8932.

Zhao L，Wu Q，Marchenko SS，Sharkhuu N（2010）Thermal state of permafrost and active layer in Central Asia during the international polar year. Permafrost Piglacial Process 21（2）：198 - 207.

第 13 章　气候变化对中国水资源影响的评估以及适应性措施

吕爱锋　贾绍凤

摘　要：中国正在经历的严重的水资源压力会因气候变化变得更加恶化。系统研究气候变化对中国水资源的影响和制定适当可行适应对策对中国的可持续发展具有重要意义。本章主要内容包括评估过去以及未来气候变化及其对中国水资源的影响，以及提出应对气候变化的适应性措施。1961—2019 年，中国气候经历了总体变暖的趋势，但是不同河流流域变暖的速率有所差别，最高速率出现在西北地区河流流域。在这期间，中国的降水量显示出较弱的上升趋势，而只有西北地区河流流域降水展现出较为明显的上升趋势。2021—2100 年，预测中国平均气温将会升高，而在“RCP8.5”高排放情景下的升温速率显著高于“RCP4.5”的排放情景。中国的降水量在未来也会有波动上升的趋势，但上升速率会在 2070 年后放缓。预测 2021—2100 年，中国的水资源量会因气候变化而略微上升。预测淮河流域、海河流域、长江流域、珠江流域以及东南地区河流流域水资源增长速率不同，预测松花江流域、西北诸河以及黄河流域水资源量在不同的气候变化情景下逐渐减少。为了应对未来气候变化对中国水资源的影响，需要在基本的研究、不同环境下的规划、制度创新以及投资方面做出努力。

关键词：气候变化；水资源；评估；适应；中国

13.1　引言

气候变化及其对生态系统、人类社会和经济的影响已经引起了全球范围的重视。水资源是最主要受到这些影响的途径（Bates et al. 2008；IPCC 2014；Del Buono 2021）。气候变化被认为改变了降水状况（数量、时间和分布），同时温度上升增加了蒸发蒸腾速率（Li et al. 2020）。这些变化不仅会影响产流，还会影响供人类消费和生态系统的水资源的可获得性（Idrizovic et al. 2020）。气候变化也会通过改变水资源需求以及水的利用方式而影响水循环，很多地区更高的温度以及蒸发速率会导致用水需求的增加（Wada et

吕爱锋　贾绍凤
中国　北京　中国科学院地理科学与资源研究所　水资源研究中心
吕爱锋
e-mall：lvaf@igsnrr.ac.cn
贾绍凤
e-mall：jiasf@igsnrr.ac.cn

al. 2013；Wang et al. 2014）。气候变化对地区供水和需水带来了较多的不确定性，尤其是水资源紧张地区，同时也为地区水资源管理带来了新的挑战。

中国在社会经济蓬勃发展中也面临着更加严峻的水资源短缺问题（Jiang 2009, 2015）。虽然中国的水资源总量达到约28000亿m^3，但是人均水资源量却只有2185m^3，只有世界平均水平的约25%。此外，由于中国水资源时空分布不均，水资源已经成为制约国家经济社会可持续发展的主要因素。

中国深受全球气候变化的影响。《第三次气候变化国家评估报告》显示，1909—2011年中国陆地面积平均变暖速率高于全球平均水平，达到0.9～1.5℃（He et al. 2007），而这一趋势预计会在未来持续。在此背景下，迫切需要评估气候变化及其对中国水资源的影响，以及对未来变化趋势进行科学判断，为环境变化下的水资源管理提供科学验证。

本章节的主要目的是系统地研究气候变化及其对中国水资源的影响。13.2节分析1961—2019年气候变化的影响及其对中国水资源和十个主要流域的影响（见图13.1），主要聚焦在气温、降水以及水量在这十个流域的变化，同时探讨气候变化对水资源的影响。13.3节主要分析未来中国的气候变化及其对水资源的可能影响。气候变化分析主要利用全球气候模式（GCM）未来气候数据输出（Zhang et al. 2017），预测十大主要河流流域未来温度和降水的变化。未来气候变化对中国水资源影响的评价主要通过文献综述的方式进行。13.4节介绍了气候变化对我国水资源影响的适应策略。

图13.1 中国主要河流流域分区

13.2 1961—2019年气候变化对中国水资源的影响

13.2.1 1961—2019流域温度变化

图13.2显示了1961—2019年中国年平均气温的变化。在这期间，中国的年平均气温

呈现出上升趋势，上升了约 1.75℃。从 1960 年到 1990 年，我国气候经历了缓慢的变暖趋势，1990 年以后，气候变暖速度明显加快。从季节尺度看，春季、夏季、秋季和冬季的增温趋势相似，增温速率分别为每十年 0.38℃、0.25℃、0.24℃和 0.30℃（见图 13.3）。

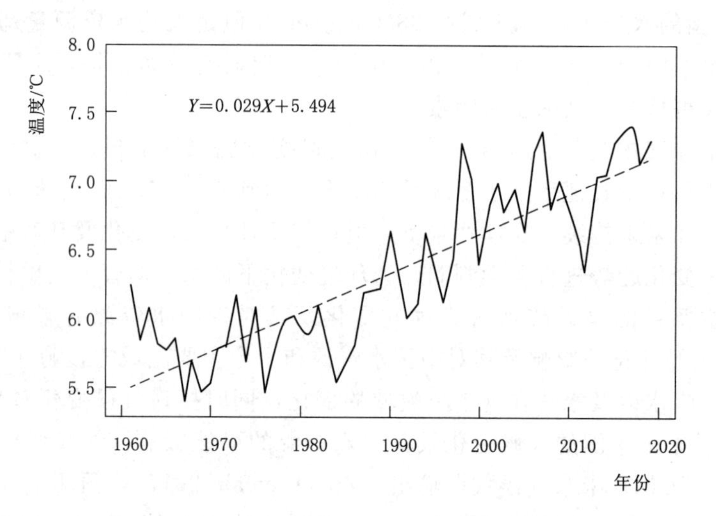

图 13.2　1961—2019 年中国年平均气温变化

［数据来源于中国国家气象信息中心开发的 0.5°×0.5°网格化月平均温度数据集（V2.0）］

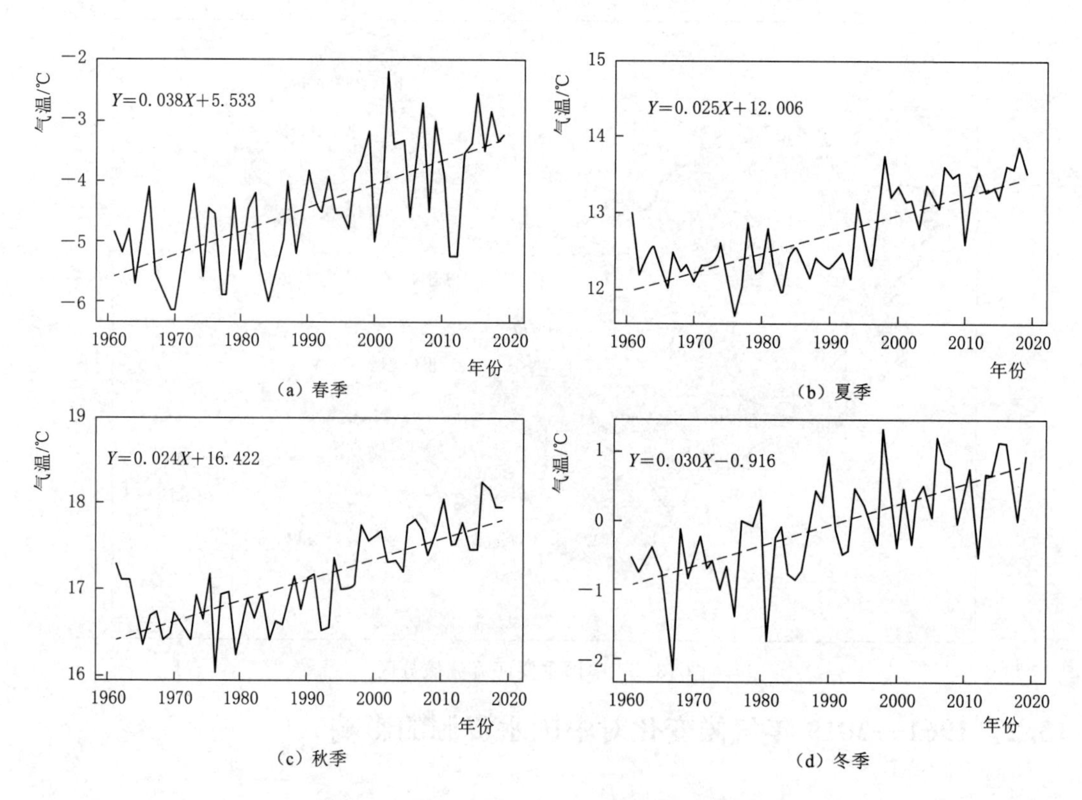

图 13.3　1961—2019 年中国各季节气温变化

［数据来源于中国 0.5°×0.5°国家气象信息中心开发的网格化月平均气温数据集（V2.0）］

1961—2019 年，中国十大流域气温变化趋势与全国气温变化趋势基本一致。在此期间，西北流域气温上升最为显著，上升幅度约为 2℃，其次是辽河流域和黄河流域。长江流域气温上升幅度低于其他 9 个流域。按季节划分，各个流域均在春季增温趋势最大。增温速率随流域纬度的增加而增加，北部流域的增温速率明显高于南部流域（见图 13.4）。

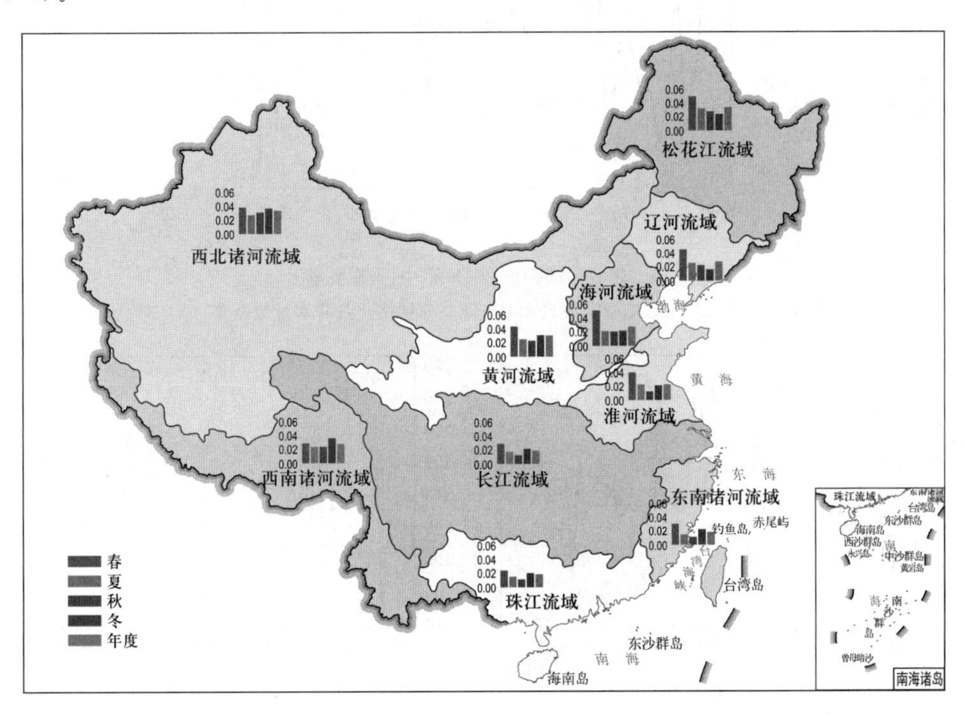

图 13.4　1961—2019 年中国主要流域气温变化趋势（参见文后彩图）

［数据源于中国国家气象信息中心开发的 0.5°×0.5°网格化月平均气温数据集（V2.0）］

13.2.2　1961—2019 年流域降水变化

1961—2019 年，中国平均降水量呈上升趋势，但统计学趋势不显著。1961—1990 年，中国降水在 590mm 左右波动较为平缓，90 年代以后，降水量波动频率增加。2000—2010 年降水量最小值约为 580mm，2010 年后降水量增加。2010—2020 年平均降水量为 630mm（见图 13.5 和图 13.6）。

1961—2019 年，中国降水量趋势表现出季节性变化，季节间的变化率也有所不同。秋季降水最高，波动幅度最大；夏季降水次之，波动幅度次之。

1961—2019 年中国主要流域降水变化趋势不同。松花江流域 1960—1980 年降水量减少，90 年代后期急剧减少，2000 年后开始波动增加。淮河流域 1960—1990 年降水量周期变化幅度高于 1990 年后。长江流域和东南流域降水波动较为频繁，均在 2015 年前后出现最大降水量。珠江流域在 1990 年和 2010 年前后降水量较少，而在研究期的其他时间，降水保持在高水平。1961—2019 年，西南流域的降水量水平较高。西南各流域的降水量在十年周期中波动较大。1961—2019 年，降水量增加约 80mm，只有西北流域有明显的上

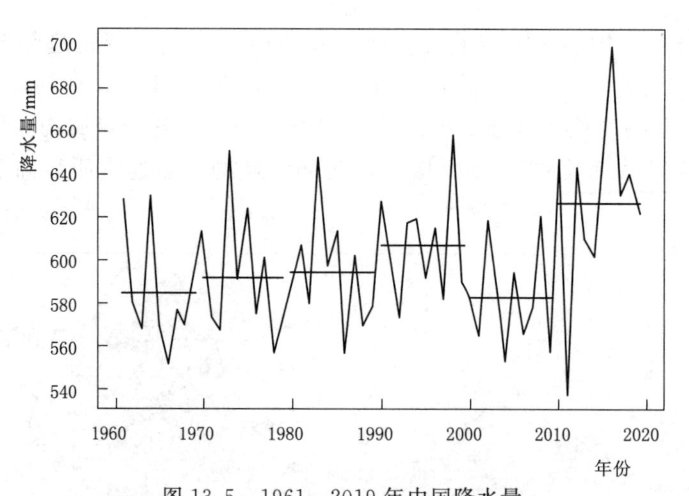

图 13.5　1961—2019 年中国降水量

［数据来源于国家气象信息中心开发的 0.5°×0.5°网格化月降水量数据集（V2.0）］

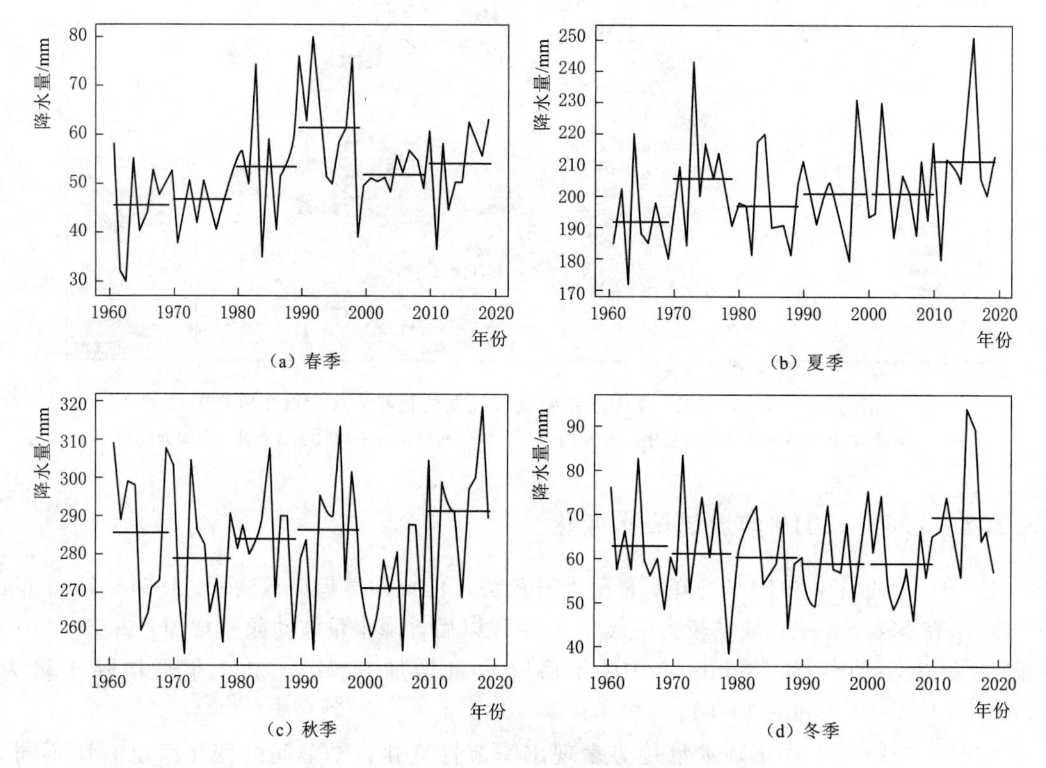

图 13.6　1959—2019 年中国各季节降水变化趋势

［数据源于中国国家气象信息中心开发的 0.5°×0.5°网格化月降水数据集（V2.0）］

升趋势。我国主要流域春季降水的每十年降水量的变化百分比最大，1990—2000 年春季达到最高值（见图 13.7）。

13.2.3　1961—2019 年流域水资源变化

利用第一次和第二次全国水资源评价的资料分析 1956—1979 年和 1980—2000 年中国

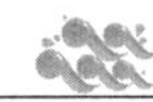

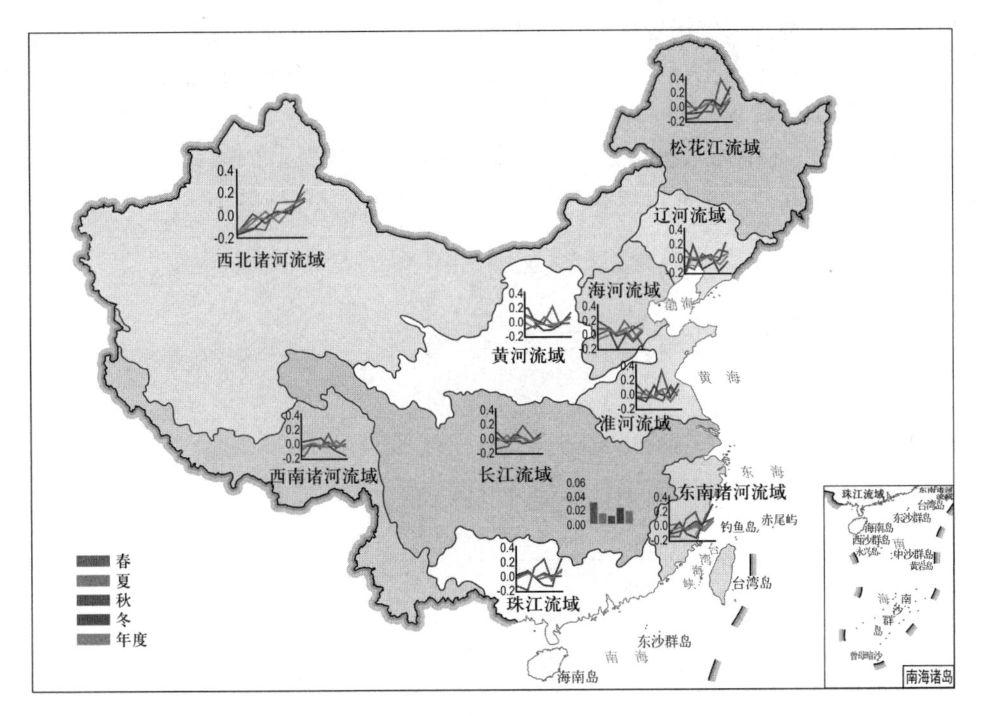

图 13.7　1961—2019 年中国主要河流流域每十年降水量变化百分比
[数据来源于中国国家气象信息中心开发的 0.5°×0.5°网格化月降水数据集（V2.0）]

十大流域水资源变化情况。近 20 年来，中国经济的快速发展和人类活动的加剧对区域水资源的开发和保护产生了重大影响。目前，第三次水资源评价工作已完成，但具体的结果还没有公布。因此，本文利用 2001—2019 年中国水资源公报的数据，分析 2001—2019 年中国水资源的变化。用于分析中国水资源变化的数据来源见表 13.1。

表 13.1　　用于分析中国水资源变化的数据来源

来　源	涵盖时限	数据使用	时间尺度
第一次水资源评估	1956—1979 年	地表水资源量和总水资源量	年平均
第二次水资源评估	1956—2000 年		
中国水资源评估	2001—2019 年		全年

注　资料来源于 Li 等（2012）；中国水资源公报（2001—2019）。

比较第一次水资源评估（1956—1979 年）与第二次水资源评估（1956—2000 年）年平均水资源变化率发现，中国的水资源量在 1956 年和 2000 年之间略有增加，中国南部和北部呈现出不同的趋势。华南地区地表水资源量和水资源总量分别增长了 1.78%和 1.70%。而在华北地区，地表水和总水资源量均出现了下降，其中海河流域的地表水和总水资源量分别下降了 24.95%和 12.13%。辽河、黄河、淮河等北方流域的地表水和水资源总量也呈现出不同程度的减少趋势。

利用中国水资源公报的数据，计算了 2001—2019 年各流域年平均地表水和总水资源量相对于 1956—2000 年年平均地表水和总水资源的变化率，结果如图 13.8 所示。研究结果表明，我国南北地区水资源变化存在较大差异。南部除东南部流域外，水资源变化相对较小。北方流域水资源变化幅度大于南方流域，北方流域水资源变化幅度存在差异。北部大部分流域水资源呈减少趋势。除2012年外，海河流域其他年份的变化速率均为负值，表明与1956—2000年平均水量相比，海河流域水资源量减少。2002—2009年淮河流域水资源量变化较大。此外，黄河流域和西北流域水资源量变化相对较小。

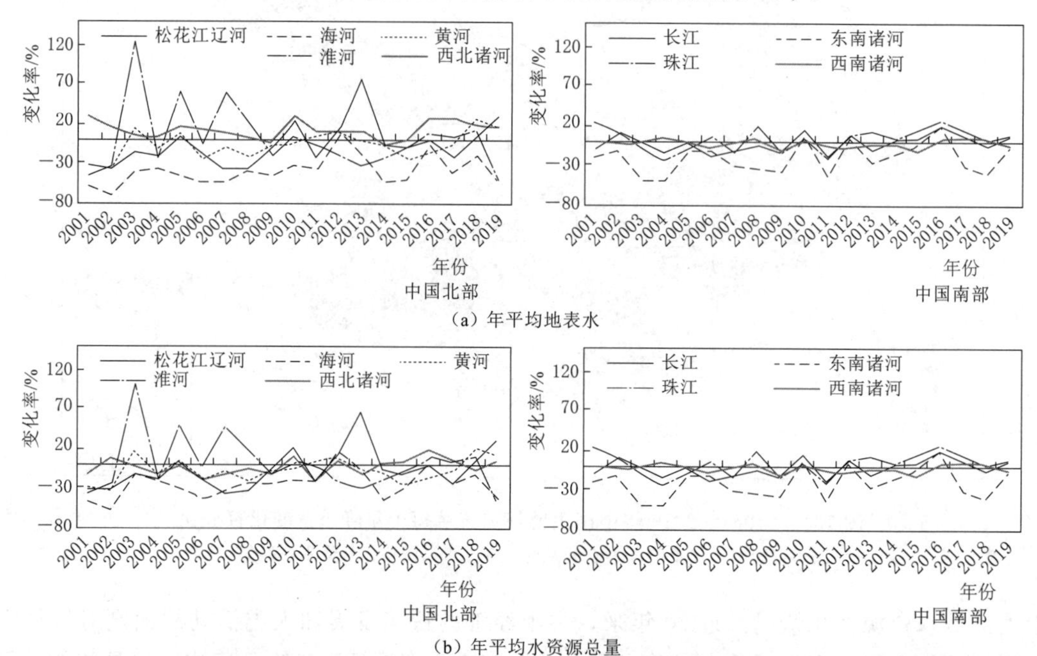

(a) 年平均地表水

(b) 年平均水资源总量

图13.8　2001—2019年年平均地表水和水资源总量变化

[资料来源于中国水资源公报（2001—2019年）]

13.2.4　气候变化对水资源的影响

20世纪初以来，中国的气候发生了显著变化（Chen et al. 2005）。许多学者通过对全球气候变化下不同区域水循环过程的研究，总结了我国水资源量的变化。20世纪以来，在气候变化的影响下，中国水资源总量呈现出小幅增加的趋势。近几十年来，随着气候变暖，中国北方的年降水量呈减少趋势，南方的年降水量呈增加趋势，尤其是长江流域，其年降水量和降水密度显著增加（Zhang et al. 2010）。此外，Wu等（2009）认为1990—2000年中国南方的降水有所增加。1990—1999年，中国西部大部分地区年降水量呈现增加趋势（Ren et al. 2000）。全球变暖正在不断加速水循环过程，对区域水资源有多方面的影响。

黄河流域是中国最大的河流流域之一，最近由于气温升高，导致降雨量减少，蒸发增加。20世纪80年代以来，黄河流域水资源一直在减少（Liu et al. 2009）。此外，在渭河流域，1980—2000年的水资源量比1956—1979年减少了2.0%（Zhou et al. 2009）。同时，对长江流域水资源量变化的研究发现，与1970—2000年的多年平均值相比，整个流域的总降水量变化不大，除了清江和岷江流域有减少的趋势外，20世纪70年代以来，整个长江流域的水资源量变化不大（Hu et al. 2008；Zhang et al. 2010）。20世纪70年代以来，淮河和西南流域降水变化特征与长江、黄河流域基本一致，降水和年径流量均呈减少

趋势（Wang and Dai 2008；Liu et al. 2020）。我国西北流域的径流主要来源于冰川融雪。随着全球气温的升高，西北流域的降水并没有明显减少，但由于融雪增加，年径流量因而增加（Wang and Zhang 2006；Li et al. 2008；Ekegemu-Abra et al. 2019）。Hu 等在对辽河流域年径流趋势的分析中发现，近几十年来，径流一直在减少，年内分布非常不均匀（Ying and Jiang 1996；Sun et al. 2015）。气候变化也影响水汽运输。Gao 和 Feng（2019）发现，在海河流域，降水在 1956—2019 年由于到达流域的水汽量减少而减少，夏季表现最为明显，导致自 2000 年以来约 80 亿 m^3 的水资源总量减少（Bao et al. 2014；Gao and Feng 2019）。从 1958 年到 2009 年，松花江流域年降水量没有明显的下降趋势。但在松花江和嫩江流域干流，水资源减少趋势明显（Lu et al. 2012；Wang et al. 2017a，2017b，2017c）。在东南部河流流域，以珠江流域为例，20 世纪 90 年代的降水量比 20 世纪 80 年代要高，增加了 50～150mm（Chen et al. 2005）。

13.3　未来气候情景下气候变化对水资源的影响

13.3.1　未来气温变化

从 2021 年到 2050 年，在 RCP4.5 和 RCP8.5 情景下，中国平均气温将分别上升 0.6℃和 1℃。10 个流域 2021—2050 年的气温预测也呈现显著上升趋势，其中西北流域增温速率最大，其次是松花江流域。在高、中排放情景下，辽河、海河、黄河、淮河、长江和西南流域的温度变化趋势相似。总体而言，流域温度在 RCP8.5 情景下的预测显著高于 RCP4.5 情景。根据预测，珠江流域的温度会增加，而东南流域的增温将小于其他流域。

从 2050 年到 2100 年，RCP4.5 和 RCP8.5 两种排放情景下中国的总体气温预测均呈上升趋势，且两种排放情景下的气温预测差异随时间逐渐增大，其中 RCP8.5 的气温预测增幅显著高于 RCP4.5。在 RCP8.5 下，温度一直保持上升趋势至 2100 年，而在 RCP4.5 下，预估温度在 2070 年后开始趋于平稳。在 RCP8.5 情景下，中国主要流域气温仍保持上升趋势。在 RCP4.5 下，中国十大主要流域的温度变化预测与全国气温变化预测基本一致，2070 年后流域温度趋于稳定。详见图 13.9。

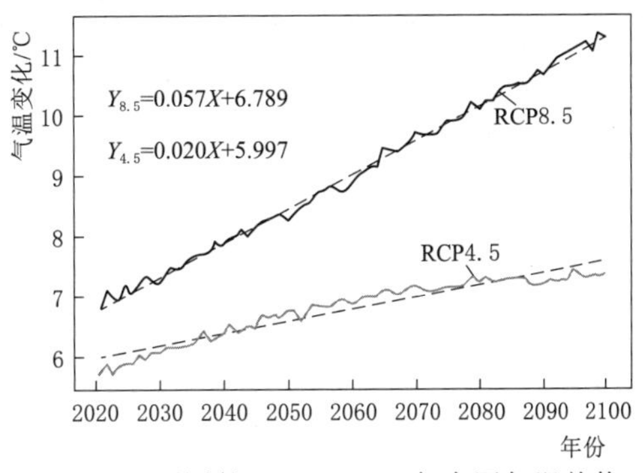

图 13.9　预测的 2021—2100 年中国气温趋势
［来自 Zhang 等（2017）］

在中排放情景和高排放情景下，10 个流域温度预测存在季节性变化。两种情景对各季节气温变化趋势的预测基本一致，RCP8.5 情景的预测值高于 RCP4.5 情景。在 RCP8.5 情景中，各季节预测气温都将上升，变暖速率正在增加。对于 RCP4.5 情景，不同流域在不同季节的温度变化是不同的。春季，预测长江流域和西南流域的气温将下降，预测其余流域的气温将上升，但增温趋势有所减弱；夏季，松花江流域和西北流域预测气温将下降，除长江流域外，预测其余流域气温将上升，且增温趋势减弱，预测在各流域气温均将上升，松花江流域、辽河流域、黄河流域、西南流域和西北流域的增温趋势将减弱。在冬季，预计海河、长江和西南流域的温度将下降，而辽河流域的温度将上升（见表 13.2 和表 13.3）。

表 13.2　中国十大主要流域 1961—2019 年与在 RCP4.5 和 RCP8.5 情景下预测的 2021—2100 年平均气温的差异　单位：℃

流域	春		夏		秋		冬		年均	
	RCP4.5	RCP8.5	RCP4.5	RCP8.5	RCP4.5	RCP8.5	RCP4.5	RCP8.5	RCP4.5	RCP8.5
松花江	1.41	4.14	−0.14	1.84	1.31	3.64	1.59	4.45	1.04	3.52
辽河	0.28	2.82	0.01	2.03	0.86	3.13	0.63	3.13	0.45	2.78
海河	0.01	2.27	0.05	2.03	0.86	3.13	−0.04	2.21	0.22	2.41
黄河	0.31	2.45	0.29	2.31	1.13	3.46	0.41	2.67	0.54	2.74
淮河	0.65	2.71	0.50	2.33	1.16	3.33	0.19	2.31	0.63	2.67
长江	−0.22	1.85	0.55	2.45	0.57	2.74	−0.68	1.45	0.05	2.12
西南诸河	3.21	4.90	2.77	3.50	1.61	3.48	2.40	4.19	2.50	4.27
珠江	1.78	3.43	1.88	3.67	1.08	2.99	0.04	1.87	1.20	2.99
东南诸河	−1.26	1.12	0.80	2.94	0.79	2.76	−1.09	1.26	−0.19	2.02
西北诸河	0.36	2.74	−0.49	1.68	0.89	3.45	0.64	3.16	0.35	2.76
中国	0.38	2.67	0.17	2.2	0.92	3.24	0.33	2.71	0.45	2.71

注　1. 表中的值是通过从预测的 2021—2100 年平均温度中减去 1961—2019 年实际平均温度得到的。因此，正值意味着平均温度将增加，负值意味着平均温度将减少。
2. 来源：Zhang 等（2017）。

表 13.3　中国十大主要流域 1961—2019 年与 2021—2100 年预测平均气温趋势的差异　单位：℃/a

流域	春		夏		秋		冬		年均	
	RCP4.5	RCP8.5	RCP4.5	RCP8.5	RCP4.5	RCP8.5	RCP4.5	RCP8.5	RCP4.5	RCP8.5
松花江	−0.031	0.015	−0.015	0.018	−0.01	0.028	−0.001	0.045	−0.015	0.026
辽河	−0.026	0.016	−0.009	0.024	−0.004	0.032	0.005	0.045	−0.009	0.029
海河	−0.031	0.005	−0.004	0.029	0	0.035	−0.003	0.034	−0.01	0.025
黄河	−0.022	0.012	−0.009	0.024	−0.002	0.035	−0.013	0.024	−0.011	0.024
淮河	−0.022	0.012	−0.006	0.023	0.01	0.045	−0.005	0.03	−0.006	0.028
长江	−0.006	0.029	0.001	0.032	0.009	0.044	−0.001	0.033	0.001	0.035
东南诸河	−0.014	0.013	−0.002	0.028	0.004	0.034	−0.007	0.02	−0.005	0.024
珠江	−0.008	0.02	−0.001	0.03	0.005	0.036	−0.006	0.021	−0.002	0.027
西南诸河	−0.006	0.034	−0.003	0.033	−0.006	0.027	−0.015	0.023	−0.007	0.029
西北诸河	−0.016	0.022	−0.01	0.027	−0.009	0.033	−0.017	0.025	−0.013	0.027
中国	−0.016	0.021	−0.007	0.027	−0.003	0.035	−0.009	0.029	−0.009	0.028

注　1. 来源：Zhang 等（2017）。
2. 表中的值是通过将预测 2021—2100 年温度趋势的拟合直线的斜率从 1961—2019 年趋势的拟合直线的斜率减去得到的。因此，正值表明平均变暖趋势将增加，负值表明平均变暖趋势将减少。

13.3.2 未来降水变化

2020—2050 年，中国降水量在 RCP4.5 和 RCP8.5 情景下均呈波动上升趋势。两种排放情景的降水量趋势基本一致，RCP8.5 情景预测中国降水量平均增加 40 mm，RCP4.5 情景预测中国降水量平均增加 18mm。此外，两种情景都预测中国十大主要河流流域的降水量将增加，尽管增加的幅度各不相同。西南和西北流域的预估降水量增加较大，且 RCP8.5 的预估降水量显著高于 RCP4.5。长江流域、珠江流域和东南流域的预测降水量在两种情景下均不显著增加；这两种情景给出了这些盆地相似的降水量，尽管在 RCP8.5 下的预测值通常更高。

从 2050 年到 2100 年，RCP4.5 和 RCP8.5 两种情景下的中国降水量都将增加，分别增加约 50mm 和 10mm。对于 RCP8.5，这一时期中国的预估降水量呈现增加趋势，而对于 RCP4.5，2070 年后中国的预估降水趋于平缓，增幅较小。在 RCP8.5 情景下中国各流域降水量预测均呈增加趋势，其中松花江、辽河、西南和西北流域增加显著；珠江流域和东南流域的预测降水量呈增加趋势，海河、淮河、黄河和长江流域的预测降水量呈增加趋势但不显著。在 RCP4.5 排放情景下，除西南和西北流域外，所有流域的预测降水量均呈平缓趋势，降水量略有增加。

在 RCP4.5 和 RCP8.5 情景下，中国降水量变化具有明显的季节性特征。两种情景预测的季节降水量趋势在同一季节更加一致，且 RCP8.5 的降水量预测值高于 RCP4.5。在秋季，预计全国降水量是所有季节中最高的，而且增加趋势最大。夏季全国预估降水量略低于秋季，且呈现显著增加趋势。春季降水量预测值波动较大，有上升趋势。冬季全国降水量趋势总体趋于平缓，有小幅增加的趋势（见图 13.10 和表 13.4）。

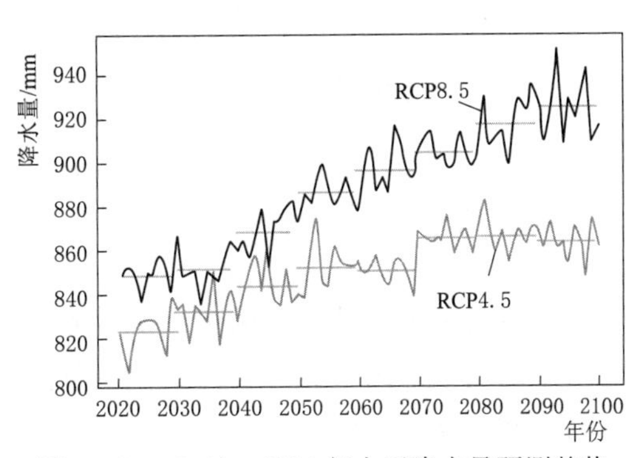

图 13.10 2021—2100 年中国降水量预测趋势
［来源于 Zhang 等（2017）］

表 13.4 中国十大流域 2021—2050 年与 2051—2100 年预估平均降水量的差异 单位：mm

流域	春		夏		秋		冬		年均	
	RCP4.5	RCP8.5	RCP4.5	RCP8.5	RCP4.5	RCP8.5	RCP4.5	RCP8.5	RCP4.5	RCP8.5
松花江	3.41	6.81	5.70	12.66	14.44	22.97	3.56	6.16	27.12	48.60
辽河	3.67	7.51	8.25	11.25	17.84	39.53	2.20	4.75	31.95	63.05
海河	4.11	12.39	12.21	15.96	21.14	35.65	4.34	8.80	41.80	72.80
黄河	4.59	11.67	14.27	24.92	13.82	16.27	5.10	8.62	37.78	61.47
淮河	6.26	19.05	13.84	29.52	10.46	11.77	3.87	−0.94	34.42	59.40
长江	4.78	4.92	16.92	36.02	6.89	19.94	3.51	−3.03	32.09	57.85
东南诸河	1.41	−14.37	10.78	31.33	5.41	28.28	−5.20	−3.59	12.40	41.66

续表

流域	春		夏		秋		冬		年均	
	RCP4.5	RCP8.5	RCP4.5	RCP8.5	RCP4.5	RCP8.5	RCP4.5	RCP8.5	RCP4.5	RCP8.5
珠江	−1.62	−6.58	12.77	18.44	6.11	30.80	2.69	4.52	19.95	47.19
西南诸河	0.70	−0.02	18.30	33.45	28.99	69	4.50	3.12	52.49	105.55
西北诸河	2.59	6.84	3.68	8.94	7.20	7.99	1.80	4.51	15.26	28.29
中国	3.04	5.78	9.72	19.42	11.16	21.30	2.85	3.41	26.77	49.90

注 1. 这些值是通过将预测的 2021—2050 年平均降水量从预测的 2051—2100 年而得到的。因此，正值表示预测平均降水量的趋势是增加的，负值表示预测平均降水量的趋势是减少的。
2. 来源于 Zhang 等（2017）。

在 RCP4.5 中，预测 2021—2050 年和 2051—2100 年，除珠江流域外，中国十大流域春季降水量均将增加；夏秋两季各流域降水量均呈上升趋势；在冬季，除东南部河流流域降水量减少外，所有流域预计降水量都将增加。同时，在 RCP8.5 中，在 2021—2050 年和 2051—2100 年间，珠江流域、东南流域和长江流域春季降水量均呈现减少趋势；其他流域春季降水量呈上升趋势；夏秋两季各流域降水量均呈增加趋势；在冬季，除了淮河流域、长江流域和东南流域外，预计所有流域的降水量都将增加，这些流域的降水量预计将减少。

13.3.3 未来气候变化对水资源影响的评估

应用多个全球气候模型的输出来驱动水文模型，是目前研究未来气候变化对水资源影响最有效的方法之一（Liu and Xu 2016；Zhu et al. 2018；Saddique et al. 2019；Hughes and Farinosi 2020；Wang et al. 2020a）。该方法已被广泛应用于中国未来水资源变化趋势预测，并取得了很大进展。许多关于中国主要流域未来水资源预测的研究发现，不同排放情景下，各流域未来水资源变化趋势不同。作为中国最长的河流，长江流域的水资源预计将受到气候变化的深刻影响。各种研究表明，2000—2030 年，长江流域径流量将小幅减少约 2%，2060 年后将显著增加（Liu et al. 2008；Jin et al. 2009；Ye et al. 2010；Chen et al. 2012；Zhou et al. 2015；Wang et al. 2016，2017a，2017b，2017c）. 研究发现，在预测的气候变化影响下，未来黄河流域和松花江流域的水资源将会减少，而且黄河流域的减少速度会随着时间的推移而增加（Li et al. 2016；Liu and Xu 2016；Zhu et al. 2016；Wang et al. 2017a，2017b，2020c）。此外，其他研究表明，未来淮河流域的水循环将继续加强，流域水资源将趋于增加，不同 RCP 情景下的降水量增幅为 5.8%～8.3%（Jin et al. 2017；Chen et al. 2018；Yang et al. 2020）。Ding 等（2010）和 Yang 等（2011）分别利用大型流域水和能量传递过程模型（WEP - L）和空间平均流域水文模型（SAWH），输入降尺度气候模型的结果，来模拟未来海河流域水资源变化。结果表明，由于全球变暖和蒸发增加，流域径流将会减少（Ding et al. 2010；Yang et al. 2011）。此外，Jin 等（2016）分析了海河流域水资源的预测变化，发现未来 30 年海河流域北部的水资源可能会增加，但不同气候模式下流域南部水系水资源变化的预测存在较大的不确定性。尽管不同气候情景对海河流域未来变化趋势的预测存在不一致性，但许多研究结果表明，近几

十年来海河流域极端降水加剧。在中、高排放情景下，以塔里木河流域为主导的中国西北地区的水资源在近期将呈现下降趋势（Huang et al. 2014；Zhu and Chang 2015；Guo et al. 2016；Yuan et al. 2016；Shi 2020；Sun 2020；Wang et al. 2017c），而中国西部其他流域的年径流预计在不久的将来会略有增加（Li et al. 2013；Luo et al. 2017；Dong et al. 2019；Lu et al. 2020）。在 RCP2.6 和 RCP4.5 情景下，珠江流域水资源呈现增加趋势，但由于温室气体浓度的增加，未来 60 年珠江流域水资源呈下降趋势（Du et al. 2014；Deng et al. 2015）。其他研究表明，到 2050 年，中国东南和西南流域的水资源将以不同的速度呈现增长趋势（Shan et al. 2016；Zaman et al. 2018；Wang et al. 2019，2020b）。在未来气候变化情景下，预计辽河流域水资源不会有较大波动（Zhu et al. 2018；Shen and Fang 2019）。总体而言，预测中国中高纬度地区水资源短缺将更加严重，尤其是黄河流域和西北流域，这与未来全球水资源变化的趋势一致（IPCC 2014）。然而，在中国南方，如东南流域和珠江流域，水资源压力预计将会减少（Wang et al. 2013）（见表 13.5）。

表 13.5　　中国十大流域水资源未来变化趋势预测

流域	未来水资源变化趋势		来源
	2021—2050 年	2051—2100 年	
淮河	不同排放情景下水资源均呈现增长趋势，增长率约为 10%	流域年降水量将增加，降水量增加主要发生在盆地中部，极端事件发生频率将增加	Jin 等（2017），Jiang 等（2020），Yang 等（2020）
黄河	在中、低排放情景下，该流域水资源将减少 5%左右	河流上游水资源将减少 10%～－20%	Liu 和 Xu（2016），Zhu 等（2016），Wang 等（2020c）
海河	流域水资源总量将增加 3%～7%，2030 年降水不确定	流域水资源总量 21 世纪 80 年代将增加 5%～39%	Bao 等（2014），Jin 等（2016）
辽河	水资源没有明显变化		Zhu 等（2018），Shen 和 Fang（2019）
长江	水资源开始随时间增长	2060 年后，水资源出现明显增长趋势	Liu 等（2008），Jin 等（2009），Liu 和 Xu（2016）
松花江	下游流量将减少 25%		Li 等（2016）
珠江	流域年平均降水量将增加，秋季增加幅度最大，极端降水强度将持续增加		Du 等（2014），Deng 等（2015）
东南诸河	流域的水资源将会增加		Zaman 等（2018），Wang 等（2020b）
西北诸河	水资源量会逐渐下降	平均年径流量将上升或下降	Huang 等（2014），Yuan 等（2016），Luo 等（2017），Sun（2020）
西南诸河	年均降水将略微增加	未来径流量将会逐渐减少	Shan 等（2016），Wang 等（2019，2020a，2020b，2020c）

13.4　适应气候变化对水资源影响的措施

13.4.1　热门的科研领域

（1）水安全。环境变化下的水安全问题具有全球重要性，是中国可持续发展面临的关键问题（Xia et al. 2015）。中国对气候变化对水安全影响的研究始于 20 世纪 80 年代。1988 年，“气候变化对西北和北方水资源影响的研究”被列为中国“七五”规划的重要课题。1991 年，“八五”项目设立了“气候变化对水文水资源的影响及适应对策”专题，揭示了影响水安全的几种气候异常的形成演变机制。随后，在 2003 年，“十五”国家重点科技项目中设立了“气候变化对中国淡水资源影响的阈值及综合评价”专题。然后，在 2010 年，国家 973 重点基础研究和发展计划支持了 3 项关于气候变化对水安全影响的研究（Xia and Shi 2016）。

（2）水循环。在合理评估气候变化对水循环影响的基础上提出应对气候变化的策略具有重要意义（IPCC 2007）。为保证水资源的可持续性，应根据气候变化下水循环的变化制定适应性对策（Liu 2004）。Xia 等（2011）认为气候变化对水循环的影响是国际全球变化和水科学中最重要的跨学科科学问题之一。对中国水文要素演化规律的分析尚处于起步阶段，但已有较为丰富的研究成果；中国多个流域的水文成分和水资源对未来气候变化的响应研究已经开展，并取得了有价值的成果（Zhang and Wang 2015）。

（3）水资源脆弱性与适应系统。21 世纪以来，水资源在气候变化下的脆弱性和适应性问题已成为一个重要的需求和研究热点。中国经常强调在主要研究领域和通过大型项目研究水资源脆弱性和适应性对策的重要性。国家重点基础研究发展计划设立“气候变化影响下水资源脆弱性及适应对策”项目。Xia 等（2015）研究了气候变化下水资源适应性管理对策的理论和方法，分析了适应措施的成本效益和制约因素，探讨了体系构建和实现途径。

13.4.2　在变化的环境下规划和管理水资源安全

在中国的国家适应战略中，水资源管理被定为优先领域。各种资源利用、保护和生态恢复计划正在制订，以帮助水务部门适应和管理复杂的需求（National Development and Reform Commission 2013）。改变政策和制度，将气候变化纳入水资源规划，实现水资源综合管理是中国水资源管理的长期目标。

（1）供水。中国实施《国家适应气候变化战略》，加大节水型社会建设力度，因地制宜建设各类蓄水引水工程，完善重点水源工程和灌溉工程，实施南水北调东线、中线工程建设。南水北调工程每年从长江向中国北方和西北地区调水 450 亿 m^3，水量是黄河径流量的两倍，预计将缓解当地的水资源短缺。通过《全国水资源综合规划》和《流域综合规划》，编制了主要流域配水规划，完善了水资源配置格局，提高了应急供水保障能力。

（2）防洪。制定实施《中华人民共和国水法》《中华人民共和国防洪法》，完成主要流域防洪规划和别的水利规划。建立大江防洪减灾工程体系，提高抗洪抗涝能力；该系统主

要由水库、堤防、蓄滞洪区、以管理措施为主的山洪防治系统、国家防汛抗旱指挥系统、洪水风险管理系统等组成。目前，大流域防洪体系基本建成。未来需要改进的重点是中小河流的防洪工作，以应对气候变化引起的水文变化的不确定性。

（3）海绵城市。它指的是城市拥有像海绵一样的能力，对环境变化和由雨水引起的自然灾害具有抵抗力，也可以称为低影响开发（Low Impact Development LID）。将海绵城市纳入水安全规划可以有效降低城市洪水风险，特别是在气候变化与城市建设相结合加剧灾害风险的情况下。中国许多城市都进行了具体的海绵城市规划。国务院关于推进海绵城市建设的指导意见明确规定，根据新型城镇化和水安全战略的相关要求，推进海绵城市试点建设，重点防治城市内涝，保障城市生态安全。到2030年，中国80%以上的城市建成区有望实现上述目标。

（4）预防其他与水有关的灾害。为有效预防和控制气候变化下由洪水、干旱和其他相关灾害（如风暴潮和海岸带灾害）引起的次生灾害（如滑坡、泥石流等），加强极端天气气候事件监测预警能力建设，建立极端气象事件和次生灾害应急预案。预防强台风、区域暴雨洪水等极端天气气候事件取得重要进展（Information Office of the State Council 2008）。同时还建立了气候变化综合观测系统。

13.4.3　适应气候变化的创新机制

（1）生态环境部。为确保流域生态系统的整体规划和可持续发展，2018年中国成立了生态环境部，对农业部、环境保护部、水利部的水生态环境部门职责进行了重新整合。生态环境部可以统一协调水生态环境各环节的管理，有效整合河流、湖泊生态环境保护机制，应对气候变化。

（2）河长制。河长制的关键是明确地方河长在水资源管理中的职责。在这种体制下，党委或地方政府的主要负责人被指定为省、地、县各级政府的河长。河长的主要职责是承担河流湖泊的管理和保护工作，如水资源保护监督、河湖岸线管理、水生态空间管理、水污染防治规划、水环境管理等。河长制作为一种党和政府责任相结合的创新机制，具有明确的行政责任归属，能够提高包括涉水部门在内的各级部门的行政效率，并改善水资源管理系统的统一性，以加强政府在气候变化相关问题上的决策和执行能力。

（3）市场机制。作为应对气候变化下水资源供需约束的重要制度工具，水价、水权等市场机制可以提高水资源利用效率，解决水冲突，促进水资源的可持续利用和管理。在某些地区，水权交易可以被视为适应性市场行为（Pan et al. 2011）。水市场可以提高农业用水利用效率，可以引导农民节约用水，促进水资源在不同行业和地区之间的有序流动（United Nations 2020）。最近，中国实施了各种水权转让项目（Calow et al. 2009）。水权已经分配给省、县，甚至在一些地区分配给农村家庭。许多地区开展了重大项目、农民之间、灌区与工业企业之间、省与省之间的水权交易试点。

（4）社会参与度。建议增加公众对气候风险管理的参与，以在多方面增加适应能力，防止制度陷阱，优先考虑减少社会弱势群体风险（United Nations 2020）。至2020年，中国已经连续举办了33次“中国水周”活动，向公众宣传高效利用水资源的重要性。“市民河长”体制的建立，为公众参与水环境监督提供了有效的渠道。此外，特别是在缺水地区建立了当地用水者协会，这有助于鼓励农民参与水管理。

13.4.4　投资

（1）设施建设投资。气候变化加剧了与水有关的极端现象，加剧了对水、公共环境卫生和卫生基础设施的威胁（United Nations 2020）。长期以来，中国一直强调增加水资源储存、改善水资源和管理基础设施的重要性。中国的水资源政策和管理实践以供应为导向，以工程为基础，使其能够通过基础设施建设增加可用地表水并提高总储水量（Cheng et al. 2009；Cheng and Hu 2011；Jiang 2009）。中国在水利设施建设方面投入了大量资金。通过改善水利设施、环境基础设施、跨流域调水工程、疾病监测网络和气象监测站等工程基础设施，提高社会经济系统的适应能力。水库和跨流域调水（如三峡工程和南水北调工程），提高水资源的分配，控制主要河流的洪水和缓解干旱，预计仍是中国未来水资源开发的重要方面（MWR 2008；Cheng et al. 2009）。

（2）资金投资。2011 年 1 月 29 日，中国公布了一项计划，在未来 10 年投资 6000 亿美元，以保护和提高水的获取能力（Yu 2011；Gong et al. 2011）。这个巨大的投资主要目标是改善水的基础设施，如水库、钻井、关键灌溉供水区和跨流域调水工程（Yu 2011），被认为是应对气候变化的影响、干旱、洪水和粮食安全最有效的手段。此外，中央人民政府最近启动了水污染控制和处理专项计划，从 2008 年到 2020 年投资 356 亿元人民币，以控制全国水污染和改善水质（MEP 2008）。根据第三次国家气候评估，从 2010 年到 2030 年，全国应对干旱的花费将达到 5000 亿元人民币。

本研究受到中国科学院战略重点研究计划（XDA20010201）和国家自然科学基金（41671026）的资助。作者感谢张学珍教授提供了不同排放情景下中国气候变化数据的多模式集成预报，感谢国家气象数据服务中心提供的历史气候数据。

参考文献

Bao XJ，Zhang JY，Yan XL，Wang GQ，He RM（2014）Changes of precipitation in Haihe River Basin in 60 years and analysis of future scenarios. Hydro - Sci Eng 05：8 - 13.

Bates BC，Kundzewicz ZW，Wu S，Palutikof JP（2008）Climate change and water. Technical paper of the intergovernmental panel on climate change. IPCC Secretariat，Geneva.

Calow RC，Howarth SE，Wang J（2009）Irrigation development and water rights reform in China. Int J Water Resour Dev 25（2）：227 - 248.

Chen Y，Gao G，Ren GY，Liao YM（2005）Spatial and temporal variation of precipitation over ten major basins in China between 1956 and 2000. J Nat Resour 20（005）：637 - 643.

Chen H，Xiang T，Zhou XC，Xu Y（2012）Impacts of climate change on the Qingjiang Watershed's runoff change trend in China. Stoch Env Res Risk Assess 26（6）：847 - 858.

Chen SC，Huang BS，Wang XG，Hao ZC（2018）Characteristics of precipitation change and CMIP5 climate model evaluation in Yanglou watershed. Pearl River 039（006）：58 - 62，97.

Cheng H，Hu Y，Zhao J（2009）Meeting China's water shortage crisis：current practices and challenges. Environ Sci Technol 43（2）：240 - 244.

Cheng H，Hu Y（2011）Economic transformation，technological innovation，and policy and institutional re-

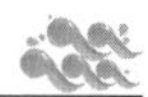

forms hold keys to relieving China's water shortages. Environ Sci Technol 45 (2): 360 - 361.

Del Buono D (2021) Can biostimulants be used to mitigate the effect of anthropogenic climate change on agriculture? It is time to respond. Sci Total Environ 751: 141763.

Deng XY, Zhang Q, Li JF, Sun P, Chen XH (2015) Prediction of water resources in Dongjiang River Basin based on different climate change scenarios. J Sun Yat Sen Univ 54 (02): 141 - 149.

Ding XY, Jia YW, Wang H, Niu CW (2010) Impact of climate change on water resources in Haihe River Basin and its countermeasures. J Nat Resour 25 (04): 604 - 613.

Dong LJ, Dong XH, Zeng Q, Wei C, Yu D, Bo HJ, Guo J (2019) Study on future runoff variation trend of Yalong River Basin under climate change. Adv Clim Chang Res 15 (06): 596 - 606.

Du YD, Yang HL, Liu WQ (2014) Simulation analysis of precipitation characteristics in Pearl River Basin under future RCPs scenarios. J Trop Meteorol 30 (03): 495 - 502.

Ekegemu - Abra, Wang YJ, Lin HB, Xu HL, Zhou HY (2019) Analysis of water resources change trend and water use efficiency in Tarim River Basin. J Shihezi Univ 37 (01): 112 - 120.

Gao JD, Feng D (2019) Analysis on the change trend of water resources in Haihe River Basin from 1998 to 2017. J Irrig Drainage 38 (S2): 101 - 105.

Gong P, Yin Y, Yu C (2011) China: invest wisely in sustainable water use. Science 331 (6022): 1264 - 1265.

Guo J, Su XL, Singh V, Jin JM (2016) Impacts of climate and land use/cover change onstreamflow using SWAT and a separation method for the Xiying River Basin in Northwestern China. Water 8 (5): 192.

He JK, Liu B, Chen Y, Xu HQ, Guo Y, Hu XL, Zhang X, Li Y, Zhang A, Chen W (2007) China's National assessment report on climate change (Ⅲ): integrated evaluation on policies of China responding to climate change. Advances in Climate Change Research.

Hu DL, Yan DH, Song XS, Zhang MZ, Yu H, Yang SY (2008) Analysis on the change trend of water resources in the Yangtze River Basin above Yibin. South North Water Diversion Water Conservancy Sci Technol 02: 53 - 56.

Huang JL, Tao H, Su BD, Gemmer M, Wang YJ (2014) Simulation of extreme climate events inTarim River Basin and prediction under RCP4. 5 scenario. Arid Land Geogr 37 (3): 490 - 498.

Hughes DA, Farinosi F (2020) Assessing development and climate variability impacts on water resources in the Zambezi River basin. Simulating future scenarios of climate and development. J Hydrol: Reg Stud 32: 100763.

Idrizovic D, Pocuca V, Mandic M, Djurovic N, Matovic G, Gregoric E (2020) Impact of climate change on water resource availability in a mountainous catchment: a case study of the Toplica River catchment, Serbia. J Hydrol 587: 124992.

Information Office of the State Council (2008) The white paper: China's policies and actions for addressing climate change. Beijing, China.

IPCC (2007) Climate change: impacts, adaptation and vulnerability: contribution of working group II to the fourth assessment report of the intergovernmental panel on climate change. Cambridge University Press, Cambridge.

IPCC (2014) Climate change 2014. Synthesis report.

Jiang Y (2009) China's water scarcity. J Environ Manage 90: 3185 - 3196.

Jiang Y (2015) China's water security: current status, emerging challenges and future prospects. Environ Sci Policy 54: 106 - 125.

Jiang T, Lv YR, Huang JL, Wang YJ, Su BD, Tao H (2020) Overview of new scenario of CMIP6 model (SSP - RCP) and its application in Huaihe River Basin. Prog Meteorol Sci Technol 10 (05): 102 - 109.

Jin XP, Huang Y, Yang WF, Chen L (2009) Impact of future climate change on water resources in the Yangtze River Basin. Yangtze River 40 (08): 35 - 38.

Jin JL, Wang GQ, Liu CS, Liu YL, Bao ZX (2016) Evolution trend of water resources in Haihe River Basin under climate change. J North Chin Univ Water Resour Hydropower 37 (05): 1 - 6.

Jin JL, He J, He RM, Liu CS, Zhang JY, Wang GQ, Bao ZX (2017) Impacts of climate change on water resources and extreme flood events in Huaihe River Basin. Sci Geogr Sin 08: 103 - 110.

Li JB, Wang G, Li XH, Ma JZ (2008) Impacts of climate change and human activities on water resources in Shiyang River Basin in recent 50 years. J Arid Land Resour Environ 02: 75 - 80.

Li YY, Wen K, Shen FX, Zhang SF, Wang JQ (2012) Impacts and adaption of climate change in China. China Water Conservancy and Hydropower Press, Beijing, p 433.

Li L, Shen HY, Dai S, Li HM, Xiao JS (2013) Response and trend prediction of surface water resources to climate change in the source region of the Yangtze River. J Geog Sci 23 (02): 208 - 218.

Li F, Zhang G, Xu YJ, Loukas A (2016) Assessing climate change impacts on water resources in the Songhua River Basin. Water 8 (10): 420.

Li LJ, Song XY, Xia L, Fu N, Feng D, Li HY, Li YL (2020) Modelling the effects of climate change on transpiration and evaporation in natural and constructed grasslands in the semi - arid Loess Plateau, China. Agric Ecosyst Environ 302: 107077.

Liu CM (2004) Study of some problems in water cycle changes of the Yellow River Basin. Adv Water Sci 15 (5): 608 - 614 (in Chinese).

Liu B, Jiang T, Ren GY, Fraedrich K (2008) Change trend of surface water resources in the Yangtze River Basin before 2050. Adv Clim Chang Res 03: 145 - 150.

Liu P, Xu ZS, Wang L, Liu JF (2009) Research progress on the impact of climate change on water resources in the Yellow River Basin. Meteorol Environ Sci 32 (S1): 275 - 278.

Liu L, Xu ZX (2016) Hydrological implications of climate change on river basin water cycle: Case studies of the Yangtze River and Yellow River basins, China. Appl Ecol Environ Res 15 (4): 683 - 704.

Liu XL, Hong L, Feng D (2020) Analysis on the change trend of water resources in Huaihe River Basin from 1998 to 2017. Anhui Agric Sci 48 (13): 207 - 210.

Lou W, Li ZJ, Liu YH (2020) Prediction of future precipitation change in the upper reaches of Jinghe River Basin under Multi Model. South North Water Diversion Water Conservancy Sci Technol 18 (06): 1 - 16.

Lu ZH, Xia ZQ, Yu LL, Wang JC (2012) Spatiotemporal evolution characteristics of precipitation in Songhua River Basin from 1958 to 2009. J Nat Resour 27 (06): 990 - 1000.

Luo M, Meng F, Liu T, Duan Y, Frankl A, Kurban A, De Maeyer P (2017) Multi - model ensemble approaches to assessment of effects of local climate change on water resources of the Hotan River Basin in Xinjiang, China. Water 9 (8): 584.

MEP (Ministry of Environmental Protection) (2008) Special programme on water pollution control and treatment (2008 - 2020). Beijing, China.

MWR (Ministry of Water Resources) (2008) China's water agenda 21. Resources & Hydropower Press, Beijing.

National Development and Reform Commission (2013) The National plan for addressing climate change (2013 - 2020). Beijing, China.

Pan JH, Zheng Y, Markandya A (2011) Adaptation approaches to climate change in China: anoperational framework. Economia Agraria y Recursos Naturales 11 (1): 99 - 112.

Ren GY, Wu H, Chen ZH (2000) Spatial characteristics of precipitation change trend in China. J Appl

Meteorol 03: 322－330.

Saddique N, Usman M, Bernhofer C (2019) Simulating the impact of climate change on the hydrological regimes of a sparsely gauged mountainous basin, Northern Pakistan. Water 11 (10): 2141.

Shan HC, Yuan F, Sheng D, Zou L, Liu YP (2016) Analysis of climate change characteristics in Xijiang River Basin under AIB Scenario using PRECIS. China Rural Water Hydropower12: 84－87.

Shen J, Fang HC (2019) Study on water resources evolution of Hunhe River Basin based on different discharge scenarios. Ground Water 41 (03): 121－124.

Shi YJ (2020) Study on future runoff change of Tarim River basin based on GCM model. Dev Manage Water Resour 05: 7－15.

Sun FH, Li LG, Yuan J, Dai P (2015) Analysis on the impact of climate change on water resources in Liaohe River Basin. J Meteorol Environ 31 (06): 147－152.

Sun YX (2020) Study on future precipitation and temperature variation in Tarim River Basin based on GCM Model. Ground Water 42 (204): 172－175.

United Nations (2020) Launch of UN World Water development report 2020: water and climate change. Thai News Service Group, Bangkok.

Wada Y, Wisser D, Eisner S, Flörke M, Gerten D et al (2013) Multimodel projections and uncertainties of irrigation water demand under climate change. Geophys Res Lett 40: 4626－4632.

Wang JN, Zhang LC (2006) Water resources change and regional response in Ebinur Lake Basin. J Arid Land Resour Environ 04: 157－161.

Wang GY, Dai SB (2008) Changes of water resources and water environment in Huaihe River Basin in recent 50 years. J Anhui Normal Univ 01 (75－78): 87.

Wang JX, Huang JK, Yan TT (2013) Impacts of climate change on water and agricultural production in ten large river basins in China. J Integr Agric 12 (007): 1267－1278.

Wang XJ, Zhang JY, Shahid S, Guan EH, Wu YX, Gao J, He RM (2014) Adaptation to climate change impacts on water demand. Mitig Adapt Strat Glob Change 21 (1): 81－99.

Wang M, Liu M, Xia ZH, Wang K, Xiang H, Qin PC, Ren YJ (2016) Impact of future climate change on water resources in Honghu Lake Basin based on SWAT Model. J Meteorol Environ32 (04): 39－47.

Wang XG, Hu J, Lv J, Liu HC, Wei CF, Zhang Z, Zhang Y (2017) Analysis on runoff variation characteristics of Songhua River Basin from 1956 to 2014. Soil Water Conserv China 10 (61－65): 72.

Wang G, Zhang J, Jin J, Weinberg J, Bao Z, Liu C, Liu Y, Yan X, Song X, Zhai R (2017) Impacts of climate change on water resources in the Yellow River Basin and identification of global adaptation strategies. Mitig Adapt Strat Glob Change 22: 67－83.

Wang GQ, Zhang JY, Xu YP, Bao ZX, Yang XY (2017) Estimation of future water resources of Xiangjiang River Basin with VIC Model under multiple climate scenarios. Water Sci Eng 10 (02): 87－96.

Wang SX, Zhang LP, Li Y, She DX (2019) Extreme flood events in Lancang River Basin under climate change scenarios. Adv Clim Chang Res 15 (01): 23－32.

Wang D, Liu MB, Chen XW, Gao L (2020) Spatiotemporal variation characteristics of future blue－green water in Shanmei Reservoir Basin based on CMIP5 and SWAT. South North Water Diversion Water Conservancy Sci Technol. https: //kns. cnki. net/kcms/detail/13. 1430. TV. 20201026. 1329. 004. html. Accessed 13 Apr 2021.

Wang KY, Niu J, Li TJ, Zhou Y (2020) Facing water stress in a changing climate: a case study of drought risk analysis under future climate projections in the Xi River Basin, China. Front Earth Sci 8: 86.

Wang GQ, Qiao CP, Liu ML, Du FR, Ye TF, Wang J (2020) Analysis on the future trend of water resources in the Yellow River Basin under climate change. Hydro - Sci Eng 02：1 - 8.

Wu L, Qin ZR, Huang DZ, Shen H, Li JN (2009) Difference analysis of regional seasonal precipitation in South China. Meteorol Res Appl 30 (03)：5 - 7, 11.

Xia J, Liu CZ, Ren GY (2011) Opportunity and challenge of the climate change impact on the water resource of China. Adv Earth Sci 26 (1)：1 - 12. (in Chinese)

Xia J, Shi W, Luo XP, Hong S, Ning LK, Christopher JG (2015) Revisions on water resources vulnerability and adaption measures under climate change. Adv Water Sci 26 (2)：279 - 286. (in Chinese)

Xia J, Shi W (2016) Perspective on water security issue of changing environment in China. J Hydraul Eng 47 (03)：292 - 301. (in Chinese)

Yang ZY, Yu YD, Wang JH, Yan DH (2011) Impact of climate change on water resources in the Ethan River Basin. Adv Water Sci 22 (02)：175 - 181.

Yang QQ, Gao C, Zha QY, Zhang PJ (2020) Changes of climate and runoff in the upper reaches of Huaihe River under RCP Scenario. Anhui Agric Sci 48 (3)：217 - 222.

Ye X, Zhang Q, Bai L, Hu Q (2010) A modeling study of catchment discharge to Poyang Lake under future climate in China. Quatern Int 244 (2)：221 - 229.

Ying AW, Jiang GB (1996) Response of water resources to climate change in Liaohe River Basin. Adv Water Sci S1：67 - 72.

Yu CQ (2011) China's water crisis needs more than words. Nature 470：307.

Yuan F, Ma M, Ren L, Shen H, Li Y, Jiang S, Yang X, Zhao C, Kong H (2016) Possible future climate change impacts on the hydrological drought events in the Weihe River Basin, China. Adv Meteorol 2905198.

Zaman M, Naveed Anjum M, Usman M, Ahmad I, Saifullah M, Yuan S, Liu S (2018) Enumerating the effects of climate change on water resources using GCM scenarios at the Xin'anjiang watershed, China. Water 10 (10)：1296.

Zhang ZX, Zhang JC, Sheng RF (2010) Influence of seasonal variation of precipitation on water resources in the Yangtze River Basin. J Qingdao Technol Univ 31 (01)：67 - 72.

Zhang XQ, Wang YH (2015) A review of adaptive management research on China's water resources management under climate change. Resour Environ Yangtze Basin 24 (12)：2061 - 2068. (in Chinese)

Zhang XZ, Li XX, Xu XC, Zhang LJ (2017) Ensemble projection of climate change scenarios of China in the 21st century based on the preferred climate models. Acta Geogr Sin 72 (9)：1555 - 1568.

Zhou ZH, Qiu YQ, Jia YW, Wang H, Wang JH, Qin DY (2009) Analysis of water resources evolution in Weihe River Basin under changing environment. Hydrology 29 (01)：21 - 25.

Zhou J, He D, Xie Y, Liu Y, Yang Y, Sheng H, Guo H, Zhao L, Zou R (2015) Integrated SWAT model and statistical downscaling for estimating streamflow response to climate change in the Lake Dianchi Watershed, China. Stoch Env Res Risk Assess 29：1193 - 1210.

Zhu YL, Chang JX (2015) Runoff prediction of Weihe River based on climate model and hydrological model. J xi'an Univ Technol 31 (4)：400 - 408.

Zhu Y, Lin Z, Wang J, Zhao Y, He F (2016) Impacts of climate changes on water resources in Yellow River Basin, China. Proc Eng 154：687 - 695.

Zhu X, Zhang C, Qi W, Cai W, Zhao X, Wang X (2018) Multiple climate change scenarios and runoff response in Biliu River. Water 10 (2)：126.

第14章　避免利用水资源发展经济对经济系统造成冲击

Debra Tan

摘　要： 水资源对经济发展具有重要意义。对于一个水资源匮乏的国家来说，如何平衡经济发展、水资源可用性和水资源质量非常关键。政治上的方针决策需要将水资源的经济规划和污染管理相结合，这个概念就叫作“水资源经济”。在正在发展中的亚洲地区，各国有充分的理由去组织和规划水资源经济的路线图，尤其是当水资源的区位特性和气候风险指向经济风险聚集的脆弱地区——特别是主要的河流流域和海岸经济枢纽。

关键词： 亚洲；水经济学；经济发展；河流流域

亚洲各国政府和中央银行正在开始针对缓解此类威胁采取行动，因为一旦置之不理，放任其发展，长期的严重的水资源风险（被气候变化放大）将会导致地方和国家的经济遭受系统性的冲击和瓦解，甚至影响全球的金融系统。因此，水资源、气候挑战、经济规划和金融弹性需要全面的管理以确保经济社会和水资源安全。本章陈述了亚洲水资源经济面临的主要挑战，以及以区域为基础应对这些风险的水资源经济政策在中国的发展。本章还涵盖了金融部门为应对此长期威胁采取的措施，以帮助多领域决策者对当下和未来的水资源及经济安全做出更好的决策。

14.1　亚洲水资源经济面临的主要挑战

亚洲正面临严峻和紧迫的水资源挑战。目前，世界上人口最多的两个国家印度和中国，水资源紧张，而十几年来急速发展带来的严重的水污染进一步加剧了水资源挑战。同时，整个亚洲大陆，虽然水利基础设施正在改善，仍然有数亿人无法接触到经处理后的安全水源（World Bank 2015a）。

然而，亚洲许多面临类似挑战的国家仍需发展。由于经济运转需要依靠水资源，没有水则意味着没有发展。除了饮水问题，水还在粮食种植、发电、矿产资源、衣服制作、电子设备和其他消费品等多个部门中被利用，水资源管理不善则将会影响贸易和就业。亚洲水资源约束意味着水资源经济需要与传统的“水、环境卫生和个人卫生”等相关议题并行，以确保

D. Tan (✉)
China Water Risk (CWR), Hong Kong, China
e-mail: dt@chinawaterrisk.org

亚洲长期的社会经济和水资源安全。气候变化及其影响也会加剧水资源的短缺。

亚洲在水-气候关系方面面临三重威胁，这可能使亚洲地区的 1/2 和每年 4.3 万亿美元的国内生产总值（GDP）面临风险，因此这是亚洲地区实施水资源经济措施的必要和充分理由（CWR 2018；Wester et al. 2019；CWR，Manulife Asset Management and AIGCC 2019）。

有限的水资源支持当前经济模式下的发展，水资源对于农业、工业以及发电（热力冷却和水力发电）行业的发展至关重要。到 2050 年，根据亚洲开发银行（ADB）的数据，亚太地区对水的需求增长 30%～40%，估计将有 34 亿人生活在缺水地区。亚洲开发银行还警告称，水资源短缺可能会限制许多国家的经济增长（ADB 2016）。

以 G20 国家人均 GDP 和年人均用水量为基准的水资源经济分析显示，中国和印度等主要亚洲经济体不仅发展滞后，而且面临流动性限制（HSBC 2015；FECO and CWR 2016；Yang et al. 2016）。为了实现人均 GDP 50000 美元以上的目标，美国年人均用水量至少达到 $1543m^3$/人，相当于 16% 的人均年可再生水资源总量，即 $2018m^3$/人（CWR 2018）。但是，中国和印度年人均可再生水资源量分别仅为 $2018m^3$/人和 $1458m^3$/人，如图 14.1（CWR 2018）所示。

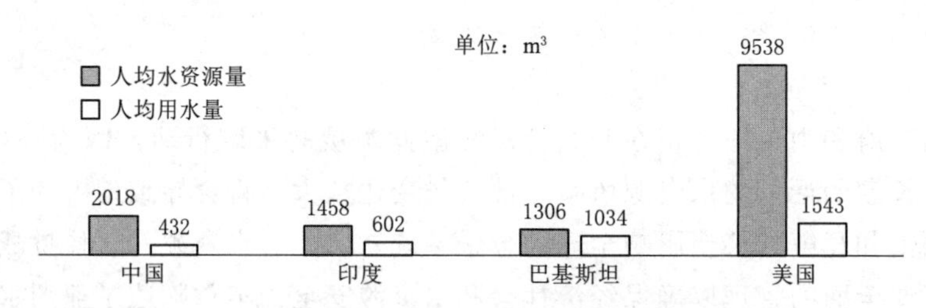

图 14.1　人均有限的水资源限制了亚洲国家发展的选择

［CWR 基于 FAO AQUASTAT（2010）］

［注意：本图来源于“没有水，没有增长——亚洲是否有足够的水资源来维持发展?”报告（CWR 2018），经中国水险协会批准，用于本章；信息图© China Water Risk 2021，保留所有权利］

残酷的现实是中国和印度都没有足够的水来追求“正常发展”，他们目前出口带动的水密集型经济发展模型并不是可持续的，并且这种经济发展模型并不能保证食物、能源、经济和水资源安全（CWR 2018）。因此除了最大限度地发挥水资源经济的效益外别无选择。发展水资源经济效益的举措包括改进农业以及目前高耗水高污染的工业产业，同时谨慎的规划能源扩张和未来工业，以建立一个以更少的水和更少的污染实现更高 GDP 的集中的路线图（HSBC 2015；FECO and CWR 2016；Yang et al. 2016；CWR 2018）。这些策略会在之后的内容“针对‘不寻常发展’的跨领域水资源经济策略”中讨论。

中国在意识到环境的约束作用后，已经不再将 GDP 作为发展的最优先要素，而是重新平衡经济和环境的关系，从而力求“生态文明”——一个在宪法中根深蒂固的概念（China Environment News 2018）。中国同时也针对国家、省级、地区和河流流域制定了不同的水资源经济指标（包括单位 GDP 的用水量和污水排放量），以此作为迈向水资源整体管理的重要一步，同时还鼓励商业创新和循环经济的绿色发展（CWR 2019a；Yang et al. 2019）。

人口、城市和 GDP 均聚集在十个对亚洲非常重要的河流流域。这些河流包括阿姆河、雅鲁藏布江、恒河、印度河、伊洛瓦底江、湄公河、萨尔温江、塔里木河、长江和黄河，

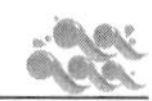

都是亚洲大陆文明的摇篮和发源地。16个国家（阿富汗、孟加拉国、不丹、柬埔寨、中国、印度、吉尔吉斯斯坦、老挝、缅甸、尼泊尔、巴基斯坦、塔吉克斯坦、泰国、土库曼斯坦、乌兹别克斯坦和越南）有不到20亿人口聚集在这十个河流流域，贡献了平均每年43万亿美元的GDP（CWR 2018）。这十个流域中超过一半（>50%）的原材料部分面临着“高”到“极高”的水资源压力（CWR 2018）。

这十个流域支撑着超过280座城市，每座城市都有超过约30万的人口，许多城市还是亚洲国家的首府和经济中心，包括人口超过1400万人的德里、上海、达卡、加尔各答、重庆、拉合尔和成都等特大城市（CWR 2018）。这些城市在流域的聚集导致了国家GDP集中在这些流域。

举例来说，单单是恒河流域就养育了6亿人口，贡献了印度每年约1/3的GDP，但是恒河年平均最大流量甚至无法填满一个伊利湖——北美五大湖中最小的湖泊（CWR 2018）。同时，印度河流域是90%人口的家园，占印度年GDP的92%，黄河和长江流域则聚集了中国42%的人口，贡献了每年28%的GDP，见图14.2（CWR 2018）。

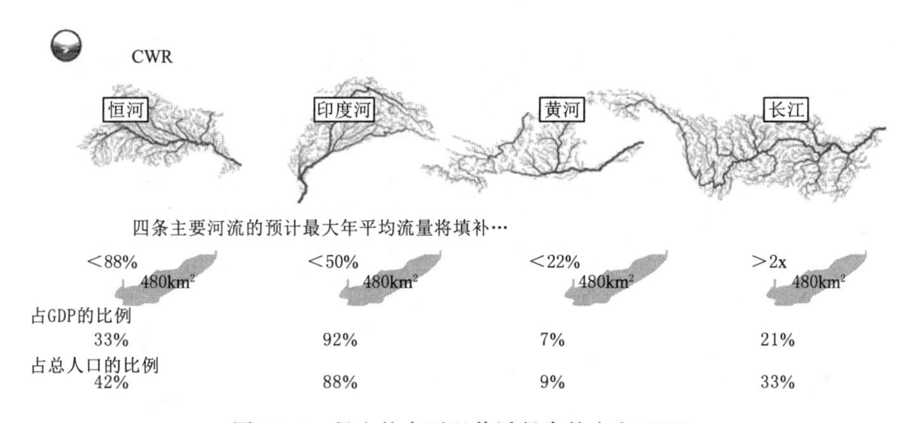

图14.2　很少的水可以养活很多的人和GDP

［来源：CWR基于“没有水，就没有增长——亚洲有足够的水来发展吗?”（CWR 2018）］

［本信息图摘自“长江水风险、热点和增长——迈向美丽中国，避免冲击”（CWR 2019a）报告，经中国水资源风险协会批准，用于本章；信息图© China Water Risk 2021，保留所有权利］

亚洲气候变化投资集团（AIGCC）、宏利资产管理和CWR警告称上述提到的水资源和经济风险的规模和集中程度值得引起政府、中央银行、金融机构和企业的重点关注（CWR，Manulife Asset Management and AIGCC 2019）。展望未来，人口增长伴随着城镇化发展只会增加水资源压力，因为越来越多的人涌向河流流域周边的城市。到2050年，超过60%的亚太地区人口会居住在城市里（ADB 2016）。

气候变化会加剧水资源短缺。这十个流域有一个共同的源头地区：兴都库什-喜马拉雅（HKH），每年大约有7547km^3的冰川融水汇入这些河流（Bajracharya et al. 2015；Mukherji et al. 2015；CWR 2018；National Tibetan Plateau Third Pole Environment Data Centre n. d.）。但是气候变化的影响已经在兴都库什-喜马拉雅地区显现，威胁着上游流域和下游河流及其他河流部分——加速冰川融化、减少降雪、改变未来季风模式，也会对未来河流径流产生影响（Wester et al. 2019）。中国科学院地理科学与资源研究所利用五个政府间专门委员会 RCP4.5 情境下的五个气候组合模型对这十个流域四个关键气候和水文指标（气温、降雪、降雨和径流）进行分析，得到的结果并不乐观（CWR 2018），见图 14.3。

• 预计未来气温在这十个流域将继续上升：十个流域中的六个流域，未来 50 年（2006—2055 年）的温度变化将是过去 50 年（1956—2005 年）的两倍。气温升高将对水循环和水资源的盈缺有直接的影响，尤其在以冰雪和冰川补给为主的河流表现更加明显（Oki 2016）。此外，水温的增加也会降低原水的水质并威胁饮用水水源（Oki 2016；Döll et al. 2015）。

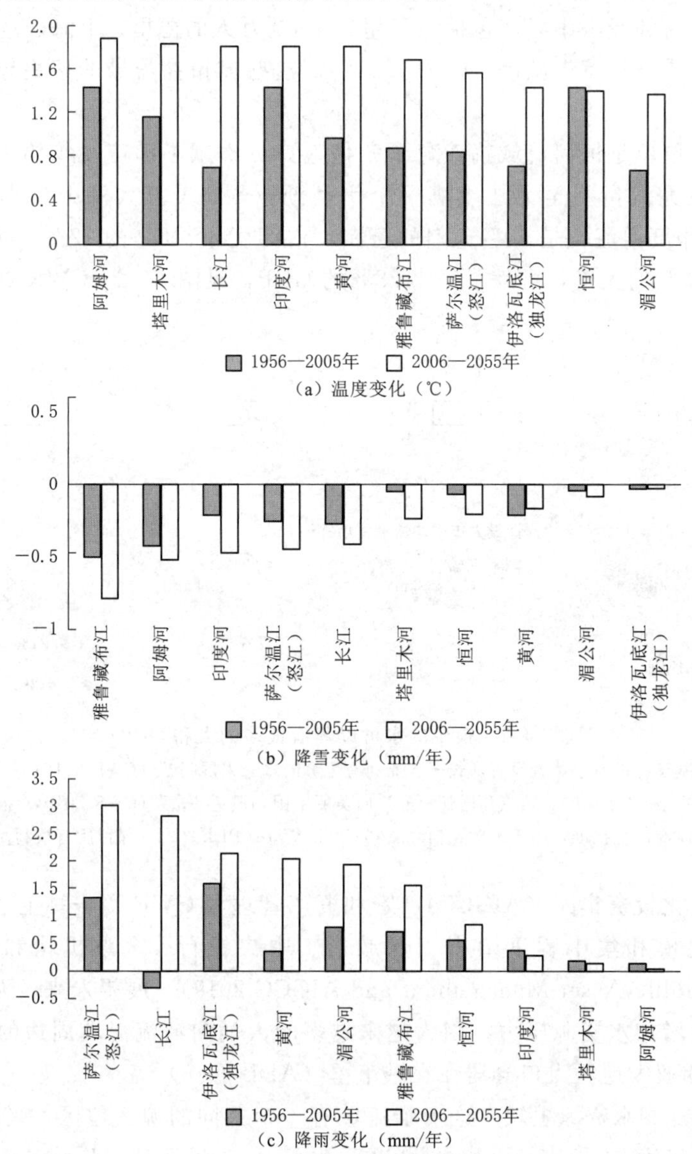

图 14.3（一） 过去 50 年和未来 50 年变化主要指标的对比

[来源：CWR 基于中国科学院地理科学与资源研究所 5 个集成模型（BCC - CSM1.1、CanESM2、CCSM4、MIROC5、MPI - ESM - LR）计算的数据。降雨量、降雪和径流变化用当量水重表示。这些图表摘自“没有水，就没有增长——亚洲有足够的水发展吗？”（CWR 2018），已获得中国水风险组织的许可在本章中使用；©中国水风险组织 2021，版权所有]

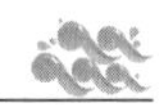

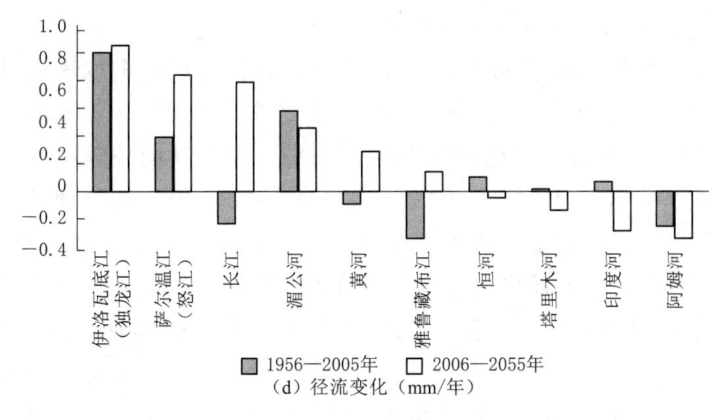

（d）径流变化（mm/年）

图 14.3（二） 过去 50 年和未来 50 年变化主要指标的对比

［来源：CWR 基于中国科学院地理科学与资源研究所 5 个集成模型（BCC - CSM1.1、CanESM2、CCSM4、MIROC5、MPI - ESM - LR）计算的数据。降雨量、降雪和径流变化用当量水重表示。这些图表摘自“没有水，就没有增长——亚洲有足够的水发展吗?”（CWR 2018），已获得中国水风险组织的许可在本章中使用；©中国水风险组织 2021，版权所有］

• 预计降雪将继续减少：印度河、塔里木河和恒河流域降雪预计将有大幅减少（CWR 2018）。预计冰川也将会退缩，尤其是海拔 5700m（海平面以上/米）以下的冰川将会对气候变化更加敏感（Bajracharya et al. 2015）。兴都库什-喜马拉雅地区大约有 60%的冰川面积在海拔 5000～6000m，这使得这一地区对气候变化更加敏感（Bajracharya et al. 2015）。冰川和冰雪融水给印度河上游贡献了 62%～79%的径流量，为恒河上游提供了 20%的径流量，为塔里木河上游提供了 42%的径流量（Wang et al. 2007；Gao et al. 2010；Chen 2013；Lutz and Immerzeel 2013；Zhang et al. 2013；Lutz et al. 2014）。

• 除了印度河、塔里木河和阿姆河三个流域，其他流域降水呈现上升趋势。长江和黄河流域降水量增幅最大（CWR 2018）。事实上在 2020 年，长江流域经历了 1961 年以来有记录的最大降水量，最严重的一次洪水，超过 3700 万人口受到影响，遭受经济损失达到 117 亿美元（BBC News 2020）。

• 径流的综合影响使得四个河流流量减少：恒河、塔里木河、印度河和阿姆河的径流量预计未来将会出现全面缩减（CWR 2018）。这对于未来居住在这些河流两岸的超过 9.25 亿人口和每年产生的 1.3 万亿美元 GDP 来说，不是一个好的趋势。

气候变化加速了未来的社会经济风险，在这里，需要注意以下几点：

• 气候预测充满了不确定性，以上的结果呈现了超过 50 年的变化，由于气候变化会增加极端降水、河流径流，但目前的水资源结构可能无法应对日益严重的极端季节性干旱和洪水，因此为应对每年季节性的变化做准备非常重要。这些内容并没有在上述图表中呈现，图表的目的只是去说明广泛的趋势。

• 由于需要建设更多的基础设施以增加排水和蓄水能力来应对洪水，因此更多地降水和径流并不意味着供水的增加。此外，径流季节性以及短时间内的增加会导致洪水。降水的时间分配不均导致了在雨季更加严重的洪水，在山区表现更为明显（ICIMOD 2014）。

• 季风模式的变化同样引起担忧。季风模式的变化不仅仅影响粮食产量，在像印度这样的国家，季风会被用来预测经济变化趋势，而 2014 年和 2015 年的弱季风模式导致农业产量的涨幅下降了 2%（World Bank 2015b）。

• RCP4.5 情景预测，到 2100 年，相对于前工业化时期，全球气温升高将不会超过 2℃。但是 2020 年 1 月世界气象组织宣称目前全球气温至少高于前工业化时期 1.1℃（WMO 2020a）；世界气象组织还预测，未来 5 年中其中一年（2020—2024 年）有 20%的可能性气温至少升高 1.5℃（WMO 2020b）。IPCC 警告称，照此速度，全球最早可在 2030 年达到 1.5℃的升温（IPCC 2018）。《巴黎协定》设定的 1.5℃目标比原计划 2100 年提早 70 年达到，这无疑将会加剧季节性的变化。

• 2019 年新冠疫情的暴发一定程度上缓解了 2020 年的碳排放，但专家警告称，除非新冠疫情存在十年，否则这种趋势并不会让世界重回 1.5℃的轨道上（Le Quéré et al. 2020）。迄今为止（包括中国）碳中和的承诺表明，到 2100 年，平均气温上升约 2.5℃（Climate Action Tracker 2020）。但是说不代表做，金融部门的共识是我们正在走向 3～4℃升温的气候路径（CWR 2020a）。

总的来说，上述提到的威胁给未来带来了巨大而艰难的挑战。所讨论的十条河流中有八条是跨境河流，这一事实无疑会使情况更加复杂。在之前情况下对人、资源以及经济的安排将不得不改变；考虑到存在的风险，我们必须做出适应性的调整。任何国家都不能独善其身。

亚洲大陆各个国家以及世界各国都必须做出决策，制定一条“不同寻常的发展”之路，因为无论是经济、工业、农业还是电力扩张，不仅会给本已有限的水资源带来压力，而且还可能加速气候变化，从而加剧水资源短缺。几十年的快速发展造成的严重水污染只会进一步加剧这个问题。因此下一步，需要在发展的同时综合考虑水资源和气候挑战，以确保社会经济和水资源安全；水资源经济策略能够为此指出一条明路。

14.2　针对“不寻常发展”的跨领域水资源经济策略

为了确保亚洲的繁荣发展，需要创造一个“不同寻常的发展和商业”的新范式，必须采取多种行动，其中一些是根本性的：改变观念、管理、商业运营和消费习惯。由于水资源问题是跨领域的问题，因此水资源经济的发展路线图也将跨领域涉及多部门。下面总结了 CWR 的报告“没有水就没有增长——亚洲有足够的水发展吗?”中提出的八个策略，主要透过水资源经济视角来重新审视经济和发展模型（CWR 2018）。亚洲采取的行动需要一致、连贯且紧迫：

（1）为了保障亚洲 1/2 的水资源，要保护亚洲的河流：确保合理有效地利用亚洲河流中的水资源，同时限制和避免水污染。为了应对极端天气而加强对基础设施的投入，从而减少因缺水产生的“水资源难民”和移民。改善水量和水质有助于增加河流的生态承载力。这些行动必须与改善农村地区清洁水的获取以及保健和卫生设施同时进行，在考虑河流健康的同时也要考虑产业拓展计划。

（2）通过水资源经济学视角重新考虑经济和发展模型，这包括一系列的行动。行动的核心是弱化经济增长、优先考虑环境。可以利用用水定额，用水权和排水权进行交易。这些措施可以由国家、地区或部门制定，以收紧用水，鼓励灌溉和工业设备的技术升级，并控制污染。此外，优化 GDP、工业和作物结构，以及管理虚拟水贸易，也有助于节约用

水和减少污染。未来的政策可能会偏向于高 GDP、低污染和用水密集的行业，同时鼓励污染严重、耗水量大的行业循环发展。这些综合策略已经在中国付诸实践；这些在“中国水资源经济的经验”中有更详细的讨论。

（3）在保障粮食安全的同时，控制农业用水和污染：作为亚洲最大的用水单位和污染者，农业方式需要重新调整。因此，农业节水和化肥/化学品使用在解决水管理问题方面发挥着重要的作用，是不可或缺的重要部分。然而，增加灌溉面积可能会抵消提高灌溉效率所节省的水分，因此，按区域进行作物组合和产量优化也是必要的。平衡就业率、控制农业用水和确保粮食安全都是巨大的挑战。

（4）在水-能源-气候关系中选择正确的发电类型：水资源还被用来发电，但水的净化和供给同样也需要电力。此外，如今采用的发电类型也会加剧气候变化，考虑到目前所需的电力，像海水淡化这样的解决方案也有其局限性。由于亚洲仍然面临电力短缺，印度的人均发电量为 7MW·h/人，是中国人均发电量 26MW·h/人的 1/4，而日本为 40MW·h/人，美国为 81MW·h/人，为了当今的气候和水资源问题，我们必须做出明智的能源选择（包括能源组合和冷却技术）。由于数以百万计的人仍然缺乏电力和丰富的水电资源，大坝可能会继续存在，因此需要更强大的跨界/水电来缓解地缘政治紧张局势。

（5）通过更好的水资源经济合作来解决跨境问题：在管理共享/跨境河流方面加强合作，有利于区域关系、水力发电和缓解气候风险（洪水和干旱）。尽管这 16 个国家之间的跨境协议/共识相比于欧洲相对滞后，但是相关水资源协议在这些国家之间存在并且为今后的发展奠定了一个基础。印度和中国作为 10 个主要河流的上游所在地区需要发挥其在跨境河流和地域经济合作的领导带头作用；建立创新机制和合作平台。澜沧江-湄公河合作由中国牵头合作从传统的跨境河流管理到区域经济和环境合作。这种“水资源经济”可以为这些国家实现共享发展提供更好的整体方法。

（6）注重流域层面的发展和创新：上述讨论的 16 个国家中，流域层面的水资源压力要比国家层面的更加严峻，使人类甚至资产受到威胁。例如，印度全国每 1 美元 GDP 的用水量为 $0.3m^3$，而恒河和雅鲁藏布江每 1 美元 GDP 的用水量为 $0.08m^3$。因此，政府、金融机构和企业应该在流域层面评估和量化对水和气候风险的暴露程度。此外，鉴于上述巨大的社会经济风险，在横跨亚洲的河流流域对发展和经济规划重视起来是有其意义的［包括执行上述（1）～（5）条建议］。中国有多个流域（集水区）重点开展了包括长江经济带（沿长江流域）、首都双区域规划（张家口流域）以及大湾区（围绕珠江三角洲）等区域的整体发展试点——这在下一部分“中国水资源经济的经验”会展开来讲。

（7）通过协作补充跨领域研究缺口，同时统一跨流域标准化数据：为了评估和减轻流域内的水和气候风险下的聚集性金融风险，需要进行多学科多领域研究。这需要科学家、政策制定者、企业、工程师和金融家协同合作，但这些专业学科倾向于“在自己的领域里”运作。银行家或企业主不太可能翻阅研究论文，寻找可能影响其资产的自然风险；但科学家或工程师可能都不会太了解什么是金融风险以及如何将水资源和气候风险纳入政府/组织策略或信贷政策。同时，也需要填补数据空白：不同国家和河流之间的可比数据有限，更糟糕的是，流域边界和区域边界也没有明确界定或标准化，使比较分析变得更加困难。必须明确这些数据/分析方面的差距或空缺，以便这些空缺能够用资金充足的多学科研究来填补。

（8）缩小资金缺口同时推动金融改革：尽管这三重威胁很严重，但对于本章 10 个流域的 16 个国家而言，在气候变化的情况下，仍没有确切估计确保全球/区域未来水安全所需的资金。评估和弥补资金缺口是最低要求。随着水资源竞争和极端天气事件变得更加频繁和密集，金融业将不得不做出适应性调整。环境法规、水资源经济政策和气候变化将影响投资证券组合和贷款登记簿。流域层面的系统性风险敞口不断增加，意味着银行将不得不重新考虑信贷政策，从流域的角度考虑环境风险。包括剧烈和长期的水和气候风险在内的金融风险评估的发展是不可避免的，而且已经开始——金融部门为增强抵御系统性冲击的能力而采取的此类行动将在后面的“严重的威胁对国家和全球金融体系系统构成系统性风险”中进行更详细的讨论。

亚洲的领导人、商人、金融家和科学家在上述这八个策略需要发挥重要作用。位于这十条河流沿岸的许多资产和供应链的重要部分正面临风险。风险很高，但机会也很大；减轻和调整商业风险的私人投资，以及良好的水资源管理可以帮助缓解流域风险并助力政府行动。商界领袖、企业家和银行首席执行官可以引导亚洲以一种新的方式来处理已存在的问题，而政府可以制定政策带头引导。

中国在上述八项策略中都采取了行动，其中一些策略可能对该地区有用。

14.3　中国水资源经济的经验

为建设“天蓝、地绿、水清”的“美丽中国”，中国采取了多管齐下的措施。“十三五”（2016—2020 年）期间在水利基础设施和水利方面的支出为 3.58 万亿元，已经比上一个五年计划期间增加了 57%（MWR 2021）。此外，水资源经济战略正在进行中；本节列出国家和区域战略的关键方面，以阐明保障水和经济安全的“水资源经济”发展概念：

（1）从上至下构想和对政策的认同：一个清晰的愿景，以及中国中央政府自上而下对政策的认同，强化了转变观念的重要性，以实现发展与环境保护相结合：“我们要建设天蓝、地绿、水清的美丽中国，让老百姓在宜居的环境中享受生活，切实感觉到经济发展带来的生态效益。”

来源：中华人民共和国主席习近平在 2016 年 G20 峰会开幕式上的主旨演讲。

中国坚持生态保护、绿色发展，坚持从水的角度出发，处理好水的利用与分配、水污染防治与经济发展的关系；创新技术、政策和金融的使用；协调有关水、能源、粮食和气候变化的决策（FECO and CWR 2016；Yang et al. 2016；NDRC 2016a；MIIT et al. 2017；MEE et al. 2017）。治理框架也得到改善：包括更新环境法，改革政府部门，对从上至下，从山顶到海洋的空气、水和土壤等自然资源和生态环境进行全面管理，并加强自然环境的监督和执行（The state Counay of the People's Republic of China 2018）。

• 国家和省的水资源经济目标是从“一切照旧”的用水模式中走出来：如果到 2030 年一切照旧，预计用水需求（8180 亿 m^3）将超过预计供应（5010 亿 m^3）（The 2030 Water Resources Group 2009）。因此，在“十二五”期间，中国通过新的战略性新兴产业和

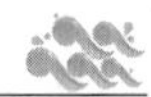

循环经济来推动增长，并通过“三条红线”来实施“严格的水资源管理”：①控制用水总量；②提高用水效率；③预防和控制水污染。详见图 14.4。

“十二五”战略新兴产业（2011）	循环经济发展策略&实施规划（2013）	三条红线
1. 能源节约&环境保护 2. 新能源 3. 生物科技 4. 新材料 5. 下一代互联网 6. 新能源汽车 7. 高端制造业	1. 碳 2. 电力 3. 钢铁 4. 有色金属 5. 原油&石油化工 6. 化学 7. 建筑材料 8. 造纸 9. 粮食 10. 纺织	1. 控制用水总量 2. 提高用水效率（包括单位GDP用水量和单位GDP排水量） 3. 预防和控制水污染

图 14.4 工业发展应与水管理和保护相结合

［中华人民共和国各项规划/政策：国务院“十二五”规划（2011—2015）、2013 年《循环经济发展战略及近期行动计划》、2013 年《最严格的水资源管理办法》、2015 年《水防治污染规划》］

［注：本表经中国水风险组织同意在本章再版；©中国水风险组织 2021，版权所有］

为了控制用水，设定了国家用水上限以及与产值挂钩的用水效率目标（水资源经济目标）（The State Council of the People's Republic of China 2012，2015a；Qing et al. 2015）。这些目标具有经济效益：除非中国实现自己的水资源目标，否则到 2020 年 GDP 增长将不超过 7.6%，到 2030 年 GDP 增长将不超过 5.7%（HSBC 2015）。那时，为了环境而放弃增长似乎是一个异乎寻常的主张，“十二五”规划中的七个新兴产业也是如此；但今天，中国明确致力于这条新道路。

图 14.4 所示的行业表明，中国认识到其流动性约束以及气候变化的影响：在循环经济名单中，包括能源和水密集型行业，这些行业对 GDP 的贡献也较低，造成污染；而 GDP 较高、对气候和水影响较小的行业则被列入新兴行业名单。在“十三五”规划（2016—2020 年）中，对水-能源-气候关系的整体思路也很清晰，该规划指出，可再生能源的发展预计将节省国家 38 亿 m^3 的水资源。

国家目标由各省和部门分配，以推动各省实施超出传统用水效率（灌溉改进和工业设备升级）的政策，包括从水资源的角度重新思考作物、能源和工业的联系。由于各省份处于不同的发展阶段，不同的部门对增长作出了贡献，因此每个省份都面临着独特的水资源压力和污染挑战，因此每个省份都制定了独特的目标和战略；见图 14.5（CWR 2019a；Yang et al. 2019）。

此外，还考虑了各省份在流域内的上游/下游位置，使经济规划可以基于生态边界而不是省级行政边界。由于认识到没有一刀切的解决方案，中国政府制定了水资源经济政策，以确保区域流域的水资源和经济安全。目前，这种水资源经济学方法正在多个地区试行（MEP et al. 2017；NDRC 2019a，2019b）。以下是三个不同区域的例子，以阐明这种策略：①整个流域从山区源头到海洋（长江）的水资源发展（MEP et al. 2017）；②上游流域（张家口）的水资源管理（NDRC 2019a）；③重点三角洲地区（GBA）的水资源管理（NDRC 2019b）。这些地区和流域对中国很重要，因为那里有大量的人口和经济，包括上海、重庆、北京、深圳和广州等主要城市。

• 长江经济带水资源经济目标和政策创新，以保护中国 42％的人口和保障中国 45％的 GDP。长江经济带是中国确定的生态保护和绿色发展重点试验区（MEP et al. 2017）。作为中国的工业中心｛污染行业占全国生产相当大的份额［如制衣业（57％）］、水泥业（51％）、汽车业（46％）、钢铁业（33％）、化学农药制造业（77％）、化学纤维制造业（78％）｝，长江经济带面临环境基础设施匮乏、环境风险大的重化工工业密集、农村面源污染和生态系统受损等重大挑战（China Government News 2019；CWR 2019a）。

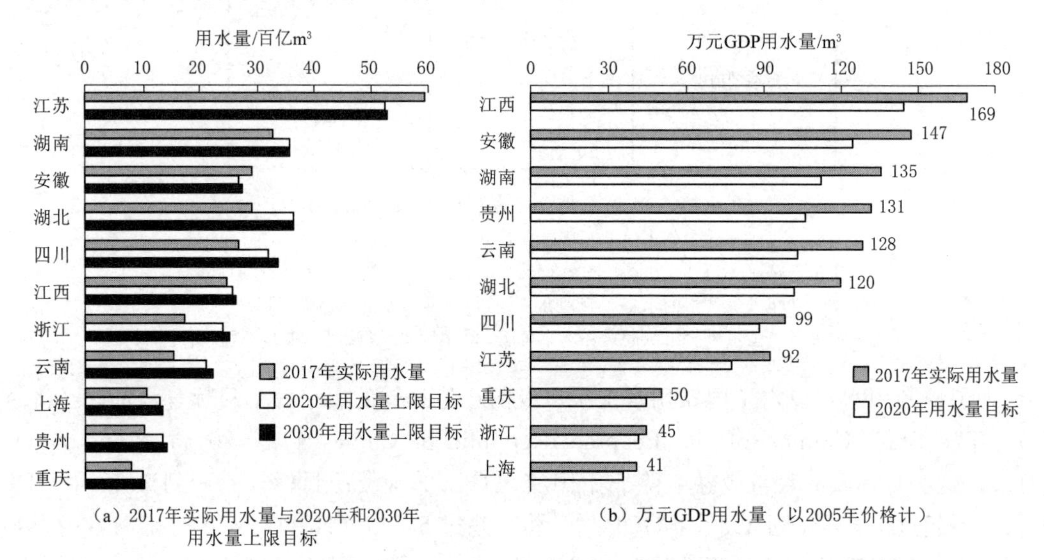

（a）2017年实际用水量与2020年和2030年用水量上限目标　（b）万元GDP用水量（以2005年价格计）

图 14.5　长江流域省级水资源经济目标示例

［数据来源：中国水风险组织根据国家统计局、国家发展和改革委员会、水利部《长江经济带生态环境保护规划》、“十三五”规划省级目标编制。这些图表摘自《长江水风险、热点和增长-美丽中国征途中规避监管冲击》（CWR 2019a）报告，经中国水风险组织批准，用于本章］

“我们绝不能让长江生态环境在我们这一代人手中继续恶化下去，一定要给子孙后代留下一条清洁美丽的长江。”（Xinhua News 2018）

不能将长江流域和长江经济带混淆。长江经济带包括云南、贵州、四川、重庆、湖南、湖北、江西、安徽、浙江、江苏和上海等 11 个沿江省（直辖市），人口 5.95 亿，占中国人口的 43％。2017 年，该区域 GDP 为 37.4 万亿元人民币（约合 5.3 万亿美元），占中国 GDP 的 45％；这意味着，如果把长江经济带当作一个国家来对待，它将成为世界第三大经济体（CWR 2019a）。长江经济带对国家粮食和能源安全也很重要，提供了中国近 2/3 的大米和 3/4 以上的水力发电［见图 14.6（CWR 2019a）］，因此平衡了水与经济增长、工业污染以及粮食与能源安全之间的权衡取舍。因此，对政府来说是一个巨大的挑战，并且不能失败。

长江沿岸经济和污染差异进一步加剧了复杂性——长江三角洲比河流上游发达，有关

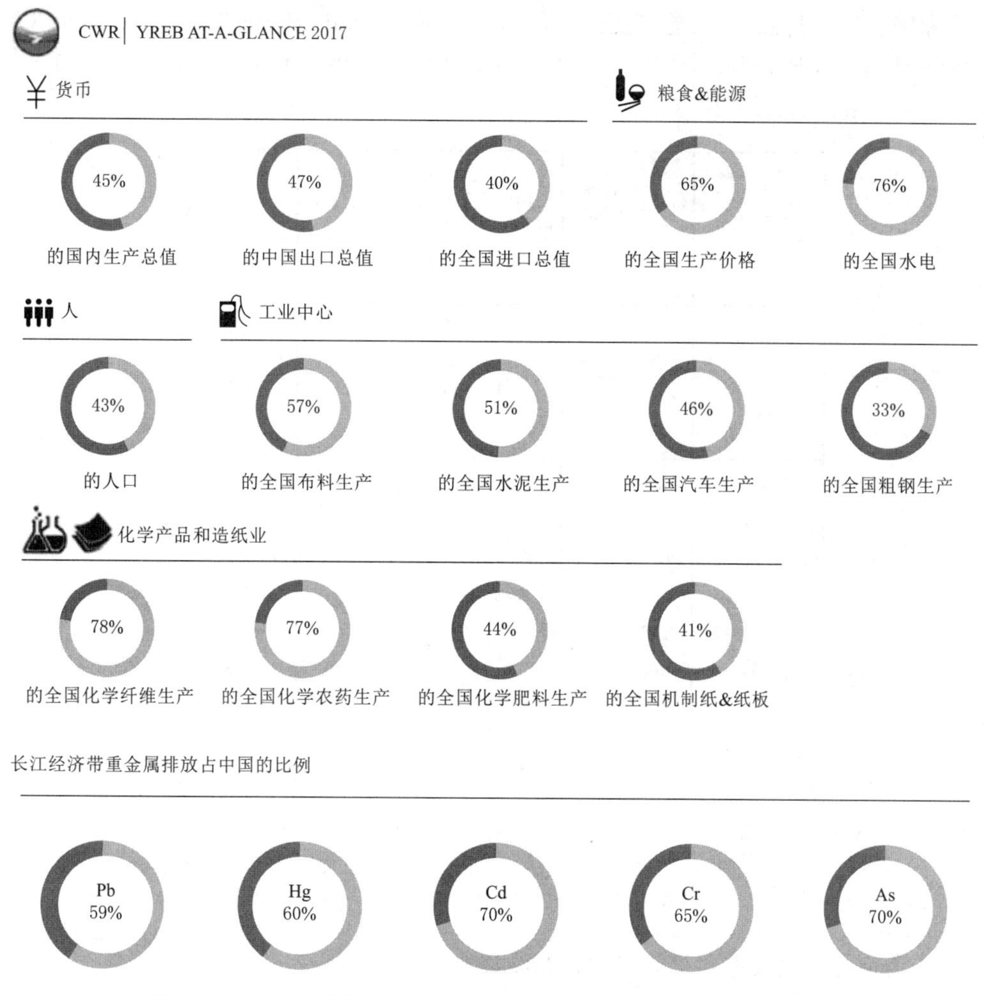

图 14.6　2017 年长江经济带概览。基于“长江水风险、热点和增长——向美丽中国迈进，规避冲击”（CWR 2019a）

[注：这张信息图摘自上述报告，用于本章信息图©中国水风险组织 2021，版权所有]

“保护、升级和进步”的宏观战略在三个区域被提出：保护上游、升级中游和推进长江三角洲（Yang et al. 2016）。政府不仅制定了省级水资源经济目标来管理这些问题，而且还将把长江经济带的 195 个工业园区和开发区重组为 5 个世界级的制造业集群。长江经济带还制定了具体的“受欢迎或不受欢迎”产业名录，让污染严重的行业感受到更大的压力（CWR 2019a）——图 14.7（这些清单扩展了图 14.4 中的重点行业）。

未达到目标的省份可能会面临更严格的审查，这些省份的工业产业可能会被采取更严格的措施；虽然从长远来看，这对中国有利，但它可能会扰乱全球供应链，因为全球一半以上的中、重稀土和化纤产自长江经济带，全球约 2/3 的锑和钨产自长江经济带（CWR 2019a）。目前，距离长江 1km 以内的数百家化工厂已经或将搬迁或关闭——仅江苏省就有 195 家工厂和 37 个化工园区受到影响，湖北省还有 105 家工厂受到影响（Xinhua News 2019）。中国还制定了生态保护区和城市群等政策创新，并在 2019 年通过了《中华人民共和国长江保护法》，实施了更严格的监管（MOF and NDRF 2015；the State Council of the People's Repubic of China 2015b；CPCCC and the State Council of the People's Repubic of China 2017a，2017b；MOF 2018）。

河边8个严格限制的产业	8个要装备节水措施的高用水密集型行业	10个有专项治理行动的重点行业	6个面临更高赋税的用水密集型产业	5个世界级制造群
关于加强长江经济带产业绿色发展的指导意见	长江经济带生态环境保护规划（2017）	保护和整治长江行动计划（2018）		关于加强长江经济带产业绿色发展的指导意见
石油加工 化工原料 化工制造 医药制造业 化学纤维制造 有色金属 印染 造纸	电力 钢铁 造纸 石油化工 化学 印刷&印染 化学纺织制造 食品发酵	造纸业 炼焦 氮肥 有色金属 印染 农副食品加工 原料药制造 皮革制造农药 电镀	热电 钢铁 纺织 造纸 化学 食品发酵	电子信息 高端设备 汽车 家电 纺织和服装

图 14.7　有利或不利？在长江经济带中多个水资源经济活动的不同列表
基于"长江水风险、热点和增长——自美丽中国迈进，规避冲击"（CWR 2019a）
［注：本信息图摘自上述报告，经中国水风险组织许可，供本章使用；信息网©中国水风险组织 2021，版权所有］

长江实在是太大太重要了，因此它不能失败，所以除了上述措施，已经拨出数万亿元来清理长江。特别是在长江经济带：2016—2017 年，生态环境保护支出 2520 亿元；环境污染治理投资 3800 亿元（2016 年）；中央财政安排长江经济带生态补偿资金 50 亿元（2018 年）；150 亿元专项资金用于鼓励和促进长江经济带生态保护和恢复（2018—2020 年）（CWR 2019a）。再加上私人、省级和多边基金在长江经济带促进绿色发展，意味着该地区至少部署了 2.1 万亿元的绿色投资；从另一角度来看，这是欧盟总防御支出的 1.35 倍（CWR 2019a）。

专栏 1　绿色长江经济带试点政策和措施

这些都是中国水风险组织的报告《长江水的风险、热点和增长——自美丽中国，规避冲击》中总结的：

- 划定生态保护红线（Eco - Redline），保护流域。他们把工业发展限制在重要的指定生态区。长江经济带的生态红线面积比泰国的陆地面积还要大。国家公园也在建设中，以保护主要河流的源头地区。长江源区核心保护区的面积相当于捷克的国土面积。

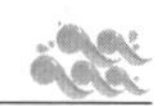

- 海绵城市是提高抗洪能力的试点。考虑到21世纪中叶长江流域将有更多的降雨，30个国家海绵城市试点中有12个在长江经济带。
- 河长是被派去管理辖区内河流湖泊的政府官员。这一概念最早是在长江三角洲发展起来的，那里的地表水质量不断恶化，使得2003年出现了第一任河长的任命。2016年，中央政府增加了河长的人数；目前，全国共有120多万名河长，他们主要在村级行政区帮助监测支流。
- 用水和废水排放许可证用于跨部门分配水和管理污染。中国一直在试点有关这些许可证的交易市场，允许企业出售未使用的许可证配额，从而激励节水和控制污染。在浙江，污水排放许可证交易市场价值高达25亿元（2009—2014年）。
- 生态补偿：管理上下游水污染挑战。各地都有省际生态补偿方案（1亿～2亿元）。2018年，中央财政安排50亿元用于长江经济带生态补偿，进一步从顶层支持长江经济带生态补偿。

- 首都两区计划保护张家口——北京的河流上游流域。北京面临着极高的水资源压力，而张家口作为北京的上游地区和水资源涵保区，也面临着严重的水资源问题，其一半以上的地区也面临着极高的水资源压力。此外，张家口还有水质、地下水超采、草地退化、贫困等突出问题（CWR 2019b）。因此，张家口还有很长的路要走，见图14.8。

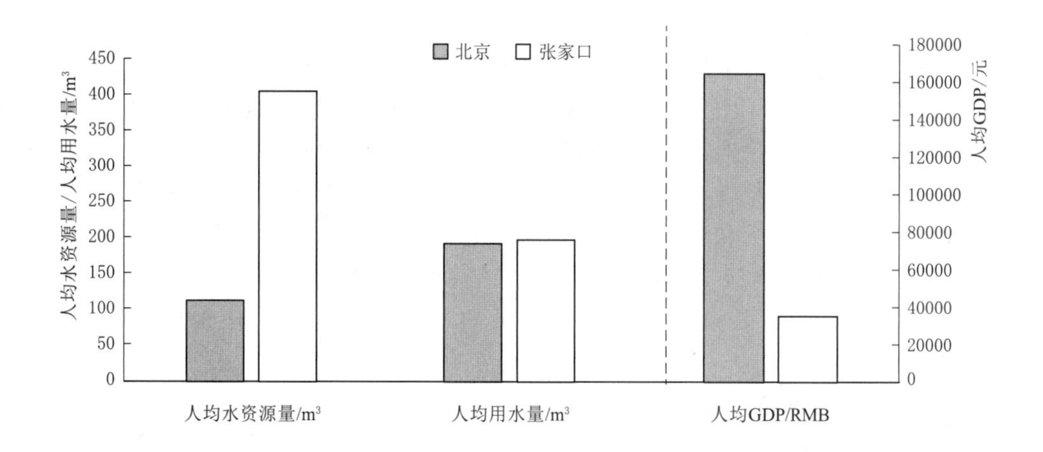

图14.8　上下游水量与GDP挑战：北京、张家口。中国水风险组织（CWR）
［资料来源：基于北京市水务局（2019），张家口市2019年经济社会发展统计公报，张家口市首都水源涵养功能区和生态环境支撑区（首都二区）建设规划］
［注：本图经中国水风险组织同意在本章转载；©中国水风险组织2021，版权所有］

北京和张家口在同一个生态边界内：都依赖海河流域——一个水资源高度紧缺和污染的流域（WRI 2013；MEE 2019）。虽然南水北调工程和再生水的使用缓解了北京对张家口供水的严重依赖，但张家口作为北京上游流域的重要角色，为了确保张家口（将举办 2022 年冬季奥运会）的发展不会损害首都的水资源，2019 年发布《张家口首都水源涵养功能区和生态环境支撑区建设规划（2019—2035 年）》（NDRC 2019a）。这个规划包含多方面的水资源经济措施：

• 农业用水：限制用水密集作物的种植。到 2022 年，退耕还草，农业用水量控制在 6 亿 m^3 以内。此外，到 2022 年，灌溉面积将减少 2.6 万 hm^2 以上，到 2029 年将进一步减少 5.2 万 hm^2 以上。

• 工业用水：限制用水量大的行业，加强污水处理和中水回用，到 2022 年工业用水量控制在 8000 万 m^3 以内。

• 生活用水：改造供水网络，将渗漏率控制在低于 10%，限制生活用水不超 1.6 亿 m^3（2022 年）和 2 亿 m^3（2035 年），包括地下水：到 2022 年，限制用水量为 5.8 亿 m^3；此后不进一步增加（NCRC 2019a）。

首都双区域规划建议，到 2020 年关闭 80% 的煤矿，其余的煤矿进行环保改造或升级。张家口的绿色工业也将发展起来——包括可再生能源（太阳能和风能）、云计算和大数据（NDRC 2019a）。这些行动重申了中国承诺从传统的水资源管理转向基于生态承载力和流域边界的水资源经济方法。

• 粤港澳大湾区——确保用水促进经济增长，处理三角洲地区的沿海威胁。中国的粤港澳大湾区（GBA）汇聚粤港澳 9 座城市，形成“综合经济商贸枢纽”（NDRC 2019b）。它是香港、深圳和广州等金融服务重地的所在；同时拥有佛山、东莞等强大的制造业基地，以及地区主要的娱乐中心澳门；粤港澳大湾区是中国“十三五”规划的关键增长地区，2018 年占中国 GDP 的 12%（NPC 2016；NBSC 2018）。

2018 年，粤港澳大湾区创造了 1.6 万亿美元的 GDP，拥有约 7000 万人口，如果实现增长目标，到 2030 年，该地区的 GDP 预计将达到 4.6 万亿美元左右，是 2018 年的 2.9 倍（CLSA 2019）。此外，到 2030 年，该地区预计将新增 1800 万人口；这相当于再增加两个纽约城市的人口，从而给本已紧张的水资源带来更大压力（CLSA 2019）。11 个大湾区城市中有 8 个和中东一样缺水——它们的人均水资源远低于世界银行的水贫困标准，但它们占大湾区 2018 年 GDP 的 92%；见图 14.9。广州、深圳、香港和澳门这四个大湾区核心城市是这一“干旱”成员的一部分，带动了该地区 68% 的 GDP（CLSA 2019）。

由于气候变化的风险只会增加“零水日”没有水场景的风险，规划和实施策略来应对和适应气候变化和饮用水缺乏对一个政府来说已经足够困难，更别说大湾区广东、香港和澳门特别行政区（SARs）三个地区。尽管该地区采取了各种策略，但不同的政府行动还不够连贯、全面或有效（CLSA 2019），差异可能是显著的。

• 减少用水：2011—2018 年，广东省成功节约用水 43 亿 m^3，相当于香港用水量的 4 倍。而在同一时期，香港的用水几乎增加了 10%；见图 14.10。需要注意的是，广东是中国唯一一个在 2015 年、2020 年和 2030 年面临用水持续下降的省份（The State Council of the People's Republic of China，2012）。

• 减小漏损率：考虑到缺水程度，应将渗漏控制在最低水平——广东省粤港澳大湾区

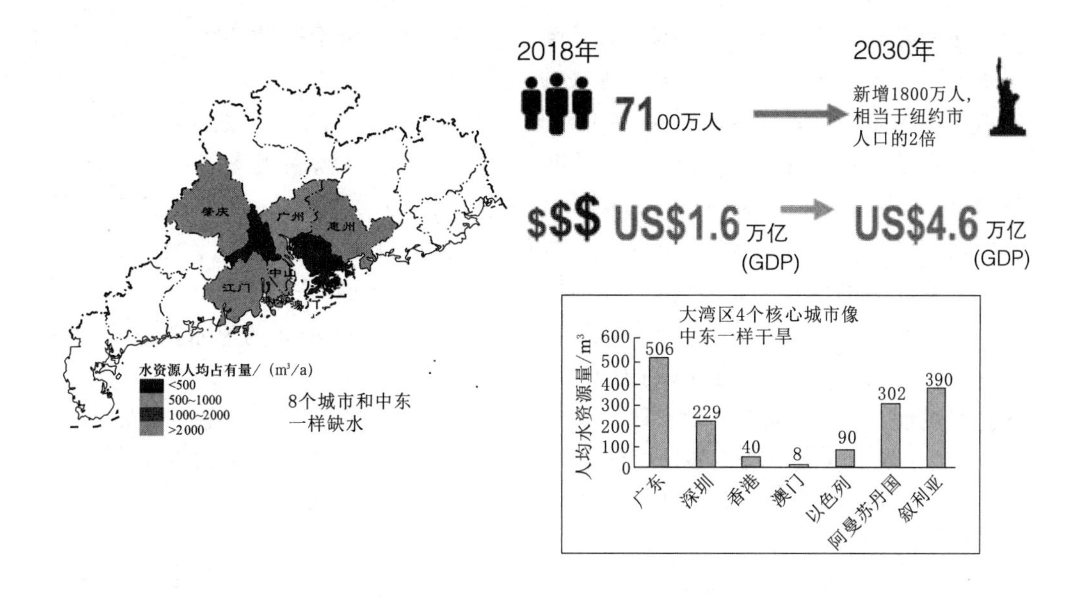

图 14.9 大湾区-未来缺水？（参见文后彩图）

[来源：中国水风险组织基于 NBSC（2018）、广东省水利厅（2018）、香港特区水务署（2017/2018）、澳门水务（2018）、联合国粮农组织 AQUASTAT（2017）、汇丰银行（2019）、新浪财经（2017）、香港贸易发展局（2018）]

[注：香港和澳门的水资源不包括从中国内地进口的水，因此可以与其他城市相比较。虽然珠海 2018 年的人均用水量高于水贫困标准，但多年平均为 985m³，因此将其纳入大湾区 8 个干旱城市。经中国水风险组织同意，本章转载本信息图；信息图©中国水风险组织 2021，版权所有]

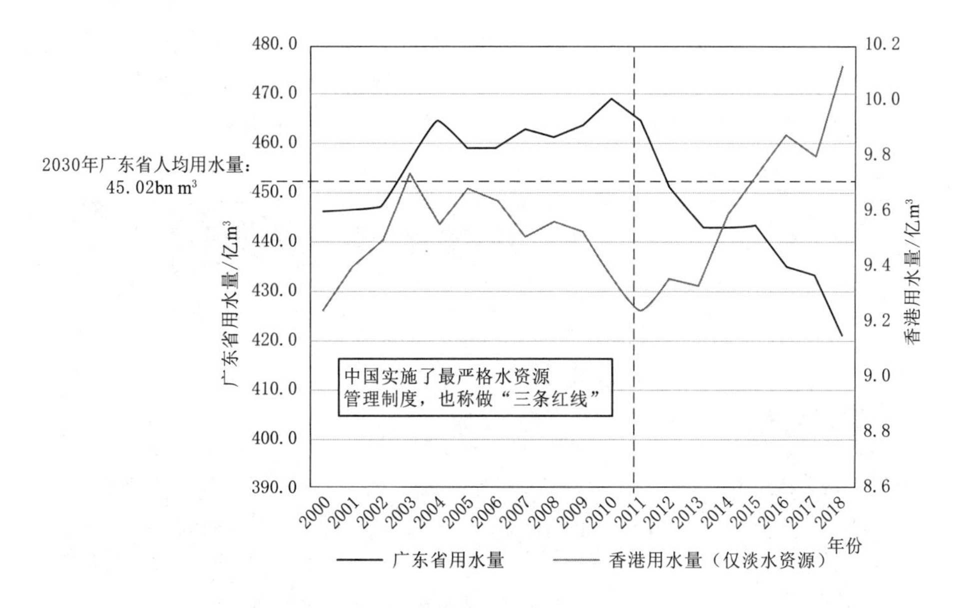

图 14.10 广东省用水量减少，而香港用水量持续增加。

[来源：CWR 参考香港特别行政区水务署（2000—2018）、广东省水利厅（2000—2018）]

[注：香港亦会使用海水作冲厕用途，但这并不包括在上述图表内。本图经中国水风险组织同意在本章转载；©中国水风险组织 2021，版权所有]

城市的渗漏率降至 11%，澳门为 9%，而香港却高达 25%；由于香港 70%～80%的用水来自缺水的东江，这样的渗漏率是极其浪费的（CLSA 2019）。

• 引水：大湾区主要依靠地表水（2018 年占 96%），主要由东江、西江和北江河网提供。在这三个地区中，东江是水压力最严重的地区，其水资源利用率已接近其开采极限（HKSAR Water Supplies Department n. d.）。因此，在 2019 年，广东省启动了 51.4 亿美元的西江引水工程，以缓解东江的水资源压力，该项目每年将为广州、深圳和东莞提供 17 亿 m^3 的水，并将作为香港的备用供水（Water Resources Department of Guangdong Province n. d.）。这个调水项目的成本是香港计划投资 11.6 亿美元的海水淡化厂的 4.5 倍，但它提供的水是 35 倍（CLSA 2019）。

• 应对洪水：粤港澳大湾区洪水易发，2008—2017 年，广东洪水造成的总损失 2000 亿元人民币，尽管死亡人数有所下降，但可能有超过 2000 万人受到影响（SFCDRH and MWR 2017，2018）。加强抗洪能力建设，投入 622 亿元用于防灾减灾（Water Resources Department of Guangdong Province 2017）。

除了淡水方面的挑战，大湾区还面临着海岸威胁，淡水进水管已经受到海水入侵的影响。例如，在中山、珠海和澳门，从 2016 年 10 月到 2017 年 2 月，活跃的盐水入侵导致地方政府从上游地区调水 1.33 亿 m^3，以确保供水安全（2017 年《中华人民共和国国务院报告》）。河流因过度取水和海水入侵而退缩，淡水的取水点可能不得不进一步向上游移动；由于城市结构紧凑，这种基础设施升级的成本可能非常高。

更糟糕的是，由于 GBA 易受台风影响，最早在 2030 年，台风风暴潮和海平面上升的风险上升可能会威胁到推动该地区的物流和贸易、房地产、金融和娱乐等关键行业。除非采取适应行动保护城市免受沿海威胁，否则来自超级台风 5.87m 的极端风暴潮将扰乱珠江三角洲地区 7 个机场中的 4 个；到 2030 年，将扰乱其 50 个港口中的 43 个和澳门一半的赌场（CLSA 2019；CWR 2020 b）；见图 14.11。

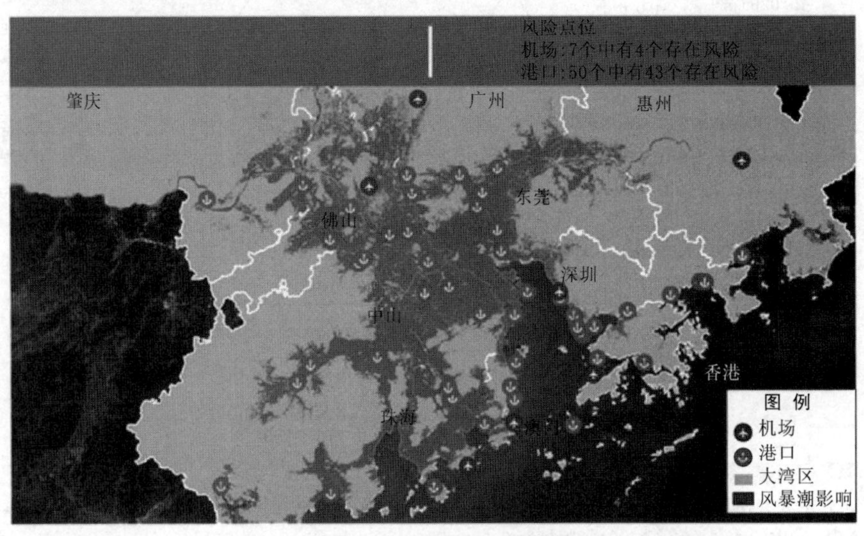

(a) 2030年，大湾区面临极端风暴潮汐破坏的机场和港口

图 14.11（一）　粤港澳大湾区极端风暴潮风险与适应努力（参见文后彩图）

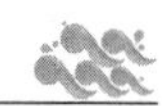

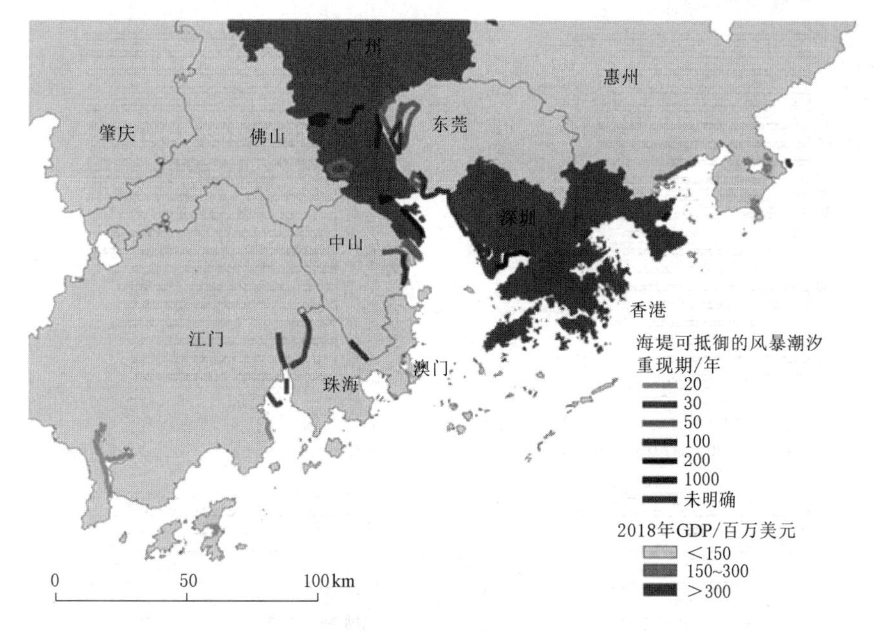

（b）为保护珠三角主要经济区域而兴建/正在兴建的海堤

图 14.11（二） 粤港澳大湾区极端风暴潮风险与适应努力（参见文后彩图）

[来源：（上部）中国水风险组织基于大约 30m 水平分辨率网格，网格来自美国宇航局的航天飞机雷达地形任务（SRTM），数字地形模型（5m）来自香港土地署、粤港澳大湾区政府港口当局网站，中国民用航空局网站，谷歌地图。（下部）中国水风险组织，基于香港贸易发展局网站的本地生产总值。根据广东省水电规划设计院网站上的《广东省海堤规划图》，对珠三角海堤进行了数字化处理。根据深圳海堤的大致位置，深圳市水务局报告《深圳市防汛河道整治规划 2014—2020》]

[注：地图上的海堤可能不能反映真实的长度，只是为了说明目的。这些信息图表摘自报告：《面临风险的主权国家：亚太资本威胁——城市资本和 GDP 面临沿海威胁，需要重新评级》（CWR 2020b），并获得中国水风险组织的许可，用于本章。信息图形©中国水风险组织 2021，版权所有]

深圳和广州正在实施适应性措施以保护它们的城市，而香港和澳门则更加自由放任，导致它们尽管处于同一流域，但在 CWR APACCT 20 指数中的排名却不同（CWR 2020a）。该指数的设计依据是金融部门对亚太地区 20 个主要首都城市和其他城市的沿海威胁的脆弱性基准，并考虑了物理威胁（海平面上升、风暴潮和下沉）以及政府为缓解这些威胁而做出的应对措施（CWR 2020a）。由图 14.12 所示的指数排名可以看出，在 1.5℃和 4℃气候情景下，深圳和广州的排名有明显提高，而香港和澳门的威胁水平仍然较高（CWR 2020a）。

值得注意的是，为适应气候变化做出的努力不仅限于深圳和广州，上海、苏州（长江三角洲）和天津（黄河三角洲）等其他中国大陆城市的排名也有了实质性的提高（CWR 2020a）。

水资源和气候变化在塑造美丽中国中扮演着重要角色，在国家、省和流域的经济规划中都得到了高层的明确支持。严谨的水资源经济规划和具有凝聚力的弹性战略可以帮助各国在需要水和水不足的未来中引路。虽然上述水资源经济政策是为中国量身定制的，但它们可以用于激励整个亚洲的行动；一些成功的政策和试点可以针对整个大陆的其他主要河流流域重新调整。鉴于亚洲面临紧迫的水资源和气候挑战，中国的水资源经济学经验可能会被证明是有用的。

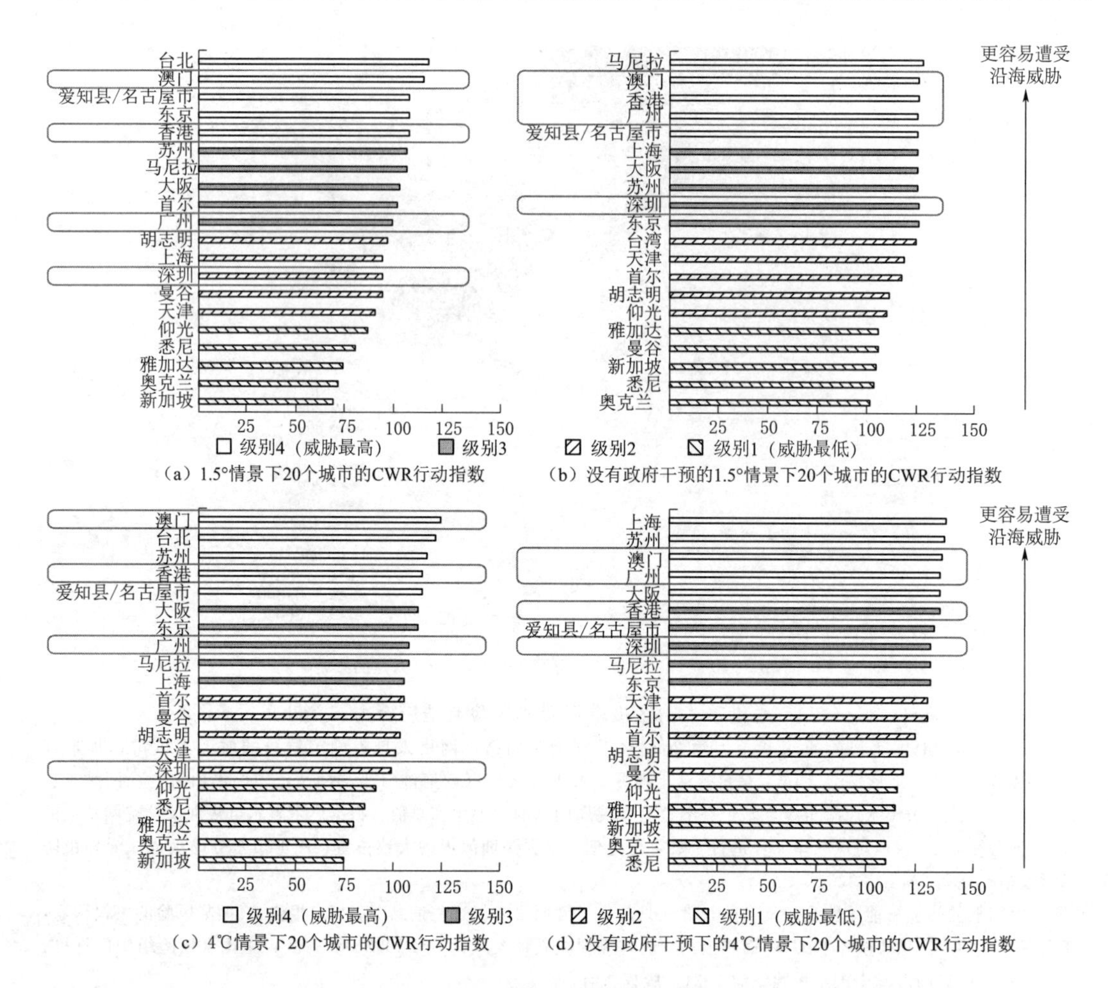

图 14.12　CWR APACCT 20 指数排名因采取适应性行动而变化

［基于“避开亚特兰蒂斯：CWR APACCT 20 指数——有金融部门投入的 20 个亚太城市的沿海威胁基准”（CWR 2020a）］

14.4　严重的威胁对国家和全球金融体系构成系统性风险

人口和经济在河流流域和三角洲的显著聚集表明，如果相关的水和气候风险管理不善，就会对水资源经济造成威胁。综上所述，上述对亚洲主要河流流域的三重威胁可能会使 280 多个城市陷入困境，使约 19 亿人口和每年 4.3 万亿美元的 GDP 面临风险（CWR 2018）。亚太地区 20 个主要沿海首都和其他城市，海平面上升将使海岸线被重新划定，使价值数万亿美元的资产“搁浅”。这些城市每年产生 5.7 万亿美元的 GDP（CWR 2020b）。从这个角度来看，这相当于法国和英国在 2018 年的 GDP 总额，即 5.6 万亿美元（World Bank 2018）。因此，水和气候风险合在一起，有能力在整个亚洲束缚价值数万亿美元的资产；见图 14.13。

让各国政府、央行和金融机构感到担忧的，不仅是水资源经济威胁的规模，而是他们不能为未来新的风险格局做好规划，风险的集中也可能成为金融崩溃的诱因：

• 国家 GDP 集中在脆弱的河流流域和沿海城市：在亚洲，水资源的威胁主要集中在

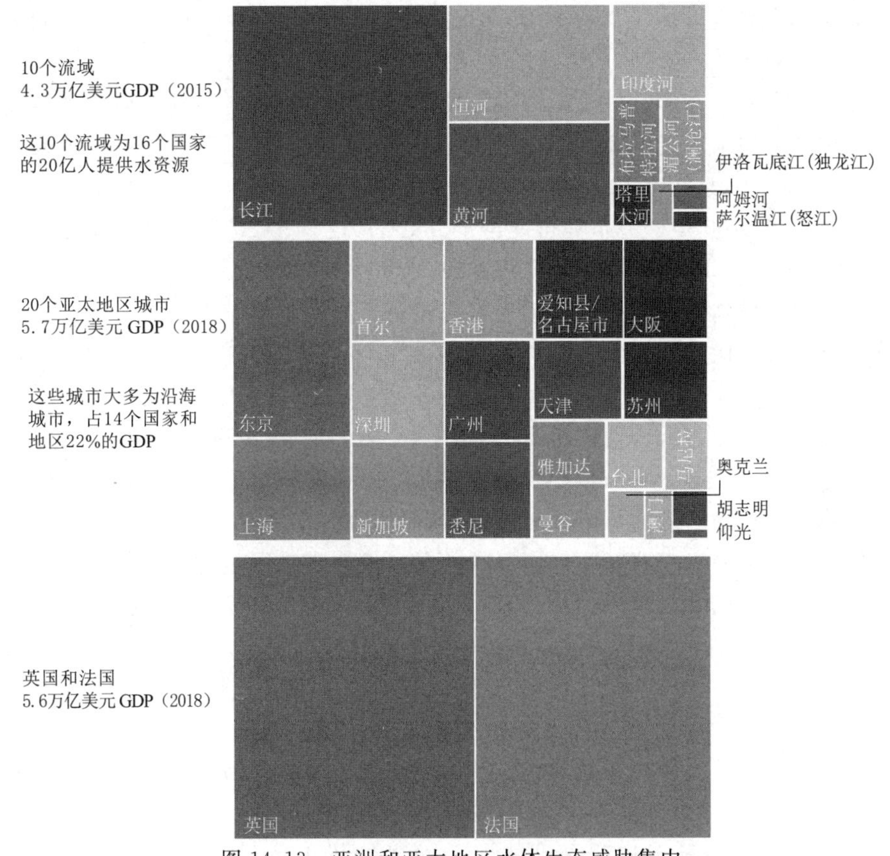

图 14.13 亚洲和亚太地区水体生态威胁集中

［来源：CWR 基于“没有水就没有经济增长——亚洲有足够的水来支撑经济发展吗？”（CWR 2018），“面临风险的主权国家：亚太地区资本威胁－城市资本和 GDP 的重新评级在很大程度上受到沿海威胁”（CWR 2020b），世界银行（2018）的 GDP 数据，个别来源于政府］

［注：经中国水风险组织同意在本章转载；信息图©中国水风险组织 2021，版权所有］

河流流域和沿海城市，这些地区在亚洲 GDP 中占有重要份额。因为主要河流流域产生了大量的 GDP，从而造成了对水和气候风险的高度金融风险，图 14.13 中的 20 个亚太地区城市也占了各自国家/地区 GDP 的相当大份额：香港和新加坡的情况为 100%；对日本来说，三个城市（东京、爱知县/名古屋市和大阪）占其 GDP 的 1/3；而悉尼和首尔的 GDP 约占两国首都 GDP 的 1/4；仰光、奥克兰和马尼拉占各自 GDP 的 38%（CWR 2020b）。

• 亚洲出口拉动型增长模式面临威胁，对全球贸易构成威胁：有限的水资源可能会导致各国重新考虑出口导向型增长，并利用虚拟水来管理贸易，从出口水密集型商品转向进口这些商品（HSBC 2015；FECO and CWR 2016；Yang et al. 2016；CWR 2018）。此外，港口和机场等关键的贸易基础设施也可能受到风暴潮和海平面上升威胁的影响，全球 80 个机场会因海平面上升 1m 而受到威胁（Maghsadi and Huang 2020）。不幸的是，关于我们目前的气候演变趋势，专家警告说，海平面上升可能达到数米；冰盖专家预测，到 2100 年，海平面上升的范围“很可能”是 2.38～3.29m（Bamber et al. 2019）。海平面上升 3m，不仅是大湾区会显现出脆弱性，而且服务亚太地区 20 个城市的 23 个港口中有 20 个、25 个机场中有 12 个将被永久淹没（CWR 2020b）。受影响的不仅仅是那些经济体，而且全球贸易也会受到影响：仅这 23 个港口和 25 个机场就占全球海运货运量的 26%和全球航空货运量的 23%（CWR 2020b）。

• 昂贵的城市房地产面临风险。如果不能使现有的水利基础设施适应未来气候变化的影响，将导致城市缺水和沿海洪水。马尼拉和金奈已经缺水了，预测显示，如果不采取措施，伦敦到 2030 年甚至就会耗尽水资源（CWR，Manulife Asset Management and AIGCC 2019）。到 2100 年，海平面可能会上升 3m，仅上述 20 个亚太地区城市，就有相当于 22 个新加坡的城市房地产地区将被淹没，2800 万居民将失去家园（CWR 2020b）。如果不采取适应性措施，城市房地产损失将对银行系统造成系统性冲击，因为当洪水风险从短期转向长期时，保险公司可能会停止为洪水风险提供保险，银行将通过抵押贷款账簿继承此类风险（CWR，Manulife Asset Management and AIGCC 2019；CWR 2020c）。在新西兰，保险公司已经表示，他们将在 2050 年停止为敏感地区的房屋提供保险，保费最早将在 2030 年飙升（Storey et al. 2020）。当澳大利亚和日本近 70%的人口集中在沿海地区时，经济冲击和金融崩溃的可能性很高（CWR 2020b）。

• 易受台风影响的亚太地区意味着极端的风暴潮会带来严重的洪水影响。亚太地区的受极端风暴潮影响的风险尤其大：从 1998 年到 2017 年，受“天气相关损失事件”影响最大的 10 个国家中有 5 个在亚洲（Germanwatch 2019）。如图 14.14 所示，到目前为止，中国的香港还算幸运。2018 年，T10 超强台风“山竹”袭击该地区，给维多利亚港带来 3.88m 的风暴潮。如果“山竹”在涨潮时袭击，并采取略微不同的路径，5.65m 的风暴潮将淹没香港中环金融区——风暴潮将越过国际金融公司和交易广场，一路到达汇丰和渣打银行总部（CLSA 2019）。显然，这将会造成极大的财产损失和破坏性。不幸的是，到 2050 年，在所有气候情景下这些极端的海平面事件每年都可能发生，尤其是在热带地

图 14.14　极端天气事件引起香港沿海洪水的例子

［来源：中国水风险组织基于香港地政总署数字地面模型（5m），谷歌地图。检潮仪地点，来自 HKO 网站］

［注：经中国水风险组织许可，本章转载此信息图。信息图©中国水风险组织 2021，版权所有］

区（IPCC 2019）。因此，防洪排水系统、海堤屏障、基于自然的解决方案以及暴露要素（例如地下轨道交通、电缆着陆地点、水/废水处理厂、垃圾填埋场、发电厂、食物/冷藏库）需要被检查，因为它们可能需要重新改造，以适应新的气候现实。尽管威胁迫在眉睫，香港尚未公布应对措施（CWR 2020b）。

14.5 各国央行和金融部门正在采取行动，但对水资源风险的零散评估表明风险被低估了

未来的气候和水风险对生命、经济和金融系统构成严重威胁。因此，全球金融体系也必须改进并适应新的风险格局。随着多部门和集群式越来越多地受到气候变化的影响，中央银行和绿色金融系统监管网络（NGFS）的全球金融监管机构表示，（来自极端天气事件）与气候相关的金融风险没有充分反映在资产估值中（NGFS 2019）。NGFS 特别指出，淡水供应减少可能会加剧极端天气事件，给金融机构带来连锁风险（NGFS 2019）。

如今，作为一个由 80 多个央行和监管机构组成的强大联盟，中央银行和绿色金融系统监管网络（NGFS）认识到，自然气候风险会对所有金融机构产生微观经济和宏观经济的影响，进而转化为信贷、市场、承销、运营和流动性风险。在物理水风险方面，NGFS 将其分为两大类：①短期风险——这些是事件驱动的风险，包括洪水、干旱、热带气旋/台风、冬季风暴和冰雹；②长期风险——这些是潜在风险，包括生态系统污染、海平面上升、水资源短缺和荒漠化（NGFS 2020）。此外，还认识到水转移风险，这些是管理水的监管风险，包括资源保护、污染控制法规政策（NGFS 2020）。

但到目前为止，金融部门已优先评估碳转移风险情景，虽然一些已考虑到短期（事件驱动）水风险，大多数尚未探索其面临的长期水风险（NGFS 2020）。此外，对各种类型的水和与水有关的气候风险的估值方法缺乏共识。尽管如此，在 CWR、瑞银（UBS）、中国绿色金融委员会（China's Green Finance Committee）、德兰银行（DeNederlandsche Bank）、贝莱德（BlackRock）、里昂证券（CLSA）、SRP • Trucost 、穆迪（Moody's）、惠誉（Fitch）和麦肯锡（McKinsey）等机构的牵头下，各方都在努力建立对不同类型实体水风险的估值共识（CWR 2016；UBS 2016a，2016b；China's Green Finance Committee 2018；Four Twenty Seven and Geophy 2018；BlackRock 2019；CLSA 2019；CWR，Manulife Asset Management and AIGCC 2019；DNB 2019；Trucost 2019；BlackRock 2020；CWR 2020a，2020b，2020c；Fitch Rating 2020；McKinsey Global Institute 2020；Moody's 2020）。

尽管关于水风险的对话取得了进展，但在其整体评估中仍存在挑战。由于短期和长期的风险相互关联并相互影响，单独评估其中一种风险可能会导致对水资源风险的低估。此外，忽视水资源短缺和海平面上升的长期风险导致了一个负面的金融反馈循环，资本继续流向已经缺水的流域/脆弱的沿海地区，因此增加了本已集中的财政风险，并在水资源紧张的情况下增加了更多的压力，加速了它们的崩溃；与此同时，对碳密集型行业的投资也在继续，这只会放大和加速对脆弱地区的影响（CWR 2020c）。

金融业分散风险的传统方式，如部门风险分散，将不起作用，因为水和气候风险与部门无关。无论是短期的还是长期的水风险，适当的整体定价将打破这种负面的财务反馈循环。对于水资源经济政策带来的监管风险，中国的银行如中国工商银行已经开始评估污染

法规对贷款组合的影响（CWR 2020c）。

随着金融业意识到这些重大后期风险，估值调整是不可避免的。这不是关于自然资本核算而是关于真实风险调整——与永久持有资产相比，租赁资产的估值更低，海平面上升和/或“零水日”将对估值产生明显的向下影响，因为该地区的永久搁浅将缩短该地区所有资产的寿命。迫近的水和气候威胁对受影响资产的持续经营状况提出了质疑，并导致对贴现率、终端价值、资本充足率和资本成本进行重新评估，这些都将影响主权和信用评级以及股权/项目估值（CWR 2020c）。

这种向下的调整意义重大，金融业可能不愿将目前缺失的大部分长期水资源风险考虑在内。不幸的是，我们等待的时间越长，情况就会变得越糟，因为气候风险只会不断上升；当极端天气事件每年发生时，短期风险将变成长期风险，进一步扩大现有的长期风险估值差距，使金融负反馈一直循环下去（CWR 2020c）。虽然金融部门已开始评估与水有关的短期、长期和转型风险，但要提高金融部门对水和气候冲击的抵抗力，还有很长的路要走。如果该行业和（或）监管机构无法控制这些风险，不仅住房会失去，而且储蓄也会面临风险，因为养老基金存在地域偏向；此外，整个亚洲的指数权重都有利于金融、贸易/制造业和房地产类股票（CWR，Manulife Asset Management and AIGCC 2019）。

展望未来，流域风险和沿海威胁应从流域源头到尽头进行整体评估；只评估一个方面而不评估另一个方面会提供不完整的情况，系统性冲击可能性的增加需要更全面的适应性解决方案。图 14.15 试图描绘复杂的物理和监管水风险网络以及它们之间的相互联系；理

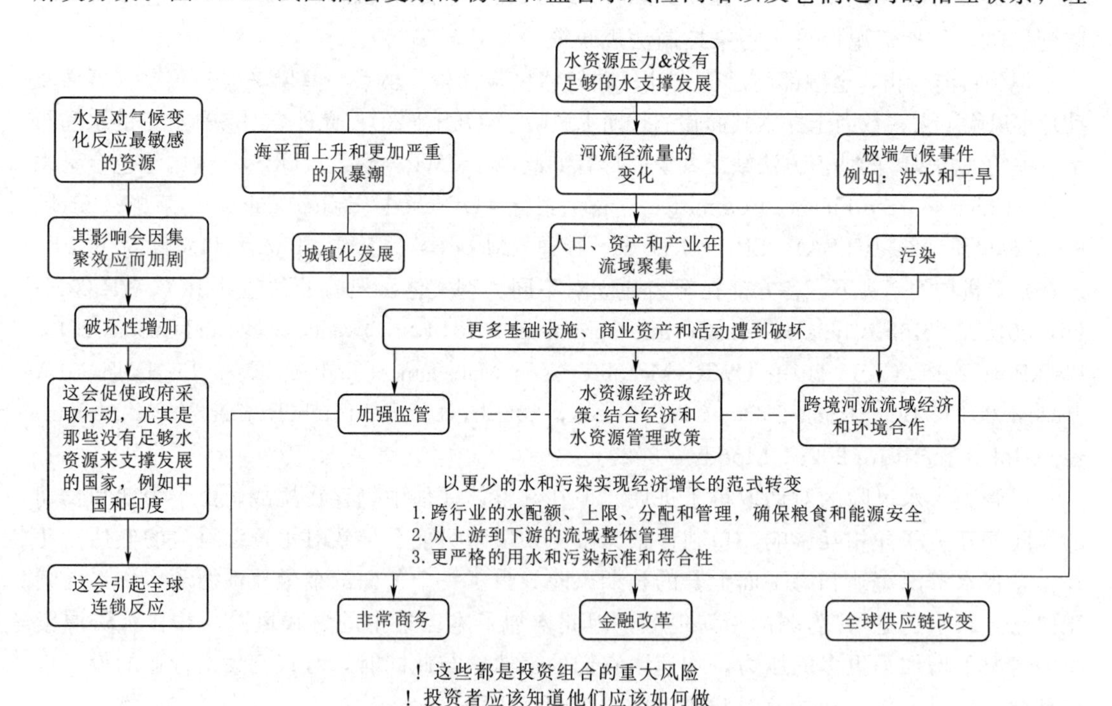

图 14.15　水、气候和聚类风险对投资组合的影响

［来源 CWR（2021）］

［注：经中国水风险组织同意在本章转载；信息图©中国水风险组织 2021，版权所有］

解这些相互关联的风险有助于对它们进行正确的估值。

根据气候相关财务信息披露特别工作组（TCFD）的建议，在披露与气候相关的财务风险时，应将综合的物理和过渡性水风险情景与碳过渡情景一起优先考虑，因为只有这样才能确保金融部分对水和气候冲击的抵抗力。

14.6 水资源经济学可以为经济发展和避免系统性冲击提供一条前进的道路

水在经济中发挥着关键作用，鉴于它是最易受气候变化影响的资源之一，它也应该在气候对话中发挥核心作用。评估水资源威胁以及制定水资源经济路线图有助于避免未来因水和气候风险引发的经济和金融崩溃。

淡水和咸水的严重威胁给亚洲提供了一个很好的机会，有助于亚洲走上绿色发展的道路，以确保水和经济安全加速脱碳过程，水资源经济学（用更少的水和更少的污染来实现更多的 GDP）和适应已经产生的影响就是此类道路的例子。

考虑到适应气候变化方面的投资滞后，迫切需要对风险进行适当定价（UNEP 2020）。评估水资源经济威胁可以帮助建立适应性商业案例：考虑到目前的利害关系，以前评估与水相关的适应投资被认为是没意义的，现在可能是获利的。简而言之，如果不考虑水对经济和金融安全的影响，我们就无法解决水安全问题。

从水资源经济学的角度重新思考发展，还可以帮助政府管理经济发展，同时确保水和经济安全。在此，中国的水资源经济发展路线图和多项试点可以为发展中国家提供思路和途径。虽然这种水资源经济监管短期内带来干扰和金融风险，但从长期来看，它们将缓解聚集性的金融风险。流域和水源的跨界性质也要求深化区域合作，以解决日益增多的挑战，保护我们赖以生存的不可或缺的水资源。

在整个亚洲，水和气候风险带来的集中且重大的金融风险将持续存在并不断上升。水资源经济学有助于确保增长所需的水，并有助于建立物质和金融抵抗能力，以避免气候变化带来的系统性冲击。考虑到目前的气候路径和亚洲的脆弱性，我们不能再浪费时间了；我们必须重新思考水资源，启动与亚洲水资源获取相关的水资源经济学议题。我们必须现在就行动起来。为了保护我们宝贵的水资源，确保亚洲的长期繁荣，不仅是政府，而且私营部门，水资源经济行动需要在多个部门（尤其是金融部门）采取同步、一致和紧急的行动。我们不能失败，因为我们别无选择。

参考文献

ADB（Asian Development Bank）(2016) Asian Water development outlook 2016：strengthening water security in Asia and the Pacific. Asian Development Bank，Philippines.

Bajracharya SR，Maharjan SB，Shrestha F，Guo W，Liu S，Immerzeel W，Shrestha B (2015) The glaciers of the Hindu Kush Himalayas：current status and observed changes from the 1980s to 2010. Int J Water Resour Dev 31（2）：161－173.

Bamber JL，Oppenheimer M，Kopp RE，Aspinall WP，Cooke RM (2019) Ice sheet contributions to future sea－level rise from structured expert judgment. Proc Natl Acad Sci 116（23）：11195－11200.

BBC (2020) Floods in China: at least 141 people are dead or missing, and the water level of Poyang Lake reaches the highest level in history.

Beijing Water Authority (2019) Beijing water resource bulletin 2019.

BlackRock (2019) Getting physical: scenario analysis for assessing climate - related risks.

BlackRock (2020) Troubled waters: water stress risks to portfolios.

Chen J (2013) Water cycle mechanism in the source region of Yangtze River. J Yangtze River Sci Res Inst 30: 1 - 5. (in Chinese)

China Environment News (2018) Ecological civilization written into the constitution. (in Chinese)

China Government News (2019) Press conference records with Minister of Ecology and Environment Li Ganjie during the 'Two Sessions'.

China's Green Finance Committee (2018) Green finance series—Environmental risk analysis by Financial Institutions. Water Report

Climate Action Tracker (2020) Press release "China going carbon neutral before 2060 would lower warming projections by around 0. 2 to 0. 3 degrees C".

Climate Action Tracker (2021) Global update: Paris Agreement turning point.

CLSA (CLSA Ltd) (2019) Thirsty and underwater: rising risks in the Greater Bay Area. Guest - authored by CWR.

CPCCC (Central Committee of the Chinese Communist Party) and The State Council of the People's Republic of China (2017a) Guiding opinions on setting and protecting strict ecological red lines, 7 February 2017.

CPCCC (Central Committee of the Chinese Communist Party) and The State Council of the People's Republic of China (2017b) Opinion on full implementation of the River Chief System, 11 December 2016.

CWR (China Water Risk) (2016) Toward water risk valuation—Investor feedback on various methodologies applied to 10 Energy ListCo's.

CWR (China Water Risk) (2018) No water, no growth—Does Asia have enough water to develop? (in collaboration with Center for Water Resources Research, Institute of Geographic Sciences and Natural Resources Research, Chinese Academy of Sciences).

CWR (China Water Risk) (2019a) Yangtze water risks, hotspots and growth—Avoiding regulatory shocks from the march to a Beautiful China.

CWR (China Water Risk) (2019b) Capital two zones: Protecting Beijing's upper watershed.

CWR (China Water Risk), Manulife Asset Management and AIGCC (Asia Investor Group on Climate Change) (2019) Are Asia's pension funds ready for climate change? Brief on imminent threats to asset owners' portfolios from climate and water risks.

CWR (China Water Risk) (2020a) Avoiding Atlantis: CWR APACCT 20 Index—Benchmarking coastal threats for 20 APAC cities with finance sector input.

CWR (China Water Risk) (2020b) Sovereigns at risk: APAC capital threats—Re - ratings warranted as city capitals and GDP are materially exposed to coastal threats.

CWR (China Water Risk) (2020c) Changing risk landscapes: coastal threats to central banks—everything you need to know about sea level rise, storm surge and financial regulations to recalibrate risks.

CWR (China Water Risk) (2021) Big picture: water risk valuation.

DNB (De Nederlandsche Bank) (2019) Values at risk? Sustainability risks and goals in the Dutch financial sector.

Döll P, Jiménez - Cisneros B, Oki T, Arnell NW, Benito G, Cogley JG, Jiang T, Kundzewicz ZW, Mwakalila S, Nishijima A (2015) Integrating risks of climate change into water management. Hydrol

Sci J 60 (1): 4-13.

FAO AQUASTAT (2010) 2010 statistics from the FAO AQUASTAT database.

FAO AQUASTAT (2017) 2017 statistics the FAO AQUASTAT database.

FECO (Foreign Economic Cooperation Office) of the Ministry of Environmental Protection of the People's Republic of China (MEP), CWR (China Water Risk) (2016) Water-nomics of the Yangtze river economic belt: strategies and recommendations for green development along the river. Ministry of Environmental Protection of the People's Republic of China.

Fitch Rating (2020) Water risks and sovereign ratings.

Four Twenty Seven and GeoPhy (2018) Climate risk, real estate, and the bottom line.

Gao X, Ye B, Zhang S, Qiao C, Zhang X (2010) Glacier runoff variation and its influence on river runoff during 1961-2006 in the Tarim River Basin, China. Sci China Earth Sci 53 (6): 880-891

Germanwatch (2019) Global climate risk index 2019.

HKSAR Water Supplies Department (2000/2018) Various annual reports from 2000 to 2018.

HKSAR Water Supplies Department (2017/2018) Annual report 2017/18.

HKSAR Water Supplies Department (n. d.) Dongjiang water. The government of the Hong Kong special administrative region.

HKTDC (Hong Kong Trade Development Council) (2018) Statistics of the Guangdong-Hong Kong-Macao Greater Bay Area.

HSBC (The Hong Kong and Shanghai Banking Corporation Ltd) (2015) No water more trade-offs—Managing China's growth with limited water (Research and analysis by CWR).

HSBC (The Hong Kong and Shanghai Banking Corporation Ltd) (2019) Business talks: Greater Bay Area Bridging the future.

ICBC (Industrial and Commercial Bank of China Limited) (2016) The impact of environmental factors on the credit risk of commercial banks—research and application of ICBC based onstress test.

ICIMOD (International Centre for Integrated Mountain Development) (2014) Research insights on climate and water in the Hindu Kush Himalayas. International Centre for Integrated Mountain Development, Nepal.

IPCC (Intergovernmental Panel on Climate Change) (2018) 2018 IPCC special report on global warming of 1.5℃.

IPCC (Intergovernmental Panel on Climate Change) (2019) Special report on the ocean andcryosphere in a changing climate.

Le Quéré C, Jackson RB, Jones MW, Smith AJ, Abernethy S, Andrew RM, De-Gol AJ, Willis DR, Shan Y, Canadell JG, Friedlingstein P (2020) Temporary reduction in daily global CO_2 emissions during the COVID-19 forced confinement. Nat Clim Chang 10 (7): 647-653.

Lutz AF, Immerzee, WW (2013) Water availability analysis for the upper Indus, Ganges, Brahmaputra, Salween and Mekong river basins. Final Report to ICIMOD. Future Report 127.

Lutz AF, Immerzeel WW, Shrestha AB, Bierkens MFP (2014) Consistent increase in High Asia's runoff due to increasing glacier melt and precipitation. Nat Clim Chang 4: 587-592.

Maghsadi N, Huang T (2020) Runways underwater: maps show where rising seas threaten 80 airports around the world. World Resources Institute.

McKinsey Global Institute (2020) Climate risk and response in Asia.

MEE (Ministry of Ecology and Environment) (2019) 2019 State of ecology and environment report, People's Republic of China.

MEE (Ministry of Ecology and Environment), NDRC (National Development and Reform Commission) and MWR (Ministry of Water Resources) (2017) Yangtze river economic belt ecological environment protection plan, 17 July, People's Republic of China. (In Chinese)

MEP (Ministry of Environmental Protection), MWR (Ministry of Water Resources), and NDRC (National Development and Reform Commission) (2017) Ecological and environmental protection plan of Yangtze river economic belt, People's Republic of China. (In Chinese)

MIIT (Ministry of Industry and Information Technology), NDRC (National Development and Reform Commission), MOST (Ministry of Science and Technology), MOF (Ministry of Finance) and MEE (Ministry of Ecology and Environment) (2017) Guiding opinions on strengthening the green development of industry in the Yangtze river economic belt, 27 July, People's Republic of China. (In Chinese)

MOF (Ministry of Finance) (2018) Guiding opinion on constructing long term ecological compensation and protection mechanism for Yangtze river economic belt, 24 February, People's Republic of China. (In Chinese)

MOF (Ministry of Finance), NDRC (National Development and Reform Commission) (2015) Interim management measures on pollution discharge permit leasing revenue, 31 July, People's Republic of China. (In Chinese)

Macao Water (2018) Macao water annual report 2017.

Moody's (2020) Sovereigns—global: sea level rise poses long - term credit threat to a number of sovereigns.

Mukherji A, Molden D, Nepal S, Rasul G, Wagnon P (2015) Himalayan waters at the crossroads: issues and challenges. Int J Water Resour Dev 31: 151 - 160.

MWR (Ministry of Water Resources) (2021) Press release "The investment in water conservancy construction reached a record high of 770 billion yuan in last year", 12 January, People's Republic of China. (In Chinese)

National Tibetan Plateau Third Pole Environment Data Centre (n. d.) The second glacier inventory dataset of China (version 1. 0) (2006 - 2011).

NBSC (National Bureau of Statistics of China) (2018) China statistical year book 2018.

NDRC (National Development and Reform Commission) (2016a) China's policies and actions for addressing climate change, People's Republic of China.

NDRC (National Development and Reform Commission) (2016b) 13th five year plan for the development of renewable energy, People's Republic of China.

NDRC (National Development and Reform Commission) (2019a) Construction plan for the capital water source conservation functional zone and ecological environmental supporting zone (the capital two zones) in Zhangjiakou. People's Republic of China.

NDRC (National Development and Reform Commission) (2019b) Outline development plan for the Guangdong - Hong Kong - Macao Greater Bay Area, People's Republic of China. (In Chinese)

NGFS (Network of Central Banks and Supervisors for Greening the Financial System) (2019) Acall for action—climate change as a source of financial risk.

NGFS (Network of Central Banks and Supervisors for Greening the Financial System) (2020) Overview of environmental risk analysis by financial institutions.

NPC (National People of Congress) (2016) Outline of the 13th five - year plan for the national economic and social development of the People's Republic of China. (In Chinese)

Oki T (2016) Water resources management and adaptation to climate change. In: Biswas AK, Tortajada C (eds) Water security, climate change and sustainable development. Springer, Singapore, pp 27 - 40.

Qin Y, Curmi E, Kopec GM, Allwood JM, Richards KS (2015) China's energy - water nexus - assessment of the energy sector's compliance with the "3 Red Lines" industrial water policy. Energy Policy 82:131 - 143.

SFCDRH (State Flood Control and Drought Relief Headquarters) and MWR (Ministry of Water Resources) (2017) Bulletin of flood and drought disasters in China, People's Republic of China. (In Chinese)

SFCDRH (State Flood Control and Drought Relief Headquarters) and MWR (Ministry of Water Resources) (2018) Bulletin of flood and drought disasters in China, People's Republic of China. (In Chinese)

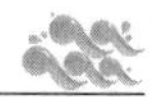

Sina Finance (2017) Sina Finance article's "Around 2030, the Guangdong - Hong Kong - Macao Greater Bay Area will become the Bay Area with the largest population and the largest economy". (In Chinese)

Storey B, Owen S, Noy I, Zammit C (2020) Insurance retreat: sea level rise and the withdrawal of residential insurance in Aotearoa New Zealand. Report for the deep south national sciencechallenge.

The 2030 Water Resources Group (2009) Charting our water future—economic frameworks toinform decision - making.

The State Council of the People's Republic of China (2012) Opinions on the implementation of the most stringent water resources management system, 12 January. (In Chinese)

The State Council of the People's Republic of China (2015a) Water pollution prevention andcontrol action plan, 2 April. (In Chinese)

The State Council of the People's Republic of China (2015b) Guiding opinions on promoting sponge city construction, 16 October. (In Chinese)

The State Council of the People's Republic of China (2017) Water dispatching during the dry season of the Pearl River was successfully completed, and the safety of water supply in Zhuhai, Macau was strongly guaranteed, 3 March. (In Chinese)

The State Council of the People's Republic of China (2018) State council institutional reform program. (In Chinese)

Trucost (2019) Climate change physical risk analytics.

UBS (2016a) Are investors pricing in water risk? A geospatial perspective.

UBS (2016b) Is China consuming too much water to make?

UNEP (United Nations Environment Programme) (2020) UNEP adaptation gap report 2020.

Wang GX, Li YS, Wang YB, Shen YP (2007) Impacts of alpine ecosystem and climate changes on surface runoff in the headwaters of the Yangtze River. J Glaciol Geocryol 29 (2): 159 - 168.

Water Resources Department of Guangdong Province (2000 - 2018) Various Guangdong water resources bulletins from 2000 to 2018. http: //slt. gd. gov. cn/szygb/. Accessed 24 Mar 2021.

Water Resources Department of Guangdong Province (2017) Guangdong 13FYP for water conservancy development.

Water Resources Department of Guangdong Province (2018) Guangdong water resources bulletin 2018.

Water Resources Department of Guangdong Province (n. d). (In Chinese)

Wester P, Mishra A, Mukherji A, Shrestha AB (2019) The Hindu Kush Himalaya assessment: mountains, climate change, sustainability and people. Springer, Cham.

WMO (World Meteorological Organization) (2020a) Press release "WMO confirms 2019 assecond hottest year on record", 15 January.

WMO (World Meteorological Organization) (2020b) New climate predictions assess globaltemperatures in coming five years, 8 July.

World Bank (2015a) World development indicators.

World Bank (2015b) India development update, April 2015: towards a higher growth path.

World Bank (2018) GDP (current US$) —Germany, Canada, United Kingdom, France.

WRI (World Resources Institute) (2013) Aqueduct country and river basin rankings.

Xinhua News (2018) Xi calls for high - quality growth through developing Yangtze River economic belt, 27 April.

Xinhua News (2019) Yangtze 'Chemical Belt' pollution control should avoid a sweeping approach, 12 February.

Yang Q, Hu F, Chen YH, Zhang X (2016) Green development strategy and advice for Yangtze River Economic Belt based on Water - nomics theory. Environ Prot 44 (15): 36 - 40. (In Chinese)

Yang Q, Hu F, Zhao Z, Chen YH, Zhang X, Wang H (2019) Evaluation of water resource andwater environment in the Yangtze River economic belt and relevant policy strategy. J Beijing Norm Univ 55 (6): 731 - 740. (In Chinese)

Zhang L, Su F, Yang D, Hao Z, Tong K (2013) Discharge regime and simulation for the upstream of major rivers over Tibetan Plateau. JGR Atmos 118 (15): 8500 - 8518.

第15章　埃及水资源安全风险管理：气候变化和埃塞俄比亚复兴大坝（GERD）面临的挑战问题

Mohamed Abdel Aty

摘　要： 在世界范围内，水资源的可利用性是21世纪最重要的经济和社会问题之一。埃及被认为是世界上最干旱的国家之一。尼罗河是埃及人的主要生活来源，因为它占埃及可再生水资源的97%以上。由于尼罗河水量固定，且降雨、地下水和海水淡化能力不足，埃及在水资源方面面临巨大挑战。气候变化给埃及的水资源可用性和可及性带来了额外的挑战。尤其是尼罗河流域上游的开发（埃塞俄比亚复兴大坝，GERD）将导致更多的水资源短缺，这将威胁到该国的水安全。

埃及的水资源系统，包括常规和非常规水资源，是复杂和多方面的。主要挑战是缩小现有水资源与日益增长的淡水需求之间的差距，尤其是考虑到当前和未来的挑战，包括单边上游开发、人口增长、气候变化及其在边界内外的影响（尼罗河洪水体制的变化、降雨模式、海平面上升和沿海地下蓄水层的海水入侵）。

目前的区域前景使埃及的水安全面临重大挑战，因为尼罗河流域国家有各自的开发水资源计划。实施这些开发项目（水电站大坝和农业灌溉）所需的水量超过了尼罗河的可用水量。这就需要一个全流域的水资源协议来协调尼罗河上的这些活动。

关键词： 埃及；气候变化；尼罗河；水安全；埃塞俄比亚复兴大坝

15.1　引言

埃及的水资源形势十分严峻，已达到可用水量限制其国民经济发展的地步。很明显，2025年的人口预测表明，人均用水份额可能会下降到500m^{3}以下，并有地表水和地下水质量迅速恶化的迹象。

作为尼罗河流域最下游的国家，但几乎完全依赖起源于其边界之外的尼罗河，埃及是世界上最干旱的国家之一。可再生水资源依赖率为97%（FAO 2016）。

需要和可用水资源之间的差距约为每年210亿m^3（BCM）。这一差距通过排水和处理过的废水回用来填补，帮助埃及的尼罗河系统达到超过88%的整体效率。此外，埃及每年进口约340亿m^3（BCM）的虚拟水，以平衡其粮食缺口。埃及制定了一项到2050年

M. A. Aty (✉)
Government of Egypt, Cairo, Egypt
e-mail: abdelaty@mwri.gov.eg

的水资源开发和管理长期战略。它依靠四个主要支柱，即：水质保护、提高用水效率、开发水资源和创造有利环境。此外，埃及还制定了 2017—2037 年国家水资源计划。这个计划包括多项大型的有利的措施，如实施各种有效的灌溉用水改进方案和多种水循环机制、提高农业生产力的技术，这有助于埃及的粮食安全。

鉴于尼罗河流域国家之间需要对话与合作，应该指出跨界维度在应对气候变化适应方面的重要性（Block and Strzepek 2010）。合作有助于协调所有沿岸国家的水资源利用和发展重点，包括它们适应尼罗河流量因气候变化而减少或其他变化的能力（Jeuland and Whittington 2014）。

因此，埃及一直呼吁其上游水管机构在事先通知和计划措施方面遵循国际水法原则，就任何上游水项目进行通知和协商，以尽量减少其对埃及的不利影响并设计协调，确保这些项目以考虑到下游国家利益的方式进行运作。这些协调机制的主要目的之一是协助各沿岸国以可持续的方式管理其水资源，并使它们能够适应未来可能发生的干旱。

15.2　尼罗河流域水文情况

如图 15.1 所示，尼罗河是一条北流的国际水道，由 11 个沿岸国家共享。尼罗河的水流来自三个主要流域：①赤道湖高原盆地；②埃塞俄比亚高地高原；③加扎勒河盆地。到达阿斯旺的年自然流量的近 85%来自埃塞俄比亚高地，尼罗河的三个主要支流索巴特河、青尼罗河和阿特巴拉河都来自埃塞俄比亚高地。在埃塞俄比亚复兴大坝（GERD）站点测量的青尼罗河年均自然流量约为 490 亿 m^3（BCM）。其余 15%的尼罗河流量，来自穿越白尼罗河的赤道湖泊。加扎勒河流域的贡献几乎可以忽略不计。从喀土穆以北的阿特巴拉河汇流到地中海（Mediterranean Sea），尼罗河没有有效入流。尽管尼罗河是世界上最长的河流，总长度为 6853km，流域的年降雨量为 16000 亿～20000 亿 m^3，但尼罗河的流量仅占总降雨量的 4%～5%，在阿斯旺测量的平均流量仅为 840 亿 m^3（Hurst et al. 1965; Sutcliffe and Parks 1999）。另外，埃塞俄比亚是一个水资源丰富的国家。就地表水而言，埃塞俄比亚有 12 个河流流域，几乎全部起源于埃塞俄比亚中部的高原。埃塞俄比亚还有 11 个淡水湖、9 个盐湖、4 个火山口湖以及超过 12 个主要湿地。此外，埃塞俄比亚估计每年平均有 9360 亿 m^3 的雨水。水文研究表明，埃塞俄比亚有潜力通过收集现有雨水大幅度增加其水资源，但是“由于许多因素，包括财政资源有限、技术挑战和水部门缺乏好的管理，这种潜力没有得到充分利用并转化为发展”。

这些水文现实是埃及在有关使用和管理尼罗河的问题上的立场和政策的主要决定因素。作为原则问题，埃及从未反对利用尼罗河资源建设水利工程或开发项目，这些工程或开发项目可能有助于上游各州的经济增长。相反，埃及支持在尼罗河流域的不同国家建造水坝，用于水力发电或雨水收集。例如，埃及支持南苏丹、乌干达和坦桑尼亚建造新的水坝。从 1949 年开始，埃及支持其姐妹国家乌干达建设欧文瀑布水坝。大坝有助于为乌干达南部地区的发展提供水力发电，并调节流向下游的水流。最近，埃及公司阿拉伯承包商宣布，将开始在坦桑尼亚建造 2100MW 的斯蒂格勒峡谷水电站。这个项目得到了埃及政府的认可和支持。然而，考虑到埃及的依赖性和脆弱性，埃及对可能会对尼罗河系统造成

实际破坏或会改变其支流的水量或水质的项目特别敏感。

尼罗河水文的特点是年际变化大、地理和气候差异显著，自然特征和水利基础设施改变了流量（Abu - Zeid and Biswas 1991）。由于人们无法准确预测尼罗河的未来流量，因此在水库模拟模型中已经普遍使用合成流量对系统进行压力测试，有时会结合气候模型预测的未来变化结果。但是，决策者通常认为这些模拟研究的结果不够可信（Loucks 2020）。特定低流量序列的概率、严重程度和时间是不可知的，尤其是在气候变化发生时（Wheeler et al. 2020）。应该认识到，未来的情况不会复制过去的情况，而且在气候变化的背景下可能会出现更严峻的情况。

15.3 埃及的水资源

在水资源方面，埃及是一个独特的国家，因为埃及的经济和服务活动大约有 97%都极度依赖于发源于境外的尼罗河。

根据 1959 年埃及和苏丹签订的条约，每年有 555 亿 m^3 的水流经阿斯旺高坝，这是埃及的配额，占该国可再生水资源总量的 97%，剩下的 3%是少量降雨。目前埃及可用的可再生水资源总量为每年 568 亿 m^3，而用水量为每年 802.5 亿 m^3。这种需求和可用水之间的差距是通过再利用排放水、浅层地下水、淡化水和处理过的废水来弥补的。在 2020 年，埃及人口已经超过了 1 亿人，为满足全球居民的稳定需求，该国的总需水量为每年 1140 亿 m^3，因此，每年使用的虚拟水量为 340 亿 m^3。

埃及灌溉系统的总体效率在世界上名列前茅，在非洲是最高的（88%），尽管在一些地区依赖传统的灌溉方法，这是由于在一年中不止一次回收利用 210 亿 m^3 中经过处理的排水和废水。

在阿斯旺高坝（High Aswan Dam）的下游，尼罗河百分之百地被一些大型水坝和灌溉设施调节，结果是埃及的水资源系统是部分封闭的，因此有保留污染物的倾向（Strzepek et al. 2008）。

1990 年以来，埃及的人均用水量大约为每年 1000m^3，已达到所谓的水贫困线。2017 年，人均水占有量降至每年近 600m^3，预计到 2030 年人口将达到 1.3 亿人，人均水占有量将降至 500m^3 以下。同时，增加埃及的耕地面积，对于生产必要数量的粮食来养活不断增长的人口，以及确保国家的社会和政治稳定至关重要。这将增加更多的挑战，使得埃及在提升利用其有限的水资源时，并在开发新的水资源以满足耕地及其他用途的需要时，面临更多的挑战。

综上所述，水务部门被认为是埃及国家安全的最重要支柱之一。所有领域的综合可持续发展计划都取决于国家提供实施这些计划所需的必要水资源的能力，国家致力保护水资源并最大限度地提高其利用效率。

该国还通过了一项大型的计划，将饮用水行业淡化水的使用量增加一倍，直至 2030 年投资额将达到 1350 亿埃及镑（EGP）。

伊斯梅利亚（Ismailia）的阿尔马赫斯玛（Al - Mahsma）排水系统的水处理厂作为 2020 年世界的优秀建设项目，是该国努力采用许多水资源再利用项目的成果，这些项目有助于弥补该国遭受的水资源短缺问题。

15.4　埃及气候变化的风险和影响及适应措施

埃及应对气候变化的脆弱性涉及几个部门，造成这种脆弱性的共同原因是水。关于气候变化影响的研究结果表明，埃及将面临对其经济、社会和环境可持续性、农业和粮食安全、水资源、能源、人类健康、沿海地区和有形基础设施的诸多威胁。

埃及的气候变化是通过不同的现象表现出来的，包括极端天气事件的强度和频率的增加，例如：

• 热浪或冷热浪（温度从正常水平上升和下降）及其后果，包括农业用水需求的增加。

• 增加沙尘暴造成的干旱和荒漠化的速度。

• 西奈半岛和红海山脉等高地发生山洪。

• 北部海岸的大雨。

气候变化研究预计，由于气温上升 1.5～3.5℃，埃及主要作物的生产力将下降 11%～51%，此外，尼罗河三角洲最肥沃的可耕地中有 12%～15%受到海平面上升和咸水入侵、地下水质量恶化的负面影响。此外，沿海湖泊海水温度和盐度的上升对鱼类物种产生了不利影响，对三角洲和亚历山大港等邻近人口密集城市的低洼地带产生了严重影响。影响包括破坏沙带的薄弱部分，淹没宝贵的农业用地，破坏北部湖泊的生态系统和社区，危及休闲旅游海滩设施。据悉，多达 600 万人和 4500km^2 的土地可能受到影响，从而造成一个更严重的挑战，即受影响地区的人口迁移。

埃及是处于尼罗河流域最下游的国家，也是最依赖该流域的资源、最干旱的国家。使用全球和区域气候模型的研究表明，气候变化对尼罗河流域降水和径流的影响具有高度的不确定性。

因此，埃及适应气候变化和减少灾害风险的国家战略的主要目标，是增加埃及社区的灵活性，以处理气候变化可能造成的风险和灾害及其对各部门和活动的影响。因此，水资源和灌溉部（MWRI）与所有负责水资源管理和使用的部委协调，根据水资源综合管理的原则，制定了一项远至 2037 年的国家水资源计划（NWRP）。国家水资源计划 2037 不是第一个埃及国家水资源计划。水资源和灌溉部已经制定了一项涵盖 2005—2017 年的计划，采用相同的方法，并与所有利益相关者充分合作与协调。随着 2017 年的临近，有必要制定一项新的战略，其主要内容之一是从实施第一个计划中吸取的经验教训。国家水资源计划 2037 将追求四个目标：

• 加强用水管理。

• 提高水资源使用管理能力。

• 增加淡水资源的供应。

• 改善有利于水资源综合管理的环境，策划及推行工作。

此外，新计划考虑到了埃及 2030 年可持续发展战略的目标，以及水利部门的最新情况。作为政府权力下放总体方向的一部分，国家水资源计划支持水部门的这一趋势，并支

持国家一级的公共政策和决定因素与地方一级的实际需要和优先事项之间的必要互动。各利益相关方在省一级充分合作和协调下制定了省级水资源计划，以支持所需的互动。

在国家水资源计划中，目前正在考虑几项措施，以适应气候变化对水资源的影响。这些努力包括但不限于：①改善灌溉和排水系统；②改变种植模式和农业灌溉系统；③通过重新设计和铺设渠道来减少地表水流失；④雨水收集；⑤低成本海水淡化技术的研究和开发；⑥处理过的废水回收；⑦通过上尼罗河项目（upper Nile projects）开发新的水资源；⑧开发新的作物品种，以便在高温下种植。

沿海地区的适应方案高度依赖于场地。然而，土地利用的变化、综合沿海地区管理和保护沿海地区的积极规划是必要的适应政策。

另外，水资源和灌溉部制定了一项全面的总体规划，以修复和更换尼罗河上的主要水力结构和主要运河及向大中型运河配水的拉亚（Rayahs）。新伊斯纳（New Esna）、纳迦哈马迪（Naga Hammadi）和新阿西乌特（New Assiut）拦河坝已经建成，而新代鲁特（New Dairout）地区监管机构的执行程序已经开始。同时，尼罗河三角洲开展了灌溉改善和水资源综合管理项目，并建设了防洪工程。除了实施保护北部湖泊免受海平面上升和盐水入侵的综合管理计划外，还完成了罗塞塔（Rosetta）、巴尔蒂姆（Baltim）、拉斯埃尔巴尔（Ras El Bar）和亚历山大（Alexandria）的沿海防洪工程。

此外，公众对合理使用水资源、加强降水测量网络、鼓励尼罗河流域国家之间交换数据以及开发区域环流模式以预测气候变化对国家和区域水资源影响的认知正在提高。

15.5 埃及政策的跨境层面

埃及认为尼罗河流域各国在利用流域水资源方面的合作是不可避免的。埃及参与建立了管理沿岸国家之间关系的现有体制框架。它还在建立若干合作倡议方面发挥了主导作用，包括1999年的尼罗河流域倡议。埃及随后在2010年暂停参加尼罗河流域计划（Nile Basin Initiative，NBI）活动，因为一些上游国家违反尼罗河流域计划的议事规则和谈判委员会的议事规则，未经协商一致就决定开放合作框架协定（Cooperative Framework Agreement，CFA）未完成的草案供签署。从那时起，尼罗河流域计划继续作为一个非包容性和非协商一致的框架继续发挥作用（Wheeler et al. 2018）。

尽管如此，出于对该倡议包容性的信念，埃及参与了一个协商进程，以进一步解决其关切问题，并与其他尼罗河流域计划成员国交换意见，以便设法使埃及恢复长期参与尼罗河流域计划活动。

尽管这一进程面临挑战和困难，埃及决心继续努力恢复对尼罗河流域计划的包容性，以便根据国际法原则管理尼罗河流域的跨界水域，为加强流域一级的合作铺平道路。为此，埃及认为尼罗河流域各国之间的真正合作应以下列支撑为基础：

• 所有国家都应尊重和维护国际法规定的现有义务，包括现有的双边、诸边和多边协定。

• 协商一致的决策进程应成为管理跨界水域的基础。

• 沿岸国应避免采取可能损害其他沿岸国的单方面行动。在项目建设具有跨境影响的情况下，应尊重无损害和及时事先通知的原则。

•沿岸国应尽最大努力，就公平合理的利用达成一致协议，避免对其中任何一个国家造成损害。

最后，发展伙伴和私营部门行为者应促进建立协商一致的体制安排，以促进跨界水资源的管理。联合国应发挥更积极的作用，促进和加强沿岸国家之间的合作，使它们能够实现商定的可持续发展目标。

15.6　埃塞俄比亚复兴大坝的影响

15.6.1　埃塞俄比亚复兴大坝的主要特征

埃塞俄比亚复兴大坝预计将成为非洲最大的水坝，它位于青尼罗河上，距埃塞俄比亚、苏丹边界上游约 20km。它是一座碾压混凝土坝，其地基上方的预计高度为 145m，坝顶长度为 1780m。主坝由一个 50m 高、5km 长的堆石副坝补充，它限制了主坝的水库。埃塞俄比亚复兴大坝的全部供应水平为高出平均海平面 640m，总蓄水量为 740 亿 m^3。埃塞俄比亚复兴大坝水库预计占地 1874km^2，将延伸 264km。

埃塞俄比亚复兴大坝的目的是发电。事实上，2015 年原则宣言协议（DoP）第 2 条规定："埃塞俄比亚复兴大坝的目的是发电，通过生产持续可靠的清洁能源，促进经济发展、促进跨界合作和区域整合。"埃塞俄比亚复兴大坝的装机容量超过 5150MW，年均发电量为 15692GW•h/年。大坝电站位于河流左右岸，包括 13 台发电涡轮机。

此前就对在埃塞俄比亚复兴大坝所在地区建造大坝的可行性进行了多项研究。其中之一是美国垦务局在 1956 年至 1964 年间进行青尼罗河调查期间进行的。该研究提议建造一座蓄水量为 1100 亿 m^3 的大坝，这远低于埃塞俄比亚复兴大坝计划的蓄水能力。此外，东尼罗河技术区域办公室（ENTRO）于 2007 年进行的题为"埃塞俄比亚边境水电项目的预可行性研究"得出结论，埃塞俄比亚复兴大坝位置的水电大坝的最佳蓄水能力是 144.7 亿 m^3。

尽管按照美国垦务局和东尼罗河技术区域办公室提出的蓄水水平可以有效地产生足够的能源，但埃塞俄比亚复兴大坝的技术规格被反复更改，其存储容量从最初提出的 110 亿～620 亿 m^3 逐渐增加到 670 亿 m^3，然后增加到 700 亿 m^3，最后增加到 740 亿 m^3。埃塞俄比亚复兴大坝蓄水库容量的急剧增加是不合理的，并引发了对大坝的实际用途及其预期用途的质疑。事实上，技术研究和水文模型表明，在埃塞俄比亚复兴大坝水库中保留 190 亿 m^3 水就足以产生电力。

包括埃塞俄比亚专家在内的几位专家证明，埃塞俄比亚复兴大坝是一个效率极低且规模过大的发电项目（Beyene 2011）。根据这项研究，埃塞俄比亚复兴大坝产生的水力发电将相当于容量低得多的 2872 MW 的发电机，以 60%的效率进行水力发电。因此，通过建造一座较小的水坝以更高的效率产生相同数量的水电，埃塞俄比亚复兴大坝的总成本可以至少降低 40%～45%。由于这种可靠的科学分析，埃塞俄比亚水利灌溉和能源部最近宣布，为了提高发电厂系数，已经停用了三台涡轮机。

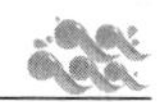

15.6.2 埃塞俄比亚复兴大坝三方谈判

埃及一直围绕着埃塞俄比亚复兴大坝进行近10年的密集谈判。自埃塞俄比亚于2011年单方面开始建设大坝以来，埃及本着诚意和真正的政治承诺进行谈判，以就大坝达成公平和平衡的协议。这些谈判经历了几个阶段，并在许多论坛上进行。令人遗憾的是，在每一轮会谈中，埃塞俄比亚都采取了一种浪费时间的政策，破坏了这些谈判。

尽管国际专家小组发布了一份关于埃塞俄比亚复兴大坝的令人深感不安的报告（2013年5月）并建议对其跨界和环境影响进行研究，但埃塞俄比亚有效地反对了进行这些研究的每一次尝试。它违反了负责监督这些研究完成情况的三方国家委员会（TNC）的工作。它违反了九方会议达成的协议，该协议是在三国外交部部长、水务部部长和情报机构负责人举行的会议上达成的，关于采取必要措施使受聘的国际咨询公司能够开展研究的必要步骤。埃塞俄比亚的政策和立场也阻止了国家独立科学研究小组（NISRG）履行其职责，该小组是一个独立的科学家小组，其任务是就埃塞俄比亚复兴大坝的蓄水和运营在技术方式上达成一致。

为了促进就埃塞俄比亚复兴大坝达成协议，埃及于2015年3月23日与埃塞俄比亚和苏丹缔结了一项埃塞俄比亚复兴大坝原则宣言协议国际条约。该协议规定埃塞俄比亚将就管理大坝的蓄水和运营过程的规则达成协议。根据该条约，在未与埃及达成协议的情况下，埃塞俄比亚不能为填满埃塞俄比亚复兴大坝水库而开始蓄水。

自埃塞俄比亚复兴大坝原则声明缔结以来，埃及与埃塞俄比亚进行了各种形式的谈判。在所有这些谈判中，埃及表现出极大的灵活性并寻求解决埃塞俄比亚关切的问题，并提出了许多技术建议，旨在使埃塞俄比亚能够实现建设大坝的目标，即水力发电，同时防止对下游国家造成重大损害。

不幸的是，五年多的谈判被证明是徒劳的。埃塞俄比亚复兴大坝的研究的一切努力都失败了，旨在就大坝蓄水和运营规则达成一致的三边讨论也没有取得成果。此外，非洲国家试图进行斡旋以帮助缩小三个国家之间的分歧，但没有成功。因此，根据埃塞俄比亚复兴大坝原则声明第十条，埃及呼吁进行国际调解，以促进三国之间的交流。这导致美国和世界银行集团于2019年11月启动了一个新的谈判进程。

在美国合作伙伴和世界银行集团的代表参加了包括部长级和专家级在内的12轮会议之后，美国政府与世界银行协调，就埃塞俄比亚复兴大坝蓄水和操作达成了最终协议。该协议是公平、平衡、互利的，是根据三个国家在讨论中所采取的立场而制定的。该协议满足了埃塞俄比亚的优先考虑，即快速和可持续地发电，同时保护下游国家免受埃塞俄比亚复兴大坝的不利影响。因此，埃及于2020年2月28日接受并草签了该协议，这进一步体现了就埃塞俄比亚复兴大坝达成协议的善意和诚信承诺。

遗憾的是，埃塞俄比亚决定不参加美国政府于2020年2月27—28日呼吁就埃塞俄比亚复兴大坝达成协议的部长级会议，并拒绝签署美国和世界银行准备的最终协议。这一立场完全符合埃塞俄比亚长期采取的阻挠态度，以及它希望建立一种使其能够对青尼罗河实行不受约束和不受限制的控制的既成事实的总体愿望。

随后，联合国安理会于2020年6月29日举行了关于埃塞俄比亚复兴大坝问题的会议，这表明国际社会认识到该问题的严重性以及达成友好解决方案的必要性，以防止已经陷入困境的地区进一步动荡。

尽管 2020 年 6 月 26 日和 7 月 21 日举行的非洲联盟大会主席团特别会议取得了成果，各方同意不发表声明或采取任何可能破坏非盟领导的进程的行动，并考虑到三国之间关于埃塞俄比亚复兴大坝填筑和运营规则协议的谈判尚未结束，因为在一些重要的技术和法律问题上没有达成共识。尽管这三个国家同意不采取任何可能与当前谈判精神相抵触的单边行动，特别是埃塞俄比亚复兴大坝的首次蓄水，但埃塞俄比亚于 2020 年 7 月宣布完成 49 亿 m^3 的第一阶段蓄水。

自 2020 年 6 月下旬以来，埃及一直在非洲联盟的主持下进行谈判。不幸的是，这个过程并没有取得成果。在过去六个月的大部分时间里，埃及的谈判没有进行密集的实质性结论，而是因程序问题和次要的组织问题而陷入停滞。

埃及历史上从未试图阻挠其沿岸国家实施水利项目。这反映了埃及坚定支持其他非洲国家，特别是尼罗河流域国家努力实现发展、和平与繁荣的坚定承诺。然而，在追求这些发展目标和利用尼罗河资源的过程中，埃及认为，根据国际法的既定规则，沿岸国必须就计划中的项目与其共同沿岸国进行磋商，确保这些项目以合理和公平的方式进行，并将可能对其他国家造成的伤害降至最低。

呼吁国际社会鼓励埃塞俄比亚重新考虑其立场，并向埃塞俄比亚强调签署由美国和世界银行准备的关于填满和运营埃塞俄比亚复兴大坝的协议的重要性。作为所有沿岸国共同拥有的共享资源，埃塞俄比亚不得在未与其共同沿岸国达成协议的情况下采取包括为修葺埃塞俄比亚复兴大坝而蓄水的任何单方面措施。

15.6.3　埃塞俄比亚复兴大坝的潜在影响

埃塞俄比亚复兴大坝对青尼罗河系统的影响，包括其对现有用水和水厂的影响，其中影响最大的是阿斯旺高坝，很难精准预测。埃塞俄比亚复兴大坝的确切影响将取决于广泛的变量，包括青尼罗河的年径流量、气候变化的影响，以及埃塞俄比亚复兴大坝将采用的蓄水计划和运营规则。

尽管如此，学术界和专业机构已经就埃塞俄比亚复兴大坝可能对水文经济、社会和环境产生的影响进行了大量研究（van der Krogt and Ogink 2013）。已经设计了几个随机模型来评估埃塞俄比亚复兴大坝对青尼罗河系统的影响范围。随机模型是一种全球公认的工具，可根据河流产量、新水坝的蓄水量和当前用水性质等变量估计潜在结果的可能性，从而帮助确定主要水厂的可能影响。

埃塞俄比亚实施的项目对埃及造成的水资源短缺的影响可能是灾难性的。数以百万计的工作岗位将流失，数千公顷的耕地将消失，耕地盐渍化加剧，粮食进口成本将急剧增加，农村人口减少导致城市化飞速发展，导致失业率上升，犯罪率上升和跨国移民。事实上，在农业方面，减少 10 亿 m^3 的水就会导致 29 万人失去收入、减少 13 万 hm^2 的耕地、增加 1.5 亿美元的粮食进口和损失 4.3 亿美元的农业生产。随着水资源短缺的加剧并持续很长一段时间，对埃及经济各个部门及其社会政治稳定的连锁反应是不可估量的（DELTARES and MWRI 2018）。

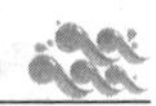

然而，无论将采用何种蓄水计划或运营规则，埃塞俄比亚复兴大坝将对青尼罗河系统产生重大影响。埃塞俄比亚复兴大坝的一些严重影响的概述如下：

（1）水文影响——由于大坝的第一个蓄水池被抽取部分流量，造成额外的蒸发损失和流量调节，大坝将大大改变青尼河系统。这将使流向阿斯旺高坝的河流的流量和分布发生重大变化。青尼罗河将在埃塞俄比亚复兴大坝下游从自由流动的河流生态系统转变为人工水渠。无论将采取何种具体的GERD填补和运行规则，都会发生这种重大变化。水文模型显示，青尼罗河的水流速度将降低5%、11%、20%或42%，具体取决于埃塞俄比亚复兴大坝的确切操作规则。河流中的水温预计将下降0.5～1.5℃。此外，青尼罗河水域的化学成分、溶解氧水平和物理特性预计将发生变化，从而改变水生植物和动物的自然栖息地。

（2）埃及缺水——缺水是指阿斯旺高坝无法提供足够的水来满足1.04亿埃及人现有的用水需求和用水的情况。由于埃塞俄比亚复兴大坝，埃及可能出现缺水的可能性和严重程度取决于将实施的蓄水和运营规则以及青尼罗河的水文条件。因此，如果蓄水与干旱同时发生，埃及就会出现缺水现象，这将对社会经济产生重大甚至是灾难性的影响。这些影响将破坏埃及的粮食安全，并阻碍埃及实现联合国可持续发展目标的能力。图15.1说明了埃塞俄比亚关于大坝蓄水的建议的负面影响。这将极大地影响阿斯旺高坝，因为埃塞俄比亚复兴大坝将蓄水至水库的满水位，而阿斯旺高坝可能会达到关闭水位，并继续下降，直到死水位。

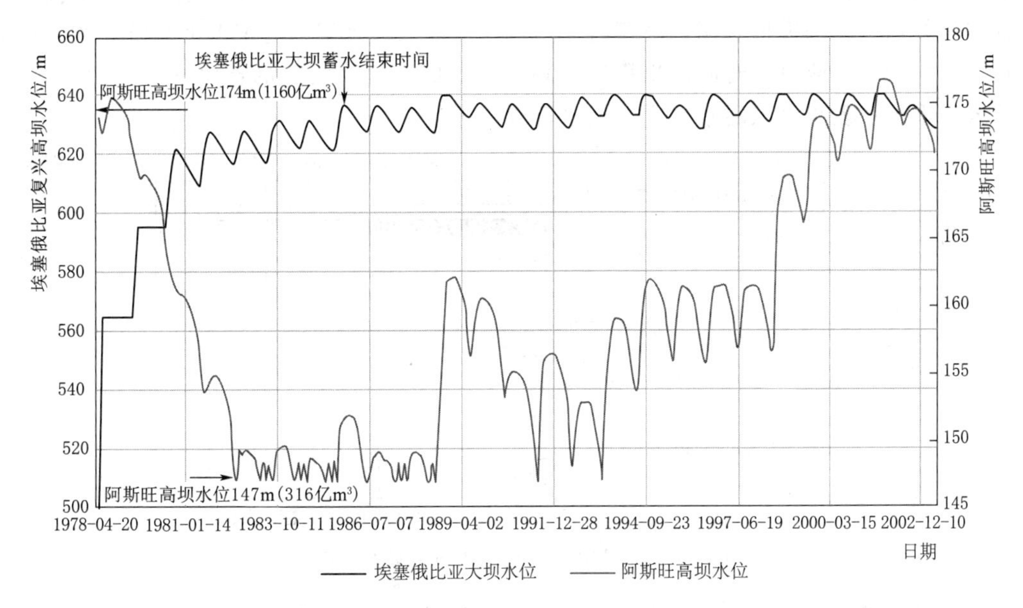

图15.1　2019年9月30日埃及提案对埃塞俄比亚复兴大坝和阿斯旺高坝水位的影响

图15.2说明了埃及的提案如何更具合作性，因为它减少了埃塞俄比亚复兴大坝蓄水对阿斯旺高坝的负面影响，并确保了80%以上的埃塞俄比亚复兴大坝的计划水力发电，以此作为双赢的解决方案。

关于对埃塞俄比亚复兴大坝蓄水对埃及可用水量可能产生的影响所进行的研究表明，

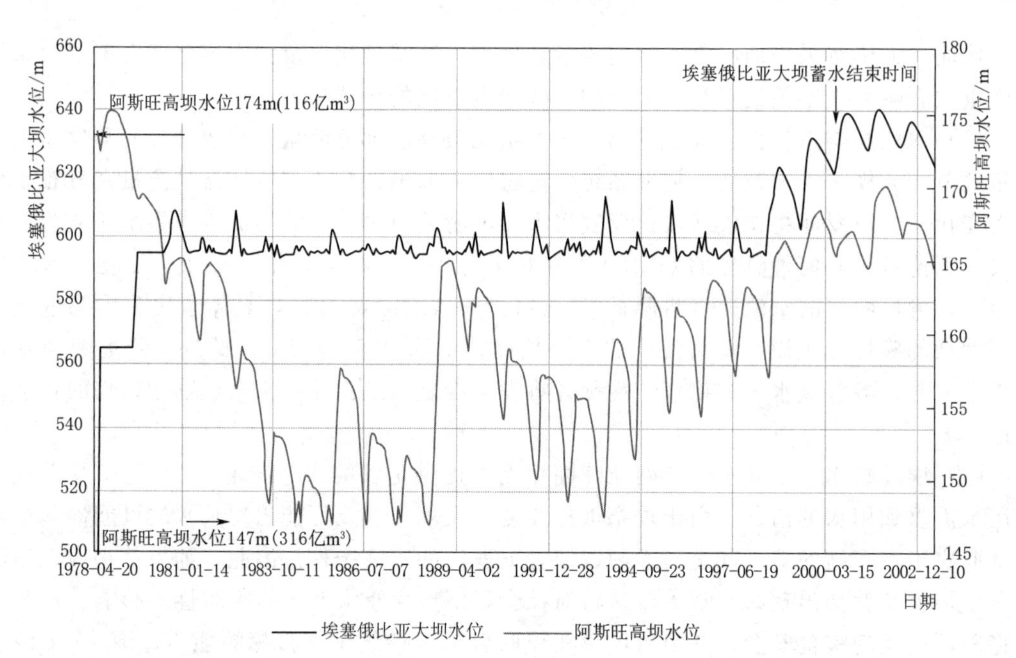

图 15.2　埃及阿斯旺高坝水位 174m 的埃及提案对埃塞俄比亚复兴大坝和阿斯旺高坝水位的影响

根据埃塞俄比亚复兴大坝的确切蓄水计划，与 GERD 施工前的正常条件相比，阿斯旺高坝的全部蓄水量将耗尽和短缺的风险将增加多达 25 倍。此外，使用 20 世纪 80 年代干旱期的实际数据进行的模拟表明，由于将埃塞俄比亚复兴大坝引入青尼罗河系统，埃及可能在长期干旱的 4 年或更长时间内出现缺水现象，这取决于将实施的蓄水战略。图 15.3 显示了埃塞俄比亚复兴大坝蓄水对干旱期水资源的影响。

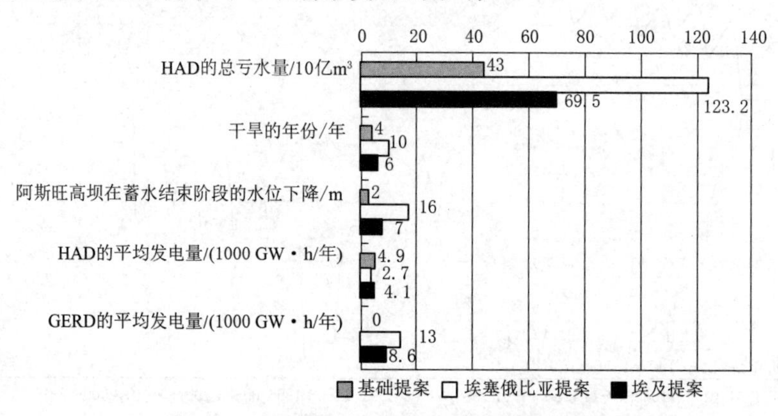

图 15.3　干旱期 GERD 蓄水对水资源的影响

至于埃塞俄比亚复兴大坝的中长期影响，几乎所有的模拟和模型都表明，由于埃塞俄比亚复兴大坝的运行，在青尼罗河流量低的时期，阿斯旺高坝将更容易受到缺水和发电机停转的影响。事实上，根据埃塞俄比亚复兴大坝将执行的蓄水计划和青尼罗河的水文条件，由于埃塞俄比亚复兴大坝的运营，埃及出现缺水的可能性可能会增加到 41%～61%。

（3）发电——研究表明，当纳赛尔湖的水位因埃塞俄比亚复兴大坝的蓄水和运行而下降时，阿斯旺高坝产生的电力也会减少。虽然确切的减少量将取决于许多因素，但在埃塞

俄比亚复兴大坝的蓄水和运行期间，尤其是在干旱期间，预计将减少34%～50%。

（4）社会经济影响——埃塞俄比亚复兴大坝对埃及的确切社会经济不利影响将取决于各种变量，包括水文条件、未来干旱以及埃塞俄比亚复兴大坝的蓄水和运营计划，并且难以精确预测。然而，模拟表明，由于埃塞俄比亚复兴大坝的注水和运营，埃及适应水资源短缺的成本可能在每年113亿～466亿美元，具体取决于具体的运营计划和青尼罗河的水文条件。在干旱期间，这些成本会成倍增长，因为干旱会大大减少青尼罗河的流量。图15.4显示了埃塞俄比亚复兴大坝在干旱期蓄水对埃塞俄比亚和埃及的社会经济的详细影响。

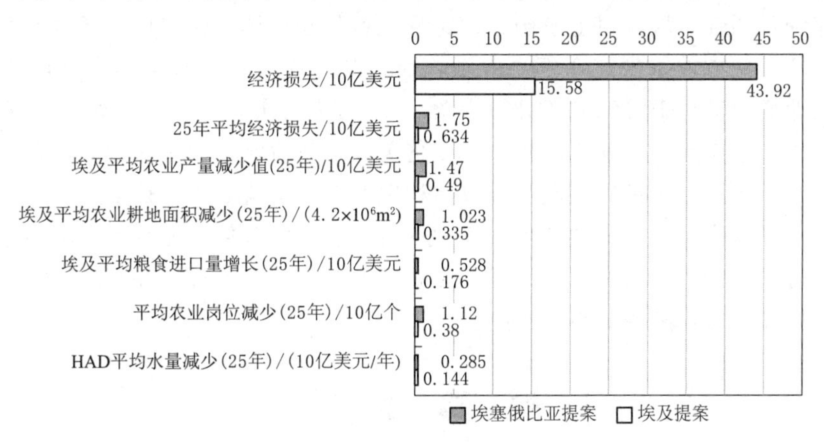

图15.4　干旱期GERD蓄水对社会经济的影响

（5）对河流沉积物的影响——在一年一度的洪水期间，尼罗河将0.8亿～1.3亿t沉积物从埃塞俄比亚高地带到埃及和苏丹。这些沉积物为河流生态系统提供了不可或缺的自然补给。在埃塞俄比亚复兴大坝建成之前，阿斯旺高坝的沉积物逐渐增加。在埃塞俄比亚复兴大坝建成后，这将不可避免地发生变化。埃塞俄比亚复兴大坝上游将滞留大量泥沙，向大坝下游释放的泥沙量将明显减少。事实上，一项研究表明，从2020年到2060年，泥沙量将减少90%以上，从而显著降低土壤肥力，尤其是在苏丹。因此，苏丹化肥的使用量将显著增加，以弥补土壤肥力的下降，这将对埃及的水质产生不利影响。

（6）土壤盐渍化和海水入侵——由于埃塞俄比亚复兴大坝造成水资源短缺，阿斯旺高坝淡水释放量的减少很可能会加剧埃及尼罗河三角洲的海水入侵。由于淡水短缺，尼罗河三角洲的农民将被迫使用地下水，这将破坏淡水-海水界面的稳定。这将导致地下水消耗增加以及土壤盐渍化和其他相关的环境风险。总体而言，土壤盐渍化将增加地面沉降、岩土工程问题和农业退化的可能性。

埃塞俄比亚复兴大坝的这些潜在不利影响表明，需要达成一项涵盖埃塞俄比亚复兴大坝的蓄水和运营的协议。如果没有这样一项保护下游国家权益的协议，埃塞俄比亚复兴大坝的负面影响可能是灾难性的。它必须包括尽量减少埃塞俄比亚复兴大坝对下游国家的影响，尤其是埃及，这些国家完全依赖尼罗河来满足其用水需求。此外，埃塞俄比亚复兴大坝的蓄水和运营规则必须包括适应青尼罗河水文条件变化的机制，并且必须考虑未来可能导致青尼罗河年径流严重下降的干旱的可能性。这些措施必须基于分担和合作，以使埃塞俄比亚复兴大坝和下游国家，尤其是埃及，能够抵御和减少干旱的影响。

15.7　结论和建议

气候变化是水资源系统开发和管理的主要决定因素。因此，需要有足够的信息和知识来规划和协商必要的气候变化适应措施。此外，由于相当大的区域气候变异性，未来气候情景的高空间分辨率似乎有助于决策。此外，迫切需要提高该领域的机构能力。

另外，区域气候模型揭示了尼罗河流域是一个敏感地区的预测。因此，鉴于其对尼罗河的依赖和脆弱性，埃及对上游国家的跨界项目特别敏感，这些项目会对尼罗河系统造成明显的破坏，例如埃塞俄比亚复兴大坝，因为其与埃及缺水有关的影响可能是灾难性的，仅在农业部门减少 10 亿 m^3 的水就会导致 29 万人失去收入、耕地减少 13 万 hm^2、粮食进口增加 1.5 亿美元、农业生产损失 4.3 亿美元。随着水资源短缺的加剧并持续很长一段时间，对埃及经济各个部门及其社会政治稳定的连锁反应是不可估量的。

因此，三个国家（埃及、埃塞俄比亚和苏丹）应就埃塞俄比亚复兴大坝的蓄水和运营规则达成具有法律约束力的协议，以利用和管理其共享的水资源，并减轻由埃塞俄比亚复兴大坝的蓄水和运营而产生的负面影响。

参 考 文 献

Abu - Zeid MA, Biswas AK (1991) Some major implications of climatic fluctuations on water management. Int J Water Resour Dev 7: 74 - 81.

Beyene M (2011) How efficient is the grand Ethiopian renaissance dam? International Rivers.

Block PJ, Strzepek K (2010) Economic analysis of large - scale upstream river basin development on the Blue Nile in Ethiopia considering transient conditions, climate variability, and climate change. J Water Resour Plan Manag 136: 156 - 166.

DELTARES and MWRI (Ministry of Water Resources and Irrigation) (2018) Impacts of GERD on Egypt. Giza, Egypt

FAO (Food and Agriculture Organization) (2016) FAO Aquastat.

Hurst HE, Black RP, Simaika YM (1965) Long - term storage: an experimental study. Constable, London

Jeuland M, Whittington D (2014) Water resources planning under climate change: assessing the robustness of real options for the Blue Nile. Water Resour Res 50: 2086 - 2107.

Loucks DP (2020) From analyses to implementation and innovation. Water 12: 974.

Strzepek KM, Yohe GW, Tol RSJ, Rosegrant MW (2008) The value of the High Aswan Dam to the Egyptian economy. Ecol Econ 66: 117 - 126.

Sutcliffe J, Parks Y (1999) The hydrology of the Nile. IAHS Press, Oxford van der Krogt W, Ogink H (2013) Development of the Eastern Nile water simulation model (Report No. 1206020 - 000 - VEB - 0010). Author report to Nile Basin Initiative, Delft.

Wheeler KG, Hall WJ, Abdo GM, Dadson SJ, Kasprzyk JR, Smith R, Zagona EA (2018) Exploring cooperative transboundary river management strategies for the Eastern Nile Basin. Water Resour Res 54: 9224 - 9254.

Wheeler KG, Jeuland M, Hall JW, Zagona E, Whittington D (2020) Understanding and managing new risks on the Nile with the Grand Ethiopian Renaissance Dam. Nat Commun 11: 5222.

第16章 不可预测性增加条件下的水安全：案例研究

Marius Claassen

摘 要： 充足的优质水供应以及安全的废水管理是当今世界大城市持续发展所需面临的挑战。2015—2016年，南非便经历了一场严重的干旱。开普敦市的干旱案例表明了政府、居民、私营部门和农业等各方面共同努力避免危机的价值。尽管通过多方面努力阻止了"零水日"的发生，但通过实施更广泛的情景规划仍可以更大幅度提升系统的自我恢复能力。对更广范围大地理尺度进行长时间预测能为规划提供有用的前瞻和情景预测，但降尺度到短时间范围的地方尺度会使可预测性大大降低。这种复杂系统的管理将受益于基于Cynefin框架的决策背景分析，从而在不可预测性增加的情况下提高水安全。

关键词： 水安全；零水日；不可预测性；情景；决策

16.1 引言

在4000年前，所谓的壕沟村庄被围在排水沟内。这些排水沟提供饮用水和灌溉用水（De Feo et al. 2010）。充足的优质水供应以及安全的废水管理是当今世界大城市持续发展所需面临的挑战（Grey and Sadoff 2007；van Ginkel et al. 2018；Kinouchi et al. 2019）。

在南非，气候变率和极端气候事件的增加通过降雨模式的改变影响水质和水资源可利用量。强烈的风暴、洪水和干旱会导致土壤水分、径流和蒸发发生变化，并改变水生系统的水温（DEA 2017）。2015—2016年，南非便经历了一场严重的干旱，并且恰逢厄尔尼诺南方涛动。干旱伴随着极高的近地表温度，2015年的平均温度异常比1981—2010年参考期高0.86℃，成为自1951年有记录以来最热的一年（DEA 2017）。在此期间，南非水坝的平均蓄水水平从2014年3月的全部蓄水能力的93%下降到2016年年中的53%（DEA 2017）。

系统方法有助于了解城市系统的复杂性及其与全球环境的联系（Hoekstra et al. 2018）。城市动态和城市设计的综合方法包括水敏感设计、雨水收集、废水的回收再利用、污染预防和其他创新的城市用水方法（Hoekstra et al. 2018）。在分析分辨率和可预测性

M. Claassen (✉)
Centre for Environmental Studies, Department of Geography Geoinformatics and Meteorology, University of Pretoria, Pretoria, South Africa
e-mail: mclaasse86@gmail.com

之间的关系时，Costanza 和 Maxwell (1994) 发现，虽然更高的分辨率提供了更多关于数据模式的描述性信息，但也增加了对这些模式进行准确建模的难度。水安全不仅是一个通过供水技术进步来解决的水资源稀缺问题，而且还是一个嵌入在水-政治和水-社会相互作用中的竞争和协调过程（Wang and Dai 2021）。

通过整合气候模式、自然系统、工程系统、治理过程、经济驱动因素和社会愿望来促进水安全，需要一种稳健的决策方法。Snowden 和 Boone（2007）提出了 Cynefin 框架，该框架考虑了决策背景中的复杂性和不确定性。该框架区分了简单、复合、复杂和混乱的决策情景，提出了区分不同情景的方法及对应决策。确定决策背景的一个关键特征是因果关系的明确性。对于复合情景，专家能够通过调查这种因果关系，利用"涌现启示性模式"来定义复杂情景。在复合情景下，决策方法是"感知"（收集信息）、"分析"（确定最佳选择）和"响应"（执行决策）。在复杂情景中，决策方法是"探索"（对系统施加脉冲）、"感知"（确定系统对脉冲的响应）和"响应"（实施最佳选项）。

16.2　南非开普敦市

开普敦市位于非洲大陆的西南端，是南非共和国西开普省的一部分。2017 年，开普敦市总人口为 4174510 人，人均 GDP 为 7692 美元，人均预期寿命为 64 岁（City of Cape Town 2018a）。在基本服务获取方面，2016 年有 95.6% 的人能获取水服务，92.3% 获取卫生设施服务，91.8%获取能源服务，96.4% 获取垃圾处理服务（Western Cape Government 2018）。开普敦市为西开普省贡献了 72.5%的 GDP（2016），并为整个南非共和国的国民经济贡献了 14%（Stats SA 2019）。

缺水在开普敦并不新鲜。1661 年，水安全保障需求促使了 Waegenaere 大坝的建设（Kotzé 2010）。随着城市用水需求的增加，更多的基础设施建立到位，包括 1849 年建造的容量为 250 万加仑的第一水库和 1856 年建立的容量为 1200 万加仑的第二水库（Kotzé 2010）。降雨量的变化一直是开普敦的标志。Molteno 水库被设计为可容纳 4000 万加仑水，其于 1880 年完工，但由于冬季降雨量异常低，直到 1882 年才开始蓄水（Kotzé 2011）。自早期欧洲人定居以来，水质也一直受到关注，据报道，1714 年由于倾倒废物 Fresh 河水已不宜饮用（Kotzé 2010）。

开普敦市的年平均温度偏差表明了其气候年际变率和趋势变化（见图 16.1）。Steenbras 监测点从 1981 年到 2020 年的年降雨量记录表明，2015 年到 2018 年属于干旱年份（见图 16.2），同时也说明了西开普供水系统（WCWSS）内的降雨量变化。WCWSS 中最大的 6 座大坝的总蓄水量以及从 2008 年起 10 年里的城市用水需求显示了 2015—2016 年干旱对蓄水量的影响以及干预措施对用水需求的影响（见图 16.3）。

WCWSS 调和战略（DWAF 2007）旨在确保调和未来的用水需求。该战略规定对未来的用水需求情景和协调干预措施进行定期审查，以满足 2030 年之前的用水需求（DWAF 2007）。根据该战略，2006 年 WCWSS 的城市用水需求为 3.1 亿 m^3/年，农业用水为 1.54 亿 m^3/年。该战略预测，到 2030 年，总需水量最高约 9.3 亿 m^3/年，最低约 6.7 亿 m^3/年。然而，在 2007 年，WCWSS 的 1∶50 年产量规定为 5.56 亿 m^3/年

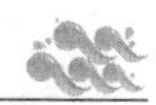

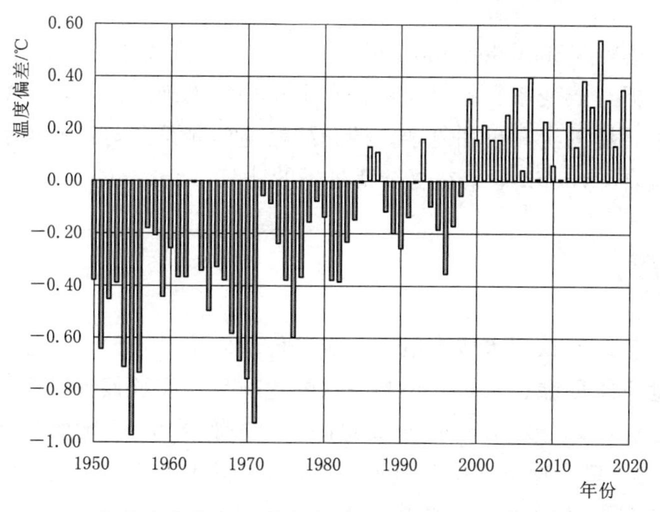

图 16.1　1981—2010 年参考期期间开普敦市的年平均温度偏差（根据 NOAA 2020 重绘）

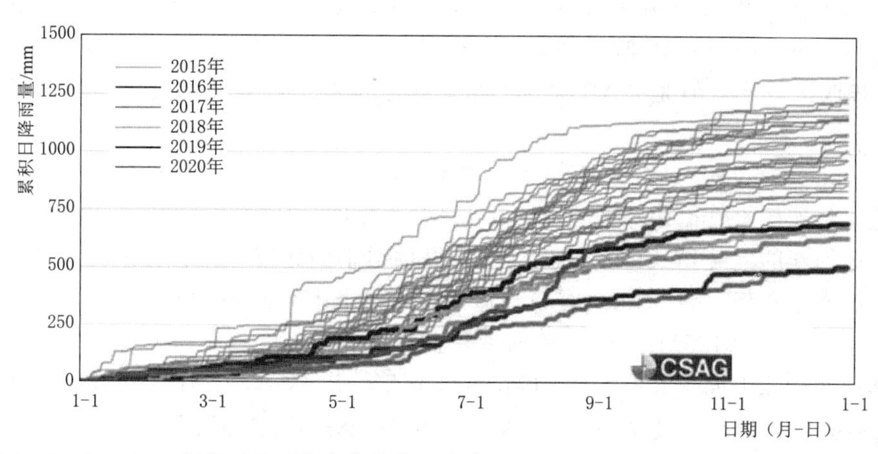

图 16.2　Steenbras 累积日降雨的变化趋势（改编自 Climate Systems Analysis Group 2020）

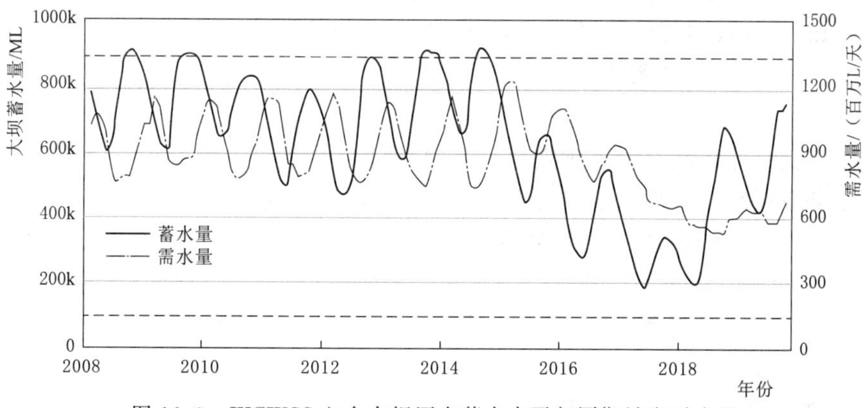

图 16.3　WCWSS 六个大坝历史蓄水水平与同期城市需水量
（改编自 Climate Sytems Analysis Group 2020）

(DWAF 2007)。

根据 Cynefin 框架 (Snowden and Boone 2007)，开普敦市工程供水的决策环境满足复合系统的要求。但气候变率和趋势变化带来了额外的不确定性，从而降低了水供应的可预测性，使得决策环境的定义更加复杂。调和战略为监测系统对脉冲和适应性管理的变化做出了规定，这符合 Cynefin 框架在复杂背景下的建议 (Snowden and Boone 2007)。

16.3　替代供应

地下水开采是生产新饮用水成本最低、实施最快的选择，但从长远来看，这是不可持续的，除非设计地下水回灌、水再利用和海水淡化项目，能够保证以开采速率补充开采的含水层 (Olivier 2017)。在一项基于 2004—2005 年干旱现象的研究中，Wright 和 Jacobs (2016) 发现，单个地下水接入点 (GAP) 可以满足整个住宅的用水需求，由于家庭饮用管道比较复杂和居民对地下水水质的担忧，所以 GAP 通常专门用于满足室外需求，主要是花园灌溉。Wright 和 Jacobs 也证实，安装有 GAP 的住宅也极少使用市政供水系统的水。Pengelly (2018) 反映，许多用户脱离了市政供水系统，主要原因是居民通过使用 GAP 获取地下水，但是 GAP 项目严重影响了市政的财政收入和地下水资源的可持续性。

Vairavamoorthy 等 (2019) 报告称，开普敦市引进了减少未来干旱影响的措施和新基础设施，例如雨水收集和海水淡化厂。然而，根据 Voutchkov (2017) 的报告，在公共供水挑战方面新的集装箱式海水淡化厂将只提供很小的缓解作用，甚至无缓解，与此同时，生产成本不合理。Vouchkov 建议建造两个或三个永久性海水淡化厂，分别建立在海港站点 (生产能力为 125ML/天)、福斯湾和大西洋沿岸 (生产能力为 100～150ML/天)，并且不建议生产能力大于 200ML/天的海水淡化厂。Pankratz (2018) 也建议该市开发一个永久性海水淡化厂，生产能力不低于 50ML/天，优先范围为 100～150ML/天。Andréassian (2018) 得出的结论是，海水淡化仍然是一个非常昂贵的解决方案，对于非常大的工厂，每立方米成本大约 0.50 欧元，并且消耗大量能源 (每立方米 3.5～18kW·h)。Pankratz (2018) 报告，一个普通的 100ML/天海水淡化厂的成本为 152 万 ZAR (南非兰特币)，这为位于开普敦港站点的工厂 (213.9 万 ZAR) 以及位于一个近海、非隧道式进水口和出水口的工厂 (258.9 万 ZAR) 提供了参考。

从南极洲拖曳冰山被视为一种选择，但对其可行性存在一些分歧。Malan (2018) 表示，从冰中获取淡水成本高昂、不切实际，会导致严重的社会和环境负面影响，并且根据国际条约这可能是非法的。作为对该文的回应，Orheim (2018) 提供了反驳 Malan (2018) 主张的论据，指出环境和社会影响将是轻微的，如果在南极公约覆盖范围之外进行冰山采集，则法律影响会减少，并且“将低于西开普省政府目前批准的每立方米海水淡化计划的成本”。

尽管开普敦市主张推进替代供水措施实施 (City of Cape Town 2011a, 2011b, 2011c, 2011d, 2018b, 2019a)，但没有关于替代供应水量和/或市政用水节约量的可靠数据。

16.4 系统效率

开普敦供水系统的水量损失仅有15%，这远低于南非其他城市，几乎是世界上最好的系统之一（Oliver 2017；City of Cape Town 2019b）。遵循先进的资产管理策略，主动泄漏检测、管道和仪表更换实现了低比例的水损失，从水泄漏警报到修复完成的时间也通过救援系统得到了极大提高（City of Cape Town 2019b；Flower 2019）。压力控制也被用作减少损失的有效手段（Flower 2019；Pengelly 2018）。供水系统分为212个区域，每个区域都有独立的压力控制，可保持1.5Pa（相当于15m水头）的最大压力（Flower 2019）。尽管配置的工程复杂性可能很复杂，但关于压力控制的总体决策属于Cynefin框架（Snowden and Boone 2007）中的简单决策范畴，这两者之间的因果关系非常明显。

16.5 需求管理

由于年降雨量从2013年的1100mm下降到2017年的仅500mm，摧毁了几乎完全依赖地表水的省级供水系统，城市规划者一直在为2018年4月的“零水日”到来做准备（Cotterill 2018）。为应对干旱，政府在郊区实施每人每天最多50L的用水限制（而全球平均使用量为185L），其中旅游业和农业等关键行业首当其冲（Cotterill 2018）。这项措施使得开普敦市居民的用水量从2015年的每天12亿L减半至2018年初的每天5亿L（见图16.4）。实施严格需求管理战略的公司包括Virgin Active公司、PPC公司、The Beverage公司、JG Afrika公司、One&Only Resort公司、Vineyard Hotel公司和Old Mutual公司（Virgin Active 2019；Green Cape 2018a；Green Cape 2019；The Beverage Company 2019；Explore South Africa 2018；Green Cape 2018b；Old Mutual 2018）。解释性新闻网（The Conversation）中的一篇文章支持这种方法，指出减少用水是避免“零水日”到来的最重要、最快和最具成本效益的方法（Olivier 2017）。维持开普敦供水的三个主要应对措施是制定紧急投资计划以增加供应，引进严格的需求管理并与该地区的其他用户建立关系以增加饮用水的供应（Voutchkov 2017）。改善水安全的方法超出了供水的技术解决方案，而是采取了结合水-政治和水-社会相互作用（Wang and Dai 2021）的系统视角（Hoekstra et al. 2018），以减少由于不可预测性而增加的供水成本。

用水需求管理成果的可持续性对于开普敦市的水资源恢复能力很重要。用水量从2018年3—9月约500ML[1]/天，增加到2019年1—9月约600ML/天（见图16.5）。在同一时期，限制从450ML/天的目标放宽到650ML/天的目标（Cityof Cape Town 2019c）。2020年3月用水量随后增加至731ML/天，而2019年同期约为600ML/天（City of Cape Town 2019c）。2020年夏季消费量较2019年夏季消费量增长约22%，超过了650ML/天的目标，但仍显著低于2015年达到1200ML/天的干旱前水平。开普敦市每周发布一份大坝水位报告，让居民和其他利益相关者了解供水系统的最新状态（City of Cape Town 2019d，2020a）。

[1] 1ML=100万L。

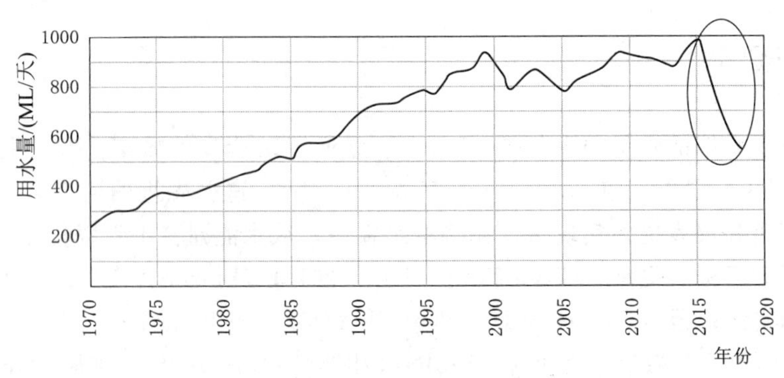

图 16.4　1970—2018 年开普敦年用水量，
以每日供应的处理水（包括损失）（ML）衡量（City of Cape Town 2019b）

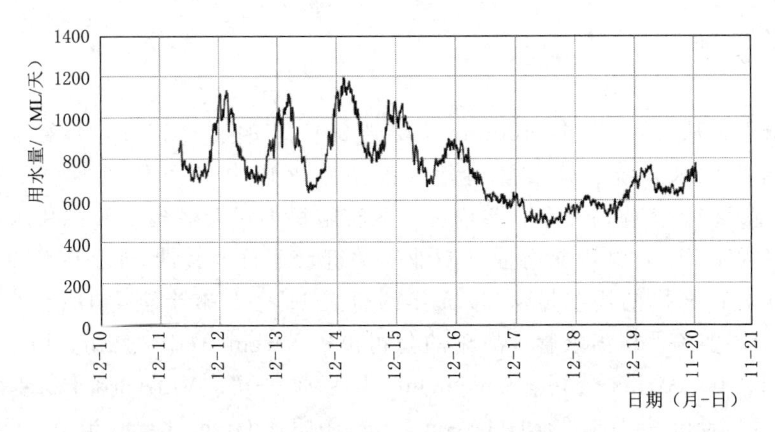

图 16.5　2011—2020 年开普敦日用水量（City of Cape Town 2020a）

开普敦市实施了水资源限制和差异化定价结构，以补充其他需求管理方法。其中，表 16.1 总结了水资源的等级水平和关键限制详情等。

表 16.1　　水资源等级水平、日期和关键限制详情
（Green Cape 2018c；Cape Talk 2018；City of Cape Town 2010—2018）

等级水平	日　期	关键限制（累计）	目　标
1	2005	无灌溉 10：00—16：00 水管的喷嘴 不能冲洗坚硬的表面 建筑砂无防潮作用	10%节省率
2	2016 年 1 月 1 日	灌溉 1h，周二、周三、周四 无灌溉 9：00—16：00	20%节省率
3	2016 年 11 月 1 日	只能用水桶洗车必须安装泳池盖	30%节省率
3B	2017 年 2 月 1 日	不得使用市政用水洗车	30%节省率
4	2017 年 6 月 1 日	不使用市政用水灌溉 私人泳池不得用市政供水	100L/(人・天)

续表

等级水平	日　期	关键限制（累计）	目　标
4B	2017年7月1日	公共泳池不得加水	87L/(人·天)
5	2017年9月3日	住宅：使用量>20kl/月，则罚款 商业：比去年同期减少20%	87L/(人·天)
6	2018年1月1日	住宅：使用量>10.5kl/月，则罚款 非住宅物业：比2015年减少45%	87L/(人·天)
6B	2018年2月1日	住宅：使用量>6kl/月，则罚款 非住宅物业：比2015年减少45%	50L/(人·天)
5	2018年10月1日	住宅：使用量>20kl/月，则罚款 商业：比去年同期减少20%	87L/(人·天)
3	2018年12月1日	只能用水桶洗车 必须安装泳池盖	105L/(人·天)
1	2019年7月1日 （关于修订后的三级制）	洗车用水桶或高压低容积清洗剂 必须安装泳池盖	120L/(人·天)

尽管开普敦市没有大型的淡水工业，但该市一直与市外的淡水工业有着密切合作（Solomon 2019）。纽约市于2015年开发了一个星级评分系统，以吸引商业和工业部门进行水审计和监测污水质量，并为表现优异者颁发奖项（Flower 2019）。在星级评定制度下，符合相关水法理和章程最低要求的参与者获得一颗星，而参与者可因实施不同程度的额外措施以进一步减少用水量并限制水污染而获得2～5颗星（City of Cape Town 2019f）。那些获得五颗星的人被认证为创新冠军，他们找到了独特/非凡的方法来节约用水和限制水污染，从而保护环境。该市持续与旅游和酒店业合作，在2018年3月23日约800人参加了该市举行的水资源世博会，该市为小企业和利益相关者支付一定费用，以展示他们在节水方面的成果。这些展览也在各大商场举办（Flower 2019）。该市还制定了一系列宣传节水方法和技术的小册子和指南（City of Cape Town 2019g），其中包括促进使用节水设备（例如安装低流量淋浴喷头）和实践（例如断断续续的淋浴）。酒店业的几个团体也报告了淋浴定时器的自愿实施，如以下部分所述。

由于开普敦市的人均收入差距很大，水危机对社会秩序可能构成威胁，开普敦市被评为Baa3（投资级别最低），并于2018年1月进行审查降级（2018年非洲研究公报）。干旱造成的经济影响包括西开普省3000个农艺工作者下岗，导致了农业产量下降20%（Knight 2019）。

Woolworths Holdings集团可持续发展负责人在接受干旱应对学习计划的采访时反映，干旱对Woolworths Holdings集团的影响是多方面的（Koor 2018）。整个价值链都受到影响，包括物流、分销、运营、供应商以及商店客户界面。Koor表示，政府的初步规划没有完全考虑到在“零水日”情景下会发生的社会破坏程度（Koor 2018）。

与各部门不同用水户的协调合作也充分证明以及支持了 Wang 和 Dai（2021）的观点，即水安全也与水-政治和水-社会互动中的竞争和协调有关。

16.6　经验教训

在与开普敦市合作进行供水建模（Rossouw 2019）十多年后，Aurecon 的 Cullis 和 Fisher - Jeffes（Cullis and Fisher - Jeffes 2019）反映了国家水利局和卫生局（DWS）关于推迟项目以增加西开普供水系统存储容量的合理决策。在 2015 年国家大坝大量建立的背景下，我们应该看到这一点，而低于平均降水量的合理模型表明，开普敦市水安全的水平很高。然而，随后便出现了在统计上 600 年一遇的干旱。Eberhard 声称，政府只能在一定程度上免除责任，因为该系统不是为应对如此罕见和严重的干旱而设计的，但政府应该承担一些责任，因为如果系统按照其运行规则，干旱的影响不会那么严重（Eberhard 2018）。

开普敦市新水项目主任 Peter Flower 先生认为，2017 年 11 月大坝水位不应该下降到 38%，如果政府部门的相关政策能实施更好的话，大坝水位保持在 56%（Flower 2019）。Rolfe Eberhard 在接受干旱应对学习计划的采访时证实了这一点，他说如果系统按照商定的规则进行管理，2017 年冬末的大坝水位将大大高于实际水平（Eberhard 2018 年）。Flower（2019）表明 20% 的限水红线本可以在 2015 年实施，并且可以把水从 Berg 河转移到 Theewatersklo of Dam。这一观点得到了 Aurecon 的 Cullis 和 Fisher - Jeffes（2019）的肯定，他们负责为开普敦市供水建模。同时，应该对非法抽水进行更好的控制。随着气候干旱的威胁越来越大，农业部门将大量抽取水进行“囤积”（Flower 2019）。

一项关于向水敏感型城市设计过渡所需的水治理过程的研究表明，由于信息透明，公众可以通过社交媒体、公共空间的海报和城市网站等获取信息，这对于科普有关水资源等方面的知识发挥了重要作用。它可以作为一种工具，鼓励人们改变与水短缺有关的行为（Cameron and Katzschner 2017）。由于自治市内的体制结构分散（例如孤立工作的地方政府部门）、社会约束以及财务和人力资源限制，在南非城市应用和实施水敏感城市设计（WSUD）原则具有挑战性（Cameron and Katzschner 2017）。Madonsela 等（2019）使用了社会、环境和金融类别的 27 个指标来评估开普敦市 WSUD 背景下的水治理过程。该研究得出的结论之一是，多年来一直缺乏对水资源短缺治理的不确定性和复杂性的考虑。这方面的一个例子是该市在 2017—2018 年试图在 6～18 个月的短时间内实施增强计划以解决水危机（Madonsela et al. 2019）。

在接受干旱应对学习计划的采访时，Gabriel（2018）表示，改变行为的过程应该首先从与需要改变其行为的人们进行接触合作。传递优质服务是一项全球性挑战，它需要资源，但在资源有限的国家，需要创造性地解决这些问题，例如通过与企业和社会民众的有效接触。“我们不是在开普敦才这样做。我们需要重新思考公民和市政当局如何相互合作，重新思考社会不同部门如何协同工作”（Gabriel 2018）。

开普敦“水资源地图”于 2018 年推出，旨在减少该市规定的超过用水限制的 200000

户家庭（City of Cape Town 2019h）。该地图显示街道地址和地块编号以及个别物业的用水水平，还突出标明了那些没有超过用水限制的人。开普敦市称，水资源地图是引进的一种行为改变工具，于 2018 年 1 月在开普敦干旱危机最严重的时候推出，以鼓励节水（City of Cape Town 2019i）。该图的主要目的是公开感谢或“奖励”节水的家庭，从而规范和激励节水行为。从 2018 年 1 月起，为实现节水目标的家庭进行绿点“奖励”的数量大幅增加，在 2018 年 6 月达到 40 多万个绿点（见表 16.2）。随着开普敦大坝的恢复以及自 2018 年 12 月 1 日起实施更宽松的 3 级用水限制（City of Cape Town 2019i），水资源地图于 2019 年 1 月停止使用。

表 16.2　实现节水目标家庭被“奖励”的绿点数量（City of Cape Town 2019h）

日期	＜6000L/月	＜10500L/月	获奖总点数
2018 年 1 月	153819	159743	313562
2018 年 2 月	203144	166184	369328
2018 年 3 月	218705	167008	385713
2018 年 4 月	211497	171640	383137
2018 年 5 月	217271	182404	399675
2018 年 6 月	217254	183284	400538
2018 年 7 月	211487	185697	397184
2018 年 8 月	212720	186631	399351
2018 年 9 月	203620	189663	393283
2018 年 10 月	190165	191974	382139

水资源地图应用了加州大学 2015 年提出的一种理论，即当家庭人员意识到自己在节水社区中超量用水时，他们将大幅减少用水量（Olivier 2018）。开普敦市似乎是最早应用该理论的城市之一。反对论点包括它侵犯了隐私，它具有分裂性，并且可能会促进骚扰（City of Cape Town 2019h）。开普敦市的媒体宣传活动因其让市民了解情况并推动节约用水的精神而受到称赞（City of Cape Town 2019j）。

开普敦市每周发布大坝水位报告，让居民和其他利益相关者了解供水系统的最新状态（City of Cape Town 2019f）。图 16.6 提供了 2019 年 3 月 18 日报告的摘录。大坝水位报告还反映了历史储水和供水情况，如图 16.5 和表 16.3 所示（City of Cape Town 2019e，2020a）。

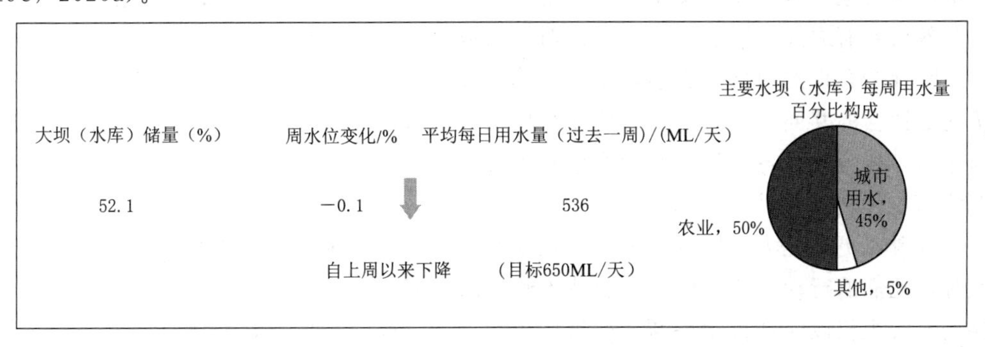

图 16.6　开普敦市大坝水位报告摘录（2019 年 3 月 18 日）

表 16.3　　历史蓄水和大坝水位报告（2019 年 3 月 18 日）

主要水坝类型	最大储量/百万 L	储量占最大储量的比例/%					
		2019 年 3 月 18 日	前一周	2018 年	2017 年	2016 年	2015 年
Berg 河	130010	73.3	73.4	47.8	37.7	28.0	64.3
Steenbras 河下游	33517	50.2	50.8	40.6	33.4	46.1	47.6
Steenbras 河上游	31767	70.0	70.0	85.1	56.1	58.4	80.8
Theewaterskloof 水库	480188	40.8	40.4	10.7	24.3	36.9	63.5
Voëlvlei	164095	62.9	64.1	14.8	27.3	20.7	57.4
Wemmershoek 河	58644	58.2	59.7	43.8	35.9	50.8	61.5
总储量	898221	467603	468782	204295	260650	311476	560502
储量占比/%		52.1	52.2	22.7	29.0	34.7	62.4

Ziervogel (2019a) 表示，“开普敦市在 2017 年和 2018 年经历的严重干旱以及‘零水日’的到来都应该成为其他城市关于未来气候可能发生的影响的一项警告”。Ziervogel (2019b) 依照干旱的时间顺序确定了三个响应阶段，即 2017 年年初的“新常态”阶段，2017 年年底的“零水日”和灾害管理阶段，以及 2018 年的干旱恢复阶段。以上代表了干旱的响应阶段，但从气象角度看干旱于 2015 年开始 (Ziervogel 2019b)。开普敦市干旱案例吸取的经验教训涉及技术方面以及治理和社会方面。

上述分析表明，需求管理是干旱经验的有效组成部分。Andréassian (2018) 还将消费习惯确定为长期解决方案的关键领域。然而，分析表明，有效的需求管理与许多其他问题有关。Eberhard (2018) 强调，除其他因素外，机构强化需要继续关注潜在的系统性问题，而不是危机应对。Cullis 和 Fisher - Jeffes (2019) 强调需要理解长期规划与干旱响应之间的区别。政府不同部门之间的良好合作能保存系统，而个体之间的关系仍发挥了重要作用。然而，对城市以外的合作伙伴关系进行投资也是必要的 (Ziervogel 2019a)。一个明显的事实是，公务员试图将这个问题非政治化。然而有评论强调国家政府未能确保大量供应，视其为政治动机 (Turton 2018)，而公务员则专注于更具建设性的合作方式。

数据表明，目前并不需要立即扩大供水系统的使用规模，而是需要很好地管理现有水资源的容量 (Flower 2019)。Eberhard (2018) 建议通过增加更昂贵的地下水、再利用和淡化水，结合地表水增加和集水区管理来增加供应和多样化供应。不同的观点确实在国家和地方各级政府之间造成了紧张关系。对危机的反应展示了跨行业、竞争对手之间、与政府和民间社会合作的力量。它强调了在面临此类大问题时需要将利益相关者团结在一起，以实现全社会的共同关注和合作，这使得成功成为可能 (Koor 2018)。与治理相关的经验教训包括需要为政府各部门之间的有效水资源管理建立相互问责的制度和关系，并加强市政部门和实体之间的横向管理 (Ziervogel 2019a)。

地方政府更有能力在地方范围内采取果断的行动，而国家政府干预缓慢，而且当他们干预时，他们的行动往往规模不合适或不够及时 (Winter 2018)。为实现这一目标，城市需要更多自主权以保证行动果断，尽管积极主动的政府间支持与合作既有益又必要。这种观点符合 Cynefin 框架管理复杂系统的方法 (Snowden and Boone 2007)，其中设计应明

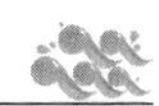

确允许对复杂系统的管理脉冲以及对系统对脉冲的响应的有效评估。之后系统的管理、选择和实施可以根据生物物理、社会和政治子系统的涌现模式进行调整。

随着消费水平的大幅下降，开普敦市损失了大量的税收收入。与此同时，实施的干预措施成本很高。当开普敦市宣布打算征收干旱税时，公众强烈抗议，导致该市不得不改变这个政策。但目前的问题仍然还没有解决。Ziervogel（2019a）认为有必要认识到当前水财务模型的局限性，这是从危机中吸取的重要教训。

开普敦市的公众意识网站已被认为是全球最好的网站之一，但需要付出更多努力来遏制公共领域和媒体中共享的错误信息（Winter 2018）。公众信任被认为是鼓励节水和帮助建立应对水资源危机信心的关键（Winter 2018）。诚实、可信的信息会加强民众的信任感，而当公民的声音被听到并且政治家和官员做出相应的回应时，民众的信任就会得到加强。Pengelly（2018）支持这一观点。然而，开普敦市的沟通方式并不是完美的。例如，有必要传达这样一个事实："我们无法摆脱困境"和"我们在一起"。早期的信息不够强烈，最初的10%节省还不够严重。后来实施的6级和6B级限制并未取得全面成效。还需要更有效地传达风险，例如50年一遇的事件并不意味着它会每50年发生一次（Cullis and Fisher - Jeffes 2019）。

市政府内部处理社交媒体报道的能力有限（Ziervogel 2018）。与开普敦水危机相关的民主进程运作中的主要问题是基于自我决策的孤岛思维、现代民主缺乏有意义的参与、缺乏对条件变化的接受、缺乏以紧迫感应对危机的必要意愿和能力以及缺乏信任。"我们需要一种由企业家驱动的、分散的、自组织的、技术支持的、充满活力的重塑，让政府、企业、学术界、社会民众以及科技和创意产业参与和实施"（Gabriel 2018）。

农业用水管理也被确定为对响应的重要贡献（Andréassian 2018）。从西开普供水计划的角度来看，DWS为农业和城市发展颁发了不应该颁发的许可证。这些许可证也可能对未来的计划产生影响。在这方面，该部门的区域和国家办事处之间存在脱节（Cullis and Fisher - Jeffes 2019）。

气候信号和相关的水文变化可能会对供水计划产生影响，但需要更多数据来证实这一点。与此要求相反的是，跟过去相比现在的监测更少，长期趋势没有明显下降（Cullis and Fisher - Jeffes 2019）。适应气候变化需要更好地准备应对长期干旱（Winter 2018）。具有良好排水系统的城市应通过多样化水源来降低风险，包括地下水、雨水、回用水、处理后的污水和海水淡化，并将整个城市水循环纳入其水资源管理系统（Winter 2018）。没有可靠数据的城市将难以实施战略计划和优先事项，但并非所有数据都有用，而且在缺乏强大的分析和报告系统的情况下，更多的数据几乎没有任何价值（Winter 2018）。WC-WSS的失败风险比人们想象的要高，因为它假设没有气候变化，然而如果气候变化的影响被考虑进去，我们就会有一个更好并且更可靠的估计，在规划供水系统的演变方面，我们更好地明确需要做些什么（NEW 2018）。我们感受到气候变化的方式是通过极端事件，因此我们需要在我们的系统中内置一些冗余（并预计和支付这种冗余），并且我们必须做好准备并对事件做出更快的响应（Pengelly 2018）。

开普敦市将可能情景纳入2020年水资源战略，关键变量是未来的用水需求（无限制）和未来可用水量的变化（气候变化影响降雨、温度和风）（开普敦市2020b）。然而，这种方法是有局限的，因为它只考虑已知的变化驱动因素。例如，南非水务部门的情景识别了对可持续发展的承担力和应对复杂性的机构能力（Funke et al. 2013），而海事部门的情景将部门统一和技术采用作为关键驱动因素（Claassen et al. 2014）。

一个对水敏感且适应性强的城市系统需要适应变化并与之合作。这包括需要参与水系统的各个部分（例如社会、生态和物理），同时保持敏捷性和适应性（Ziervogel 2019a）。没有任何一个参与者可以单独应对如此规模的复杂挑战，这就是合作伙伴关系和领导力至关重要的原因（Ziervogel 2019a）。适应规划的第一步是了解系统的敏感性或脆弱性，并通过情景规划将其纳入其中，而在危机结束时进行的情景规划应该真正成为标准做法（New 2018）。我们应该关注适应途径，而不是推动构建可能变得多余的庞大系统的总体规划。随着我们越来越多地了解气候变化的影响，适应性途径应该使决策具有灵活性（Ziervogel 2019a）。

16.7　总结

开普敦市的案例表明了各级政府、居民、私营部门和农业部门正在共同努力去避免水资源危机的加剧。其响应基于对供水系统的充分了解，并配备了压力控制系统。该市采用了广泛的沟通策略，并结合了用水限制和分层定价结构，因此居民大幅减少了用水量。农业组织与国家政府达成协议，在不削减未来分配的情况下释放储存的水，以便在干旱后补充储备。商业和旅游部门实施了广泛的用水需求管理战略以减少用水。尽管通过各部门共同努力阻止了“零水日”情况的发生，但可以通过实施基础广泛的情景规划使系统更具弹性。尽管人口增长、气候变化和污染等驱动因素是已知的应对因素，但 COVID－19 大流行（WHO/UNICEF 2020）表明，我们不能依靠自己的预测能力来实现预期的结果，而是需要一个考虑更广泛的变化驱动因素的学习系统，旨在有效地反馈和学习，并最终实现有效的适应性管理。

从上述角度可以得出的主要经验教训与可预测性和适当的决策方法有关。很明显，更广泛地理范围内的长期预测为规划提供了有用的前瞻和预测情景。然而，当这种预测降尺度到年度和季节性时间尺度上和地方水平时，预测的可靠性就会大大降低。管理如此复杂的系统需要根据 Cynefin 框架（Snowden and Boone 2007）对每个决策的背景进行清晰的分析。这种分析将把资源导入到与每项决定有关的不确定性和风险相适应的信息和专业知识，从而有助于在不可预测性增加的情况下实现水安全。

参　考　文　献

Africa Research Bulletin (2018) Cape Town water supply crisis: a ratings agency raises red flags over the city's desperate shortage. Afr Res Bull 22001 (Wiley).

Andréassian V (2018) 'Day Zero': from Cape Town to São Paulo, large cities are facing water shortages. The conversation, June 18.

Cameron R, Katzschner T (2017) Every last drop: the role of spatial planning in enhancing integrated ur-

ban water management in the City of Cape Town. S Afr Geogr J 99 (2): 196 - 216.

CapeTalk (2018) Waterwatch: city of Cape Town relaxes water restrictions to Level 5, 10 Sept 2018.

City of Cape Town (2011a) Alternative water resources: introduction to alternative water resources (pamphlet no 1 of 4).

City of Cape Town (2011b) Alternative water resources: Boreholes/wellpoints (pamphlet no 2 of 4).

City of Cape Town (2011c) Alternative water resources: Greywater re - use (pamphlet no 3 of 4).

City of Cape Town (2011d) Alternative water resources: rainwater harvesting (pamphlet no 4 of 4).

City of Cape Town (2018a) State of Cape Town. Research branch: organisational policy &planning.

City of Cape Town (2018b) Guidelines for the collection and use of sea water for household purposes during the Cape Town water crisis.

City of Cape Town (2019a) Guidelines for installation of alternative water systems.

City of Cape Town (2019b) Our shared water future: Cape Town's water strategy.

City of Cape Town (2019c) Water dashboard, 28 Oct 2019.

City of Cape Town (2019d) Dam levels report, 30 Mar 2020.

City of Cape Town (2019e) Dam levels report, 18 Mar 2019.

City of Cape Town (2019f) Water star rating certification.

City of Cape Town (2019g) Water saving resources.

City of Cape Town (2019h) The city water map.

City of Cape Town (2019i) Water map.

City of Cape Town (2019j) Water saving toolkits.

City of Cape Town (2020a) Dam levels report, 28 Dec 2020.

City of Cape Town (2020b) Our shared water future: Cape Town's water strategy.

City of Cape Town (2010—2018) Water and sanitation annual reports.

Claassen M, Funke N, Lysko MD, Ntombela C (2014) Scenarios for the South African maritime sector. In: Funke N, Claassen M, Meissner R, Nortje K (eds) Reflections on the state of research and development in the marine and maritime sectors in South Africa, pp 53 - 64. Council for Scientific and Industrial Research, Pretoria.

Climate Systems Analysis Group (2020) Online graphs.

Costanza R, Maxwell T (1994) Resolution and predictability: an approach to the scaling problem. Landscape Ecol 9 (1): 47 - 57.

Cotterill J (2018) South Africa: how Cape Town beat the drought. Financial Times, May 2.

Cullis J, Fisher - Jeffes L (2019) Personal communication. 18 Apr.

De Feo G, Laureano P, Drusiani R, Angelakis A (2010) Water and wastewater management technologies through the centuries. Water Sci Technol Water Supply 10: 337 - 349.

DEA (2017) South Africa's 2nd annual climate change report. Department of Environmental Affairs, Pretoria.

DWAF (2007) Western Cape water supply system: Reconciliation strategy study. Volume 1 of 7: Reconciliation Strategy.

Eberhard R (2018) Interview. Cape Town drought response learning initiative.

Explore South Africa (2018) # WaterCrisis: SewTreat produces unbelievable water savings for Cape Town's One&Only resort. 20 June 2018.

Flower P (2019) Personal communication.

Funke N, Claassen M, Nienaber S (2013) Development and uptake of scenarios to support water resources planning, development and management: examples from South Africa. In: Wurbs R (ed) Water resources planning, development and management. Intech publications, Rijeka, pp 1 - 27.

Gabriel G (2018) Interview. Cape Town drought response learning initiative.

Green Cape (2018a) Case study: reducing water use in offices. JG Afrika, Cape Town.

Green Cape (2018b) Case study: reducing water wastage in the hospitality industry. Vineyard Hotel, Cape Town.

Green Cape (2018c) Water: market intelligence report 2018. Green Cape, Cape Town.

Green Cape (2019) Case study: reducing water use in cement manufacturing. PPC Cement, De Hoek, Cape Town.

Grey D, Sadoff CW (2007) Sink or Swim? Water security for growth and development. Water Policy 9 (6): 545 - 571.

Hoekstra AY, Buurman J, Ginkel KCH (2018) Urban water security: a review. Environ Res Lett 13 (5): 053002.

Kinouchi T, Nakajima T, Mendoza J, Fuchs P, Asaoka Y (2019) Water security in high mountain cities of the Andes under a growing population and climate change: a case study of La Paz and El Alto, Bolivia. Water Secur 6: 100025.

Knight J (2019) Cape Town has a plan to manage its water. But there are big gaps. The Conversation, 27 Feb.

Koor F (2018) Interview. Cape Town drought response learning initiative.

Kotzé P (2010) Cape Town—water for a thirsty city (part 1). Water Wheel November/December 2010. Published by the Water Research Commission.

Kotzé P (2011) Cape Town—water for a thirsty city (part 2). Water Wheel January/February 2011. Published by the Water Research Commission.

Madonsela B, Koop S, van Leeuwen K, Carden K (2019) Evaluation of water governance processes required to transition towards water sensitive urban design—an indicator assessment approach for the City of Cape Town. Water 11 (292): 1 - 14.

Malan N (2018) Are icebergs a realistic option for augmenting Cape Town's water supply? Water Wheel March/April 2018.

Old Mutual (2018) Old mutual Cape Town will go "off the water grid" with launch of water filtration plant.

New M (2018) Interview under the drought response learning initiative.

NOAA (2020) Climate at a Glance.

Olivier DW (2017) Cape Town water crisis: 7 myths that must be bust. The Conversation, 7 Nov.

Olivier DW (2018) Cape Town's map of water usage has residents seeing red. The Conversation, 17 Jan.

Orheim O (2018) Response to article—Iceberg harvesting IS a possibility. Water Wheel March/April 2018.

Pankratz T (2018) Seawater desalination in Cape Town, South Africa. Technical memorandum from Water Consultants International.

Pengelly C (2018) Interview under the drought response learning initiative.

Rossouw N (2019) Personal communication.

Snowden DJ, Boone ME (2007) A leader's framework for decision making. Harvard Bus Rev (Nov 2007).

Solomon N (2019) Personal communication.

Stats SA (2019) http://www.statssa.gov.za. Accessed 20 May 2020.

The Beverage Company (2019) World Water Day on 22 March: "Leaving no one behind".

Turton AR (2018) Interview in DW documentary entitled "South Africa: Cities without water" (17: 26 - 18: 20).

Vairavamoorthy K, Matthews N, Brown P (2019) Building resilient urban water systems for an uncertain future—the source magazine. IWA Publishing, 15 Mar 2019.

van Ginkel KCH, Hoekstra AY, Buurman J, Hogeboom RJ (2018) Urban water security dashboard: Systems approach to characterizing the water security of cities. J Water Resour Plan Manag 144 (12): 04018075.

Virgin Active (2019) Water stewardship at virgin active in South Africa.

Voutchkov N (2017) Critical review of the desalination component of the WRP. Technical memorandum from Water Globe Consultants.

Wang RY, Dai L (2021) Hong Kong's water security: a governance perspective. Int J WaterResour Dev 37 (1): 48 - 66.

Western Cape Government (2018) Provincial economic review and outlook 2018.

WHO/UNICEF (2020) Water, sanitation, hygiene and waste management for the COVID - 19virus: technical brief. WHO/2019 - nCoV/IPC _ WASH /2020. 1.

Winter K (2018) Five key lessons other cities can learn from Cape Town's water crisis. The Conversation, 3 Apr.

Wright T, Jacobs HE (2016) Potable water use of residential consumers in the Cape Town metropolitan area with access to groundwater as a supplementary household water source. Water SA 42 (1): 144 - 151.

Ziervogel G (2018) Interview. Cape Town drought response learning initiative.

Ziervogel G (2019a) What the Cape Town drought taught us: 4 Focus areas for Local governments. Cities Support Programme/National Treasury.

Ziervogel G (2019b) Unpacking the Cape Town drought: lessons learned. Cities SupportProgramme/National Treasury.

第17章 温度-降雨异常和气候变化：对未来2030年和2050年澳大利亚农业的可能影响

R. Quentin Grafton and Glyn Wittwer

摘　要：澳大利亚是一个粮食过剩的国家，其大部分陆地位于干旱或半干旱地区，降水量和夏季温度变化很大。基于2011—2020年的降水和温度数据，对气候变化对与澳大利亚农业相关的水资源可能产生的经济影响按地区和部门进行分析，包括其对澳大利亚“食物篮子”（墨累-达令盆地）的可能影响。评估了三种情景，包括：①2011—2020十年；②“2030”情景，其中农业生产力在10个生长季节中的5个季节中比2011—2020情景下降10%；③“2050”情景，即在10个生长季节中的5个季节中，农业生产力相对于2011—2020年情景下降20%。在全国范围内，相对于没有同比季节性变化的基线，第一种情景的福利影响按净现值计算为−350亿美元，第二种情况下的福利影响为−460亿美元，第三种情况下为−590亿美元。研究结果支持选择和实施特定适应途径以应对澳大利亚农业的气候变化。

关键词：干旱生产力；气候变化；CGE模型；墨累-达令盆地

17.1 引言

澳大利亚气象局报告称，2010—2020年，澳大利亚的平均气温比前十年高0.33℃，自1910年以来平均地表气温升高了1℃以上。这种变暖趋势正在加速，澳大利亚有记录以来最热的十年中有7年发生在1998年以后（Bureau of Meteorology and CSIRO 2018），其中2018—2019年夏季是澳大利亚有记录以来最热，温度上升了0.86℃（Bureau of Meteorology 2019）。

澳大利亚较高的温度会产生多种影响，因此需要多种应对措施（Australian Academy of Science 2021）。澳大利亚的气候变化影响包括但不限于公共卫生（Hughes and McMichael 2011）、劳动生产率（Zander et al. 2015）、旅游业（Climate Council 2018）、农业（Howden and Stokes 2010）、生物多样性（Howden et al. 2003）、大堡礁（Great Barrier Reef Marine

R. Q. Grafton (✉)
Crawford School of Public Policy, The Australian National University, Crawford Building (132), Lennox Crossing, Acton, ACT 2601, Australia
e-mail: quentin.grafton@anu.edu.au
G. Wittwer
Victoria University (Melbourne), Footscray, Australia
e-mail: glyn.wittwer@vu.edu.au

Park Authority 2019）以及山火发生的频率和严重程度（Abram et al. 2021）。根据卫星数据，2019—2020 年的高温和干燥条件导致澳大利亚发生大面积野火，烧毁了约 3000 万 hm^2 土地（Bowman et al. 2020），摧毁了 2400 多座建筑物，并导致 34 人当场丧生（Filkov et al. 2020），数百人因接触烟雾而过早死亡（Arriagada et al. 2020）。由于海面温度上升，海洋热膨胀导致海平面每十年上升约 3cm（Australian Academy of Science 2015）。反过来，这又导致了风暴潮期间澳大利亚沿海洪水的增加，也可能导致淡水沿海含水层的海水入侵（Costall et al. 2020）。

本章中我们只关注气候变化对澳大利亚农业的影响，并与三种情景相关：①情景一，2011 —2020 年的十年；②情景二，“2030”情景，相对于情景一农业生产力在 10 个生长季节中有 5 个下降 10%；③情景三，“2050”情景，相对于情景一农业生产力在 10 个生长季节中的 5 个季节下降 20%。

我们的分析根据实际国内生产总值（GDP）、就业和实际工资，量化了地区和农业部门对气候变化的影响。这是基于温度和降雨异常并包括它们对农业生产力的可能影响来完成的，须指出我们研究的三种情景没有考虑年内的季节性变化。我们的方法是采用可计算一般均衡（CGE）建模，该方法之前已在澳大利亚和其他国家/地区应用，以评估缺水效应的经济影响（Liu et al. 2016）。我们的结果是从动态的多区域 CGE 模型，即 VU－TERM（Wittwer et al. 2005；Wittwer and Griffith，2011，2012）中获得的，这是一个包含区域表达的澳大利亚经济范围模型。

17.2　模拟气候变化对澳大利亚农业的影响

在本节中，我们总结了澳大利亚的降雨量和温度趋势。根据 2011—2020 年的异常情况，我们模拟了三种与气候变化相关的情景，这些情景考虑了澳大利亚农业的年度天气变化、区域影响和部门差异。还强调了气候变化对澳大利亚“粮仓”——位于澳大利亚东南部的墨累-达令盆地（MDB）的影响的总结。

17.2.1　降雨和温度异常

与许多其他国家相比，澳大利亚的气候变化很大，因此很难辨识时间趋势。尽管如此，最高和平均地表温度在统计学上呈现显著趋势，澳大利亚的平均温度每十年平均增加约 0.1℃（Ukkola et al. 2019）。这种增加的趋势超过了所观测到的季节变异性，与人为导致的气候变化一致（Karoly and Braganza 2005a），并且在所有地区都可以观察到，包括澳大利亚东南部（Karoly and Braganza 2005b）。相比之下，全国平均年降雨量和大气需水量（以蒸发量衡量）趋势保持在历史范围内，而且似乎是不稳定的。尽管如此，在区域层面，澳大利亚西南部的冬季降雨量低于历史平均值，过去十年是有记录以来最干旱的十年（Abram et al. 2021），而 MDB 区似乎也可能转向夏季降雨（Ukkola et al. 2019），在其他同等情况下，溪流和河流流量将减少。

虽然历史和近期趋势不一定预示未来气候，但它们确实为评估气候变化对澳大利亚农业可能产生的影响提供了依据。这些影响包括均温升高以及高温日频数增加（Hennessy et al.

2010)。在其他条件相同的情况下，更多的极端高温天会增加农业干旱的严重程度和持续时间（McDonell et al. 2020)。Lesk 等的研究（2016）表明，在全球范围内极端高温事件在它们发生的那一年使全国谷物产量降低了约 9%（8.4%～9.5%，95%置信区间)。气候变化对粮食产量的影响尤为重要，因为如果到 2050 年全球平均粮食产量每年增加不到 1%，那么 2050 年之前全球将出现大量粮食短缺（Grafton et al. 2017)。

17.2.2 澳大利亚农业气候变化情景

我们研究了三种可能的气候情景，并在 Wittwer（2021）中提供了完整的细节。情景一（2020 年）是 2020 年条件的程式化版本，其基于 2016—2020 年记录的实际平均降雨量和温度。在模型中，第 1 年的农业生产力代表 2016 年的状况，第 2 年的状况代表 2017 年的状况，直到第 5 年，需要注意的是澳大利亚东南部的大部分地区从 2016—2020 年都处于干旱状态。此后，第 6 年代表 2011 年的状况，直到第 10 年代表 2015 年的状况。情景二（2030 年）是对 2030 年的程式化描述，第 1、第 5、第 7、第 9 和第 10 年的农业生产率比情景一低 10%，而第 2、第 3、第 4、第 6 和第 8 年的生产率水平保持不变。情景三（2050 年）是对 2050 年的程式化描述，第 1、第 5、第 7、第 9 和第 10 年的农业生产力比情景一低 20%，而第 2、第 3、第 4、第 6 和第 8 年的生产力水平保持不变。我们的模型获取了过去十年的气候变化数据，但是包括生产力冲击，我们将其归因于 2030 年和 2050 年发生的更多极端高温事件。

由于澳大利亚面积较大和气候的变动，利用区域、部门和时间（年度）变化数据评估气候变化的可能影响。空间变化十分需要，因为内陆农业地区可能比沿海地区更容易受到气温上升的影响，并且受降雨异常变化的影响更大。

17.2.3 国家影响

情景一模拟了 2011—2020 年十年的两个阶段。首先，第 1 至第 5 年（代表 2016—2020 年）使用观察到的区域年降雨量和温度差异来推断每个区域的农业生产力水平。第 6 至第 10 年的模拟则基于 2011—2015 年的历史年降雨量和温度差异进行。Wittwer（2021）中提供了这些年降雨量和温度异常的详细信息和地图。

在干旱年份，农业受影响较大地区的农业部门生产力与基数相比急剧下降。干旱影响的一个关键衡量指标是收入，由 GDP 定义，它是主要生产要素（资本 K、就业 L）和基础技术（$1/A$）的函数，由公式（17.1）定义：

$$\mathrm{GDP}=f\left(K,L,\frac{1}{A}\right) \tag{17.1}$$

虽然农业占澳大利亚 GDP 的比重仅略高于 2%，但季节性条件的巨大差异会对国民收入波动产生重大影响。如图 17.1 所示，实际 GDP 在第 4 年（相当于 2019 年干旱年）下降至低于基数 1%，这是澳大利亚有记录以来最热的一年。部分农业使用资本下降，下降至低于基数的 0.2%，部分原因是干旱年份的牲畜扑杀以及干旱年份的投资减少（见图 17.2)。

情景二（2030 年）的假设是，2011—2020 年的“正常”气候年份更热，因此在干旱年份农业生产力相对于情景一下降 10%。情景三（2050 年）假设干旱年份相对于情景一的生

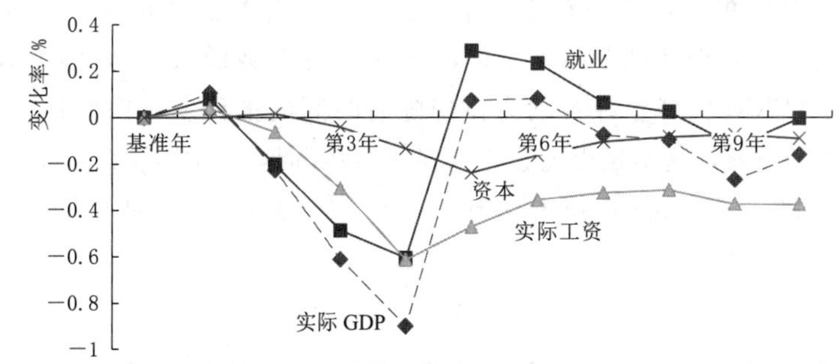

图 17.1 情景一（2020 年）十年的澳大利亚实际 GDP、工资、就业和资本变化（偏离基数的百分比）

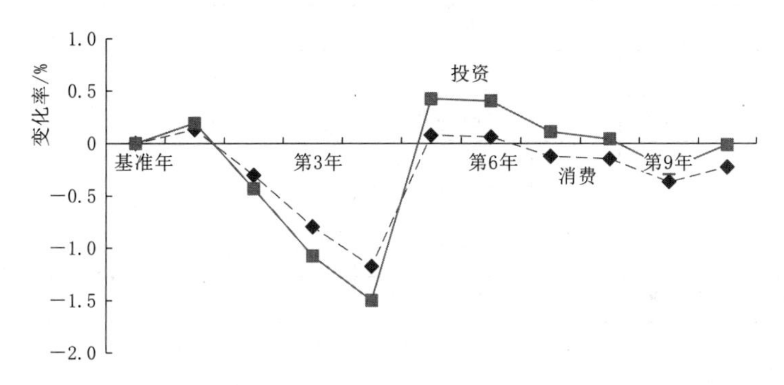

图 17.2 情景一（2020 年）十年的澳大利亚总消费和投资变化（与基数的百分比偏差）

产力下降幅度更大，为 20%，这是气候变化的假设后果。因此，与情景一相比，情景二和情景三的恢复年限较弱，收入损失较大。情景二（2030 年）和情景三（2050 年）的就业率均略低于情景一（2020 年）。

干旱引起的生产力损失也增加了劳动力市场的成本。特别是，相对于基数而言，生产力损失在全国范围内抑制了实际工资和就业。在第 5 年（相当于 2020 年），这是相对于第 4 年的复苏年，与更高的平均降雨量和更低的温度相关，总投资和就业增加（图 17.1 和 17.2）。

在第 3 年和第 4 年，在国家水平和许多模拟地区，实际 GDP 的下降百分比大于劳动力或已使用资本的下降百分比。在受干旱影响的第 4 年（相当于 2019 年），澳大利亚范围内的就业率比基数下降了约 0.7%。根据模型中的假设，实际工资在地区层面缓慢调整。因此，在严重的地区衰退中，实际工资调整是有限的：任何流动性相对较高的工人都会离开受干旱影响的地区。此外，劳动力参与率可能会在干旱期间暂时下降。因此，为了避免不切实际的工资下调，在第 4 年在几个地区实行外来临时劳动力供给向下转移，使得任何一年地区实际工资低于基数的幅度都不超过 2%。

17.2.4 区域影响

VU-TERM 模型的区域如图 17.3 所示。表 17.1 显示，农业相对密集地区的影响远大于国家层面的影响，特别是新南威尔士州西部地区、远西-奥拉纳、新英格兰西北-格拉夫顿、达林-唐斯-马拉诺亚-花岗岩带，以及昆士兰内陆。在情景一（2020 年）中，实际 GDP 在很长一段时间内比基数下降 8%以上。在区域范围内，在昆士兰内陆地区，第 9 年和第 10

年从情景一（2020 年）的中度干旱转变为情景三（2050 年）的严重干旱，劳动力供应转移减少了实际工资的下降，但使就业结果恶化，第 10 年比基数低 1.3%，因为劳动力离开了该地区。虽然 VU - TERM 模型允许劳动力供应随着时间的推移发生内生性下降，但在第 10 年下降至低于基数 0.6%，这不足以防止当年昆士兰内陆地区的实际工资低于基数 2%以上。在远西-奥拉纳和新英格兰西北-格拉夫顿地区，第 4 年的就业率比基数低 4%左右，这反映了外源性劳动力供应向下转移。

表 17.1　　实际 GDP 的偏差：按地区、按年份和按情景（与基数的偏差百分比）

	第 1 年	第 2 年	第 3 年	第 4 年	第 5 年	第 6 年	第 7 年	第 8 年	第 9 年	第 10 年
情景一（2020 年）										
CapitalReg	0.2	−0.2	−1.0	−1.4	−0.2	−0.2	−0.2	−0.2	−0.4	−0.2
CoastNSW	0.0	−0.1	−0.4	−0.6	0.1	0.1	0.0	0.0	−0.1	0.0
CentralWest	0.5	−0.3	−2.2	−2.3	0.2	0.2	−0.2	−0.3	−0.3	0.1
FarWestOrana	0.8	−3.1	−9.3	−9.5	−0.4	−0.5	−1.3	−1.6	−2.1	−0.9
RvnMurray	0.9	−1.1	−5.5	−5.7	0.2	0.3	0.1	−0.9	−1.3	−0.1
NewEngNWGrft	0.8	−3.9	−10.8	−11.0	−0.7	−0.2	0.0	−3.0	−3.6	−0.9
NthAndCntVic	0.3	−0.9	−1.1	−2.7	0.0	−1.1	−1.1	−0.2	−1.2	−0.9
RoVic	0.1	−0.1	−0.3	−0.4	0.1	0.1	0.0	0.1	−0.1	−0.1
ECoastQld	0.0	−0.1	−0.4	−1.2	0.0	0.1	0.0	−0.1	−0.3	−0.2
DDwmMnGBQld	0.8	−3.4	−9.9	−9.6	−2.3	−0.4	−0.2	−4.0	−3.9	−2.1
OutbackQld	2.0	−2.1	−11.4	−13.2	−4.0	−0.8	−0.8	−12.5	−10.2	−10.2
AdelCstSA	0.2	−0.2	−0.5	−0.8	0.1	0.1	−0.1	0.2	−0.2	−0.2
EyreMallOBSA	0.9	−0.8	−0.9	−1.1	0.1	0.3	−0.4	1.1	−0.2	−0.3
WheatInldWA	0.0	−2.4	−3.4	−7.2	−1.6	1.2	−5.7	−1.7	−2.3	−2.2
RoWA	0.0	−0.1	−0.2	−0.3	0.1	0.3	−0.1	0.1	0.1	0.1
RoA	0.1	−0.3	−0.4	−0.7	0.2	0.2	0.1	0.1	−0.3	−0.2
情景二（2030 年）										
CapitalReg	−0.4	−0.2	−1.0	−1.3	−0.5	−0.2	−0.4	−0.1	−0.6	−0.4
CoastNSW	−0.2	−0.1	−0.3	−0.6	0.0	0.1	−0.1	0.0	−0.2	−0.1
CentralWest	−0.2	−0.2	−2.1	−2.3	−0.1	0.3	−0.5	−0.2	−0.6	−0.1
FarWestOrana	−0.7	−3.2	−9.3	−9.5	−0.8	−0.4	−1.8	−1.4	−2.8	−1.3
RvnMurray	−0.5	−1.1	−5.4	−5.6	−0.5	0.3	−0.7	−0.8	−2.2	−0.9
NewEngNWGrft	−0.6	−4.0	−10.9	−11.1	−1.2	0.0	−0.4	−2.8	−4.4	−1.4
NthAndCntVic	−0.9	−1.0	−1.2	−2.7	−0.7	−1.2	−1.9	−0.2	−1.9	−1.6
RoVic	−0.3	−0.1	−0.3	−0.4	−0.1	0.1	−0.2	0.1	−0.4	−0.2
ECoastQld	−0.4	−0.1	−0.4	−1.1	−0.2	0.1	−0.2	−0.1	−0.4	−0.3
DDwmMnGBQld	−0.7	−3.5	−9.9	−9.6	−2.9	−0.3	−0.7	−4.0	−4.7	−2.8

续表

	第1年	第2年	第3年	第4年	第5年	第6年	第7年	第8年	第9年	第10年
OutbackQld	0.8	-2.3	-11.4	-13.2	-5.6	-0.7	-2.4	-12.4	-11.5	-11.5
AdelCstSA	-0.3	-0.3	-0.7	-1.0	-0.4	0.0	-0.5	0.1	-0.7	-0.6
EyreMallOBSA	-0.6	-1.5	-1.6	-1.8	-0.9	-0.3	-1.4	0.5	-1.1	-1.2
WheatInldWA	-2.5	-2.5	-3.5	-7.3	-3.2	1.1	-7.1	-1.7	-3.7	-3.6
RoWA	-0.2	0.0	-0.2	-0.2	0.0	0.3	-0.2	0.2	0.0	0.0
RoA	-0.4	-0.2	-0.4	-0.7	-0.1	0.2	-0.2	0.2	-0.5	-0.4
情景三（2050年）										
CapitalReg	-0.6	-0.2	-0.9	-1.3	-0.8	-0.1	-0.7	-0.1	-0.9	-0.6
CoastNSW	-0.3	-0.1	-0.3	-0.6	-0.2	0.2	-0.2	0.1	-0.4	-0.2
CentralWest	-0.4	-0.2	-2.1	-2.3	-0.5	0.4	-0.9	-0.1	-1.1	-0.5
FarWestOrana	-1.2	-3.2	-9.3	-9.5	-1.3	-0.1	-2.2	-1.1	-3.6	-1.9
RvnMurray	-1.0	-1.1	-5.4	-5.6	-1.6	0.4	-1.7	-0.7	-3.3	-1.9
NewEngNWGrft	-1.1	-4.0	-10.9	-11.1	-1.7	0.3	-1.0	-2.5	-5.4	-1.9
NthAndCntVic	-1.4	-1.0	-1.2	-2.7	-1.6	-1.2	-2.8	-0.1	-2.8	-2.5
RoVic	-0.4	-0.1	-0.3	-0.4	-0.4	0.1	-0.5	0.1	-0.6	-0.5
ECoastQld	-0.5	-0.1	-0.4	-1.1	-0.4	0.2	-0.4	0.0	-0.7	-0.5
DDwmMnGBQld	-1.2	-3.5	-9.9	-9.6	-3.6	-0.1	-1.3	-3.9	-5.7	-3.5
OutbackQld	0.3	-2.3	-11.4	-13.2	-7.4	-0.6	-4.2	-12.4	-13.0	-12.9
AdelCstSA	-0.5	-0.4	-0.7	-1.0	-0.8	-0.1	-1.0	0.1	-1.1	-1.0
EyreMallOBSA	-1.2	-1.7	-1.8	-2.0	-1.4	-0.5	-1.9	0.3	-1.7	-1.7
WheatInldWA	-3.3	-2.6	-3.6	-7.3	-4.8	1.2	-8.6	-1.7	-5.3	-5.2
RoWA	-0.3	0.0	-0.2	-0.2	-0.2	0.3	-0.3	0.2	-0.2	-0.1
RoA	-0.5	-0.2	-0.4	-0.7	-0.4	-0.2	-0.5	-0.2	-0.8	-0.6

图17.4显示了每个VU-TERM地区农业在收入中所占的百分比。这些相对农业收入份额使我们能够估计情景二（2030年）和情景三（2050年）相对于情景一（2020年）在任何给定年份的地区GDP有何不同。例如，在远西-奥拉纳州，第0年农业占GDP的份额为11.4%。在第一年，情景三（2050年）的农业生产率比情景一（2020年）低20%，我们初步估计实际GDP将下降2.3%［=0.2×11.4%，基于式（17.1）］相对于情景一（2020年）。表17.1的第1年列（降雨量高于平均水平的年份）显示远西-奥拉纳的实际GDP在情景一（2020年）中比基数高0.8%，在情景二（2030年）中比基数低0.7%，以及低于情景三（2050年）中的基数的1.2%。在随后的农业生产力较低的年份中，例如在情景三（2050年）中，由于农业在区域GDP中的份额随着时间的推移逐渐下降以及产出价格变化导致的数据权重变化，模拟差异比计算的小。

17.2.5　农业部门的变化

VU-TERM允许牲畜生产中土地和饲料（干草谷物饲料）之间的可替代性，并假设一年生产的饲料可用于另一年，从而提供了一种管理季节性风险的手段。假设中间投入物在生

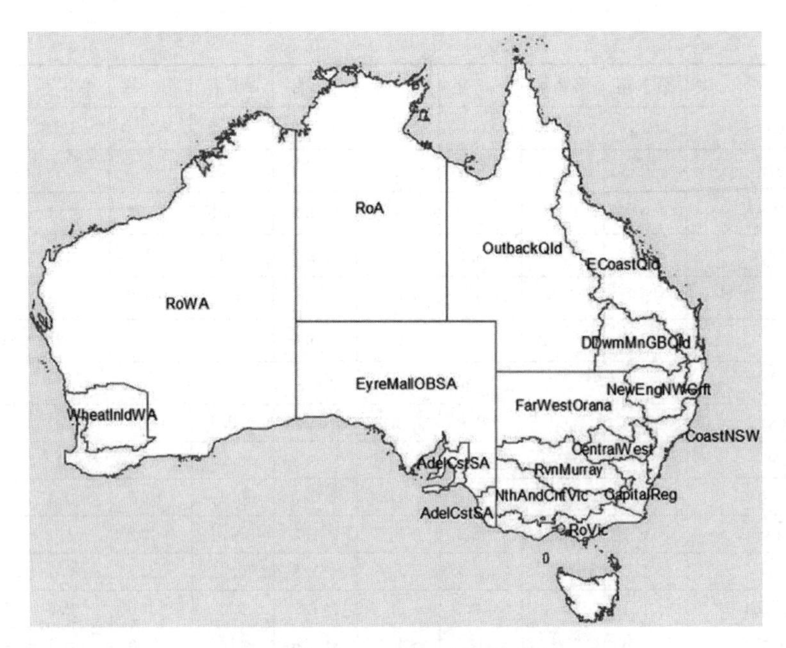

图 17.3　VU－TERM 模型的区域

（来源：Glyn Wittwer）

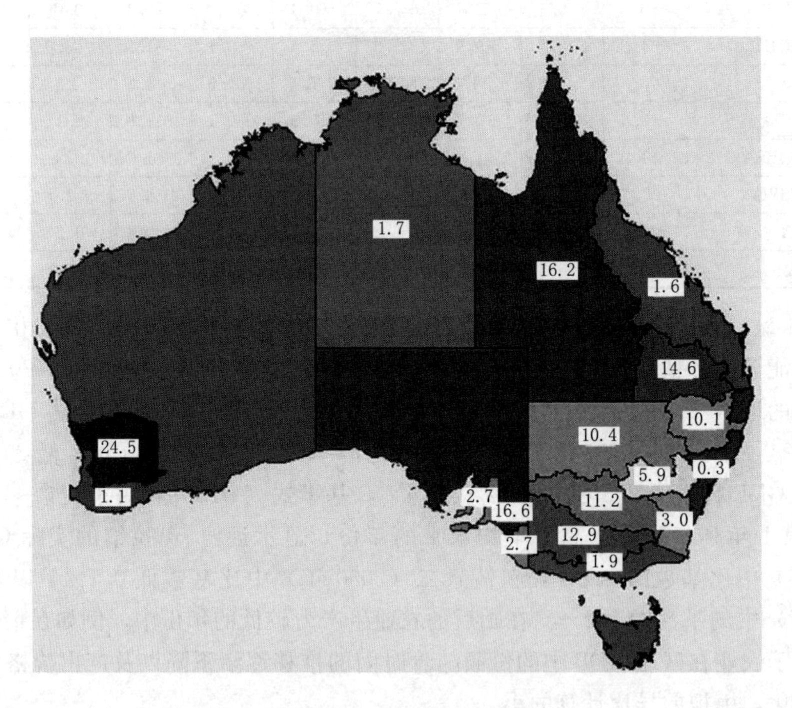

图 17.4　按地区划分的农业收入份额，第 0 年

（来源：VU－TERM 数据库）

产的同一时期使用，但在情景一（2020 年）中不施加干草谷物饲料生产力冲击，因为在天气好的年份生产的饲料可能会在干旱年份使用。在昆士兰内陆的牧场生产中，我们假设这种

替代是不可能的，并且产量（即牛群数量）在长期干旱期间必然减少。

干旱年份第 2 至第 4 年的 VU－TERM 模型结果表明，新英格兰-西北-格拉夫顿的肉牛产量相对于基数增加，因为饲料（包括使用饲养场）投入替代了整个地区的土地投入。然而，由于无法改用饲料，昆士兰内陆地区的肉牛产量急剧下降。模拟结果是，尽管新英格兰西北-格拉夫顿肉牛的土地生产量下降，但由于从昆士兰内陆地区转向相对有利的新南威尔士州北部地区，产量有所增加。在情景二（2030 年）和情景三（2050 年）中，昆士兰内陆地区的生产力损失进一步下降，新南威尔士州地区的生产替代增加。

17.2.6　墨累-达令盆地（MDB）

MDB 位于澳大利亚东南部，通常被描述为澳大利亚的“粮仓”，因为它占该国农业总产值的近 40%（2005—2006 年）（Australian Bureau of Statistics 2008，表 4.21）。MDB 涵盖多个司法管辖区，包括澳大利亚首都直辖区、昆士兰南部的部分地区、新南威尔士州的大部分地区、维多利亚州北部和南澳大利亚州南部。MDB 北部包括 Barwon－Darling 河及其集水区，这里的大部分径流由太平洋气旋活动产生。MDB 南部包括马兰比季（Murrumbidgee）河和墨累（Murray）河，这里的大部分径流来自冬季降雨。在 MDB 北部，水主要保存在私人水库中，并由灌溉者直接从溪流和河流中提取。在 MDB 南部，流入的水主要收集在大型公共水库，作为发达的大型水利基础设施的一部分，为灌溉者提供服务。

MDB 中的水由州政府和联邦政府共同管理。联邦政府于 2012 年制订了一项流域计划，该计划将于 2026 年到期，其目标之一是确保地表水和地下水的可持续开采水平（Grafton 2019）。当前流域计划中的可持续分流限制（SDL）是根据历史气候记录（1895—2006 年）制定的，因此没有考虑联邦政府下属科学机构 CSIRO（2008）的气候变化预测模拟。

与澳大利亚其他地区一样，MDB 的平均地表温度有所上升，而且自 1990 年以来，日极端高温事件也大幅增加。然而，除了历史气候变率之外，平均降雨量没有统计上的显著趋势（Bureau of Meteorology 2020）。Jiang 和 Grafton（2011）使用 CSIRO（2008）对 2030 年的气候变化预测中值和“最佳”估计。Jiang 和 Grafton（2011）使用水经济模型模拟了 MDB 的 18 个流域气候变化对灌溉农业的影响。在 2030 年的中值情景下，Jiang 和 Grafton 发现灌溉利润会因预计取水量下降 4%而减少 1%。相比之下，对 2010 年结束的长达十年的广泛干旱（称为千禧年干旱）的影响的模拟是，灌溉用水减少 13%，导致灌溉农业利润下降 5%。

2006—2008 年，墨累-达令盆地南部的水源地区遭遇了创纪录的降雨不足。这些降雨不足导致 MDB 河流的流入量急剧减少，因此，MDB 南部的灌溉水分配出现了前所未有的削减。Wittwer 和 Griffith（2011）使用 TERM－H2O 模拟了这次干旱的影响，该模型包括灌溉和旱地农业活动之间的水账户和要素流动性。模型结果显示在连续三年里 MDB 南部的实际 GDP 相对于正常年份基数下降超过 5%，超过 6000 个工作岗位损失。模型还模拟了对 MDB 南部一年生到多年生作物生产者售水，以应对水资源分配的减少以及水稻生产的停止情况的影响。

根据千禧年干旱期间观察到的数据，相比于同样减少的取水量灌溉农业生产总值（GVIAP）的总价值下降幅度相对较小。Kirby 等（2014）研究发现，尽管从 2000—2001 年到 2008—2009 年灌溉农业的用水量下降了 2/3，但 GVIAP 仅下降了 14%。可能原因为农民通过作物转换、水交易、替代购买的牧场饲料和增加作物产量降低了可用水亏缺的影响。

使用 VU-TERM 模型，我们发现无论 MDB 北部还是南部，其情景一、情景二和情景三之间几乎没有区别，只是情景三（2050 年）的 GDP 波动更为明显，其次是情景二（2030 年），而情景一（2020 年）的变化最小。如图 17.5 所示，MDB 北部在干旱年（第 4 年）受到的影响最大，GDP 下降约 12%，但在非干旱年（第 6 年）仍能快速恢复。到第 4 年实际工资和就业分别下降约 2%和 4%。在 MDB 南部（见图 17.6）GDP 到第 4 年下降约 4.5%，但对就业和实际工资的影响很小。

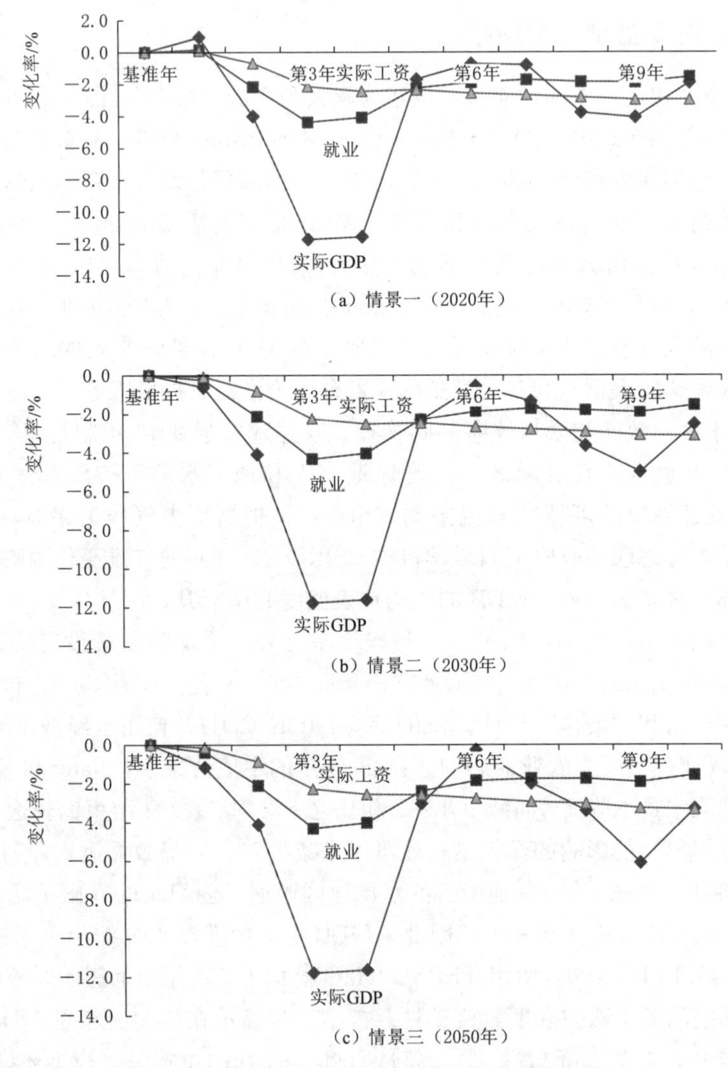

图 17.5　北墨累-达令盆地的气候变化和农业影响

MDB 北部较大负面影响的部分原因是其降雨亏缺的影响比南部盆地更严重。这是因为它们基于 2019 年 12 月结束的这十年：这其中最后三年使新南威尔士州和昆士兰州南部的大部分地区出现创纪录的降雨量不足，包括了 MDB 北部的大部分地区。在这三年期间，MDB 南部的降雨量也低于平均水平，但干旱不如北部严重。

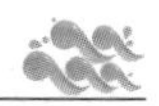

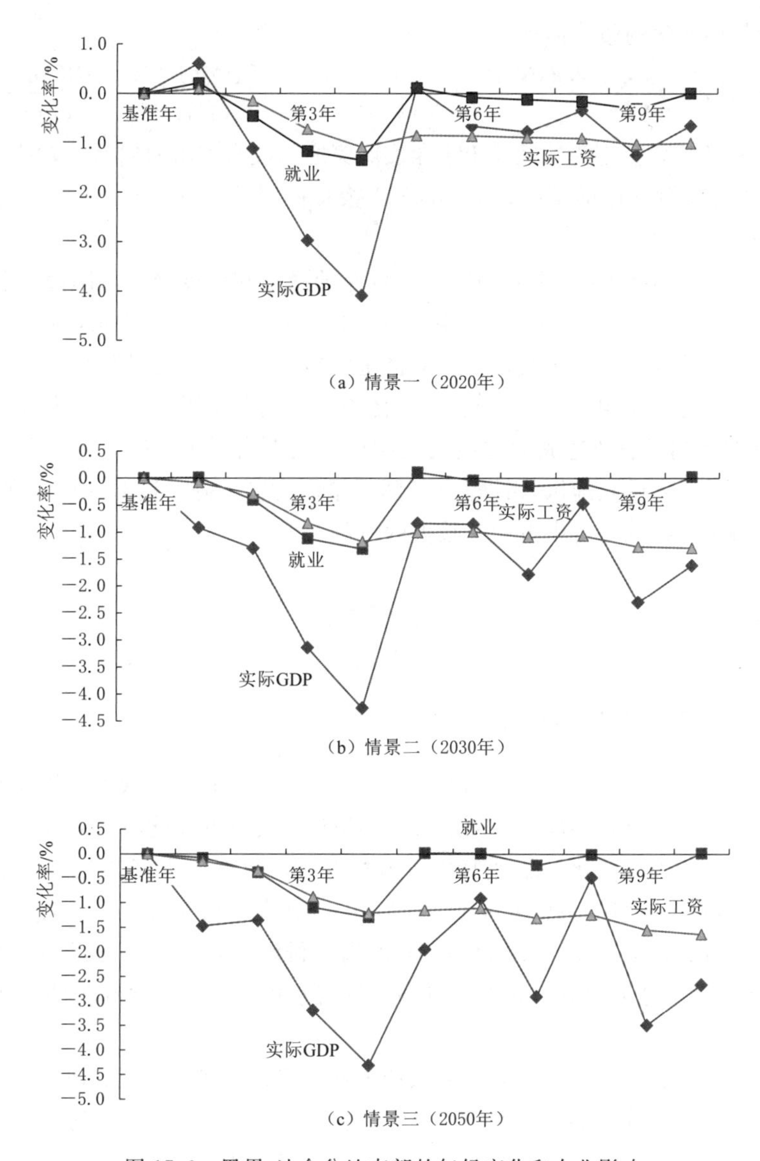

(a) 情景一 (2020年)

(b) 情景二 (2030年)

(c) 情景三 (2050年)

图 17.6 墨累-达令盆地南部的气候变化和农业影响

17.2.7 福祉影响

在评估气候变化对福祉的影响时，应包括多种因素。以 Kompa 等（2018）开发的 CGE 模型为例，该模型已用于量化与多种因素相关的气候损害对 GDP 的影响，这些因素包括海平面上升、农业生产力、劳动生产力和人类健康损失、能源需求和旅游业。在对 139 个国家的模拟中，发现升温 3℃，澳大利亚 GDP 的长期下降约为 1%，但一些非洲国家（科特迪瓦和多哥）的 GDP 损失接近 20%。值得注意的是，GDP 损失的幅度远远高于平均地表温度的增加，因此平均升温 4℃时，GDP 损失会更高。

使用 VU－TERM 模型，并且仅针对澳大利亚，我们根据公式计算福祉偏差，通过澳大利亚农业衡量气候变化的整体福祉：

$$dWELF = \sum_{d}\sum_{t}\frac{dCON(d,t)+dGOV(d,t)}{(1+r)^{t}} - \frac{dNFL(z)}{(1+r)^{z}} + \frac{dKstock(z)}{(1+r)^{z}} \quad (17.2)$$

式中：$dCON$ 和 $dGOV$ 分别为地区 d 和 t 年实际家庭和政府支出的偏差；$dNFL$ 为模拟的最后一年（z）中实际净外债的偏差；$dKstock$ 为模拟的最后一年（z）的资本存量价值的偏差；r 为贴现率。

在情景一（2020 年）中，根据 2011—2020 年的降雨和温度异常，国民福利损失的净现值为 350 亿澳元。在情景二（2030 年）中，这一数字下降到 460 亿澳元，而在情景三（2050 年）中，国家损失预计为 590 亿澳元。如果将这些损失以 2.5%的贴现率（r）转换为年金，则净现值减去 590 亿美元相当于年金减去 15 亿美元，或者相当于每位澳大利亚居民减去约 60 美元。虽然澳大利亚农业造成的这些损失在全国范围内很小，但在区域和部门层面上却很大。例如，在昆士兰内陆地区，牲畜生产因干旱而急剧下降，这对区域 GDP 产生了重大影响，因为牲畜生产在其经济中占相对较大的份额。

17.3　适应途径

17.3.1　澳大利亚农业的气候适应

澳大利亚农业气候适应途径中有两个关键问题很突出。首先，模型结果表明，农民对气候变化具有弹性，因此可以实施一系列适应措施以应对与气候变化相关的高温，包括但不限于：提前种植、作物类型变化、品种变化、植物育种、更好的天气预报、土壤水分智能计量、灌溉和水分保持的使用（Howden et al. 2010）。其次，在降雨变率方面，政府和农民通过建造蓄水池（私人和公共）来减少跨期变化，利用政府补贴提高灌溉效率（Grafton 2019），从土地权利中分离水权，并支持市场允许将水重新分配给更高价值的用途（Grafton and Horne 2014）。

虽然气候变化已经提升了澳大利亚的农业成本，但是在澳大利亚其他更易于控制的因素会产生更大的直接和持续影响。例如，在 MDB 中，预测的气候变化对河流流量的影响远小于当前灌溉用水抽取对河流流量的影响（Grafton et al. 2013）。重要的是，在全球范围内造成水资源危机的过程中，水资源治理的失败，比水资源供应问题更为重要（OECD 2011）。在 MDB 中，在案的记录表明，水治理失败或不足（Murray - Darling Basin Royal Commission 2019；Productivity Commission 2018；Grafton and Williams 2020）也是导致河流流量减少和环境不良后果相关的最重要因素（Wentworth Group of Concerned Scientists 2020）。其他文献也提及“……治理和管理方面存在严重缺陷，这些缺陷共同削弱了 2007 年水行动和墨累-达令流域计划（2012 年）框架的实施”（Australian Academy of Science 2019，p. 2）。

17.3.2　适应方法

应对气候变化风险的适应路径可能有两种截然不同的方法。首先，通过“自上而下”的方法，通常涉及将降尺度的气候模型预测用于公共规划和投资目的。其次，通过“自下而

上”的方法使用历史记录和极端事件（如干旱和洪水）进行规划，提高对气候冲击的适应能力（Grafton et al. 2019），尤其是对弱势群体。

Azhoni 等（2018）的研究给出了水资源环境适应气候变化的关键组成部分，包括：①影响；②适应推动因素；③机构网络；④实施。图 17.7 显示，气候变化会产生多种影响（水质量下降、用水需求增加等），而这些影响反过来又需要多种不同的推动因素（技术、基础设施等），其在不同的机构网络中运作，最终提供适应行动或途径。这些途径如何选择，以及何时实施和排序，取决于当地或区域的情况。

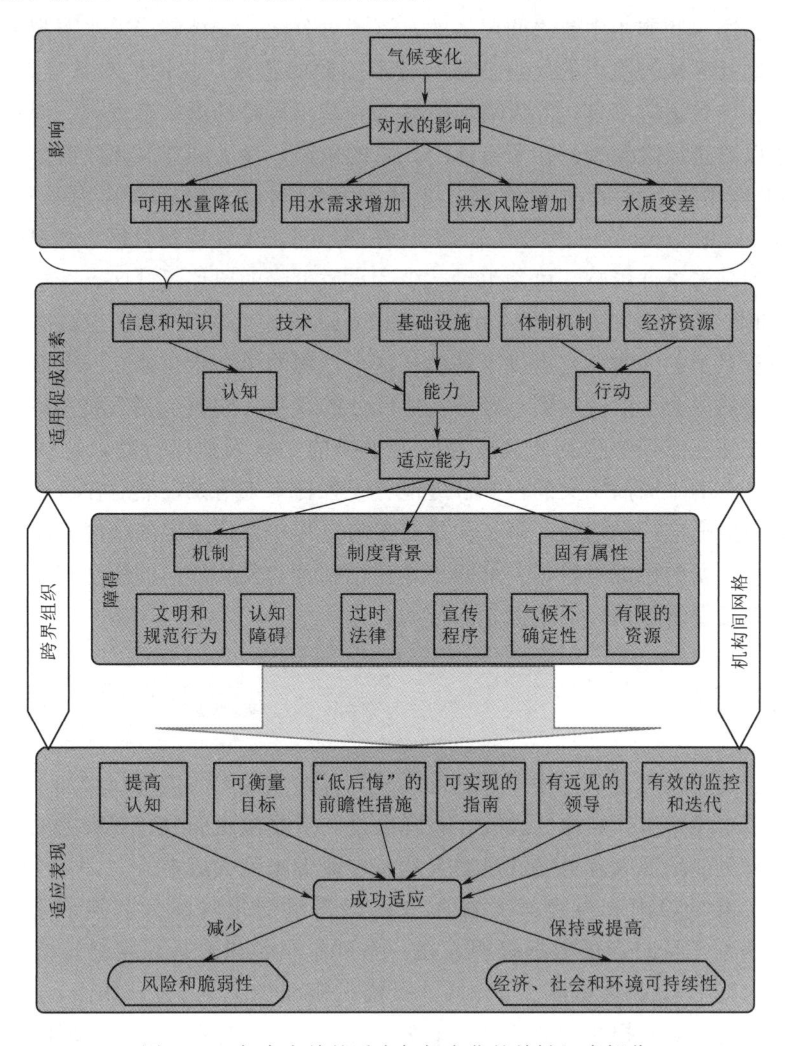

图 17.7 与水有关的适应气候变化的关键组成部分
（Azhoni et al. 2018，p. 742）

Wilby 和 Dessai（2010）开发了一种在水环境背景下对可能的气候变化适应途径进行选择的方法，如图 17.8 所示。该方法强调需要识别尽可能多的适应选项，然后进行社会可接受性以及经济和风险评估，以确定进一步的选项子集。对可能的适应情况的评估，他们建议使用在世界的多种可能状态下确保能产生预期结果的方法。在此框架中，会根据更新的数据和证据定期重新评估选定的选项。理想情况下，选择的适应行动或途径应该是稳健的而不是最优的，在多种可能的未来（Groves et al. 2019）中表现良好，并且在可能的情况下，呈现“不后悔”或“低后悔”。这样不论世界的状况如何，这些措施都值得应用采纳。此外，此类方法不仅应包括专家，还应寻求将所有利益相关者纳入参与式气候风险管理的流程（Döll and Romero－Lankao 2017）。

Matthews 和 Le Quesne（2008）就水问题提出了一个适应气候变化的总体战略，补充了图 17.7 和图 17.8 中的方法。该气候适应战略包括七项总体策略：①提高治理和机构能力；②支持部门间、用水和非用水者之间灵活的水资源再分配；③缓解当前水源超采等非气候变化压力；④促进社区从较脆弱的地点迁移到较不脆弱的地点；⑤评估水基础设施（如水坝）以确保它们不会导致适应不良；⑥发展可持续的和基于风险的洪水管理；⑦促进气候变化意识和适应规划以改进风险管理。在所有部门，总的来说，澳大利亚联邦政府强调了气候适应的四个关键优先事项：①理解与沟通；②计划和行动；③检查和再评估；④协作和学习（Commonwealth of Australia 2015，p. 18）。还必须特别关注脆弱社区，尤其是那些偏远地区和最容易受到高温事件影响、可用水量减少和水质下降的原住民社区。

图 17.7 和图 17.8 的方法以及 Matthews 和 Le Quesne（2008）的适应战略为应对澳大利亚农业水资源背景下的气候变化提供了基础。这个过程的第一步是建立一个区域和部门层面的多种可能结果的集合，以及它们与经济其他部分的联系，同时包括 VU－TERM 模型的结果。第二步是评估从农场规模到州和联邦政府举措的一系列适应行动，这些行动是随着时间、地点和参与者的不同而定义的，并合理地置于各种未来情景，然后在可能的替代方案中选择那些强有力的适应行动途径。第三步是在参与过程中评估选定的稳健策略，以确定优先级并定义社会可接受的稳健策略集。第四步是利用私营和公共部门的资金和专业知识，以明确的目标、绩效衡量和评估，实施优先的行动。

17.4 结论

气候变化已经对全球经济产生了深远的影响，并给农业等关键部门增加了成本。澳大利亚作为世界上最干燥且有人居住的大陆，就降雨量和夏季温度而言存在极大的气候变率。因此，气候变化有可能给澳大利亚尤其是澳大利亚农业带来巨大成本。

2011—2020 年的降雨和温度异常被用来模拟气候变化对澳大利亚农业地区的影响。2016—2020 年极端干旱时期的数据表明，在一系列干旱年份之后，在全国范围内，气候变化的影响很小，其中 GDP 大概减少了 1%，投资大概减少了 1.5%。然而，在区域范围内，模型结果表明，区域收入损失和波动远大于全国影响，尤其是在农业占区域收入较大份额的地区。

在分析中，我们只考虑了气候变化的干旱维度。气候变化引发的更多极端天气事件可能会导致更严重的洪水事件、更具破坏性的森林大火、更强的海浪和更严重的飓风。一些地区，例如新南威尔士州北部海岸，在一年多的时间内经历了极端的火灾和洪水（Nicholas and Evershed 2021）。这些极端天气事件中的每一个事件都有可能对人口稠密的地区（特别是在澳大利亚东海岸）产生较大破坏，从而从国家的角

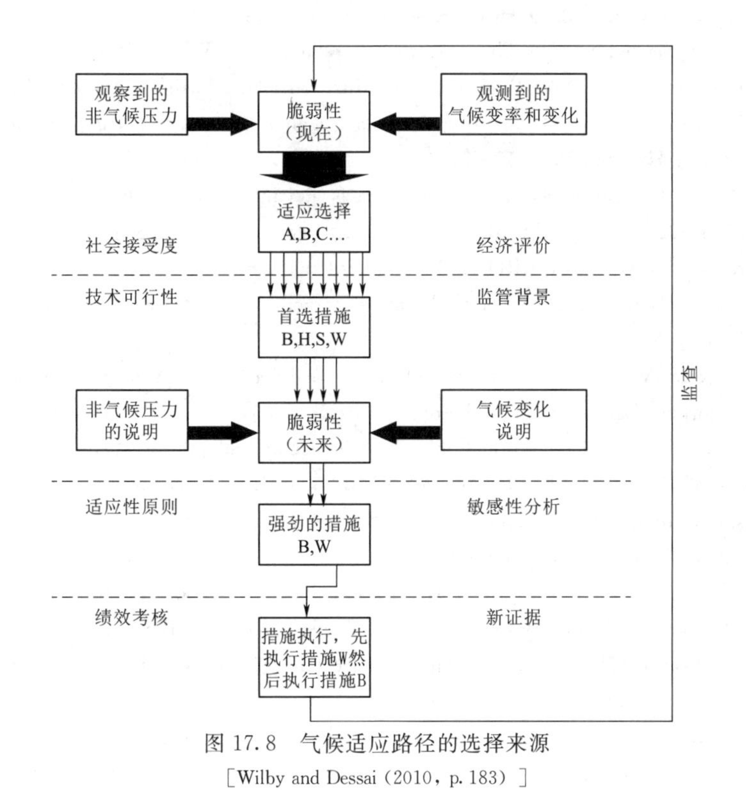

图 17.8　气候适应路径的选择来源

[Wilby and Dessai (2010, p. 183)]

度扩大经济损失。

我们强调，气候变化可能会影响每个部门和所有澳大利亚民众，必须对农业以外的这些多重影响进行全面分析。与劳动生产率、生物多样性、公共卫生、海平面上升等相关的此类影响将超出我们计算的与澳大利亚农业相关的气候变化成本。

为了应对气候变化对农业和其他部门可能产生的影响，澳大利亚需要制定完善且被接受的气候适应战略。这种战略必须辅之以响应农业需求和水治理优先事项的方法，包括确保可持续的取水水平。这些方法应寻求找到相对于“一切照旧”等替代方案而言表现良好的稳健适应行动，在未来合理的范围内，应当优先考虑弱势社区。如果澳大利亚想有效应对气候变化，就必须采取此类适应行动。

致谢　我们非常感谢 Mai Nguyen 在本章准备工作中提供的帮助。

参 考 文 献

Abram NJ, Henley BJ, Sen GA et al (2021) Connections of climate change and variability to large and extreme forest fires in southeast Australia. Commun Earth Environ 2 (1): 1 - 17.

Academy of Science (2019) Investigation of the causes of mass fish kills in the Menindee Region NSW over the summer of 2018 - 2019.

Arriagada NB, Palmer AJ, Bowman DM, Morgan GG, Jalaludin BB, Johnston FH (2020) Unprecedented smoke - related health burden associated with the 2019 - 20 bushfires in eastern Australia. Med J Aust 213 (6): 282 - 283.

Australian Academy of Science (2015) How are sea levels changing?

Australian Academy of Science (2021) The risks to Australia of a 3C Warmer World.

Australian Bureau of Statistics (2008) Water and the Murray Darling Basin—a Statistical Profile.

Azhoni A, Jude S, Holman I (2018) Adapting to climate change by water management organisations: enablers and barriers. J Hydrol 559: 736 - 748.

Bowman D, Williamson G, Yebra M, Lizundia - Loiola J, Pettinari ML, Shah S, Bradstock R, Chuvieco E (2020) Wildfires: Australia needs national monitoring agency. Nature 584: 188 - 191.

Bureau of Meteorology (BoM) and CSIRO (2018) State of the climate 2018.

Bureau of Meteorology (BoM) (2019) Special climate statement 68—widespread heatwaves during December 2018 and January 2019.

Bureau of Meteorology (BoM) (2020) Trends and historical conditions in the Murray - Darling Basin. A report prepared for the Murray - Darling Basin Authority.

Commonwealth of Australia (2015) National climate resilience and adaptation strategy 2015.

Costall AR, Harris BD, Teo B, Schaa R, Wagner FM, Pigois JP (2020) Groundwater through flow and seawater intrusion in high quality coastal aquifers. Sci Rep 10: 9866.

Climate Council (2018) Icons at risk: climate change threatening Australian tourism.

CSIRO (2008) Water Availability in the Murray - Darling Basin. A report to the Australian Government from the CSIRO Murray - Darling Basin Sustainable Yields Project. CSIRO, Canberra.

Döll P, Romero - Lankao P (2017) How to embrace uncertainty in participatory climate change risk management—a roadmap. Earth's Future 5: 18 - 36.

Filkov AI, Ngo T, Matthews S, Telfer S, Penman TD (2020) Impact of Australia's catastrophic 2019/20 bushfire season on communities and environment. Retrospective analysis and current trends. J Saf Sci Resilience 1: 44 - 56.

Grafton RQ (2019) Policy review of water reform in the Murray - Darling Basin, Australia: the "do's" and "do nots." Aust J Agric Resour Econ 63 (1): 116 - 141.

Grafton RQ, Horne J (2014) Water markets in the Murray - Darling Basin. Agric Water Manag 145: 61 - 71.

Grafton RQ, Williams J (2020) Rent - seeking and regulatory capture in the Murray - Darling Basin, Australia. Int J Water Resour Dev 36: 484 - 504.

Grafton RQ, Pittock J, Davis R, Williams J, Fu G, Warburton M, Udall B, McKenzie R, Yu X, Che N, Connell D, Jiang Q, Kompas T, Lynch A, Norris R, Possingham H, Quiggin J (2013) Global insights into water resources, climate change and governance. Nat Clim Chang 3: 315 - 321.

Grafton RQ, Williams J, Jiang Q (2017) Possible pathways and tensions in the food and waternexus. Earth's Future 5: 449 - 462.

Grafton RQ, Doyen L, Béné C, Borgomeo E, Brooks K, Chu L, Cumming GS, Dixon J, Garrick DE, Helfgott A, Jiang Q, Katic P, Kompas T, Little LR, Matthews N, Ringler C, Squires D, Steinshamn SI, Villasante S, Wheeler S, Williams J, Wyrwoll P (2019) Realizing Resilience for Decision - Making. Nat Sustain 2: 907 - 913.

Great Barrier Reef Marine Park Authority (2019) Position statement climate change.

Groves DG, Molina - Perez E, Bloom E, Fischbach JR (2019) Robust decision making (RDM): Application to water planning and climate policy In: Marchau AVAWJ, Walker WE, Bloemen PJTM, Popper SW (eds) Decision making under deep uncertainty from theory to practice, pp 23 - 51. Springer, Cham

Hennessy KJ, Whetton PH, Preston B (2010) Climate projections. In: Stokes CJ, Howden M (eds) Adapting agriculture to climate change. CSIRO Publishing, Collinwood, Vic, Australia, pp 13 - 20.

Howden SM, Stokes CJ (2010) Introduction. In: Stokes CJ, Howden M (eds) Adapting agriculture to climate change. CSIRO Publishing, Collinwood, Vic, Australia, pp 1 - 12.

Howden SM, Gifford RG, Meinke H (2010) Grains. In: Stokes CJ, Howden M (eds) Adapting agriculture to climate change. CSIRO Publishing, Collinwood, Vic, Australia, pp 21 - 48.

Howden M, Hughes L, Dunlop M, Zethoven I, Hilbert D, Chilcott C (eds) (2003) Climate change impacts on biodiversity in Australia. Outcomes of a workshop sponsored by the Biological Diversity Advisory Committee, 1 - 2 October 2002, Commonwealth of Australia, Canberra.

Hughes L, McMichael T (2011) The critical decade: climate change and health. Climate Commission.

Jiang Q, Grafton RQ (2011) Economic effects of climate change in the Murray - Darling Basin, Australia. Agric Syst 110: 10 - 16.

Karoly DJ, Braganza K (2005) A new approach to detection of anthropogenic temperature changes in the Australian region. Meteorol Atmos Phys 89: 57 - 67.

Karoly DJ, Braganza K (2005) Attribution of recent temperature changes in the Australian region. J Clim 18: 457 - 464.

Kirby M, Bark R, Connor J, Qureshi ME, Keyworth S (2014) Sustainable irrigation: how did irrigated agriculture in Australia's Murray - Darling Basin adapt in the Millennium Drought? Agric Water Manag 145: 154 - 162.

Kompas T, Ha PV, Che TN (2018) The effects of climate change on GDP by country and the global economic gains from complying with the Paris Climate Accord. Earth's Future 6 (8): 1153 - 1173.

Lesk C, Rowhani P, Ramankutty N (2016) Influence of extreme weather disasters on global crop production. Nature 529 (7584): 84 - 87.

Liu J, Hertel T, Taheripour F (2016) Analyzing future water scarcity in computable general equilibrium models. Water Econ Policy 2 (04): 1650006.

Matthews J, Le Quesne T (2008) Adapting water to a changing climate. WWF International: Gland, Switzerland.

McDonnell R, Fragarzy S, Sternberg T, Veeravalli S (2020) Drought policy and management. In: Dadson SJ, Garrick DE, Penning - Rowsell EC, Hall JW, Hope R, Hughes J (eds) Water science, policy, and management: a global challenge. Wiley, Oxford, pp 233 - 254.

Murray - Darling Basin Royal Commission (2019) Murray - Darling Basin Royal Commission Report.

Nicholas J, Evershed N (2021) For some areas hit by NSW flood crisis, it's the fourth disaster in a year. The Guardian.

OECD (2011) Water governance in OECD countries: a Multi - level approach, OECD studies on water. OECD Publishing, Paris.

Productivity Commission (2018) Murray - Darling basin plan: five - year assessment. Final report no. 90, Productivity Commission, Canberra.

Ukkola AM, Roderick ML, Barker A, Pitman AJ (2019) Exploring the stationarity of Australian temperature, precipitation and pan evaporation records over the last century. Environ Res Lett 14: 124035.

Wentworth Group of Concerned Scientists (2020) Assessment of river flows in the Murray - Darling Basin: Observed versus expected flows under the Basin Plan 2018/19. Wentworth Group of Concerned Scientists, Sydney.

Wilby RL, Dessai S (2010) Robust adaptation to climate change. Weather 65 (7): 180 - 185.

Wittwer G, Griffith M (2011) Modelling drought and recovery in the southern Murray - Darling basin. Aust J Agric Resour Econ 55 (3): 342 - 359.

Wittwer G, Griffith M (2012) The economic consequences of prolonged drought in the southern Murray -

Darling Basin, Chapter 7. In: Wittwer G (ed) Economic modeling of water, the Australian CGE experience. Springer, Dordrecht, Netherlands, pp 119 – 141.

Wittwer G, Vere D, Jones R, Griffith G (2005) Dynamic general equilibrium analysis of improved weed management in Australia's winter cropping systems. Aust J Agric Resour Econ 49 (4): 363 – 377.

Wittwer G (2021) Modelling the economy – wide marginal impacts due to climate change in Australian agriculture. The Centre of Policy Studies, Victoria University Working PaperNo. G – 312.

Zander KK, Botzen WJW, Oppermann E, Kjelstrom T, Garnett ST (2015) Heat stress causes substantial labour productivity loss in Australia. Nat Clim Chang 5: 647 – 651.

彩　图

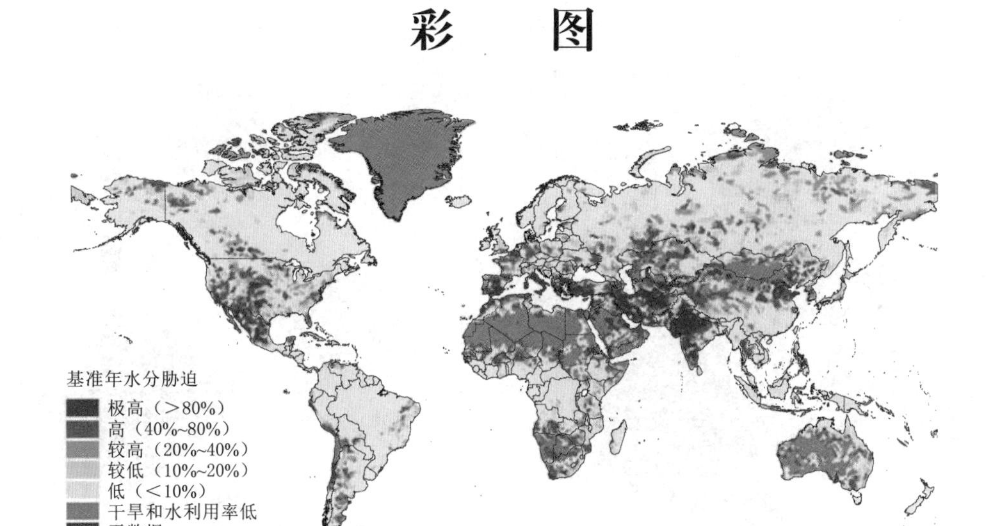

图 4.2　全球水分胁迫分布

（资料来源：WRI 2019）

注：基准年水分胁迫是总取水量与可利用的可再生水供应量的比率。取水包括家庭、工业、灌溉和牲畜的消耗性和非消耗性用途。现有可再生水供应包括地表水和地下水供应，并考虑了上游耗水用户和大型水坝对水资源的影响。

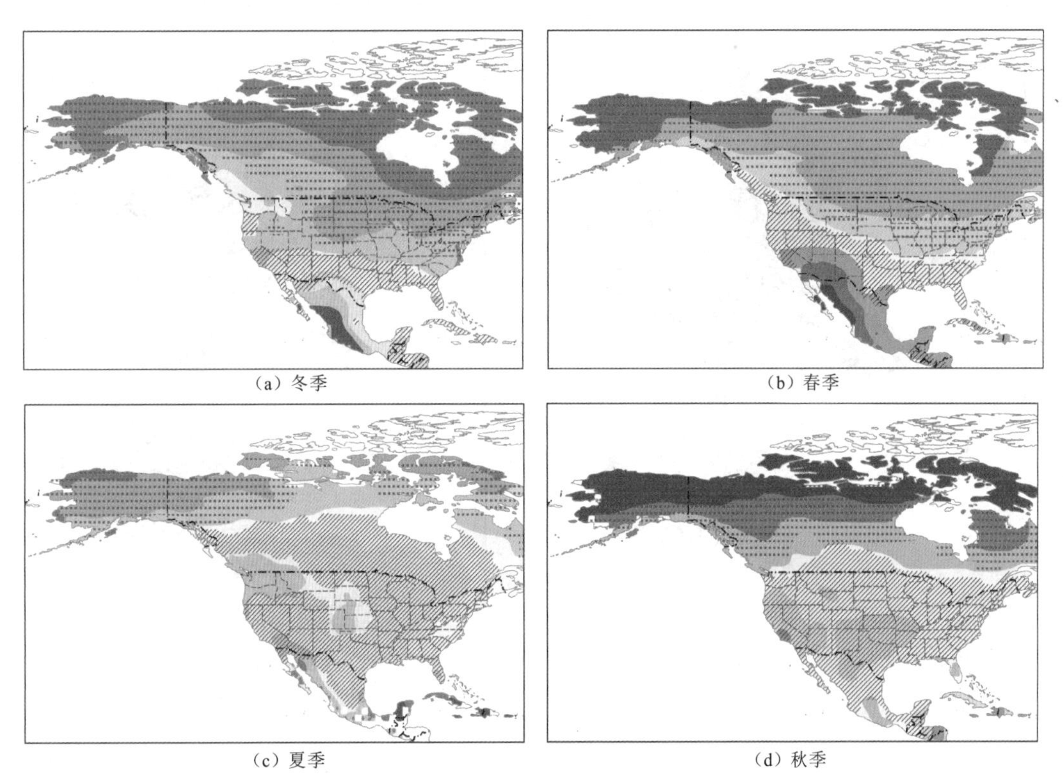

（a）冬季　（b）春季　（c）夏季　（d）秋季

图 4.4　2070—2099 年 CMIP5 模拟的季节性总降水量的变化

（资料来源：USGCRP 2017）

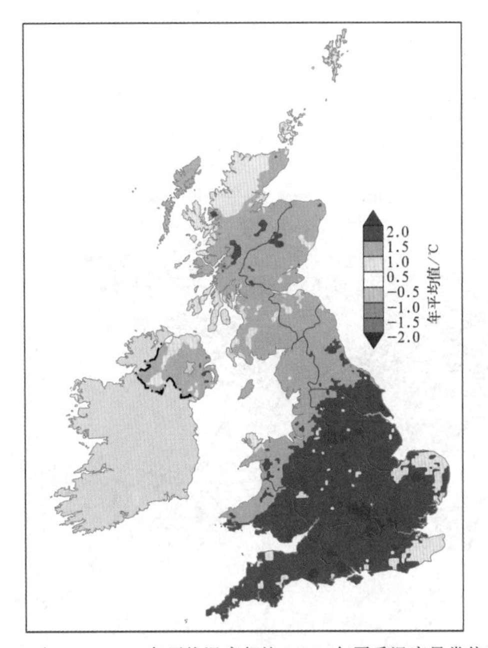

(a) 与1981—2010年平均温度相比，2018年夏季温度异常偏高

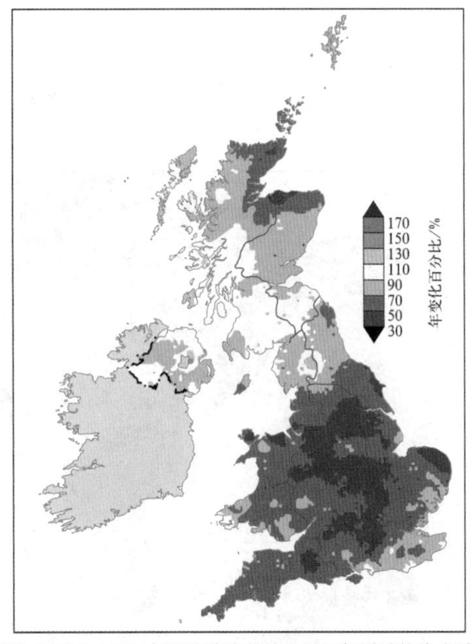

(b) 与1981—2010年平均降水相比，2018年夏季的降水减少

图 10.1　与 1981—2010 年平均温度和平均降水相比，2018 年夏季的温度异常偏高，降水减少
(Met Office 2018)❶

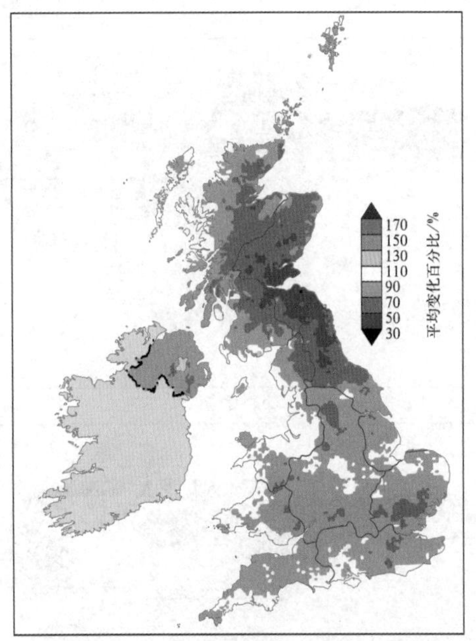

(a) 与1981—2010年平均降水相比，2019年冬季降水变化

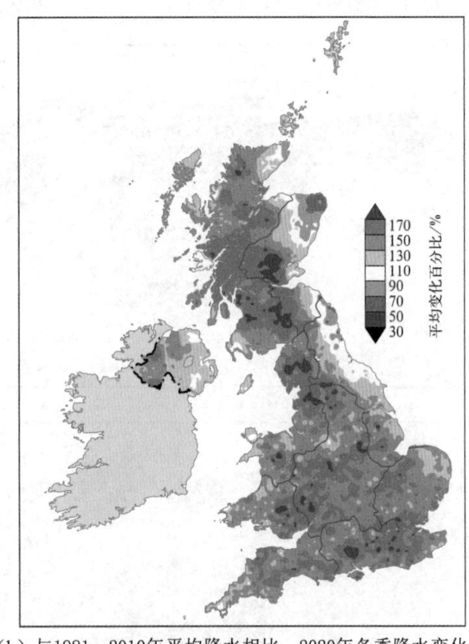

(b) 与1981—2010年平均降水相比，2020年冬季降水变化

图 10.2　与 1981—2010 年平均降水相比，2019 年和 2020 年冬季降水呈现出明显变化，
其中 2020 年在小范围内存在显著差异
(Met Office 2019)

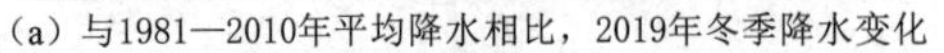

❶ Met Office (2018) An assessment of the weather experienced across the UK during Summer 2018 (June, July, August) and how it compares with the 1981 to 2010 average

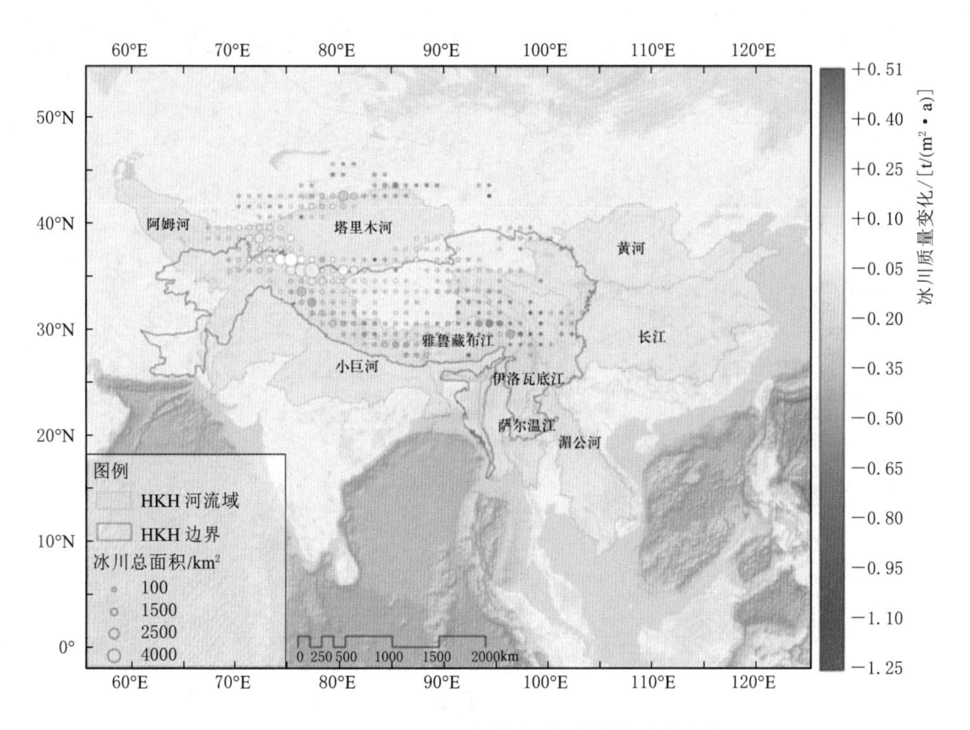

图 12.1　2000—2018 年特定冰川质量平衡变化

［数据来自 Shean 等（2020）］

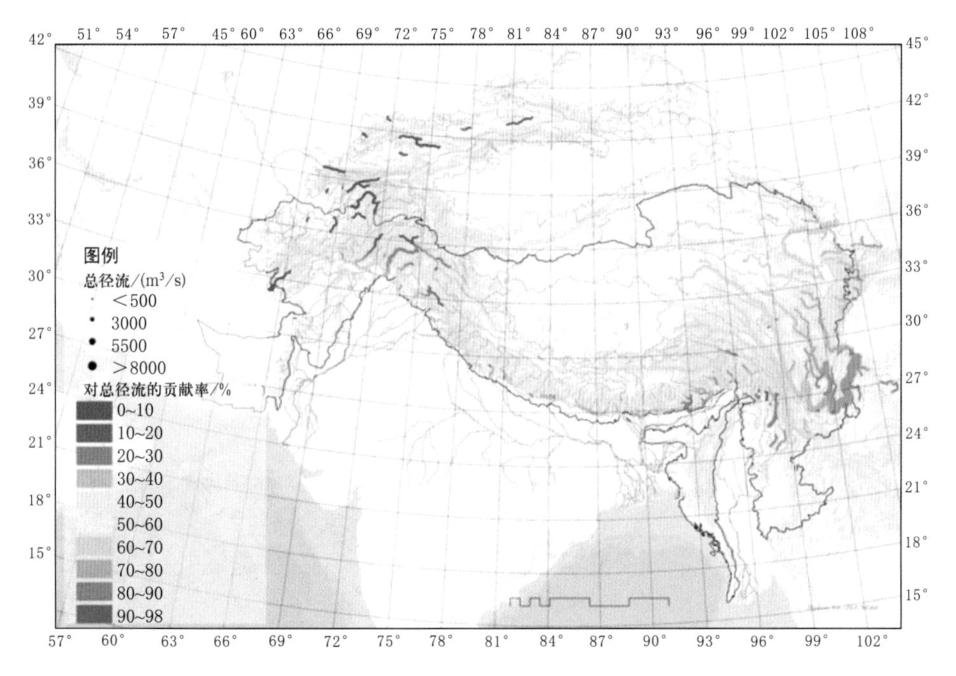

图 12.2（一）　1985—2014 年降雨径流与雪和冰川融化径流对山区河流总流量的贡献

（Khanal et al. 2021）

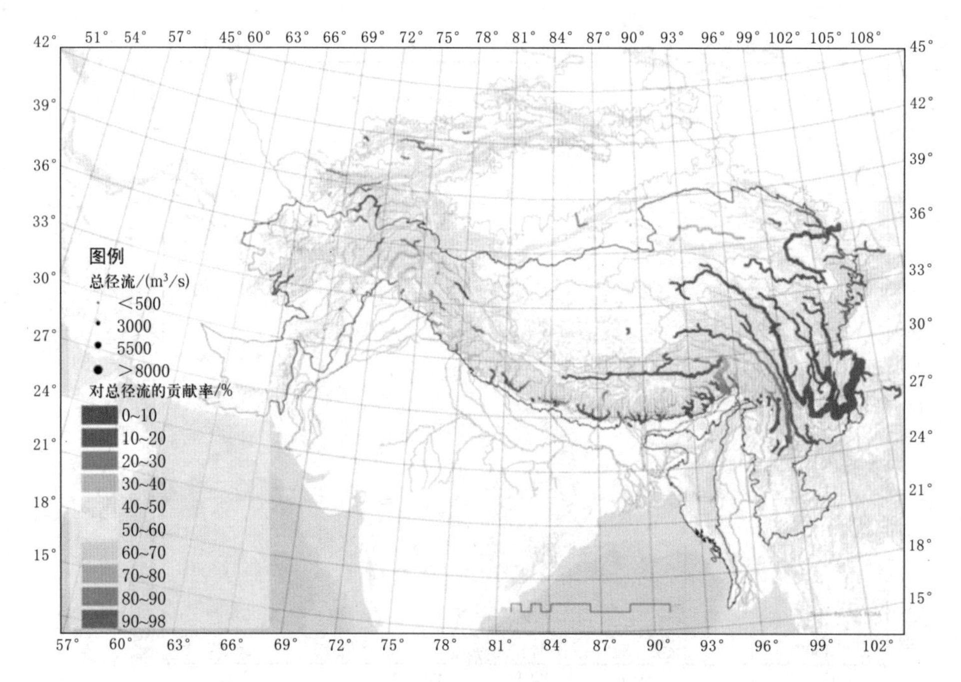

图 12.2（二）　1985—2014 年降雨径流与雪和冰川融化径流对山区河流总流量的贡献

（Khanal et al. 2021）

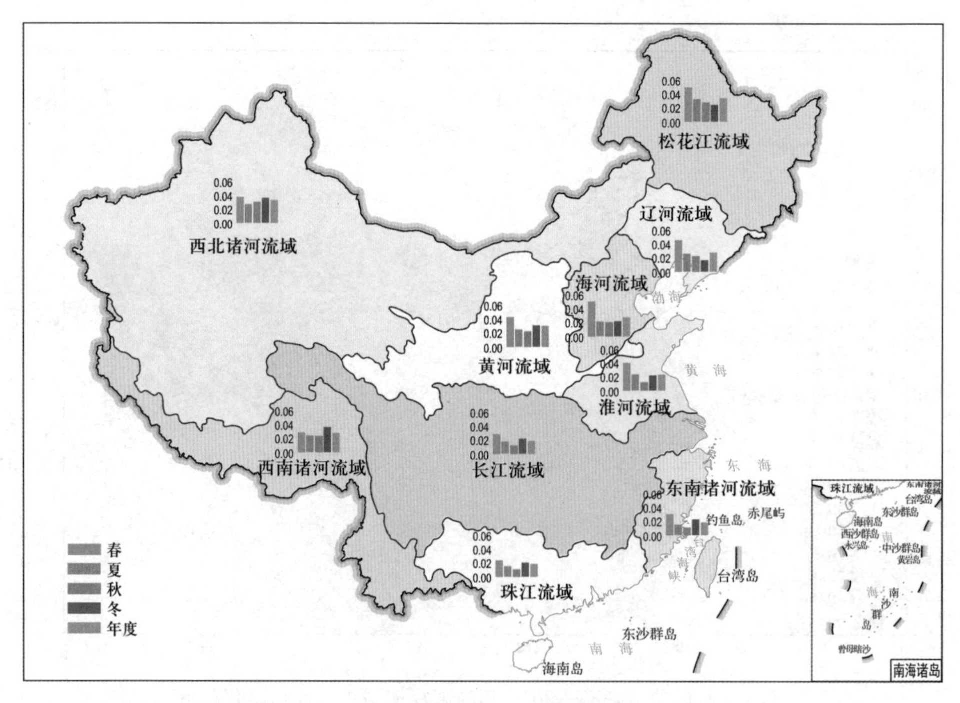

图 13.4　1961—2019 年中国主要流域气温变化趋势

［数据源于中国国家气象信息中心开发的 0.5°×0.5°网格化月平均气温数据集（V2.0）］

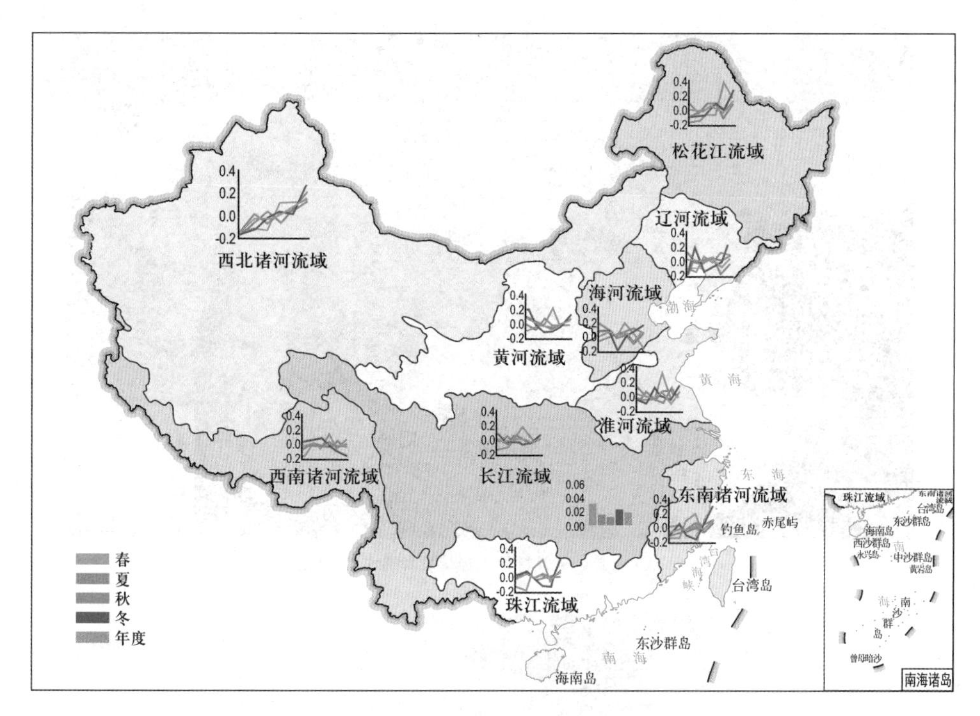

图 13.7　1961—2019 年中国主要河流流域每十年降水量变化百分比

［数据来源于中国国家气象信息中心开发的 0.5°×0.5°网格化月降水数据集（V2.0）］

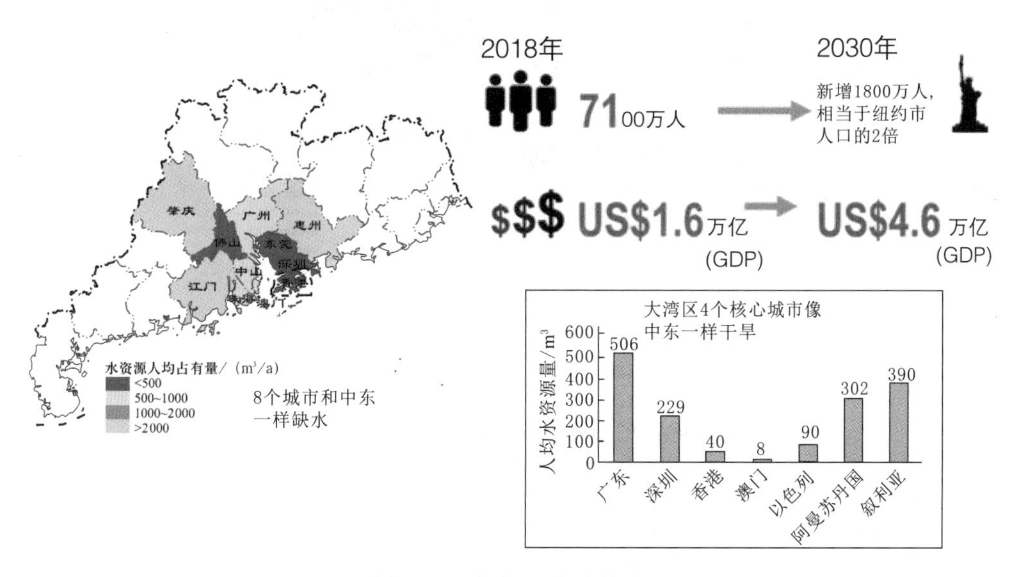

图 14.9　大湾区-未来缺水？

［来源：中国水风险组织基于 NBSC（2018）、广东省水利厅（2018）、香港特区水务署（2017/2018）、澳门水务（2018）、联合国粮农组织 AQUASTAT（2017）、汇丰银行（2019）、新浪财经（2017）、香港贸易发展局（2018）］

［注：香港和澳门的水资源不包括从中国内地进口的水，因此可以与其他城市相比较。虽然珠海 2018 年的人均用水量高于水贫困标准，但多年平均为 985m^3，因此将其纳入大湾区 8 个干旱城市。经中国水风险组织同意，本章转载本信息图；信息图©中国水风险组织 2021，版权所有］

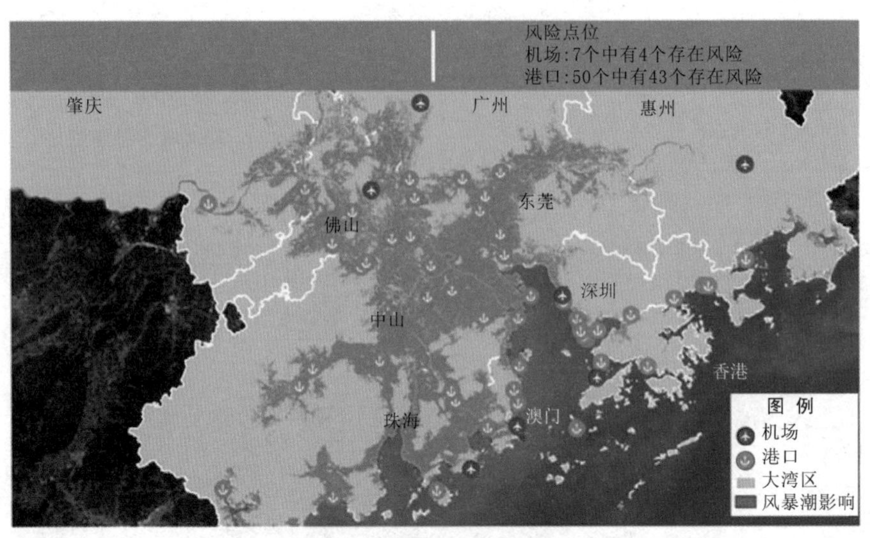

（a）2030年，大湾区面临极端风暴潮汐破坏的机场和港口

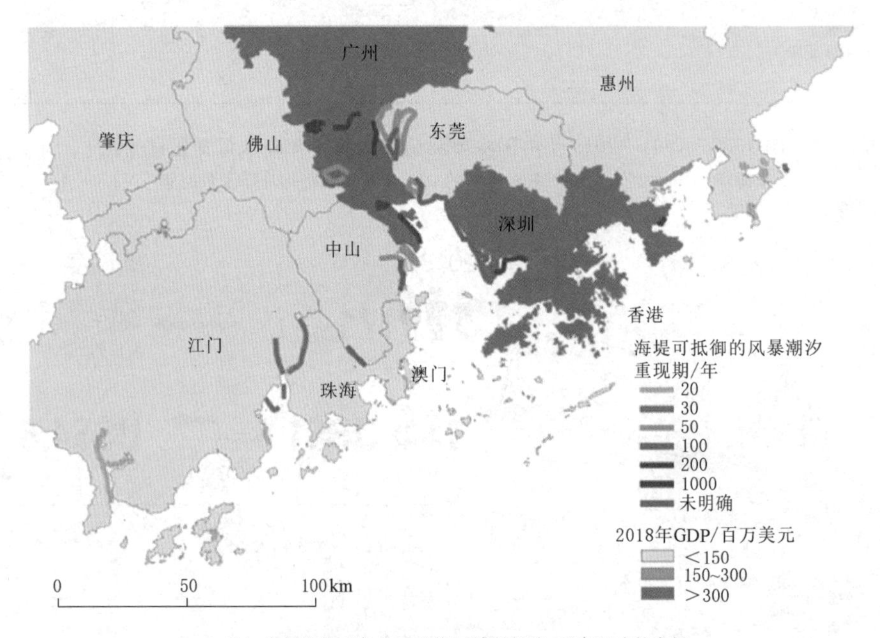

（b）为保护珠三角主要经济区域而兴建/正在兴建的海堤

图 14.11　粤港澳大湾区极端风暴潮风险与适应努力

[来源：（上部）中国水风险组织基于大约 30m 水平分辨率网格，网格来自美国宇航局的航天飞机雷达地形任务（SRTM），数字地形模型（5m）来自香港土地署、粤港澳大湾区政府港口当局网站，中国民用航空局网站，谷歌地图。（下部）中国水风险组织，基于香港贸易发展局网站的本地生产总值。根据广东省水电规划设计院网站上的《广东省海堤规划图》，对珠三角海堤进行了数字化处理。根据深圳海堤的大致位置，深圳市水务局报告《深圳市防汛河道整治规划 2014—2020》]

[注：地图上的海堤可能不能反映真实的长度，只是为了说明目的。这些信息图表摘自报告：《面临风险的主权国家：亚太资本威胁——城市资本和 GDP 面临沿海威胁，需要重新评级》（CWR 2020b），并获得中国水风险组织的许可，用于本章。信息图形©中国水风险组织 2021，版权所有]